实用塑料回收

配方·工艺·实例

赵 明　杨明山　编著

U0243821

化学工业出版社
·北京·

废塑料再生利用已成为中国经济发展中不可或缺的重要产业。本书全面介绍了废旧塑料的回收利用知识，包括再生方法、鉴别方法，以及加工设备；同时，重点介绍了聚乙烯、聚丙烯、聚氯乙烯、聚苯乙烯、聚酯等通用性塑料、工程塑料、热固性塑料的回收制备技术，还包括废旧塑料制备木塑复合材料技术等。

全书内容强调通俗易懂，从实用性、先进性和可操作性角度出发，列举了大量实例与配方，提供了较为详细的工艺条件，方便读者在生产实际中的应用。另外，考虑到生产的实用性，所选择的配方大多生产方法较为简便，利于实施。

本书可供广大从事塑料工业的工程技术人员、生产人员、销售和管理人员参考，也可作为废旧塑料回收利用从业人员以及高分子材料专业在校师生的学习手册和教学参考书。

图书在版编目（CIP）数据

实用塑料回收配方·工艺·实例/赵明，杨明山编著．—北京：化学工业出版社，2018.1（2023.7重印）
ISBN 978-7-122-30966-2

Ⅰ.①实…　Ⅱ.①赵…　②杨…Ⅲ.①塑料-废品回收②塑料-废物综合利用　Ⅳ.①X783.205

中国版本图书馆 CIP 数据核字（2017）第 276462 号

责任编辑：朱　彤　　　　　　　　　　　文字编辑：李　玥
责任校对：边　涛　　　　　　　　　　　装帧设计：刘丽华

出版发行：化学工业出版社（北京市东城区青年湖南街 13 号　邮政编码 100011）
印　　装：北京盛通数码印刷有限公司
787mm×1092mm　1/16　印张 19　字数 503 千字　2023 年 7 月北京第 1 版第 8 次印刷

购书咨询：010-64518888　　　　　　　售后服务：010-64518899
网　　址：http://www.cip.com.cn
凡购买本书，如有缺损质量问题，本社销售中心负责调换。

定　　价：88.00 元　　　　　　　　　　　　　　　　版权所有　违者必究

前言
FOREWORD

进入 21 世纪以来，随着塑料大量应用，塑料制品消费量不断增大，废弃塑料也不断增多。塑料废弃物剧增及由此引起的社会和环境问题引人关注。我国是一个塑料生产大国和塑料消费大国，如何化解废弃塑料和垃圾塑料带来的污染问题，迫在眉睫。绝大部分塑料制品，特别是大量、一次性使用的塑料制品，使用后，塑料材料本身的性能并没有大的改变，完全可以回收后用适当方法重新加工成塑料制品后再次使用。废塑料再生利用产业已成长为经济发展中不可或缺的资源型环保产业。针对国内的生产和技术现状，系统地对废旧塑料再生技术进行研究和开发，是解决废旧塑料问题的有效方法，也是塑料行业持续发展的必由之路。

为了提高广大塑料从业人员的专业技术水平，作者结合自己的实际工作经验，参考最近几年的相关资料，从实用性、先进性和可操作性角度出发，编写了这本《实用塑料回收配方·工艺·实例》。全书列举了大量实例与配方，并从配方的制备方法、性能与用途几个方面进行编写，提供了较为详细的工艺条件，方便读者在生产中的实际应用。同时，本书在列出产品基本性能的同时，尽可能给予说明和解释，有利于读者进行对照和参考，也有利于读者加深对再生塑料配方的认识。同时，考虑到生产的实用性，所选择的大多数配方都是生产方法较为简便、利于实施的。

全书共 13 章，主要分为两个部分。其中，第一章作为第一部分，概述了废旧塑料的回收利用基本知识，包括再生方法、鉴别方法以及加工设备。其余章节作为第二部分，从实用性出发，列举了包括主要废旧塑料品种回收利用的配方和实例，重点介绍了聚乙烯、聚丙烯、聚氯乙烯、聚苯乙烯、聚酯等通用塑料、工程塑料、热固性塑料的废旧塑料回收制备技术，还包括废旧塑料制备木塑复合材料的方法，其中第十章废旧聚乙烯醇缩丁醛的再生利用是考虑到聚乙烯醇缩丁醛材料回收的需求而专门增加的。需要指出的是，废旧塑料的情况比较复杂，加工企业的设备存在差异，书中所列配方仅供参考和借鉴。在塑料品种再生生产过程中，还应根据具体情况进行分析和改进。本书适用于广大从事塑料工业的一线工程技术人员，废旧塑料回收、再生、利用人员以及高分子材料加工技术专业的在校学生学习和参考。

本书由赵明、杨明山共同编写。其中，第七章至第十章由北京石油化工学院杨明山教授编写，并对全书进行了审阅，特此表示感谢。

由于编著者水平有限，书中肯定还存在不足之处，敬请广大读者批评指正。

编著者

2017 年 12 月

目录

CONTENTS

第一章

废旧塑料的回收利用概述

第一节 废旧塑料的再生利用市场现状和前景

一、废旧塑料的再生利用市场现状

中国再生塑料的行业发展和市场景气程度是与全球经济和中国经济发展密切相关的，近两年随着油价的大幅下跌，中国经济发展速度趋缓，因此造成再生塑料产品价格被迫下降、市场需求不足、利润降低，中国的再生塑料行业也面临着严峻的挑战和发展机遇。

为应对全球气候变化和适应产业绿色发展的国际趋势，结合我国面临的资源环境上的巨大压力，循环利用资源和发展循环经济将是转变我国经济发展方式和建设资源节约型社会的重要支撑。在新的经济形势下，再生资源企业，打造自己的经济发展引擎，加快供给侧改革步伐。再生资源与使用原生资源相比，可以大量节约能源、水资源和生产辅料，降低成本，节能减排。我国经济发展要突破资源瓶颈，在保持经济增速的同时，兼顾环境保护，实现建设"美丽中国"的目标，就必须大力发展再生资源产业。

商务部《中国再生资源回收行业发展报告（2016）》中用数据指出，截至 2015 年底，我国废钢铁、废有色金属、废塑料、废轮胎、废纸、废弃电器电子产品、报废汽车、报废船舶、废玻璃、废电池十大类别的再生资源回收总量约为 2.46 亿吨，同比增长 0.3%。其中，增幅最大的是报废汽车；降幅最大的是报废船舶，见表 1-1。

我国废塑料回收总量约为 1800 万吨，相比于 2014 年的回收总量 2000 万吨，同比减少 10%，而 2014 年相比于 2013 年同比增长 46.4%。2015 年底回收总值由 2014 年的 1100 亿元降至 810.0 亿元，同比减少 26.4%。而 2014 年回收总值较 2013 年同比增长 23.9%。另据海关统计，2015 年废塑料进口 735.4 万吨，较 2014 年同比减少 10.9%。而 2014 年较 2013 年同比增长 4.7%。受国内经济下行和国际石油价格大幅下跌的影响，中国塑料加工工业表现不佳，塑料制品产量为 7560.82 万吨，增速由 2013 年的 8.02% 降至 2015 年的 0.95%，国内五大通用合成树脂表观消费量为 7005 万吨，工程塑料类约为 500 万吨，国内塑料再生利用量约为 2735 万吨，国内废塑料回收量约为 1800 万吨，同比下降 10%，预计全球塑料消耗量将以每年 8% 的速度增长。2030 年塑料的年消耗量将达到 7 亿多吨，而每年塑料废弃量大概在 2.6 亿~3 亿吨。

表 1-1　2014~2015 年我国主要再生资源类别回收利用

序号	名称	单位	2014 年	2015 年	同比增长率/%
1	废钢铁	万吨	15230	14380	-6.6
	大型钢铁企业	万吨	8830	8330	-5.7
	其他行业	万吨	6400	6050	-5.5
2	废有色金属	万吨	798	876	9.8
3	废塑料	万吨	2000	1800	-10.0
4	废纸	万吨	4419	4832	9.3
5	废轮胎	万吨	430	500.6	16.4
	翻新	万吨	50	28.6	-42.8
	再利用	万吨	380	473	24.5
6	废弃电器电子产品				
	数量	万台	13583	15274	12.4
	质量	万吨	313.5	348	11.0
7	报废汽车				
	数量	万辆	220	277.5	26.1
	质量	万吨	322	871.9	170.8
8	报废船舶				
	数量	艘	142	102	-28.2
	质量	万吨	109	91	-16.5
9	废玻璃	万吨	855	850	-0.6
10	废电池(铅酸除外)	万吨	9.5	10	5.3

近几年，废塑料价格普遍下跌，行业利润呈下滑趋势；同时受经济、市场影响，再生塑料与原生塑料价差进一步缩小。环保行业整顿导致上游原料货源减少、再生塑料生产厂家采购成本上升，加之人工等运营成本的提高，厂家盈利能力下滑，行业进入微利时代。

截至 2015 年底，中国再生资源回收企业有 5000 多家，回收网点 16 万个（未登记注册或临时回收网点近 40 万个），回收加工处理工厂 3000 多家，从业人员 140 万人。2015 年，我国废塑料回收利用企业的开工率在 50% 左右。废塑料回收利用企业大多是中小型企业，家庭作坊式的个体户占一定比例，这些作坊在大城市周边及城乡结合部扎堆经营，基本实现了产业细化和产业链延伸。大中型废塑料加工企业以进口废塑料为原料居多，主要分布于沿海地区，见图 1-1。

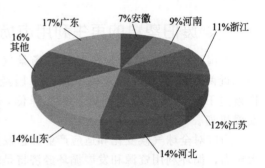

图 1-1　我国再生塑料地区产能分布

二、废旧塑料的再生利用发展前景

我国塑料制品的需求不断增加，大量能源被消耗，而废塑料的回收及再生利用是当前提倡低碳经济社会的需求，同时也是迫切面对的环境保护的需要。简单以 PVC 回收为例，有人算了这样一笔账。收集和机械化循环再生 1t 废旧 PVC 将生成大约 120kg 二氧化碳，这些循环再生材料可以直接代替原材料应用于产品中。来自 Plastics Europe 的环境数据显示，使用原材料（盐类和石油）生产 1t 纯 PVC 材料将产生 1900kg 二氧化碳。这样，使用循环再生材料将比使用纯原材料节省 94% 的二氧化碳排放量。对于再生行业本身来说，这是一个很好的商机。

2016 年，商务部会同国家发展改革委、工业和信息化部、环境保护部、住房城乡建设部、供销合作总社联合印发了《关于推进再生资源回收行业转型升级的意见》（商流通函〔2016〕206 号），提出推广"互联网＋回收"的新模式，探索两网协同发展的新机制，提高组织化的新途径，探索逆向物流的新方式、以鼓励应用分拣加工新技术等推进再生资源回收行业转型升级的意见。在未来几年内，在一系列利好政策推动和市场引导下，我国再生资源回收行业将向现代化、集约化、科学化方向发展。

第二节　废旧塑料再生方法

废旧塑料是一种通俗的说法，并不是指废的、旧的和没用的塑料制品。绝大部分塑料制品，特别是大量的、一次性使用的塑料，使用后其塑料材料本身的性能并没有大的改变，因此完全可能回收后用适当的方法重新加工成塑料制品后再次使用。据中华人民共和国环境保护部统计，2011 年，我国仅废旧一次性塑料饭盒及各种泡沫包装就高达 9500 万吨，报废家电、汽车废旧塑料为 6500 万吨，再加上其他废弃塑料，总量已近 2 亿吨，而回收总量仅为1500 万吨，回收率不及 10％。而日本废旧塑料的回收率已达到 26％。

在我国，废旧塑料回收作为环保朝阳产业，发展潜力大，价格优势突出，经济效益好。针对国内的生产和技术现状，系统地进行废旧塑料再生技术研究和开发，是解决废旧塑料问题的有效方法，是塑料行业持续发展的必由之路。

消费后塑料的处理有下述几种途径：填埋、焚烧、堆肥化、回收再生、降解。塑料回收后再生方法有：熔融再生、热裂解、能量回收、回收化工原料等。

一、熔融再生

熔融再生是将废旧塑料重新加热塑化而加以利用的方法。从废旧塑料的来源分，此法又可分为两类：一是由树脂厂、加工厂的边角料回收的清洁废塑料的回收；二是经过使用后混杂在一起的各种塑料制品的回收再生。前者称单纯再生，可制得性能较好的塑料制品；后者称为复合再生，一般只能制备性能要求相对较差的塑料制品，且回收再生过程较为复杂。在熔融再生的过程中，还可以进行物理改性和化学改性。

1. 物理改性

物理改性主要是指将再生塑料与其他聚合物或助剂通过机械共混，如增韧、增强、并用、复合活性粒子填充的共混改性，使再生制品的力学性能得到改善或提高，可以制作档次较高的再生制品。这类改性再生利用的工艺路线较复杂，有的需要特定的机械设备。

（1）填充改性　是指通过添加填充剂，使废旧塑料再生利用。此改性方法可以改善回收的废旧塑料性能、增加制品的收缩性、提高耐热性等。填充改性的实质是使废旧塑料与填充剂共混，从而使混合体系具有所加填充剂的性能。填充剂（也称填料）的品种有很多，按化学组成分为无机（如碳酸、陶土）和有机（如木粉、纤维）；按形状分为粉状、纤维状、片状、带状、织物、中空微孔等；按用途分为补强性（可改进物理、力学性能，赋予特殊功能性）和增量性（增加体积或质量，以降低成本）。

（2）增强改性　回收的通用塑料拉伸强度明显降低，要提高其强度，可以通过加入玻璃纤维、合成纤维、天然纤维的方法，扩大回收塑料的应用范围。回收的热塑性塑料经过纤维增强改性后，其强度、模量大大提高，并明显改善了热塑性塑料的耐热性、耐蠕变性和耐疲劳性，其制品成型收缩率小，废弃的热塑性玻璃纤维增强塑料可以反复加工成型。

影响复合材料性能的还有纤维在塑料基质中的分散程度和取向：分散越均匀，取向程度越高，复合材料的性能越好。分散均匀性在选定设备后主要取决于混炼工艺，并且使用适当的表面处理剂（或偶联剂）进行处理，能够增加与树脂的黏合性，纤维在热塑性塑料中的分散取向也得到一定提高。

（3）增韧改性　塑料制品在使用过程中，由于受到光、热、氧等的作用，会发生老化现象，使树脂大分子链发生降解，所以回收的塑料力学性能发生了很大变化，耐冲击性随老化程度的不同而不同，改善回收塑料耐冲击性的途径之一是使用弹性体或共混型热塑性弹性体与回收料共混进行增韧改性。弹性体有顺丁橡胶、三元乙丙橡胶、SBS、丁苯橡胶、丁基橡胶等；还可以使用非弹性体，如高密度聚乙烯、EVA、ABS、氯化聚乙烯、活化有机粒子等，对回收塑料进行增韧改性，从而提高其耐冲击性。

2. 化学改性

回收的废旧塑料，不仅可以通过物理改性的方法扩大其用途，还可以通过化学改性拓宽回收塑料的应用渠道，提高其利用价值。化学改性包括氯化改性、交联改性、接枝共聚改性等。

（1）氯化改性　氯化改性即对聚烯烃树脂进行氯化，制得因含氯量不同而特性各异的氯化聚烯烃。废旧聚烯烃通过氯化可得到阻燃、耐油等良好特性，产品具有广泛的应用价值。例如，废旧聚乙烯膜的氯化改性，将废 PE 膜进行洗涤、脱水、粉碎后，送入反应釜，进行氯化，可制得氯化聚乙烯（CPE）。用废旧聚乙烯通过氯化得到的产品，具有良好的性能，可以用来代替市售 CPE。又如，废旧聚氯乙烯的氯化改性。废旧 PVC 的缺点之一就是最高的连续使用温度仅在 65℃左右，经过氯化改性的聚氯乙烯最高连续使用温度可达 105℃。除了提高使用温度外，强度和模量等性能也得到了改善；同时氯化改性后还可用于涂料和胶黏剂。

（2）交联改性　回收的聚烯烃，可通过交联大大提高其拉伸性能、耐热性能、耐环境性能、尺寸稳定性能、耐磨性能、耐化学性能等。

交联有三种类型：辐射交联、化学交联、有机硅交联。聚合物交联度可通过加交联剂的多少或辐射时间长短来控制。交联度不同，其力学性能也不同。轻度交联的聚烯烃可具有热塑性，易于加工；交联度比较高的聚合物，其大分子链之间已形成三维网络结构，成为热固性材料，力学性能改善相当显著。因此，交联聚合物的加工方法有两种：一种是在聚合物熔点之上，加入交联剂，混合均匀，在低于交联剂分解温度情况下进行造粒，最后成型与交联反应一步完成；另一种是在低于交联剂分解温度情况下成型，然后在高于交联温度情况下完成交联。目前比较先进的技术是利用反应挤出技术，将聚合物和交联剂在双螺杆挤出机中进行混合和交联反应，并直接制成产品，如制造管材。

（3）接枝共聚改性　废旧塑料的化学改性还有接枝、嵌段等共聚改性。目前实用性较强的属回收聚丙烯的接枝共聚改性，即用接枝单体通过一定接枝方法对聚丙烯进行接枝，接枝改性的聚丙烯性能取决于接枝物的含量、接枝链的长度等，其基本性能与聚丙烯相似，但其他性能有很大改变。接枝改性聚丙烯的目的是提高聚丙烯与金属、极性塑料、无机填料的黏结性或增容性。对废旧聚丙烯再生材料而言，具有两点意义：一是当回收的聚丙烯料中混杂着部分 PVC 等极性树脂制品时，可不必分离而直接实施共混，在混塑过程中进行接枝改性反应，使 PP 与 PVC 相间增容；二是经接枝改性后的 PP 再生料可拓宽其应用范围，不仅可与极性高聚物制品共混，而且可以较大量地进行填充或增强改性，以达到提高再生制品的性能并降低生产成本的目的。

二、化学回收法

化学回收是指利用化学手段使固态废旧塑料重新转化为单体、燃料或化工原料，仅回收废旧塑料中所含的化学成分的方法，也称为二级回收。化学回收大致分热分解和化学分解两种。热分解是在高温下，使聚合物裂解得到油品和气体，用于化工原料或燃料的方法，有隔绝空气状态下的热分解法和氢气氛中的热分解法等；化学分解则是回收单体的方法，按所使用的催化剂或溶剂的不同可分为水解、醇解等。

理论上，化学回收得到的单体和化工原料都具有很高的经济价值，单体又可合成得到塑料，如此反复，实现理想的循环利用。但目前化学回收的实际应用还远比不上物理回收，即使在发达国家，化学回收的比例也不大，原因并不仅仅是化学回收在技术和工艺上不成熟，事实上化学回收的有些技术和工艺已很成熟，在实际生产上已有大规模应用，主要原因在于其设备、工艺路线复杂，造价昂贵，以及有些技术需要高能耗等，造成回收成本的居高不下，限制了其实际应用。但是，化学回收是最理想的回收方法，可实现真正意义的资源循环利用，随着石油资源的日趋紧张以及技术工艺上的不断改进，化学回收的发展空间非常巨大。

1. 热分解

所谓热分解，是指有机高分子物质在还原性气体中以及高温下分解为低分子的工业气体、燃料油或焦炭的过程。热力学理论表明：要使高分子主链断裂，降解成小分子，需要较高的能量，温度要在 500℃ 甚至以上才能完成，这就使得生产工艺和设备都很复杂，能耗很大，生产成本很高，因此纯粹的热解工艺商业价值不大。真正有前途的是催化热解，因为催化剂可以大大降低热解温度，提高产品的转化率，从而提升该工艺的经济性。热分解法适用于 PE、PP、PS 等非极性塑料和一般废弃物中混杂废塑料的分解，特别是塑料包装材料如薄膜包装袋等，使用后污染严重，难以用机械再生法回收，可以通过热分解来进行化学回收。

由于塑料是热的不良导体，要将热量从反应器内壁的塑料传导到反应器中间的塑料，需要花费很长时间，效率很低，而且反应器内壁的塑料由于长时间高温易炭化而粘接在内壁上，为解决这一问题，开发出不同的设备和工艺。一般根据分解产物的不同分为油化法、汽化法和炭化法 3 种工艺。

油化法要求全部以废旧塑料为原料，不能混有其他非塑料杂质，热分解温度较低，约为 450～500℃，主要回收产品为油类。油化法适合处理的废旧塑料主要有 PE、PP、PS、PM-MA 等，不适用于 PVC、PA 等塑料。主要工艺见表 1-2。

表 1-2 油化工艺中各种方法的比较

方法	特点		优点	缺点	产物特征
	熔融	分解			
槽式法	外部加热或不加热	外部加热	技术较简单	加热设备和分解炉大；传热面易结焦；因废旧塑料熔融量大，紧急停车困难	轻质油、气（残渣）
管式炉法	用重质油溶解或分解	外部加热	加热均匀，油回收率高；分解条件易调节	易在管内结焦；需均质原料	
流化床法	不需要	内部加热（部分燃烧）	不需熔融；分解速度快；热效率高；容易大型化	分解产物中含有机氧化物，但可回收其中的馏分	油、废气
催化法	外部加热	外部加热（用催化剂）	分解温度低，结焦少；气体产率低	炉与加热设备大；难于处理 PVC 塑料；应控制异物混入	

2. 解聚回收

废旧塑料的化学解聚就是使用催化剂或者溶剂使废旧塑料重新还原为单体的过程，实际上是聚合的逆反应，它有水解和醇解等方法。

化学解聚的产物组成较为简单，且易于控制，生产设备也相对简单。通常分解产物几乎不需要分离和精制。不过，化学解聚法要求所提供的废旧塑料相对清洁和单一，混杂废旧塑料不适用。对于大多数结构稳定的碳链和杂链塑料，如聚烯烃等，其化学结构很稳定，是不能进行化学解聚的；理论上，适合化学解聚的是具有对水或醇敏感基团的聚合物，如酰胺、酯、腈、缩醛，实际应用中主要有聚氨酯类和热塑性聚酯类。此外，还有聚酰胺类、聚甲基丙烯酸甲酯（即有机玻璃）、聚甲醛等。

所谓水解，就是在水的作用下使缩聚物或加聚物分解成为单体的过程。因为水解与缩合互为逆反应，只要缩聚物或加聚物中含有对水解反应敏感的基团，均可被水解。这类聚合物有 PU、热塑性聚酯（PET、PBT）、FC 和 PA。它们在通常的使用条件下是稳定的，因此这类塑料废弃物必须在特殊条件下才能够进行水解，得到单体。下面是对 PU 进行水解的几个实例。

将低密度的 PU 泡沫与 160～190℃ 的过热蒸汽混合 15min 以上，转换成密度大于水的液体，除甲苯二胺和 PP 氧化物外，还有多元醇（聚酯型或聚醚型）。多元醇可直接用于新泡沫的成型，而胺类则必须采用化学方法转化为异氰酸酯才能使用。

通用电气公司 PU 泡沫水解工艺：废泡沫块经粉碎后投入反应器，在温度约 315.6℃的条件下与蒸汽接触进行水解。多元醇为含水单体，经冷却和过滤后可直接回收。蒸汽从反应器进入喷雾冷凝器内，与苯胺或苯甲醇接触。各种溶剂回收过程中有水、溶剂和有机物的分离，蒸馏有机溶剂可分离出主产物二胺、副产物乙二醇和焦油。

图 1-2 所示的是德国 Leverkusen 公司的一种废旧塑料回收用连续水解反应器。该设备以双螺杆挤出机为反应室，能耐 300℃高温。

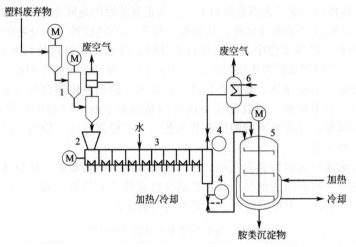

图 1-2 以双螺杆挤出机为反应器的连续水解反应器
1—加料装置；2—料斗；3—双螺杆挤出机；4—减压阀；5—蒸馏塔；6—冷却器

醇解是利用醇类的羟基来解聚某些聚合物及回收原料的方法，这种方法已成熟地应用于 PU、PET 等塑料。PU 水解后产生胺和乙二醇的混合物，二者需要分离才可回收再用，而醇解法就无需这道工序，过程相当简单。废旧 PET 醇解回收可获得对苯二甲酸乙二醇酯和乙二醇，用它们再生产 PET，其质量与新料相同。在 PET 的醇解中，有以甲醇为溶剂的甲醇分解法、以乙二醇为溶剂的糖原醇解法和用酸或碱性水溶液的加氢分解法等。图 1-3 为杜邦公司开发的用甲醇分解废旧 PET 的流程。

三、能量回收

大多数塑料是烃类高分子化合物，能燃烧并产生很高的热值。例如，PS 和 PE 等高燃烧热值的废旧塑料已超过燃料油和煤的平均燃烧热值，见表 1-3。能量回收就是获取其燃烧产生的高热量并加以有效利用，也称为塑料的四级回收。废旧塑料的能量回收一般不用纯废旧塑料，而是用城市固体垃圾、工业垃圾等焚烧，废旧塑料在这些垃圾中约占 15%～20%（体积分数），或 5%～8%（质量分数），是主要的热量提供者。据报道，每 10t 城市固体废弃物燃烧 1h，可得到 33t 压力为 3.45MPa、温度为 204℃的蒸气（相当于燃烧 3080m³ 天然气或 1956L 燃料油的能量）。但城市固体垃圾焚烧时的能量回收往往并不是采用这种处理方法的主要目的，所以也有人认为这种方法不是真正的塑料回收方法。然而，废旧塑料虽然可以循环回收，但循环的次数是有限的，并不能永远循环下去，而且有些废旧塑料并不具备回收价值，所以能量回收也是一种重要的回收方法。

表 1-3 常见废塑料的热值

废塑料	热值/(kJ/kg)	废塑料	热值/(kJ/kg)
PA	42393	PF	55185
PP	77084	废纤维	24671
PU(泡沫)	47511	报纸	29146

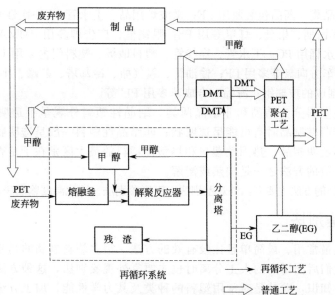

图 1-3 杜邦公司开发的用甲醇分解废旧 PET 的流程

　　焚烧方法省去了废旧塑料前期分离等繁杂工作，可大批量处理废旧塑料和生活垃圾，但设备投资较大，其成本较高。因此，目前利用焚烧方法处理废旧塑料的国家还仅限于发达富裕的国家和我国局部地区。

　　另一种使废旧塑料能源化的回收技术就是将废塑料通过高温催化裂解成低分子量的单体或烯烃类燃油。这方面技术研究工作日本、美国等国家进行得比较多。日本已建成多条连续裂解生产线，可连续地将烯烃类废塑料高温催化裂解成汽油等。我国中国石油大学（北京）、中国科学院大连化物所、山西煤化所等都开展烯烃类塑料热裂解催化剂的研究，并在催化裂解聚乙烯（PE）、聚丙烯（PP）等回收汽油领域取得一定进展，但由于生产规模小，成本高，导致回收的燃油价格比市场上现有成品油还高，缺乏市场竞争力。目前阶段，催化裂解回收燃油方法只适用于热塑性聚烯烃类废塑料。对于裂解催化剂的效率和使用寿命的提高，还有待于进行更深入研究。

第三节　废旧塑料鉴别技术

　　塑料的种类繁多，每种塑料都有自己独特的分子链结构，即使用相同单体合成的塑料，由于其分子链结构、长度等不同，产品性能也可能完全不同，如聚乙烯（PE），都是乙烯单体合成的，却有低密度聚乙烯（LDPE）、高密度聚乙烯（HDPE）、线型低密度聚乙烯（LLDPE）、超高分子量聚乙烯（UHMWPE）等种类，性能都各不相同，UHMWPE 与其他品种的 PE 性能相差更是悬殊。同样的，PP、PS 等其他塑料也有不同品种。除非有特殊目的需将两种或两种以上的塑料以特定的比例和工艺进行共混改性外，不同品种的塑料是不能混合在一起使用的。因为不同塑料的相容性、熔点等性能不同，会导致根本无法加工；或者即使能加工；制品的性能也会大大降低。在某些塑料制品的加工中，如吹塑膜，即使混有很少量异种塑料或杂质，都会使吹塑膜破裂而无法加工。

　　某些塑料制品，由于其自身要求、经济性等方面的原因，一般都使用某一种类的塑料，如饮料瓶大多用 PET（过去也曾广泛用 PVC，现在因食品安全等原因已很少用 PVC）；家电、仪器仪表的外壳、汽车保险杠等大多用 ABS；机械零件（如齿轮）大多用 PA（尼龙）或 ABS；塑料雨衣、台布、电线套管、吹气玩具、较低档次的塑料凉鞋、鞋底、拖鞋、人造革等用软

PVC；塑料桶、食品袋、药品包装瓶用 PE；微波炉用品、上水管、（一次性）塑料水杯、蓄电池壳大多用 PP；牙刷柄、果盘、灯罩等用 PS；眼镜框、广告牌多用 PMMA；阳光板、奶瓶、各类光盘、大容量水桶用 PC；下水管、穿线管、塑料地板、塑料门窗多用 UPVC；电器开关、插座、仪表壳、汽车方向盘等多用 PF；输油管、氧气瓶、冷却塔、贮罐、小渔船多用 PF 等或多用由 EP 或 UP 制成的玻璃钢；海绵、合成革多用 PU 等。

一般将热塑性塑料分为结晶和非结晶两类。结晶性塑料外观呈半透明、乳浊状或不透明，只有在薄膜或薄壁制品时有可能呈透明状；非结晶性塑料一般呈透明状。热固性塑料大多含有填料，为不透明制品。热固性塑料和热塑性塑料的最大区别在于是否可熔、可溶，因此鉴别这两者最有效的方法之一是加热或溶解。

鉴别废塑料种类的方法主要有：外观鉴别法、密度鉴别法、塑化温度鉴别法、燃烧鉴别法等。

一、外观鉴别法

外观鉴别法是最常用、最简单且比较有效的方法，很多塑料制品的初步鉴别都可以用这种方法来完成。我们后面讲到的人工分离时也主要靠外观鉴别法，这种方法要求鉴别者有较为全面的塑料专业知识，尤其是对常用塑料的种类及其力学性能、加工方法、基本用途、外观特征要有较全面的了解。一些高分子材料的直观鉴别如表 1-4 所示。

表 1-4　一些高分子材料的直观鉴别

塑料名称	手感	眼观	鼻闻	摔后耳听
聚乙烯 （PE）	具有蜡样光滑感，划后有痕迹，柔软，有延伸性，可弯曲，但易折断，MDPE、HDPE 较坚硬，刚性及韧性好	LDPE 的原材料为白色蜡状物，透明，HDPE 为白色粉末状或半透明颗粒状树脂，在水中漂浮	无味 无臭	音低沉
聚丙烯 （PP）	光滑，划后无痕迹，可弯曲，不易折断，拉伸强度与刚性较好	白色蜡状，半透明，在水中漂浮	无味 无臭	响亮
聚苯乙烯 （PS）	光滑，性脆，易折断	玻璃般透明；耐冲击，无光泽，在水中下沉	无臭 无味	用指甲弹打有金属声
聚氯乙烯 （PVC）	硬制品加热到 50℃ 时就变软，可弯曲，软制品会下沉，有的有弹性	透明，制品视增塑剂和填料而异，有的不透明，具耐化学药品性		
ABS	硬质材料坚韧，质硬，刚性好，不易折断	乳白色或米黄色，非晶态，不透明，无光泽，在水中下沉	无臭 无味	清脆
聚酰胺 （PA6、PA66）	表面硬，有热感，轻轻触打时不会折断	乳白色，胶质状，加热到 250℃ 以上时呈水饴状，在水中下沉	无臭 无味	低沉
聚四氟乙烯 （PTFE）	有润滑感	白色蜡状，透明度较低，光滑，不吸水，耐候性极佳，在水中下沉	无臭 无味	低沉
聚氨酯 （PU）	随形状不同而异	有泡沫、弹性体、涂料、合成革四种形态，形状各异，在水中有的下沉，有的漂浮	无臭 无味	低沉
聚碳酸酯 （PC）	有金属感，较硬，弯曲时的抵抗力大，耐冲击，韧性强	白色结晶粉末，浅黄色至琥珀色，透明固体，制品接近无色	无臭 无味	较响
不饱和聚酯 （UP）	随品种不同而异，某些制品硬而光滑	有通用型、透明型、胶衣型多种，具有防腐、韧性、柔性、耐热性、自熄性，无色或黄色，光亮，外观随品种不同而异，在水中下沉	无臭 无味	有些制品发出叮当响声
环氧树脂 （EP）	随类别不同而异	透明，低分子量为黄色或琥珀色高黏度透明液体，对金属黏结力强	无臭 无味	
纤维素塑料	有热感，不易伸长，弯曲后立即复原，表面硬而韧，浸水后稍软化	水白色，胶质状，在水中下沉	无臭 无味	低沉
脲甲醛树脂 （UF）	压制件硬，胶为液体	半透明，压制件为白色，染色者发亮，在水中下沉	无臭 无味	低沉
三聚氰胺甲醛树脂（MF）	硬	压制件为白色，染色者发亮，在水中下沉	无臭 无味	低沉

二、燃烧鉴别法

高分子材料大部分都能燃烧，由于结构的不同，其燃烧特征也不相同，通过燃烧可以简便且非常有效地鉴别塑料，判断属于哪种塑料。燃烧鉴别法非常简单，剪取一小块塑料试样，用镊子夹住塑料试样，放在燃烧的酒精灯上，观察燃烧的难易程度、火焰光泽、烟的浓淡及自熄情况，同时闻其气味，用以判断属于哪种高分子材料。燃烧试验主要观察下列现象：试样是否能燃烧？试样离开火焰是否能自熄？火焰的颜色、亮度是否带黑灰或火星溅出等？试样是否变形？龟裂？是否熔融？是否滴落？滴落物是否继续燃烧？有否结焦？残留物的形状如何？声响？气味？主要塑料燃烧特性和鉴别分别见表1-5和图1-4。

表 1-5　主要塑料的燃烧特性

塑料名称	燃烧难易	气味	火焰特征	塑料状态变化
聚乙烯	易	类似石蜡燃烧味	黄橙色，边缘蓝色	熔融滴落后继续燃烧，无烟
聚丙烯	易	石油气味，辛辣味	上端黄，下端蓝	熔融滴落
聚氯乙烯	难	有氯化氢刺激性气味	黄色底部，绿色喷溅，绿色或黄色火星，冒黑烟	软化能拉丝
聚苯乙烯	易	苯乙烯气味	橙黄色，浓黑烟，有黑炭灰	发软、起泡
有机玻璃	易	水果香味，腐烂蔬菜味	浅蓝色，顶端白色，有破裂声	熔化，起泡，稍发焦
ABS	易	有苯乙烯气味，带橡胶味	黄色，黑烟	软化，熔融，烧焦，无滴落
聚四氟乙烯	不燃	在烈火中分解出氟化氢		无变化
聚三氟氯乙烯	不燃	在烈火中分解出氟化氢		变软
聚酰胺	缓慢燃烧	似羊毛、指甲、角等烧焦的气味	蓝色，顶端黄色	熔融，滴落，起泡
聚酯	易	辛辣味	黄色，边缘蓝色	熔化，缩成膜
聚碳酸酯	缓慢燃烧	花果臭味	亮黄色	软化，熔融，起泡，焦化
乙酸纤维素	很容易	乙酸味	暗黄色，少量黑烟	熔化，滴落
甲基纤维素	易	稍有甜味，焚纸味	黄绿色	熔化，焦化
乙基纤维素	易	特殊气味	黄色，边缘蓝色，黑烟	
丁基纤维素	易	特殊气味	黄色，黑烟	
硝酸纤维素	急剧燃烧	二氧化氮味	黄棕色，发光	很快全都燃烧完
聚乙烯醇	能燃	刺激气味	明亮	变软，熔化，变褐色，分解
聚乙烯醇缩甲醛	不易	稍有甜味	黄白色	熔化，缩成滴
聚乙烯醇缩乙醛	不易	乙酸味	边缘发紫	熔化，缩成滴
聚乙烯醇缩丁醛	易	特殊气味	黑烟	熔融，滴落
酚醛树脂(铸件)	难	酚味，并有强烈的甲醛味	黄色火花	
酚醛树脂(木粉)	缓慢燃烧	木材和苯酚味	自熄，黄色	
环氧树脂	缓慢燃烧	刺鼻的酚类气味	黄色，黑烟，喷溅黄色火星	
聚丙烯酸酯	易	刺鼻味	明亮	熔化和分解
聚异丁烯	易	与焚烧纸味类似	明亮	熔化和分解
聚苯醚	易	花果臭味	浓黑烟	熔融
氯化聚醚	难	氯化氢味	上黄，下蓝，浓黑烟	熔融，不滴滴
聚砜	难	略有橡胶燃烧味	黄褐色烟	熔融
玻璃纸	易	同纸一样的气味		像纸一样燃烧，呈红黄色火焰

续表

塑料名称	燃烧难易	气味	火焰特征	塑料状态变化
氯丁橡胶	易	与天然橡胶相似气味	橙色,底部绿色,黑烟	
天然橡胶	易	特殊气味	深黄色,黑烟	
脲醛树脂	难	特殊气味并伴有甲醛味	浅黄色,边缘浅蓝绿色	
聚甲醛	易	强烈甲醛气味,鱼腥臭气味		燃烧时熔融滴落,离火能继续燃烧,火焰上端黄,下端蓝
苯胺甲醛树脂	能燃	苯胺味,甲醛味	黄色,冒烟	变软,胀大,分解

三、密度鉴别法

密度鉴别法又称重选法,也是一种简易鉴别塑料的方法。塑料的品种不同,其密度也不同,可利用密度的差异来鉴别塑料的品种,或者利用塑料的沉浮来鉴别塑料的类别,但密度鉴别法很少单独用于塑料的鉴别,总是和其他方法配合起来使用(见表1-6和表1-7)。

表1-6 利用不同密度溶液鉴别塑料

溶液种类	密度/(g/cm³)	配制方法	浮于溶液的塑料	沉于溶液的塑料
水	1.00		聚乙烯、聚丙烯	其他塑料
饱和食盐溶液	1.19(25℃)	水74mL,食盐26g	聚苯乙烯、ABS	聚氯乙烯、有机玻璃
酒精溶液(58.4%)	0.91(25℃)	水100g 95%酒精140mL	聚丙烯	聚乙烯
酒精溶液(55.4%)	0.92(25℃)	水100g,95%酒精140mL	低密度聚乙烯	高密度聚乙烯
氯化钙溶液	1.27	氯化钙100g 水150mL	聚苯乙烯、有机玻璃、聚乙烯、聚丙烯	聚氯乙烯

表1-7 部分塑料的密度

塑料	密度/(g/cm³)	塑料	密度/(g/cm³)
硅橡胶	0.80	聚乙酸乙烯酯	1.17~1.20
聚甲基戊烯	0.83	丙酸纤维素	1.18~1.24
聚丙烯	0.85~0.91	增塑料聚氯乙烯	1.19~1.35
高压(低密度)聚乙烯	0.89~0.93	聚碳酸酯	1.20~1.22
1-聚丁烯	0.91~0.92	交联聚氨酯	1.20~1.26
聚异丁烯	0.91~0.93	苯酚甲醛树脂(未填充)	1.26~1.28
天然橡胶	0.92~1.00	聚乙烯醇	1.21~1.31
低压(高密度)聚乙烯	0.92~0.98	乙酸纤维素	1.25~1.35
聚酰胺12	1.01~1.04	苯酚甲醛树脂(填充纸、织物)	1.30~1.41
聚酰胺11	1.03~1.05	聚氟乙烯	1.30~1.40
丙烯腈-丁二烯-苯乙烯共聚物	1.04~1.06	赛璐珞	1.34~1.40
聚苯乙烯	1.04~1.08	聚对苯二甲酸乙二醇酯	1.38~1.41
聚苯醚	1.05~1.07	硬质PVC	1.38~1.50
苯乙烯-丙烯腈共聚物	1.06~1.10	聚甲醛	1.41~1.43
聚酰胺610	1.07~1.09	三聚氰胺脲醛树脂(加无机填料)	1.47~1.52
聚酰胺6	1.12~1.15	氯化聚氯乙烯	1.47~1.55
聚酰胺66	1.13~1.16	酚醛和氨基塑料(加有机填料)	1.50~2.00
环氧树脂	1.10~1.14	聚偏二氟乙烯	1.70~2.30
不饱和聚酯树脂	1.10~1.14	聚偏二氯乙烯	1.86~1.88
聚丙烯腈	1.14~1.17	聚三氟氯乙烯	2.10~2.20
乙酰丁酸纤维素	1.15~1.25	聚四氟乙烯	2.10~2.30
聚甲基丙烯酸甲酯	1.16~1.20		

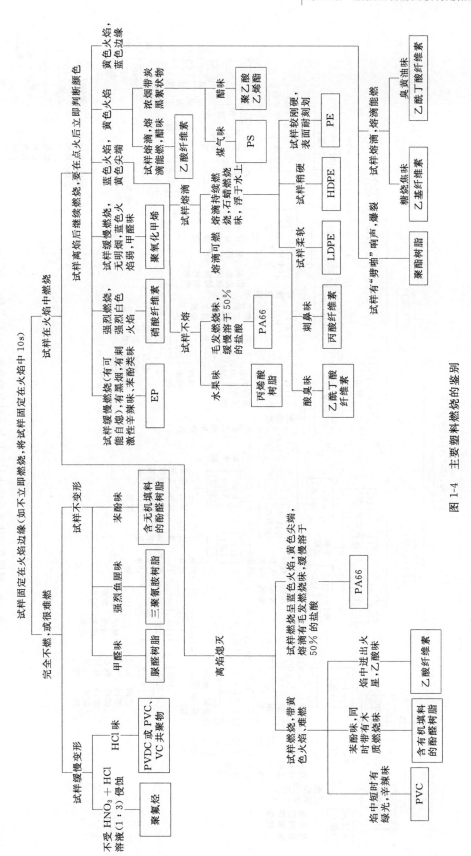

图 1-4 主要塑料燃烧的鉴别

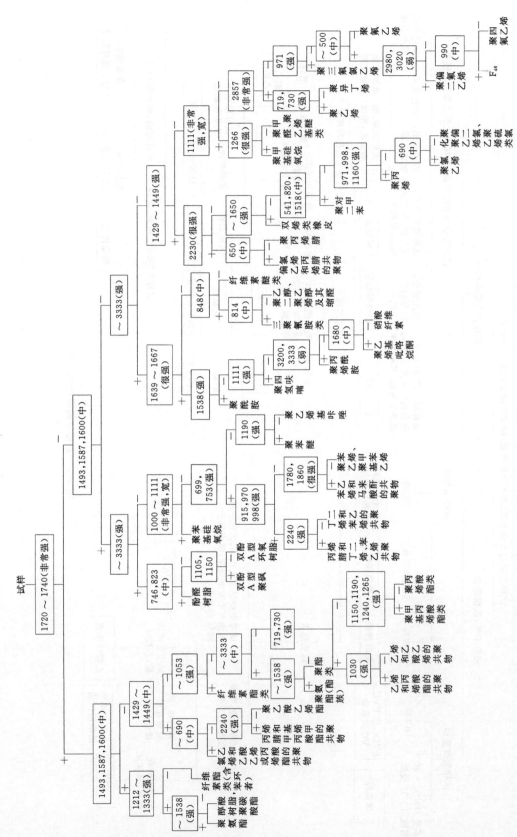

图 1-5 利用肯定法或否定法鉴别高分子材料的流程（波数单位：cm^{-1}）

四、仪器分析鉴别法

1. 热分析鉴别法

高分子材料可通过热分析来鉴别。差热扫描量热分析（DSC）技术可测定高分子在升温或降温过程中的热量变化；热失重分析（TGA）可测定聚合物的热分解温度；热机械分析（TMA）可测定高分子的热转变温度 T_g。通过这些技术的应用可得到塑料的熔点、软化点、玻璃化转变温度、热分解温度及结晶温度等，从而判断塑料的种类。

2. 中红外线（MIR）光谱鉴别法

MIR 光谱的波数为 $4000 \sim 700 cm^{-1}$，一般聚合物的 MIR 光谱是确定的，而且直接与聚合物的特定化学键相关。利用这点可对 PE、PP、PVC、ABS、PC、PA、PBT、EPDM 等塑料品种进行鉴别。MIR 技术对塑料具有较强的识别能力，但分析测试时间较长（≥20s）。

3. 近红外线（NIR）光谱鉴别法

NIR 光谱的波数为 $14300 \sim 4000 cm^{-1}$，适用于大多数通用塑料及工程塑料（PE、PP、PVC、PS、ABS、PET、PC、PA、PU 等）的鉴别，因此 NIR 技术应用较广。该法快捷、可靠，响应时间短，灵敏度高，穿透试样的能力比 MIR 强。同时，NIR 光谱仪无运动部件，易维修，可在恶劣环境下工作，这对废旧塑料回收系统是特别可贵的优点。但 NIR 技术一般不适于鉴别黑色或深色的塑料，且 NIR 图谱中的某些峰有时不清晰，但是正在研究的某些新光源可在很大程度上克服这一缺点。图 1-5 是利用一些基团的特征谱带进行肯定法或否定鉴别塑料。图 1-6 是高分子材料的红外光谱中主要谱带的波数与结构的关系图，用于高分子的快速鉴别。

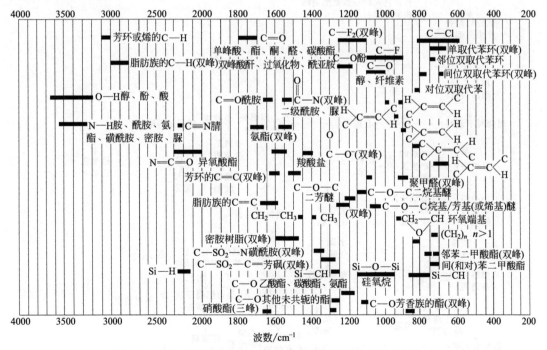

图 1-6　高分子材料的红外光谱中主要谱带的波数与结构的关系

4. 激光发射光谱分析（LIESA）鉴别法

LIESA 鉴别法被证明是一种快速鉴别塑料的方法，用时不超过 10s，可穿透样品，而且可用于鉴别黑色样品，LIESA 要求骤热聚合物（高达 200℃），然后记录聚合物的发光特征，这依赖于聚合物的热导率和比热容。

5. 等离子体发射光谱法等

等离子体发射光谱技术是通过两金属电极产生电火花烧焦塑料产生的原形质释放出的光谱来鉴别塑料的成分。发射光会被一个与 PC 机相连的分光计收集分析，这种技术可以鉴别很多塑料，甚至可以鉴别塑料中是否存在重金属或卤素添加剂。该方法方便快捷，鉴别大多数聚合物不超过 10s，探测 PVC 和 PVC 的稳定剂只需 2s。

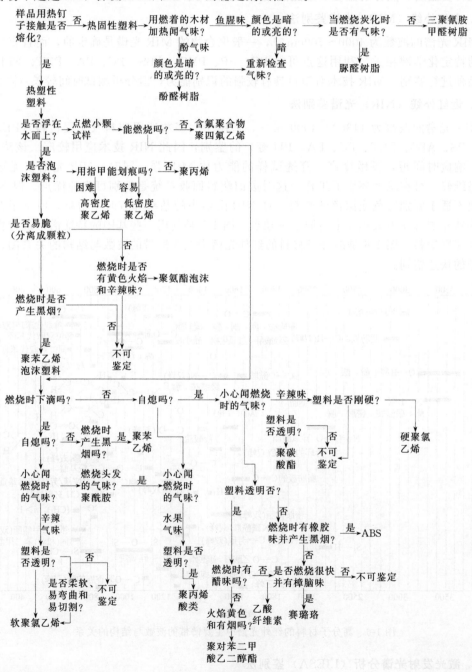

图 1-7　废塑料综合鉴别法

6. X 射线荧光（XRF）鉴别技术

XRF 是一种专门鉴别 PVC 的方法。在 X 射线的照射下，PVC 中的氯原子放射出低能 X 射线，而不含氯的塑料反应则不同。由高能 X 射线组成的入射光束（主光束）激发目标原子，使其激发出外层电子（K 级电子）；片刻后，激发的离子回到基态，产生与入射光谱类似的荧光谱。但是由于荧光的时间延迟，这种光谱不像源光谱那样持续，因而使 XRF 与背景对比度高，灵敏度也很高。由于 PVC 中含氯量几乎达 50%，所以可以用 XRF 来鉴别。

五、综合鉴别法

以上介绍的各种塑料鉴别法，都有其局限性，只能作为参考，在使用简单鉴别法时应综合使用各种方法，相互参考，借鉴，如图 1-7 所示，即废塑料综合鉴别法。

第四节　废旧塑料回收加工

废旧塑料比较正式的说法为消费后塑料废料，是指消费或使用后的废弃塑料制品。塑料在合成、成型加工、流通等环节也会产生废品、废料，这些塑料废料又称为消费前塑料废料。虽然这也属于废旧塑料的范围，但由于其产生的量相对较少，易于回收且回收价值大，一般生产厂家都会自己回收且将回收产品直接用在生产上。因此，通常所说的废旧塑料主要是指消费后塑料废弃物。

一、废旧塑料的来源

1. 树脂生产中产生的废料

在树脂生产中产生的废料包括以下 5 种：

① 聚合过程中反应釜内壁上刮削下来的贴附料（俗称"锅巴"）以及不合格反应料。

② 配混过程中挤出机的清机废料以及不合格配混料。

③ 运输、储存过程中的落地料等。

废料的多少取决于聚合反应的复杂性、制造工序的多少、生产设备及操作的熟练程度等。在各类树脂生产中，聚乙烯产生的废料最少，聚氯乙烯产生的废料最多。

④ 成型加工过程中产生的废料。在热塑性塑料的各种成型加工中均会产生数量不等的废品、等外品和边角料。如注射成型中的流道冷料、浇口冷固料、清机废料、废边等；挤出成型中的清机废料、修边料和最终产品上的截断料等；吹塑过程中的吹塑机上的截坯口，设备中的冷固料和清机废料以及中空容器的飞边（生产带把瓶子时其截坯口废料率可达 40%）等；压延加工中从混炼机、压延机上掉落的废料、修边料和废制品等；滚塑加工中模具分型线上的溢料、去除的边缝料和废品等。

成型加工中所产生的废料量取决于加工工艺、模具和设备等。一般来说，这种废料再生利用率比较高。它们品种明确，填料量清楚，且污染程度小，性能接近于原始料，预处理工作量小，通常只做粉碎处理，可作为回头料掺入新料之中，并且对制品的性能和质量影响较小。

热固性塑料在成型加工时也会产生废品、废料，如废品已发生交联反应，则这些废品回收再生的难度就很大。

⑤ 配混和再生加工过程中产生的废料。配混和再生加工过程中产生的废料仅占所有废旧塑料的很小部分，它们是在配混设备清机时清除的废料和不正常运行情况下出的次品，其中大部分为可回收性废旧塑料。

2. 二次加工中产生的废料

二次加工通常是将从成型加工厂购买来的塑料半成品经转印、封口、热成型、机械加工等加工制成成品，这里产生的废料往往要比成型加工厂产生的废料更加难以处理。如经印刷、电镀等处理后的废品，要将其印刷层、电镀层去除的难度和成本都很大，而直接粉碎或造粒得到的回收料，其价值则要低得多。经热成型、机械切削加工而产生的废边、废粒，回收再生就比较容易，且回收料的价值也较高。

3. 消费后塑料废料

这类废旧塑料来源广，使用情况复杂，必须经过处理才能回收再用。这类废弃物包括：
① 化学工业中使用过的袋、桶等。
② 纺织工业中的容器、废人造纤维丝等。
③ 家电行业中的包装材料、泡沫防震垫等。
④ 建筑行业中的建材、管材等。
⑤ 罐装工业中的收缩膜、拉伸膜等。
⑥ 食品加工中的周转箱、蛋托等。
⑦ 农业中的地膜、大棚膜、化肥袋等。
⑧ 渔业中的渔网、浮球等。
⑨ 报废车辆上拆卸下来的保险杠、燃油箱、蓄电池箱等。
⑩ 城市生活垃圾中的废旧塑料等。

这类废旧塑料由于其数量大，回收利用困难，已对环境造成严重威胁，是今后回收工作的重点，所以将其单独归类。我国城市生活垃圾中，废旧塑料约占2%～4%，其中大部分是一次性包装材料，它们基本上是聚乙烯（PE）、聚丙烯（PP）、聚苯乙烯（PS）、聚氯乙烯（PVC）、聚对苯二甲酸乙二醇酯（PET）等。在这些废旧塑料中，聚烯烃（PO）约占70%。

生活垃圾中的废旧塑料制品种类很多，它们包括各种包装制品，如瓶类、膜类、罐类等；日用制品，如桶、盆、杯、盘等；玩具饰物，娱乐用品，服装鞋类，捆扎绳，打包带，编织袋，卫生保健用品等。

4. 几种常见塑料再生料性能变化

废旧塑料经再生加工后，性能有不同程度的下降，主要是由光老化、氧化和热老化引起的。性能下降程度的大小主要取决于使用年限和环境。成型加工厂生产时产生的废边、废品，其回收料的性能下降很小，几乎可以作为新料用。室内使用、使用年限短的产品，回收料性能变化不大，而在室外使用年限长、使用环境差（如受压力、电场、化学介质等作用）的产品性能就差，甚至无法回收。

PP：一次再生时，颜色几乎不变，熔体流动速率上升，两次以上颜色加重，熔体流动速率仍上升。再生后断裂强度和伸长率有所下降，但使用上无问题。

PVC：再生后变色较明显，一次再生挤出后会带有浅褐色，三次再生则几乎变为不透明的褐色，比黏度在二次再生时不变，两次再生以上有下降倾向。无论是硬质PVC还是软质PVC，再生时都应加入稳定剂，为使再生制品有光泽，再生时可添加掺混用的ABS 1%～3%。

PE：再生后性能都有所下降，颜色变黄，经多次挤出后，高密度聚乙烯黏度下降，低密度聚乙烯黏度上升。

PS：再生后颜色变黄，故再生PS一般进行差色。再生料各项性能的下降程度与再生次数成正比，断裂强度在掺入量小于60%，无明显变化，极限黏度在掺入量为40%以下时，无明显变化。

ABS：再生后变色较显著，但使用掺入量不超过20%～30%时，性能无明显变化。

尼龙：再生也存在变色及性能下降问题，掺入量以20%以下为宜。再生伸长率下降，弹性却有增加的趋势。

二、废旧塑料的分选

废旧塑料的分选通常分为手工分选和机械分选两类。初步分选主要选用振动筛、转鼓、磁力分选机、风力分选机；材料分离可采用各种材质分选设备和装置，包括密度、静电、温差、红外线、光学照相机和 X 射线等分选设备。

1. 手工分选

手工分选就是通过人工将包含在废塑料中的杂质，以及不同品种的塑料分开。手工分选的步骤如下：

① 除去金属和非金属杂质，剔除严重质量下降的废旧塑料制品。

② 先按制品，如薄膜（农用薄膜、本色包装膜、杂色包装膜）、瓶（饮水机水瓶、矿泉水瓶、碳酸饮料瓶、牛奶瓶、洗涤剂瓶）、杯、盒、鞋底、凉鞋、泡沫塑料、边角料等进行分类，再根据上节介绍的鉴别法分类不同的塑料品种，如聚乙烯（PE）、聚丙烯（PP）、聚氯乙烯（PVC）、聚苯乙烯（PS）、聚碳酸酯（PC）、聚对苯二甲酸乙二醇酯（PET）和聚氨酯（PU）等。

③ 将经上述分类的废旧塑料制品再按颜色深浅和质量分选，按颜色可分成：黑、红、棕、黄色；蓝、绿色和透明无色

2. 机械分选

可通过磁选、密度分选、离心分离、浮选分离、风筛分选、静电分选、红外线分选、照相分选和温差分选等方法分选。其中红外线和照相分选，也可以归属于光学分选法，它们是近年数码技术发展成果在废塑料回收再生中的新应用。

（1）磁选　磁选是利用磁体分离铁类金属的方法，主要目的是除去混在废旧塑料中的钢铁等金属碎屑杂质，因这些细碎钢铁屑不易用手工分选的方法除去。

（2）密度分选　密度分选是利用不同塑料具有不同密度这一性质进行分选的方法，具体方法是将混杂的废旧塑料放进某种具有一定密度的溶液中，然后根据废旧塑料在该溶液中的沉浮状态来进行分选。可用于分选废旧塑料的溶液种类和不同塑料在其中的沉浮状况见表1-6。各种塑料的密度见表1-7。密度分选方法的优点是简易可行，只要选择配制一种或几种溶液就可以进行大批量分选，从而避免了烦琐的人工分选；其缺点是有些种类塑料的密度非常接近，因此要获得高纯度的分离比较困难。

3. 红外线分选

红外线分选可分为近红外分选和红外线分选。近红外分选是利用近红外线照射被分选物时材质所呈现出的不同吸收程度进行分选的。近红外分选可用于塑料制品，如瓶类的分拣，可将 PVC 瓶从其他材料，如 PET 瓶中分拣出来。对于进行能量回收的废塑料，也可以分离出不宜燃料化的 PVC 材料。

红外线分选的原理是物体在选定的红外

图 1-8　NRT 公司 The MultiSort IR
自动化塑料瓶分拣机

波长范围内呈现与普通可见光下不同的反射特性来进行物体的识别。红外线应用于塑料的分选，可区分六种塑料，包括 PET、LDPE、HDPE、PVC、PS、PP，精确率可达 100%。

NRT 公司 The MultiSort IR 自动化塑料瓶分拣机（图1-8）使用了高速近红外探测器来

探测混合物料流中的特定塑料。一个典型的应用是在 PET 回收中去除其他杂质，如将 PVC 以及低熔点 PET 从 PET 里分离出来。

4. 照相分选

照相分选法为采用高分辨率照相机，将粉碎的废塑料中的金属和带有颜色的塑料检出、分离，见图 1-9。

NRT 公司 Colorplus 成像系统是一种先进的图像处理分拣系统（图 1-10），其利用智能识别算法分析颜色，透明度，不透明和食物形态的因素，包括对标签的分析来减少识别误差；比如，可以应用在 PET、金属罐、其他不透明物料，以及在 PET 进料的其他物质；将有颜色的 PET 从无色同名 PET 瓶中分离；将有标签的瓶子从无标签的瓶子中分离；将混合速率分成 PET 和 HDPE；将有颜色的 HDPE 从本色 HDPE 中分选除出来；将不同颜色的 HDPE 进行分离，识别和对不透明物质进行颜色分选。

5. X 射线分选

X 射线分选机的结构见图 1-11。

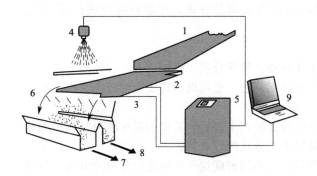

图 1-9 高分辨照相着色异物分离装置

1—供料槽；2—传送带；3—金属检测器；4—高分辨率照相机；5—图像加工；6—空气喷射装置；7—纯净粒子；8—异物粒子；9—中央控制器

图 1-10 NRT 公司 Colorplus 成像系统

6. 静电分选

静电分选是利用各种塑料不同的摩擦电性能来进行分选的方法，原理如图 1-12 所示。首先将废旧塑料粉碎成面积为 $8\sim10mm^2$ 的小块，干燥后，在带高压电极的滚筒中滚动，不同塑料，如 ABS/PS 混合塑料摩擦而产生静电。不同塑料摩擦带电时的极性由带电性能决定，序列见图 1-12。利用静电进行分选，对于多种混杂在一起的废混合塑料需要通过多次分选，这是因为每通过一次预选设定电压的高压电极只能分选出一种塑料。静电分选法特别适用于带极性的聚氯乙烯分离，纯度可达 100%。

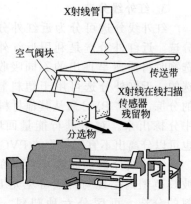

图 1-11 X 射线金属分选机

7. 浮选分离

浮选分离方法是借鉴矿石浮选原理开发的塑料回收分离方法。它是利用润湿剂改变水对塑料表面的润湿性，使某些塑料由疏水性变为亲水性而下沉，而仍为疏水性的塑料表面黏附上气泡则上浮，从而达到分离目的的方法。浮选法分离不同种类的塑料时，与塑料的密度、形状、大小等无关，它是利用水对塑料表面润湿性能的不同来进行分选的。

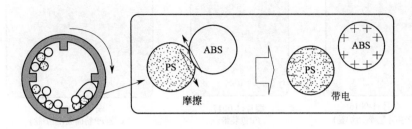

图 1-12　静电分选塑料

8. 温差分选

温差分选是利用塑料对温度的敏感性进行分选的方法，有低温和高温不同途径。图 1-13 为用于温差分选的冷冻磨碎装置。

低温脆化分选法是利用各种塑料具有不同脆化温度来进行分选的方法，也称为低温分选。

高温团粒分选是指塑料在一定温度下会发生团粒化，这是因为塑料随温度升高，其拉伸性能，即伸长率增加产生的现象，但是不同的塑料团粒化性能也不同，利用此特性进行塑料的分选。塑料团粒化特性可分类如下：

① 能低温团粒化的塑料包括 PE、PP 和发泡 PS 等。

② 能低温粉化的塑料包括 PVDC。

③ 能高温团粒化的塑料包括 PET、硬质 PVC 和镀铝薄膜。

④ 高温也不能团粒化的塑料包括热固性塑料。

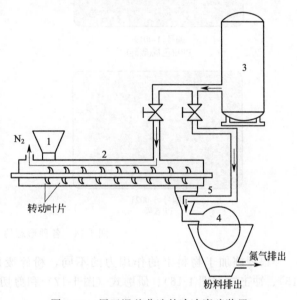

图 1-13　用于温差分选的冷冻磨碎装置
（美国联合碳化物公司）
1—料斗；2—冷却器；3—液氮罐；4—磨碎机；5—气闸

三、废旧塑料的粉碎

大多数废旧塑料在分离前，都需要先进行粉碎。清洗瓶类容器、大型塑料制品进行机械清洗时，也需要将废旧塑料粉碎；在进行配料时，为保证添加剂的分散性，也要求将废旧塑料粉碎，将其尺寸减小到某一允许的程度；在熔融造粒时，挤出机的喂料适合于颗粒物料，而开炼机适合于粉状或其他形状的小尺寸物料。

废旧塑料的形状复杂，大小不一，尤其是一些体积较大的废塑料制品必须通过粉碎、研磨或剪切等手段，将其破碎成一定大小的碎片小块物料，方可进行再生加工或进一步模塑成型，制成各种再生制品。对某些生产性废料，如注塑、挤出加工厂产生的废边、废料、废品，一般经粉碎后即可直接回收利用。以 PP 为例（图 1-14），可以看到各种形态的 PP 回收料，如薄膜、片状、带状、块状、板状。

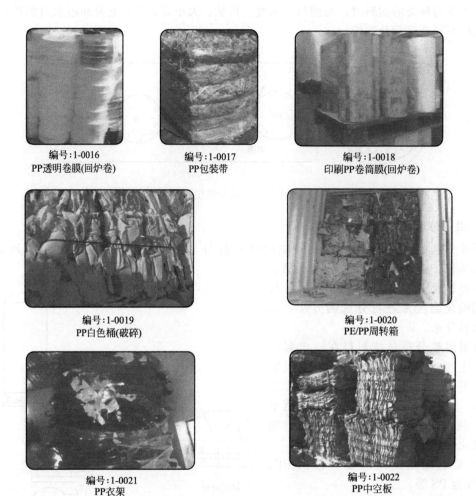

编号:1-0016
PP透明卷膜(回炉卷)

编号:1-0017
PP包装带

编号:1-0018
印刷PP卷筒膜(回炉卷)

编号:1-0019
PP白色桶(破碎)

编号:1-0020
PE/PP周转箱

编号:1-0021
PP衣架

编号:1-0022
PP中空板

图 1-14　各种形态的 PP 回收料

　　根据施加于物料上的作用力的不同，粉碎废旧塑料的主要设备可分为压缩式（图 1-15）、冲击式（图 1-16）、研磨式（图 1-17）和剪切式（图 1-18）四大类。

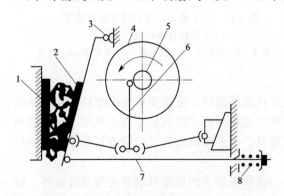

图 1-15　颚式粉碎机的结构
1—固定颚板；2—活动颚板；3—轴；4—飞轮；
5—偏心轮；6—连杆机构；7—连接杆；8—弹簧

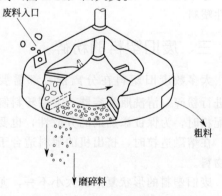

图 1-16　锉磨粉碎机的结构

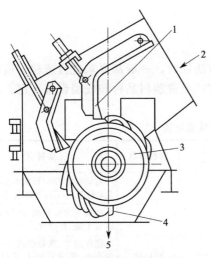

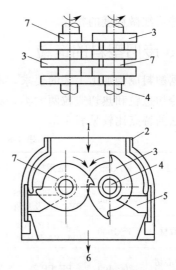

图 1-17　叶轮式粉碎机的结构
1—冲击板；2—供料口；3—旋转滚筒；
4—打击刀；5—出料口

图 1-18　低速旋转剪切式粉碎机的结构
1—供料口；2—壳体；3—旋转刀；4—旋转轴；
5—刮板；6—出料口；7—轴套

图 1-19　双轴撕碎机破碎回收料

　　图 1-19(a)、(b) 展示了采用双轴撕碎机（3E 集团）破碎大块中空回收料和薄膜回收料的效果。
　　粉碎设备的选用主要取决于被粉碎物料的种类、形状以及所需的粉碎程度。不同材质的废旧塑料应采用不同的粉碎设备。硬质 PVC、PS、有机玻璃、酚醛树脂、脲醛树脂、聚酯树脂等是一类脆性塑料，质脆易碎，一旦受到压缩力、冲击力的作用，极易脆裂，破碎成小块，对于这类塑料适宜采用压缩式或冲击式粉碎设备进行粉碎；对于在常温下就具有较高延展性的韧性塑料，如PE、PP、聚酰胺、ABS 塑料等，则只适宜采用剪切式粉碎设备，因为它们受到外界压缩、折弯、冲击等的作用，一般不会开裂，难以破碎，不宜采用脆性塑料所使用的粉碎设备。此外，对于弹性、软质且呈低温脆性的材料，如软质 PVC，则最好采用低温粉碎设备。
　　另外，应根据废料需要粉碎的程度来确定粉碎设备。若将大块破碎成小块时应采用压缩式、冲击式或剪切式粉碎设备；若将小块粉碎成细粉、细粒时，则主要采用研磨式粉碎设备。大型制品或要求小尺寸的细粒、粉料时，一般先进行较粗程度的粉碎，然后再根据要求进行中等或细微程度的粉碎。

四、废旧塑料的造粒

根据塑料成型加工工艺的要求，不管采用何种方法回收，一般都要求进行造粒。造粒工艺分为冷切造粒和热切造粒两大类，具体选用哪种方法要视塑料品种和成型设备而定。不同造粒方法的特点比较见表 1-8。

表 1-8 不同造粒方法的特点比较

造粒方法		产量/(kg/h)	适用材料	粒料直径	长度/mm	粒料形状	主要特点
冷切造粒	片材	5～1000	PE、PP、ABS、PVC、PA 及其他	1～6	1～6	正方体	启动容易,切口形状不良,粒料流动性差,不需后干燥,操作简单
	线材	5～1000	PE、PP、ABS、PVC、PA 及其他	1～6	1～6	圆柱体	适用于多种树脂,产量大,不需后干燥,可空气冷却
热切造粒	中心切粒空冷	20～100	PE、PP 等	4～6	1～2.5	圆柱体	操作简单,颗粒形状好,切粒动力小,限用于 PVC 或高黏度物料挤出
	中心切粒水冷	20～600	PE 等	2.5～6	1～3	围棋子状,圆柱体	易发生粒料的粘接,操作简单,操作环境好,可大量生产
	偏心切转水冷	20～3000	PE 等	2～6	1～3	围棋子状,圆柱体	机头较小,产量高,切刀相对较大
	铣齿环形刀切粒	10～1000	PP、PE、ABS、PVC、PS 等	1.5～6	1～3	围棋子状,圆柱体	几乎适用于所有热塑性塑料的造粒
	水环切粒	500～5000	几乎所有热塑性塑料	1.5～6	1～3	围棋子状,球体	适用于高产量场合,适合所有热塑性塑料

在废旧塑料的回收造粒中，通常需要利用挤出机。废料由挤出机熔融塑化，挤出条状料，按所需规格直接热切粒或冷却后切粒备用。

旧塑料回收挤出机前端有一个重要的功能部件——过滤装置，包括废粗滤板和滤网，它在废旧塑料的挤出造粒和成型加工中起着重要作用，用于清除废料中残存的杂质，如沙子、纤维以及其他熔点较高的塑料等，以保证产品质量和挤出过程的顺利进行。

废旧塑料往往已受到不同程度的污染，即使已经经过清洗、分离等，其杂质含量还是很高的，所以在其加工时过滤网需要频繁更换。过滤网更换时，需要先停机，在设备没有完全冷却时拆开挤出机机头，更换过滤网。这个过程会导致挤出机的效率降低、废品率提高，对废旧塑料的加工是不现实的，因此必须使用过滤网机械更换装置。

五、废旧塑料的塑化和再生

再生时可能会碰到下面一些问题：再生料的品质普遍不高，因为废旧塑料的来源复杂，有些制品的老化程度已很严重，即使数量不多，也会影响再生料的整体质量；有时候几种塑料无法分离；或者即使能分离，代价也很大，经济上不可行，如有些用于食品等包装的多层共挤塑料容器、薄膜。改性再生就是为了解决这些问题而产生的。

改性再生就是在回收过程中，对废旧塑料进行物理或化学改性，以提高再生料的品质；或者降低回收成本。虽然改性再生有些也涉及化学过程，但一般还是把它归属于物理回收的范围。

为了提高再生料的性能或降低成本，有时还会添加增强剂（如玻璃纤维等，简称玻纤）、增韧材料（如 EVA、EPDM、SBS 等）、填充剂（如碳酸钙等）。除了 PVC 和一些简单配料外，一般回收工厂很少涉及这些改性，而是由塑料加工厂来完成，因为再生料最后做什么产品是由其决定的。

对废旧塑料再生有意义的物理改性应该是共混改性。共混改性是指 2 种或 2 种以上聚合物（有时还要添加其他助剂）通过加热熔融，机械混合成多组分的塑料。这种塑料就叫做共混塑料，也叫做塑料合金。塑料合金的综合性能大大优于原来的塑料，特别是原来较弱的性能得到了改善，如 PE 的刚性较差，可以掺混 PP 或 ABS 以提高刚性。废旧塑料往往有多种塑料混合在一起，可以用共混技术回收塑料合金，这对某些难以分离的塑料，或者某些即使能分离，但分离成本较大的废旧塑料更具有现实意义。

随便两种塑料共混就能得到预期的塑料合金，塑料合金共混的各组分必须部分相容，即要符合以下条件之一：

① 聚合物之间的溶解度参数之差小于 0.5（最佳为 0.2）。

② 有相同（或相似）的化学结构，如结晶性塑料与结晶性塑料之间、非结晶性塑料与非结晶性塑料之间。

③ 分子间有共价键或离子键。

④ 有导入互穿聚合物的网络结构。

一般以结晶塑料和结晶塑料、非结晶塑料和非结晶塑料的共混性（相容性）较好，如 PE 和 PP、PC，同结构类型的塑料和 ABS 都比较适合共混。但这并不是绝对的，如 ABS 和 HIPS 虽属同类，却不能共混。表 1-9 显示了部分塑料（聚合物）的相容性。

表 1-9 部分塑料（聚合物）的相容性

塑料（聚合物名称）	LDPE	LLD PE	乙烯共聚物	HDPE	PP	EPDM	GPS/HIPS	SAN	ABS	PVC	PA(尼龙)	PC	丙烯酸树脂	PBT	PET
LLDPE	1														
LDPE	1	1													
乙烯共聚物	1	1													
HDPE	1	1	1												
PP	4	2	2	4											
EPDM	4	4	3	4	1										
GPS/HIPS	4	4	4	4	4	4									
SAN	4	4	4	4	4	4	4								
ABS	4	4	4	4	4	4	4	1							
PVC	4	4	(2)	4	4	4	4	2	3						
PA(尼龙)	4	4	(1)	4	4	(1)	4	4	4	4					
PC	4	4	4	4	4	4	4	2	2	4	4				
丙烯酸树脂	4	4	(3)	4	4	4	4	4	4	4	4	4			
PBT	4	4	(2)	4	4	4	4	4	4	4	1	4	1		
PET	4	4	(3)	4	4	4	4	4	4	4	1	4	1	1	
SBS	4	4	(4)	4	4	4	1	3	2	3	3	4	4	4	4

注：相容性等级：1＝很好，2＝好，3＝中等，4＝差（不相容），加括号的数字如 (1)、(2)、(3)、(4) 表示相容性等级与组分比例有关。

由于废旧塑料组分的复杂性和不确定性，共混改性具有很大的灵活性，具体的共混方法及配方将根据废旧塑料的来源及性质来确定。

现实中大多数塑料是互不相容的分离体系，如何使互不相容的体系变成部分相容的体系，选择合适的相容剂便是这一技术的关键。

相容剂是指当两种（或两种以上）不相容的聚合物共混时，能降低聚合物界面张力，使之产生相容作用的物质。请注意相容剂只是改变聚合物界面之间的相容性，即部分相容性，而不谋求聚合物间的整体相容。相容剂按作用机理分成两类：一类通过与原料聚合物发生反应形成化学键而相容，这类叫反应型相容剂；另一类通过降低原料聚合物间的表面张力而使之相容，这类叫非反应型相容剂。反应型相容剂和非反应型相容剂的优缺点见表 1-10。

表 1-10 反应型相容剂和非反应型相容剂的优缺点

类型	反应型相容剂	非反应型相容剂
优点	用量少，一般为 3%～5%；效果好，相容性极差的聚合物体系有可能微观分散	混炼、成型条件容易
缺点	价格稍高，副反应引起物性降低的可能性大，必须控制混炼、成型条件	添加量较大

反应型相容剂本身含有反应基团，在共混时与原料聚合物发生化学反应，形成化学键而使之具有相容性。常见的反应型高分子相容剂见表1-11。

表1-11　常见的反应型高分子相容剂

聚合物A	聚合物B	相容剂
PP或PE	PA6或PA66	PP-g-MA，PP-g-AA，EAA
PP或PE	PET	PP-g-AA，含羧基PE
ABS	PA6	PMMA-g-(羧基改性丙烯基聚合物)
PBT	PA6	PS-co-MA-co-GMA
PPE	PA6或PA66	SEBS-g-MA
PPE	PBT	PS-g-(环氧改性PS)
NR	PE	PE-g-MA/ENR
PBT	PA6	PCL-co-s-co-GMA
PS+PPE	EPDM的磺酸锌盐	PS的磺酸锌盐
PS+PE	EPDM-g-二乙基乙烯基磷酸盐	PS的磺酸盐+硬脂酸锌
PA	PS	P(St-MMA)，MA-g-PS
PA	EPR或羟基丙烯酸橡胶	MA-EPR
PC	PA	P(MA-芳基化合物)

注：AA为乙醛；ABS为丙烯腈-丁二烯-苯乙烯三元共聚物；EAA为乙烯-丙烯酸共聚物；ENR为环氧化天然橡胶；EPR为乙丙橡胶；EPDM为三元乙丙橡胶；GMA为甲基丙烯酸缩水甘油酯；MA为丙烯酸甲酯；MMA为甲基丙烯酸甲酯；NR为天然橡胶；PA为聚酰胺；PBT为聚对苯二甲酸丁二醇酯；PC为聚碳酸酯；PCL为聚己内酰胺；PPE为聚苯醚；PS为聚苯乙烯；SEBS为苯乙烯-乙烯/丁二烯-苯乙烯三嵌段聚合物；St为淀粉；-co-表示共聚；-g-表示改性；-s-表示硫化。

非反应型相容剂不含反应基团，因此它与原料聚合物不是通过化学反应，而是通过乳化作用降低界面张力来提高体系的相容性。非反应型相容剂多为接枝共聚物和嵌段共聚物。常用的非反应型高分子相容剂见表1-12。

表1-12　非反应型高分子相容剂

类型	聚合物A	聚合物B	相容性
AB型	PS	FMMA	PS-g-PMMA
	PS	PB	PS-g-PB
	PS	PEA	PS-g-PEA
	PDMS	PEO	PDMS-g-PEO
	PP	PA6	PP-g-PA6
	PE	PS	CPE-g-PMMA
	PS、PP或LDPE	PVC	PCL-g-PMMA
AC(ABC)型	PE	PP	EPDM
	SBR	SAN	BR-g-PMMA
	PS-MMA	PC	PS-g-PBA
	PPE	PVDF	PS-g-PMMA
CD型	PVC	BR	EVA
	PVC	LDPE	氢化PB-PCL
	PMMA	PP	SEBS

注：CPE为氯化聚乙烯；BR为丁基橡胶；EVA为乙烯-乙酸乙烯共聚物；PB为聚丁二烯；PBA为聚对苯甲酰胺；PDMS为聚二甲苯乙醇；PEO为聚乙酸乙二醇酯；PVDF为聚偏(二)氟乙烯；SA为烯腈共聚物；SBR为丁苯橡胶；-g-表示改性。

六、废旧塑料的共混改性

一般塑料进行共混改性主要是为了提高其性能。回收时的共混改性，固然也有提高再生料性能的目的，但是主要是为了降低分离成本。同时，由于再生料的价值要远低于新料，要尽量避免利用新料，而尽可能利用混合废料中的塑料再生料，相容剂和助剂也应尽量少用，或选用价格低廉的助剂。在废旧塑料的回收过程中，人们经常会碰到某些塑料混合在一起，而且难以用常规方法分离的现象。这时我们就可考虑用共混改性进行回收，以进行无数次的回收利用，但事实上并非如此。

1. PE 共混回收

PE 通常与 PP、PVC 混在一起，PE 的 3 个品种即 HDPE、LDPE 和 LLDPE 也易混在一起。PE 与 PP 有一定的相容性，但与 PVC 相容性很差，所以即使 PVC 的量很少也必须分离出来。

PE 中存在少量的 PP 不会影响再生料的性能，但如 PP 量较大，可以考虑用 EPDM 作相容剂共混。

LDPE 与 LLDPE 两者性能相近，分离困难，但两者的相容性较好，不加相容剂也能进行共混。当然两者比例不同，再生料的性能也会有所不同。

HDPE 与 LDPE、HDPE 与 LLDPE 也能以一定比例共混，具体比例要视再生料的性能而定，如 HDPE 中共混一定比例的 LDPE 或 LLDPE，可提高耐应力、开裂性和抗翘曲性。

2. PP 共混回收

PP 回收料中常混有 PE、PVC 等。PP 也可与这两种材料共混，但一般要加入相容剂，常用的相容剂是 CPE。PP 与 PE 共混可改善其冲击强度、低温脆性、应力开裂性，但拉伸强度和热变形温度会有所下降。

3. PVC 共混回收

PVC 为极性塑料，与 PE、PP、PS 等不相容，所以与这些塑料共混时必须要加相容剂。PVC 与 PE 共混时，可以 CPE 或 EVA 为相容剂，共混物能改善 PVC 的加工性能，提高 PVC 的耐低温脆化性。PVC 与 PP 的共混，可以 CPE 或 EPDM 为相容剂。

4. PET 共混回收

在回收 PET 饮料瓶时，常会与 HDPE 混在一起（如底托和瓶盖）。PET 与 HDPE 的相容性较差，可加入 EVA 作为相容剂进行共混回收。

在汽车配件中，PET 常与其他工程塑料混在一起，难以分离。PET 还常与 PBT、PA、PC 等进行共混回收。由于塑料自身特性的限制，在其成型加工、使用、回收处理时，都会发生一定程度的老化、降解甚至分解，特别是在户外或其他条件恶劣的环境，如高温、强紫外线、化学腐蚀、各种应力等作用下，性能劣化会更明显。因此，不论何种情况，再生料的性能都会或多或少地下降，但不同的塑料品种、不同的使用

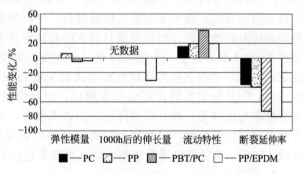

图 1-20　四种材料在四次回收后的性能变化

条件、加工方法及回收方法，得到的再生料的质量下降程度是不一样的，各项性能指标的变化也不一样，如 PET 再生料的质量一般比较好。试验表明，PET 的性能能够反复 5 次回收加工后保持基本不变，但其他材料就不一样了。图 1-20 是 PC、PP、PBT/PC 和 PP/EPDM 四种材料在四次循环回收后的性能变化。从图中可以看到，4 种材料的弹性模量变化不大；流动性变好了，这是由于高分子链的降解、断裂导致分子量的减小；断裂伸长率下降很大，最高的已达 80%。因此，对大多数塑料来说，其再生料的（如大多数二级回收再生料）质量都明显比新料差。通常我们把再生料分成几个等级：最好的是优级再生料，一般是一级回收再生料，与新料的性能接近，基本上可直接代替新料使用；高级再生料与新料的性能比较接近，在再次生产时可以以较大的比例代替新料；中级再生料的质量明显低于新料，一般用在价值较低的制品上，如花盆、排水管、交通护栏等；最低等级的再生料为低级品，含有较多杂质，大多用于木塑制品。

第二章 ▶▶▶

废旧聚乙烯的再生利用

（一）再生聚乙烯制备无卤阻燃保温泡沫材料

目前市场上所销售的建筑物外墙保温材料 90％以上为聚苯板、挤塑板、聚氨酯硬泡等有机保温材料。这类有机材料易燃性强，而且燃烧会放出多种有毒气体，严重威胁着人民群众的生命安全。因此大量使用易燃建筑保温材料，存在火灾隐患。本例是以废聚乙烯（PE）和回收低密度聚乙烯（LDPE）交联发泡边角料按 1∶1 混合再生，得到再生聚乙烯（RPE），再将 RPE 加入低密度聚乙烯（LDPE）新料中共混改性，再添加无卤阻燃剂，采用二段发泡的方法，制备无卤阻燃保温材料。该材料发泡倍率高，废物利用生产成本低，阻燃性能和保温性能均符合国家对建材行业的新规定要求。将回收的废 PE 与 LDPE 交联发泡边角料按 1∶1 混合再生，不仅可以在一定程度上解决废弃 PE 和边角料积压所带来的一系列问题，同时对缓解企业当前原材料紧缺状况起到积极作用。纯 LDPE 采用二段发泡工艺很难发泡，因此限制其制成高倍率发泡材，而再生聚乙烯（RPE）不仅可与 LDPE 共同参加交联发泡构成微孔，而且从实际应用的效果来看，由于再生料中含有小凝胶体的缘故，有助于改善材料的凝胶率，可得到均匀稳定孔结构细腻的高倍率发泡体。因此，利用再生 RPE 改性 LDPE，不仅可以降低成本，而且更容易进行二段发泡，还可以改善其性能。

1. 配方

	质量份		质量份
废聚乙烯 RPE	50	PE 阻燃剂 HY102	2
回收 LDPE 2426	50	交联剂 DCP	0.5
高温发泡剂 AC(4000)	1	氧化锌 03D	0.5
低温发泡剂 AC(165)	1	硬脂酸 801	0.5
微胶囊化红磷 PH1250	5		

2. 加工工艺

再生聚乙烯制备无卤阻燃保温泡沫材料工艺流程如图 2-1 所示。首先将回收的废聚乙烯泡沫塑料与 LDPE 交联发泡，边角料经过两联辊处理，粉碎制成再生 RPE 粒料，按照一定配比将 PE 粒料、低密度聚乙烯、发泡剂、交联剂、发泡助剂和阻燃剂在密炼机上混炼，温度为 110℃；混合 10min 后将混炼好的物料投入开炼机上进行精炼制片；然后将预发泡片材放到预热好的硫化机模具中在 145℃下熟化（一段发泡），待熟透后，将其放入预热好的 30cm×30cm×5cm 的模具中 180℃下去压发泡 45min（二段发泡），冷却脱模，制得无卤阻燃保温发泡板材。

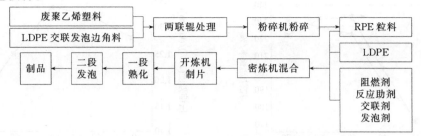

图 2-1　再生聚乙烯制备无卤阻燃保温泡沫材料工艺流程

3. 参考性能

通过扫描电镜观察了回掺量为 30%、40%、50%、60% 和 70% 的 RPE 制得的无卤阻燃保温发泡板材的泡孔结构，如图 2-2 所示。发泡成品的发泡倍率基本相同，通过计算所得都约为 32（体积倍率）。从图 2-2 可以看出，随着 RPE 回掺量的增加，发泡材料的泡孔越来越细腻，但回掺量超过 50% 后，会影响泡孔的均匀性。这主要是因为纯 LDPE 凝胶率小，有利于气泡的生长，但气泡壁易破裂，添加 RPE 后，凝胶率变大，使泡孔变得小而均匀。但凝胶率超过某一值时，发泡变得困难。从图 2-2 可知，回掺 50%RPE 时，泡孔最为均匀、细腻。

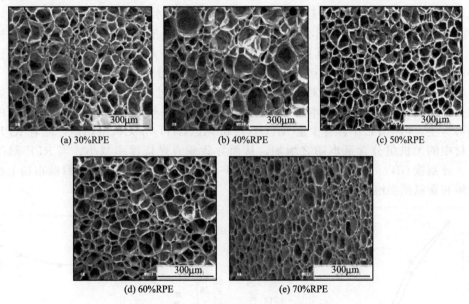

图 2-2　不同 RPE 回掺量的扫描电镜照片

图 2-3、图 2-4 分别表示了再生聚乙烯（RPE）回掺量对无卤阻燃保温发泡材料的拉伸强度、拉伸延长率和压缩强度（25%）的影响。从图 2-3 可以看出，加入 RPE 后，无卤阻燃保温发泡材料的拉伸延长率随 RPE 回掺量的增加而增大，而拉伸强度则先增大而后略微减小。这主要是由于再生后聚乙烯仍含有交联键的分子结构，分子间作用力较大，具有较高的强度和模量，LDPE 则为线型结构，分子间作用力较小，所以随着 RPE 的加入，有助于改善 LDPE 的强度和模量。从图 2-4 可以看出，适当添加 RPE 有助于改善泡沫材料的压缩强度，这主要由于 RPE 再生过程中所引起的结构变化是无规律的，导致产生可溶性的分子链和可溶胀的小凝胶体，这些小凝胶体在一定程度上起到使发泡片材料表面刚性增强的作用。但 RPE 含量超过 50% 时，由于加入量过大，会导致凝胶率过高，使材料泡孔不均匀，从而使拉伸强度略微有所下降，压缩强度开始减小。

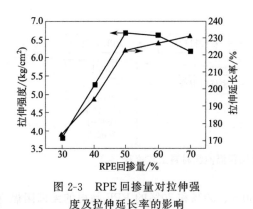

图 2-3　RPE 回掺量对拉伸强
度及拉伸延长率的影响

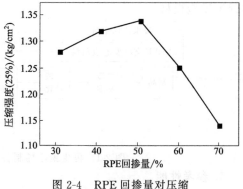

图 2-4　RPE 回掺量对压缩
强度的影响

材料保温性能的好坏主要取决于材料的热导率和吸水率的大小。PPE 回掺量对无卤阻燃保温发泡材料热导率和吸水率的影响见图 2-5。从图 2-5 可以看出，材料中加入 RPE 后，材料的热导率先随着 RPE 的回掺量增大而减小，后随着 RPE 的增大而减小。刚开始随着 RPE 回掺量的增加，泡孔越发均匀且平均尺寸越发细小，孔隙率提高，造成热导率减小，可以减小材料的热量损失。但随着 RPE 回掺量的继续增加，凝胶率过高，导致发泡困难，且泡孔不均匀，热导率呈现增大趋势。纯 LDPE 材料的吸水率均在 0.002g/cm³ 附近，随着 RPE 回掺量的增加，泡孔均匀细小，气泡壁为完整独立气泡型，吸湿渗透率降低；回掺量为 50% 时，泡孔显示最均匀细腻且尺寸较小，气泡壁几乎无破损，吸水率达到最小值。当凝胶率小或泡孔均匀性变差时，破壁的可能性增大，都会导致吸水率稍微变大。

再生聚乙烯（RPE）回掺量对材料阻燃性能的影响通过测量材料的氧指数和垂直燃烧速率来表征，如图 2-6 所示。由于本例中所采用废旧 PE 以泉州斯达纳米有限公司生产的电缆电线废料为主，再生 PE 中含有少量 Al(OH)₃ 和 Mg(OH)₂ 等无机阻燃剂，随着 RPE 的增加，片材中的无机组分含量也随之增加，从而导致垂直燃烧速率减小。当 RPE 回掺量为 50% 时，分别按 GB 86624—2011 分级可达到 B1-1 级，其阻燃性能不输于目前市场上出售的聚苯乙烯和聚氨酯类泡沫阻燃保温材料。

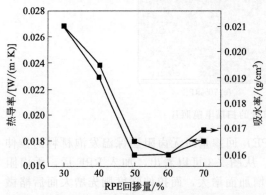

图 2-5　RPE 回掺量对材料热导率和吸水率的影响

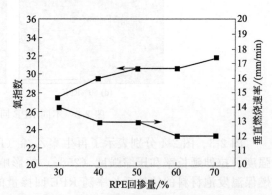

图 2-6　RPE 回掺量对材料阻燃性能的影响

将 RPE 回掺量为 50% 时的样品在氧气充足的条件下进行燃烧，通过气相色谱与质谱联用仪分析烟气成分，结果如图 2-7 所示。由图 2-7 可知，燃烧过程中烟气各成分产生量为 C_6H_6(51.45%)>C_6H_{12}(14.67%)>甲苯(4.53%)>C_7H_{14}(3.68%)>$C_5H_{10}O$(3.66%)>C_5H_6(1.56%)>C_8H_{10}(1.48%)>C_8H_8(1.04%)。由于燃烧是在氧气充足的环境下进行的，而燃烧产物主要为聚乙烯热裂解产物，表明聚乙烯泡沫材料在燃烧过程中与氧气的接触不好。因此，可以推断在该材料燃烧时，阻燃剂对聚乙烯起到很好的隔绝氧气、降低燃烧温度的作用。其机理为微胶囊化红磷在燃烧后，导致聚乙烯脱水形成焦炭层，使得聚乙烯与热源隔绝；PE阻燃母粒中含有膨胀型阻燃剂，在燃烧过程中，阻燃材料各组分发生化学反应，在聚乙烯表面形成泡沫炭层，不仅起到隔氧、隔热、防熔滴的作用，同时还很好地改善了磷系阻燃剂发烟量大的缺点。

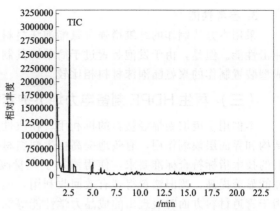

图 2-7　RPE 掺量为 50％时的烟气 GC-MS 图谱

综上所述，RPE 回掺量为 50％时性能最佳，发泡倍率为 32（体积倍率），氧指数为 30，垂直燃烧速度为 13mm/min，热导率为 0.021W/(m·K)。燃烧后，产物主要为聚乙烯热裂解产物，表明聚乙烯在燃烧过程中与氧气的接触不好，未检测到二噁英等有毒气体。

（二）超高分子量聚乙烯复合材料废料制备纤维增强聚氨酯泡沫材料

随着国内近二十年的超高分子量聚乙烯纤维材料的发展，超高分子量聚乙烯复合材料得到广泛应用，在生产过程中产生了大量超高分子量聚乙烯边角。这些边角料的回收成为一大难题。纤维增强聚氨酯复合材料是一个很热门的研究方向，但是大多集中在玻璃纤维增强聚氨酯泡沫方面。比如，江苏某复合材料公司研制的玻璃纤维增强聚氨酯复合门窗已经面市，该门窗材料结合了塑料门窗的优越保温性能和金属门窗的高强度，在绿色建筑的应用上能够降低建筑物在使用过程中以及整个生命周期的能源消耗。目前，关于超高分子量聚乙烯纤维增强聚氨酯泡沫的研究还很少。某军工研究所对于超高分子量聚乙烯纤维（UHMWPE）增强聚氨酯泡沫的防爆炸性能进行了研究，结果表明，UHMWPE 的加入能显著提高聚氨酯泡沫的抗爆性能。本例将回收的超高分子量聚乙烯纤维复合材料粉碎后分离出超高分子量聚乙烯纤维，再将回收纤维作为填料添加到聚氨酯泡沫原料中，制作纤维增强聚氨酯泡沫塑料。由于使用超高分子量聚乙烯纤维制作防护类制品时，产生的边角料纤维中含有聚氨酯树脂，而聚氨酯树脂去除困难，给回收超高分子量聚乙烯纤维带来一定困难。本方法可在不完全去除聚氨酯的情况下直接将回收纤维加以利用，由于纤维表面含有聚氨酯树脂，这有利于纤维与聚氨酯泡沫的界面结合，使纤维起到增强增韧的作用。制品可用作防冲击、防爆炸等领域。

1. 配方

	质量分数/%		质量分数%
回收 UHMWPE 纤维	6	聚氨酯白料	47
聚氨酯黑料	47		

2. 加工工艺

将含有聚氨酯树脂的复合材料边角料粉碎，去除部分聚氨酯树脂，分离出超高分子量聚乙烯纤维。将分离得到的超高分子量聚乙烯纤维放入聚氨酯发泡原料的白料中，用玻璃棒搅拌使其混合均匀。超高分子量聚乙烯纤维质量分数为 6％（占黑白料总质量的 6％）。将脱模剂涂在模具表面，并升高模具温度至 40℃±5℃。将聚氨酯发泡原料中的黑料注入含有超高分子量聚乙烯纤维的白料中进行混合，黑白料的配比为 1：1。黑料可以稍微过量，快速搅拌，待混合液发白后迅速倒入模具中，依次盖上 PET 薄膜纸、铁板、重物，等待发泡完成。待发泡完成后，升高模具温度至 60℃±5℃，进行熟化，熟化时间为 6min。待熟化完成、模具冷却后脱模取出制品。

3. 参考性能

采用本方法制作的纤维增强聚氨酯泡沫材料较普通聚氨酯泡沫材料具有更好的韧性及抗冲击性能。但是，由于发泡装置过于简单，其制成品的外观及力学性能很难与通过反应注射成型装置制作的聚氨酯泡沫材料相比较。

（三）再生 HDPE 制备电力地下护套管

本例用于废旧聚烯烃塑料的再利用，在改性剂的作用下，在体系内部产生局部网状交联结构和界面层模糊作用，有效地提高再生塑料材料的拉伸强度和冲击韧性，增强增韧，使材料的技术指标符合标准要求，使得添加了大量废旧 HDPE 塑料的塑料管材的耐压、耐冲击性能显著提高，废旧塑料得到有效回收利用，能够解决现有技术中存在的再生聚烯烃塑料应用于管道材料方面时表现出的成品力学性能等综合指标不高、成品缺陷率较高等问题。

1. 配方

	质量份		质量份
废旧 HDPE	80	改性剂	15
HDPE 5301	20		

2. 加工工艺

改性剂的组成配比与制备：改性剂由乙烯-辛烯共聚物与衣康酸衍生物接枝而形成的共聚物 90 份、过氧化二异丙苯 0.05 份、聚乙烯蜡 10 份混合均匀得到，将上述混合料经密炼机混合，再经挤出机挤出造粒，制备成改性剂。

生产再生 HDPE 管材的方法：

将该种改性剂 15 份、废旧 HDPE 料 80 份、新 HDPE 5301（上海赛科石化）20 份混合均匀，置温度设定于 100℃的烘箱内烘干 30min 左右，经挤出机挤出，再经定型设备定型后，生产电力地下护套管。

3. 参考性能

生产出来的成品的环刚度 9kN/m²、拉伸强度 19MPa、断裂伸长率 360%、纵向回缩率 2%；扁平实验无破裂，结论合格；落锤冲击试验（标准要求：9/10 不破裂），试验结果为 10 次冲击均不破裂，结论合格。

（四）改性回收聚乙烯与聚氯乙烯的共混型材

聚氯乙烯（简称 PVC）是一种强度大、耐腐蚀、价格低廉、用途广泛的通用塑料，但其冲击性差、耐寒性差、热稳定性差和易脆裂等缺点限制了 PVC 的应用范围。PE 与 PVC 共混，并通过加入增容剂（例如，氯化聚乙烯、氯化聚丙烯、PE 多单体接枝物、氯化聚乙烯与邻苯二甲酸二辛酯协同等）可以提高 PE 与 PVC 之间的相容性，进而改善共混材料的性能。本例提供一种能提高废旧塑料回收利用率、节约资源和生产成本、环保安全、性能优异的改性回收聚乙烯与聚氯乙烯的共混型材的制备方法。

1. 配方

	质量份		质量份
PVC	100	ACR	2
二甲基硅油改性回收 PE	5	硬脂酸	0.3
稀土复合稳定剂	5	聚乙烯蜡	0.2
钛白粉	5	活性碳酸钙	15
CPE	8		

2. 加工工艺

（1）二甲基硅油改性回收 PE 的制备 将 8 份二甲基硅油（黏度为 5000cSt）加入 100

份回收 PE 中，然后高速搅拌 5min，将搅拌均匀后的物料在双螺杆挤出机中进行挤出造粒，双螺杆挤出机的工作参数为：一区（150℃±3℃）、二区（190℃±3℃）、三区（195℃±3℃）、四区（195℃±3℃）、五区（195℃±3℃）、机头（190℃±3℃）。主机速率为 84r/min，切粒机速率匹配。挤出造粒完成后得到二甲基硅油改性回收 PE。

（2）共混物的制备

混料：将原料 PVC、稀土复合稳定剂、钛白粉、CPE、ACR 和润滑剂（硬脂酸和聚乙烯蜡）按上述配比进行高速混合，当温度上升到 90℃时，加入制得的二甲基硅油改性回收 PE（二甲基硅油改性回收 PE 的取用量根据前述各原料的质量配比确定）和活性碳酸钙，热混至温度达到 120℃时放料，然后开始冷混至室温，得到干混料；

成型：将得到的干混料在 140～205℃下挤出成型，制备得到改性回收 PE 与 PVC 的共混型材。

3. 参考性能

二甲基硅油改性回收 PE 与 PVC 共混型材的力学性能如表 2-1 所示。共混型材的冲击强度、拉伸强度和弯曲模量分别为 24.8kJ/m²、38.9MPa 和 2.41GPa，其强度均达到国家关于 PVC 型材的性能要求（国家在冲击强度、拉伸强度和弯曲模量三个指标上的要求分别为 12.0kJ/m²、37.0MPa 和 1.96GPa）。

表 2-1 二甲基硅油改性回收 PE 与 PVC 共混型材的力学性能

力学性能指标	冲击强度/(kJ/m²)	拉伸强度/MPa	弯曲强度/MPa	弯曲模量/GPa
测试结果	24.8	38.9	59.5	2.41

表 2-2 为不同二甲基硅油含量改性的回收 PE 与 PVC 共混型材的力学性能。型材 1 为未采用二甲基硅油改性的回收 PE 与 PVC 共混型材；型材 2～6 分别表示用 2 份、4 份、6 份、8 份和 10 份二甲基硅油改性的回收 PE 与 PVC 共混制备的型材。由表 2-2 可见，共混型材的冲击强度随着二甲基硅油含量的增加呈先增后降的趋势，当硅油含量为 8 质量份时，其冲击强度达到最大；共混型材的拉伸强度和弯曲强度随着硅油含量均呈先增后降的趋势，当硅油含量为 2 质量份时出现峰值。共混型材 6 号样的各项性能出现较大幅度降低，说明过多的硅油不利于共混型材的改性。

表 2-2 不同二甲基硅油含量改性的回收 PE 与 PVC 共混型材的力学性能

编号	冲击强度/(kJ/m²)	拉伸强度/MPa	弯曲强度/MPa	弯曲模量/GPa
1	14.7	37.2	58.7	1.94
2	17.9	41.9	61.6	1.03
3	20.1	37.3	59.7	2.05
4	20.4	34.4	58.5	1.98
5	22.8	33.8	57.1	1.95
6	13.2	31.6	52.2	1.86

（五）增韧多次回收聚乙烯料

本例中的聚乙烯回收料是经过多次重复回收利用的各种聚乙烯制品，该方法提供一种低成本、效果好、制备方法简单，并且能够增强聚乙烯制品力学性能的复合材料以及制备方法。

1. 配方

	质量份		质量份
聚乙烯回收料	55	纯聚乙烯	39
丙烯基弹性体	6		

2. 加工工艺

称取 55 份聚乙烯回收料、6 份丙烯基弹性体以及 39 份纯聚乙烯原料加入高速搅拌机，先低速启动高速搅拌机，10s 后启动高速搅拌按钮，搅拌 0.5h 后停机断电，将混合好的料取出，然后晾干，即配制好添加量为 6% 丙烯基弹性体制备的增韧多次回收利用聚乙烯制品的复合材料。

3. 参考性能

双螺杆挤出机吹膜后测得的应用效果见表 2-3，可见增韧效果明显。

表 2-3 丙烯基弹性体增韧多次回收利用聚乙烯材料的力学性能

挤出次数	膜厚 /mm	未加入弹性体		加入丙烯基弹性体	
		拉伸强度 /MPa	断裂伸长率 /%	拉伸强度 /MPa	断裂伸长率 /%
2	0.142	53	673	52	707
4	0.152	47	643	48	710
6	0.138	49	665	50	685
8	0.132	42	630	44	700
10	0.136	38	615	40	665

（六）回收利用废旧交联聚乙烯泡沫塑料

作为泡沫塑料中的一类，交联聚乙烯泡沫塑料性能优越，广泛用于包装、保温、建筑工程、体育用品、交通运输等领域，起到防水、保温、隔热、减振等作用。生产和使用该产品的过程中会产生一定量废旧聚乙烯泡沫塑料，主要包括生产交联聚乙烯泡沫塑料过程中产生的废品、残次品、边角料及其使用完成后产生的废旧泡沫塑料，每年全国产生约 1000t 这类废旧泡沫塑料。首先，由于这种泡沫塑料已经交联，在自然条件下很难降解，也不能采取同未交联的聚乙烯一样的方法进行回收利用，因此废旧交联聚乙烯泡沫塑料给环境带来不可忽视的问题；其次，生产泡沫塑料的原料是从天然石油中提炼的化工产品。石油是现代工业的命脉，是不可再生的自然资源，重新利用废旧泡沫塑料从能源角度来说就是再生石油，对生产企业而言，既可变废为宝、节约成本、增加利润，从环保角度而言又能节能减排、保护环境。所以，废旧泡沫塑料的再生利用一直是塑料产业持续发展的必然选择。本方法利用废旧辐射交联聚乙烯泡沫塑料生产新的辐射交联聚乙烯发泡材料。

1. 配方

	质量份		质量份
聚乙烯（PE0274）	80	发泡剂（AC，偶氮二甲酰胺）	3
乙烯-乙酸乙烯酯（14-2）	10	主抗氧剂（CA）	0.2
磨碎料（辐射交联聚乙烯泡沫塑料）	10	辅助抗氧剂（DLTP）	0.4

注：磨碎料细，加入比例可增加，产品性能也会提高。综合考虑到磨碎成本以及产品性能，磨碎料粒度以 100～200 目为宜。为了能够保证产品的表观以及力学性能，磨碎料的加入比例以 10%～20% 为宜；当产品性能要求不高时，磨碎料加入比例可增大，可增大到质量分数 50%。在使用磨碎料时，为了提高相容性，可以适当提高乙烯-乙酸乙烯酯的添加量，加入一定助剂如偶联剂等。若生产出来的发泡后的产品不符合使用要求，可以将其投入起始原料中循环使用。

2. 加工工艺

① 分类和磨碎。将生产的白色边角料（即废旧辐射交联聚乙烯泡沫塑料）用磨粉机研磨成粒度约为 60 目的颗粒备用。

② 造粒。将上述质量的聚乙烯（PE0274）、磨碎料（辐射交联聚乙烯泡沫塑料）、发泡

剂（AC）、主抗氧剂（CA）、辅助抗氧剂（DLTP）和特白色母进行混炼造粒，制备成 AC 母料。造粒机四区的温度分别为 105℃、115℃、120℃、125℃。

③ 压制母片。将制备好的 AC 母料和敏化剂按比例混合后，用挤出压光机制备出厚度为 0.6mm、宽度为 550mm 的母片。挤出机机身五区的温度分别为 105℃、112℃、118℃、124℃、122℃、机头温度为 125℃，压光温度为 80℃。

④ 辐射交联。将母片进行连续辐射交联，辐照剂量为 180kGy。

⑤ 发泡。将辐照好的母片放入发泡炉中发泡，制备成发泡倍率为 5 倍、厚度为 1.5mm 及宽度为 1000mm 的发泡材料。发泡炉预热三区的温度为 90℃、100℃、110℃，发泡区最高温度为 260℃。

3. 参考性能

辐射交联聚乙烯的发泡材料容重 200kg/m³，拉伸强度为 1.53MPa（纵）/1.16MPa（横），[企业标准为 1.25MPa（纵）/1.00MPa（横）]，断裂伸长率为 245%（纵）/218%（横）[企业标准为 220%（纵）/180%（横）]。

（七） 再生聚乙烯制备管道防腐聚乙烯专用料

本例以再生聚乙烯为主要原料制备了管道防腐聚乙烯。通过优化基体树脂及其配比，添加少量乙烯-辛烯共聚物后，制备出力学性能合乎要求的管道防腐聚乙烯专用料。

1. 配方

	质量分数/%		质量分数/%
再生 LDPE	49.25	POE	1.5
HDPE	49.25		

注：再生 LDPE 与 HDPE 的质量比为 1:1，POE 添加量为质量分数 1.5%。POE 牌号 8150，美国 Exxon Chemical 公司，HDPE，齐鲁石化 HD 2480。

2. 参考性能

样品测试的结果为：拉伸强度为 22MPa，拉伸屈服强度为 14MPa，断裂伸长率为 580%。

（八） 回收薄膜 LDPE 对回收的 HDPE 交联共混增韧

目前市场上存在大量不同来源的 HDPE 回收料，其中主要有瓶料盖、注塑料、小中空料、大中空料等。而每种来源的 HDPE 回收料使用历史和性能都很大的差异，其中瓶盖料使用历史短、性能稳定、容易收集、改性容易，但其质量轻，且回收量少。如果只使用这种原料，将影响产品供应、生产规模和企业发展。其他 HDPE 回收料性能差异较大，使用历史长，有些甚至经过两三次加工，增加了改性的难度。尤其是为了增加材料的黏度，降低熔体流动速率，材料的韧性下降严重。因此，需要根据 HDPE 原料用途的分类，确定不同的配方。以回收高密度聚乙烯为主，与回收低密度聚乙烯薄膜再造粒利用共混交联挤出，LDPE 薄膜大多都为一次性使用材料，再次造粒的产品较为干净，韧性良好，通过共混添加后既可以增韧，又不会过分增加成本。用低密度聚乙烯薄膜回收料来再次造粒，可避免直接用来共混分散不均而影响共混性能。本例将回收的低密度聚乙烯薄膜粉碎挤出再造粒后与回收的高密度聚乙烯塑料共混交联挤出。

1. 配方

	质量分数/%		质量分数/%
回收的低密度聚乙烯薄膜	15	交联剂 BPO	0.5
回收的高密度聚乙烯塑料	84.5		

2. 加工工艺

将回收的低密度聚乙烯薄膜再造粒15%、回收的高密度聚乙烯塑料84.5%、交联剂0.5%在高速混合机中以1300r/min的速度混合20min；利用挤出机以100r/min的速度、挤出机各段温度为180℃、180℃、190℃、200℃、200℃、210℃、210℃、200℃的条件下交联挤出；所得挤出物切粒后在75℃下干燥5h。

3. 参考性能

采用该增韧方法制备的回收HDPE的冲击强度较增韧前提高了75%。

（九）　回收高密度聚乙烯/聚丙烯共混改性料

回收的HDPE再利用时，存在的杂质包括其他塑料，如聚丙烯（PP），本身韧性差，且与HDPE的相容性较差，使其容易在加工过程中产生大量断链，使得形成的材料韧性差。因此，通常再利用的回料性能往往大幅下降，无法作为高端产品使用。本例在回收料中加入增韧剂，亦是相容剂，采用反应挤出的方法，以过氧化物为引发剂，实现了回收HDPE交联支化相结合，改善了PP相的韧性，同时提高了HDPE与PP分子间的相容性，获得兼有良好刚度和韧性的HDPE改性料，其断裂伸长率和冲击强度均增强，非常适用于管材专用料。

1. 配方

	质量分数/%		质量分数/%
回收PP	20	DCP	0.5
HDPE洗发水瓶盖	70	抗氧剂168	1
橡胶弹性体	8.5		

2. 加工工艺

将含20%PP的HDPE洗发水瓶盖干燥，然后将按上述比例配比的物料在高速混合机中混合15min；以210r/min的挤出速度挤出。所得混合料，挤出机的各段温度设置：第一段140℃，第二段160℃，第三段170℃，第四段180℃，第五段200℃，第六段210℃，第七段210℃，机头200℃；所得挤出物依次通过水槽冷却、吹干机吹干、切粒机切割。

3. 参考性能

高密度聚乙烯/聚丙烯共混改性料的性能指标见表2-4。

表2-4　高密度聚乙烯/聚丙烯共混改性料的性能指标

性能指标	改性前	改性后
熔体流动速率/(g/10min)	5.8	0.67
拉伸强度/MPa	19.5±0.3	24.2±0.6
断裂伸长率/%	290	520±11.2
缺口冲击强度/(kJ/m²)	22±0.4	40±1.0
环刚度/(kN/m²)	4	8
密度/(g/m³)	0.96	0.97

（十）　增强增韧回收聚乙烯材料

目前，对回收聚乙烯材料的改性方法主要有：在回收聚乙烯材料中加入增韧剂、相容剂、无机填料及其他加工助剂，通过挤出机挤出造粒，提高回收料的性能；或者在回收聚乙烯材料中直接加入交联剂、无机填料及其他加工助剂，通过双螺杆挤出机挤出造粒。本例将回收聚乙烯、交联母粒、增韧剂、抗氧剂和加工助剂按比例在高速搅拌机中混合均匀，将混合物料在挤出机中熔融共混、挤出造粒得到增强增韧回收聚乙烯材料，材料的加工稳定性好，拉伸强度和冲击韧性大大提高。

1. 配方

增强增韧回收聚乙烯材料配方见表 2-5。

表 2-5 增强增韧回收聚乙烯材料配方

配方	回收 PPE	交联母粒	EVA	DBPH	TAIC	POE	抗氧剂	石蜡
A	100	4	0	0	0	0	0.5	0.3
B	100	0	4	0.12	0.04	0	0.5	0.3
C	100	0	0	0	0	5	0.5	0.3

注：交联母粒中，EVA 的质量分数为 96%，DBPH 的质量分数为 3%，TAIC 的质量分数为 1%。抗氧剂为抗氧剂 1010 和抗氧剂 168 的混合物，其比例（质量比）为 3∶1，加工助剂为液体石蜡。

2. 加工工艺

交联母粒的制备：将交联剂、助交联剂分散于基体 EVA 中，将分散后的物料通过挤出机挤出造粒，共混温度为 80～160℃，即获得交联母粒。将上述配方中的原料按照比例在高速搅拌机中混合均匀，然后加入螺杆挤出机中，挤出造粒，共混温度为 165～230℃，即获得增强增韧回收聚乙烯材料。

3. 参考性能

制备的增强增韧回收聚乙烯材料，加工稳定性好，拉伸强度和冲击韧性大大提高，适用于制作仿木地板、装饰板材芯材、户外护栏及防水隔板等产品的原材料，其性能指标见表 2-6。

表 2-6 配方性能指标

性能指标	空白样	A	B	C
拉伸强度/MPa	9.2	13.8	12.1	8.8
断裂伸长率/%	75	280	150	86
缺口冲击强度/(kJ/m²)	4.8	10.6	8.5	0.8
熔体流动速率/(g/10min)	8.8	86	7.5	8.8
加工性	一般	良好	差	良好

（十一）回收聚乙烯塑料专用母料

聚乙烯塑料是产量最大的塑料品种，其回收利用具有重要意义，一般经过分拣、回收、破碎、造粒后可以与新料掺混使用，但是其在回收利用后一般会存在性能下降、不稳定、易于分解等问题，因而大大限制了其应用范围和应用价值，也影响了塑料的回收率。为了解决这些问题，需要对其进行增强、增韧改性和稳定化处理，可以大大提高其力学性能，降低其氧化降解的可能性，从而使其性能可以与新塑料相媲美。但是一般的塑料回收企业没有技术和能力对回收塑料进行增强增韧处理，如果有一种能够对回收塑料进行增强增韧的专用母料，这样塑料回收企业就可以通过简单的混料机将母料与回收塑料进行混合了，就可以实现对回收塑料改性的目的。

1. 配方

	质量份		质量份
高密度聚乙烯	25	马来酸酐	0.7
硫酸钙晶体	75	叔丁基酚	0.07
钛酸酯偶联剂	1	过氧化异丙苯	0.04
硬脂酸	0.5	亚磷酸三苯酯	0.08
液体石蜡	1.7	2,6-二叔丁基酚	0.07

2. 加工工艺

将 75 份硫酸钙晶体加入混料机中，搅拌，加热至 70～80℃，依次加入钛酸酯偶联剂 1 份、硬脂酸 0.5 份、液体石蜡 1.7 份混合搅拌 15min；将高密度聚乙烯 25 份，搅拌下依次加入马来酸酐 0.7 份、过氧化异丙苯 0.04 份、亚磷酸三苯酯 0.08 份和 2,6-二叔丁基酚 0.07 份，加热至 80～90℃，高速混合 20min。将以上两个组分于双螺杆挤出机中混合，控制料筒温度 190～200℃，螺杆转速 300～400r/min，熔体压力为 4.5MPa，混合挤出造粒，得到回收塑料专用母料。将该母料与经过分拣、清洗、干燥和造粒处理的回收聚乙烯树脂按照 15∶85 的质量比混合，在挤出机上造粒，按照相关标准测定其力学性能和稳定性。

3. 参考性能

回收聚乙烯塑料专用母料的性能指标如表 2-7 所示。

表 2-7　回收聚乙烯塑料专用母料

性能指标	改性前	改性后
熔体流动速率/(g/10min)	12.5	7.6
拉伸强度/MPa	14.2	20.8
缺口冲击强度/(kJ/m²)	21.3	25.7

（十二）聚乙烯白色垃圾中聚乙烯的提取

一些废旧塑料包装物，如堆肥袋、垃圾袋、超市用的轻型塑料包装袋及地膜，其主要成分是聚乙烯。聚乙烯是乙烯经加成聚合反应制得的一种热塑性树脂，根据聚合条件不同，可得到分子量从一万到几百万不等的聚乙烯。聚乙烯是略带白色的颗粒或粉末，半透明状，无毒无味，化学稳定性好，能耐酸碱腐蚀；也就是说，这些废旧塑料包装物很难降解，会造成长期、深层次的生态环境问题。这种污染对大自然的影响是不可忽略的，关系到人类今后长期生存的问题。传统处理这些废旧塑料包装物的方法有两种：一种是填埋，但是其不易降解，还会给土壤造成危害；另一种是焚烧，但是焚烧会产生有害气体，进入空气，从而污染空气。这两种方法都会造成不同程度的二次污染。

本例将有机溶剂加入聚乙烯白色垃圾碎片中搅拌至溶解，得到含聚乙烯的有机溶液，接着加入与含聚乙烯的有机溶液等质量的聚乙烯粉末，继续搅拌后冷却，得到混合物凝胶，将混合物凝胶粉碎，然后蒸馏去除有机溶剂，再加水过滤分离，得到聚乙烯。上述聚乙烯白色垃圾中聚乙烯的提取方法能够有效避免回收处理对环境造成的二次污染。

1. 配方

	质量份		质量份
废旧聚乙烯白色垃圾	100	氯仿	100
二甲苯	400		

2. 加工工艺

回收并分类白色垃圾，通过目测找出聚乙烯白色垃圾，然后将其送入带水破碎机进行破碎，将其切碎成面积为 0.01m² 的碎片，切碎后的带水的碎片通过传输带送入清洗槽清洗，经再次滚动清洗，然后将清洗后的聚乙烯白色垃圾碎片用甩干机甩干，晒干。取 1000g 聚乙烯白色垃圾碎片置于反应釜中，加入二甲苯和氯仿的混合溶液，其中二甲苯与氯仿的体积比为 4∶1，共计 5000g；将反应釜的温度调至 150℃，并以 90r/min 搅拌 40min 至溶解，得到含聚乙烯的有机溶液。然后从添料口加入与含聚乙烯的有机溶液等量的聚乙烯粉末，并以 100r/min 搅拌 30min，冷却到 10℃，得到混合物凝胶；将该混合物凝胶用粉碎机进行粉碎，碎成粉状；然后将该粉状物质于循环水蒸气蒸馏装置中蒸馏，直至去除二甲苯和氯仿，冷却后，再加水过滤分离，得到的滤渣置于防爆水浴烘箱中于 60℃下干燥 8h，即得到聚乙烯。

（十三）废聚乙烯塑料制备聚乙烯蜡

废塑料的化学回收以裂解法为主，目的是回收单体原料或液体燃料。废聚乙烯塑料经热裂解制备聚乙烯蜡极具市场潜力。石油炼化的副产品——重芳烃油（主要成分为含 9 个碳原子以上的混合芳烃）具有较高的沸点（140～185℃）和燃点（450℃左右），热稳定性和化学稳定性好，对聚乙烯和聚乙烯蜡有较好的溶解能力，生产成本低等特点，可作为聚乙烯裂解的溶剂。

在溶剂体系中制备低分子量聚乙烯蜡有利于热量均匀、快速地传递，反应均匀进行，可以有效防止局部过热，造成裂解过度和炭化结焦现象的发生，防止部分反应原料缠聚在反应釜内温度相对较低的搅拌器上。Al-MCM-48 为 M41S 类催化剂，具有双螺旋三维孔道结构和优良的传输性能，有利于提高反应物的传质速率，对聚乙烯的裂解反应有很好的催化作用。

本例以自行收集的废聚乙烯农膜（洗净，剪碎）为原料，加入溶剂和催化剂，升温至反应温度，裂解一定时间，降至室温出料，过滤干燥，回收催化剂和溶剂后，得到低分子量聚乙烯蜡。具有如下优点：①传热效率高，温度梯度小，不存在局部过热和炭化结焦现象；②裂解温度低、时间短，无裂解气产生，对环境无污染；③反应中无原料缠聚现象，原料的转化率高；④制备的聚乙烯蜡具有分子量分布范围窄、色度浅、滴熔点高、硬度高、黏度低等性能。

1. 配方

	质量份		质量份
废聚乙烯农膜	30	AlMCM-48	100

2. 加工工艺

取 1000g 废聚乙烯农膜（洗净，剪碎）放入高压反应釜中，加入 3g AlMCM-48 催化剂和 150mL 重芳烃油，密封反应釜，氮气吹扫约 10min，置换、驱除反应釜中的空气，开启搅拌装置，升温至 380℃，裂解 2.5h，降至室温出料，过滤干燥，回收催化剂和溶剂后，制得聚乙烯蜡。

3. 参考性能

制得的聚乙烯蜡为淡黄色蜡状物，分子量为 2725.2，滴熔点为 106.8℃，收率近 100％，无裂解气产生，无原料缠聚现象，溶剂的回收率为 97.8％。

（十四）　废旧聚乙烯制备发泡材料

目前回收聚乙烯主要通过加入增韧剂、交联剂、无机填料及其他加工助剂，在挤出机中进行改性造粒，试图还原至新料的使用性能。发泡聚乙烯材料具有保温、防潮、防摩擦、耐腐蚀等一系列优越特性，近年来社会需求量逐步增加。但制备发泡产品对原料要求比较高，一直以来都必须用纯料进行生产，因为使用废旧 PE 容易导致挤出断条且产品性能不稳定。本例选用废旧聚乙烯塑料作为基体材料进行化学发泡，在保证制成品各项性能良好的情况下替代 PE 纯料，以实现对回收聚乙烯更好地再利用。

1. 配方

	质量份		质量份
废旧聚乙烯	15	抗氧剂 168	0.05
偶氮二甲酰胺	17	低密度聚乙烯	0.9
低密度聚乙烯	33	十溴二苯乙烷	0.1
过氧化二异丙苯	0.6	三氧化二锑	0.1
低密度聚乙烯	11.4	低密度聚乙烯	0.8
抗氧剂 1010	0.05		

2. 加工工艺

将偶氮二甲酰胺 17 份与低密度聚乙烯 33 份在密炼机中熔融共混，混炼温度为 100℃，随后将熔体投入单螺杆挤出机中造粒，挤出机温度为 100℃，得到发泡剂粒料 50 份。将过氧化二异丙苯 0.6 份与低密度聚乙烯 11.4 份在密炼机中熔融共混，混炼温度为 100℃，随后将熔体投入单螺杆挤出机中造粒，挤出机温度为 100℃，得到交联剂粒料 12 份。将抗氧剂 1010 0.3 份，抗氧剂 168 0.1 份与低密度聚乙烯 7.6 份在密炼机中熔融共混，混炼温度为 100℃，随后将熔体投入单螺杆挤出机中造粒，挤出机温度为 100℃，得到抗氧剂粒料 8 份。将十溴二苯乙烷 0.1 份，三氧化二锑 0.1 份和低密度聚乙烯 0.8 份在密炼机中熔融共混，混炼温度为 100℃，随后将熔体投入单螺杆挤出机中造粒，挤出机温度为100℃，得到阻燃剂粒料1份。

将上述混炼后的造粒料与废旧聚乙烯15g投入双螺杆挤出机中，经塑化挤出，挤出机温度为100℃，得到PE发泡母片。将母片投入发泡炉中，发泡温度为220℃，片材发泡完全后经切边，收卷可得产品。

3. 参考性能

该配方和工艺制备的回收聚乙烯发泡材料的发泡倍率为30倍，密度为28kg/m³。产品表观平整、泡孔规则，无串孔和针眼，阻燃效果可达B级（参考GB/T 8410—2006）。

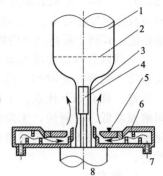

图2-8 再生LDPE
地膜膜泡形状
1—泡管；2—冷却线；3—泡颈；
4—稳泡棒；5—调节环；6—风环；
7—进风；8—模头

（十五）再生PE地膜

通过废PE膜的再生料与新料共混，吹塑出可满足农用需求的再生PE地膜。其生产成本较低，生产工艺简单，技术难度低。

根据吹塑地膜对原料熔体形变能力的要求，所选再生PE系以老化程度较轻的消费后农用薄膜或包装袋为原料，主要成分是LDPE。为减少废旧PE在造粒中的老化，挤出机均选用大直径（D）、小长径比（L/D），并采用低温、高速挤出工艺。

为使再生PE实现"翻旧如新"，最好的方法应该说是加大抗氧剂的添加量。但是，添加抗氧剂也带来了使再生PE成本升高、添加量不易控制以及不易掺混均匀等问题。稳定或提高再生PE性能的理想方法是将再生PE与部分新树脂混合使用。LLDPE作为此种混合用树脂最为合适，25%～30%的比例与再生LDPE共混。

1. 配方

	质量份		质量份
废LDPE	100	抗氧剂	0.5
LLDPE	20	硬脂酸	0.5
抗氧剂1010	0.5		

2. 工艺流程

废旧LDPE膜→收集、分选→洗涤、干燥→挤出造粒→吹膜。

3. 加工工艺

螺杆温度挤出温度从加料口到机头依次升高，例如，190℃、200℃、210℃、220℃。吹胀比控制在5.6左右。此时，薄膜的纵、横向强度差距较小，且吹膜控制容易，使薄膜的纵、横向强度趋于一致。当膜泡呈高脚酒杯状（图2-8）、冷却线高度在530mm左右时，薄膜性能较为理想。

4. 参考性能

再生PE地膜性能见表2-8。

表2-8 再生PE地膜性能

检测项目	方向	GB 13735	检测结果
拉伸负荷/N	纵向	≥1.3	1.8
	横向	≥1.3	1.7
断裂伸长率/%	纵向	≥120	370
	横向	≥120	130
直角撕裂负荷/N	纵向	≥0.5	0.8
	横向	≥0.5	1.0

（十六）硫酸钙晶须填充改性废旧聚乙烯再生料

应用无机填料改性 PE 是一种常用的方法。硫酸钙晶须是半水硫酸钙或无水硫酸钙的纤维状单晶体，有颗粒状填料的粒度、短纤维状填料的长径比，如图 2-9 所示。其具有尺寸稳定、强度高、韧性好、耐高温、抗化学腐蚀、阻燃性强、无毒等优点。它集无机填料和增强纤维优势于一身，应用于制品中呈现出优异的综合性能，是一种性价比高的增韧材料。但硫酸钙晶须是无机极性物质，它与作为有机组分的废旧聚乙烯（PE）共混，相容

(a) 25μm　　　　　(b) 15μm

图 2-9　硫酸钙晶须 SEM 照片

性差，两者间缺乏化学键力，因而限制了其应用，因此一般采用偶联剂对其进行表面改性处理，以增进其与有机物之间的黏合性能。

1. 配方

	质量份		质量份
废旧聚乙烯(PE)	100	硫酸钙晶须(400 目)	20
硅烷偶联剂 KH-590	0.5～0.8	石蜡	0.5

2. 工艺流程

硫酸钙晶须填充改性废旧聚乙烯再生料工艺流程见图 2-10。

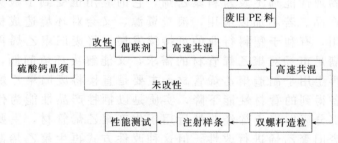

图 2-10　硫酸钙晶须填充改性废旧聚乙烯再生料工艺流程

3. 加工工艺

①废旧 PE 的预处理（清洗）：废旧 PE 都不同程度地粘有污垢，必须加以清洗，不然会影响产品的质量。首先将待清洗的废旧 PE 放在稀碱水中浸泡 2h，再搅拌 3～5min；然后将其放入第一遍清水中搅拌 5～10min，再放入第二遍清水中搅拌 5～10min；最后将其晾干。

② 破碎：为使各种废旧 PE 塑料混合均匀，熔融充分，将清洗后的废旧塑料破碎成粒径小于 0.5cm 的粒料。

③ 硫酸钙晶须的改性：将硫酸钙晶须放入干燥箱，在 100℃下烘干 6h，然后把烘干后的硫酸钙晶须与质量分数为 0.5% 的硅烷偶联剂 KH-590 放入高速混合机内，在 2500r/min 的高速转动体系中，活化 5～10min，使硅烷偶联剂均匀包覆在硫酸钙晶须表面。

④ 螺杆各区的温度为：一区 180℃，二区 210℃，三区 240℃，四区 240℃，五区 230℃。螺杆转速为 230r/min；加料转速为 420r/min。

4. 参考性能

当硫酸钙晶须用量 15%（质量分数）左右时，经硅烷偶联剂改性与未改性废旧 PE/硫酸钙晶须复合材料的拉伸强度和冲击强度均有明显提高。经硅烷偶联 KH-590 改性的硫酸钙晶须对废旧 PE 的增强作用明显优于未改性的硫酸钙晶须，如图 2-11、

图 2-12 所示。

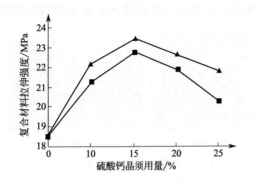

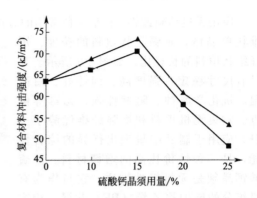

图 2-11　硫酸钙晶须用量对废旧
PE 复合材料拉伸强度的影响
▲—改性硫酸钙晶须用量；■—未改性硫酸钙晶须用量

图 2-12　硫酸钙晶须用量对废旧
PE 复合材料冲击强度的影响
▲—改性硫酸钙晶须用量；■—未改性硫酸钙晶须用量

（十七）　废旧聚乙烯一步法制备聚乙烯管材

目前 PE 管材已成为继 PVC 之后，世界上消费量第二大塑料管道品种。但随着聚乙烯应用领域的扩大和使用量的增加，废旧聚乙烯也与日俱增。废旧聚乙烯由于发生老化降解，其物理性能远不及新料聚乙烯，它的应用也受到了极大限制，只能用于制作低性能的产品。若不加以应用，浪费资源，又会对环境造成极大污染。废旧聚乙烯的再生利用，有利于塑料行业的可持续发展。将废旧聚乙烯再生用于制造聚乙烯管材，既能满足市场对聚乙烯管材的需求，又能解决环境问题，节约资源。目前，废旧聚乙烯再生用于制造聚乙烯管材，主要是直接将废旧聚乙烯代替部分新料后制备管材，制备得到的管材性能下降，实质是以牺牲产品性能为代价的废旧聚乙烯再利用。也有部分废旧聚乙烯经改性后用于生产聚乙烯管材，主要是采用添加纳米材料的方式对废旧聚乙烯进行改性，但这种改性方式再生聚乙烯制备的管材，其性能效果增加不显著，需要对纳米材料进一步改性才能提高制品性能。

1. 原材料与配方

	质量分数/%		质量分数/%
废旧聚乙烯	84.5～99.45	改性纳米材料	0.5～15
交联剂	0.05～0.5		

其中，交联剂为过氧化二异丙苯（DCP）或过氧化二苯甲酰（BPO），改性纳米材料为改性硅灰石或聚合物级纳米蒙脱土，如浙江丰虹黏土化工有限公司生产的聚合物级纳米蒙脱土 DK1。

2. 加工工艺

① 纳米材料表面改性方法为：所添加的未改性纳米材料与偶联剂的质量比为 100：（0.5～5）。偶联剂溶于适量溶剂中制成 10%～30%（质量分数）偶联剂溶液，将未改性的纳米材料置于高速混合机中，在 1000～1500r/min 转动状态下，加入偶联剂溶液，滴加完毕后，在 2250～2750r/min 转动状态下，80～100℃混合 5～15min。将表面改性后的纳米材料置于 50～70℃鼓风烘箱中，直至恒重。

② 改性碳酸钙按如下方法制得：将碳酸钙置于高速混合机中，在 1250r/min 转动状态下，将含有 10%（质量分数）的硬脂酸的丙酮溶液滴加到高速混合机中，然后在 80℃下

2500r/min 的混合机中混合 10min，改性后的碳酸钙置于 60℃ 的烘箱中，直至恒重，得到表面改性碳酸钙，碳酸钙与硬脂酸的质量比为 100：1。

③ 改性硅灰石按如下方法制得：将硅灰石置于高速混合机中，在 1300r/min 转动状态下，将含有 15％（质量分数）的偶联剂的二氯甲烷溶液滴加到高速混合机中，然后在 80℃ 下 2700r/min 的混合机中混合 13min，改性后的硅灰石置于 70℃ 的烘箱中，直至恒重，得到表面改性硅灰石，硅灰石与偶联剂的质量比为 100：2，所使用的偶联剂为硅烷偶联剂 151 或钛酸酯偶联剂 NDZ105。

④ 制备工艺

将纳米材料、交联剂、废旧聚乙烯在 30～60℃ 下 2250～2750r/min 的高速混合机中混合 3～8min 后，在 180～195℃ 的双螺杆挤出机中交联、原位分散，得到熔融状态的再生聚乙烯，熔融状态的再生聚乙烯由双螺杆挤出机通过与双螺杆挤出机串联的设定计量的熔体泵进入 160～175℃ 的塑料管材挤出机头，经 50～90℃ 冷却定型，一步法制得聚乙烯管所述的设定计量与所述的聚乙烯管材直径及壁厚相匹配，通常根据管材壁厚和直径计算单位时间内需要多少体积聚乙烯熔体，调节熔体泵转速，保证适当的熔体供应量。

实例

以表面改性碳酸钙为填充物为例。配方如下：

废旧聚乙烯	84％	白油	0.25％
表面改性碳酸钙	15％	抗氧剂 1010	0.5％
BPO	0.5％	硬脂酸	0.5％

按配方称量后，在 50℃ 下 2500r/min 的高速混合机中混合 8min 后，在 180～195℃ 的双螺杆挤出机中交联、原位分散，得到再生聚乙烯，再生聚乙烯熔体经 90r/min 的计量熔体泵进入 175℃ 与 200mm 管材相匹配的挤出机机头，经 70～90℃ 冷却定型，得到外径为 200mm 的聚乙烯管材。

3. 参考性能

制备得到的聚乙烯管材的性能如表 2-9 所示。

表 2-9　聚乙烯管材的性能

性能指标	测试数值
氧化诱导期(200℃)	≥35min
断裂伸长率	≥330％
纵向回缩率(110℃)	≤3％无分层，无开裂
20℃静液压强度(100h)	≥8.2

（十八）废纸增强再生高密度聚乙烯复合材料的制备方法

以废纸为增强体材料，再生高密度聚乙烯为基体材料，加入或者不加入辅料，经简单混炼后，按所需产品要求，在对应的成型模具中压制成型后即可。制成一种废纸增强再生高密度聚乙烯复合材料，适用于生活、建筑、化工、环保、运输等行业的各式各样的产品，是代木、代塑、代铝合金的一种性能优良的材料，同时能够解决因资源浪费和废纸带来的二次污染等问题。

1. 原材料与配方

	质量分数/%		质量分数/%
废纸	5～15	偶联剂	0～4
再生高密度聚乙烯	85～95	相容剂	0～10

偶联剂为 AR 级硅烷偶联剂：Y-氨丙基三乙氧基硅烷 KH550，或者为 Y-（2,3-环氧丙

氧）丙基三甲氧基硅烷 KH560，或者为双-［g-（三乙氧基硅）丙基］一二硫化物 Si75 中的一种。所述相容剂为马来酸酐接枝聚乙烯 MAPE，或者马来酸酐接枝三元乙丙橡胶 EPDM-MA，或者苯乙烯-丁二烯-苯乙烯共聚物 SBS 中的一种。

2. 加工工艺

① 按废纸：水＝（5～20）：（95～80）的质量比，将废纸放入水中分散成纤维浆料，用清水洗涤 2～5 次后，风干待用。

② 按配方所示质量分数，将原料充分进行混合，将上述混合物，在混炼温度为 140～160℃、常压的条件下，混炼 10～20min。

③ 所得混炼物料放入模具中，在成型压力为 5～10MPa 的条件下压制成型，经 1～5min 的冷却并脱模后，即得废纸增强再生高密度聚乙烯复合材料。

实例

① 将废纸和水按质量比放入现有技术的常规机械搅拌设备中，搅拌分散成浓度为 5% 的纤维纸浆，用清水洗涤 2 次后，风干待用；按下列质量比充分混合原料，废纸：再生高密度聚乙烯 HDPE＝15：85。

② 将上述 100kg 混合料放入现有技术中的常规混炼炉中，加热至 140℃，混炼 20min。

③ 将步骤②混炼好的物料放入模具中，在成型压力为 5MPa 的条件下，压制成型，冷却 5min 后脱模，即得废纸增强再生高密度聚乙烯复合材料。

实例 1～实例 3 的原料配比与工艺参数如表 2-10 所示。

表 2-10 原料配比与工艺参数

原料配比和 工艺参数	实例 1	实例 2	实例 3
废纸：水（质量比）	5：95	10：90	10：90
清水洗涤次数	2	3	3
原料比	废纸：再生 HDPE ＝15：85	废纸：再生 HDPE：KH550＝5：94：1	废纸：再生 HDPE：KH550＝10：86：4
混炼温度/℃	140	160	150
混炼时间/min	20	10	8
模压成型压力/MPa	5	10	8
冷却时间/min	5	1	3

3. 参考性能

表 2-11 给出实例 1～实例 3 所得复合材料的性能。

表 2-11 实例 1～实例 3 所得复合材料的性能

实验编号	抗拉强度/MPa	抗弯强度/MPa	断裂伸长率/%
实例 1	23.68	28.78	14.69
实例 2	29.14	31.55	16.08
实例 3	27.80	23.75	11.59

（十九）废旧轮胎胶粉/聚乙烯发泡材料的制备方法

随着汽车工业的迅速发展，废旧轮胎的处理已成为当今社会的一大难题。目前废旧轮胎的处理主要有三种方法：燃烧、填埋及再循环利用。其中再循环利用是解决废旧轮胎问题环保、有效的方法。由于废旧轮胎胶是橡胶经硫化后的三维交联聚合物，不能实现熔融加工，更谈不上作为基体与其他热塑性材料共混加工。废旧轮胎胶中含有大量弹性体、炭黑、氧化锌、硬脂酸、硫化剂、操作油等物质，大多数轮胎胶含有天然橡胶和丁苯橡胶，如与热塑性塑料共混会产生热力学不相容。

聚烯烃泡沫由于具有轻质、耐化学试剂及良好的耐老化性能、减振性能和隔热隔声性能而广泛用于包装、纺织及汽车工业。但是聚烯烃泡沫由于硬度低，会导致产品易变形、物理性能差，在泡沫弹性体市场不具备竞争优势，应进一步改善聚烯烃的物理性能。其中聚合物共混是一种获得优良综合性能的行之有效的方法。如果将废旧轮胎橡胶胶粉用于与热塑性塑料共混制备发泡材料，不仅可以改善热塑性发泡材料的韧性和回弹性，同时也为有效回收利用废旧轮胎胶粉开辟了一条新途径。本方法是针对现有技术不足而提供的一种废旧轮胎胶粉/聚乙烯发泡材料的制备方法，其特点是采用力化学反应器（ZL95111258.9）对废旧轮胎胶粉进行脱硫，同时对胶粉和聚乙烯料进行有效表面活化处理；并添加适量的发泡剂、润滑剂等经密炼机进行熔融共混，模压成型，获得综合性能优异的废旧轮胎胶粉/聚乙烯发泡材料。本方法在实施过程中不添加有机溶剂，也不会产生废水、废气和废渣，对环境友好，制备工艺简单，生产成本低廉，应用范围广，有很好的应用前景。

1. 原材料与配方

	质量份		质量份
回收废旧聚乙烯	100	交联剂	0.5～2
废轮胎胶粉	20～40	润滑剂	0.5～2
发泡剂	1～5	抗氧剂	0.5～4

注：聚乙烯为低密度聚乙烯、高密度聚乙烯或回收废旧聚乙烯中的任一种。交联剂为过氧化二异丙苯，双（叔丁过氧基）二异丙苯或2,5-二甲基2,5-双（叔丁过氧基）己烷中的任一种。润滑剂为硬脂酸、硬脂酸锌、硬脂酸钙或硬脂酸镁中的任一种。此外，还可选择 PE 蜡或者石蜡作为外润滑剂。发泡剂可选择偶氮二甲酰胺、碳酸氢钠或碳酸氢钙中的任一种，如 ACD 发泡剂，或 ACD 与碳酸氢钠复配。抗氧剂可以是1010或者264。该领域的技术熟练人员可以根据上述内容做出一些非本质的改进和调整。

2. 加工工艺

如图 2-13 所示为废旧轮胎胶粉/聚乙烯发泡材料的制备流程。

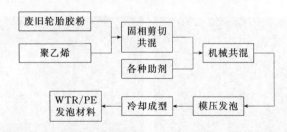

图 2-13　废旧轮胎胶粉/聚乙烯发泡材料的制备流程

① 废旧轮胎胶粉的干燥。将平均粒径为 100～250μm 的废旧轮胎胶粉薄层平铺在鼓风烘箱中，于温度 60～100℃下干燥 0.5～2h。

② 固相混料。将干燥后的废旧轮胎胶粉 20～40 质量份与聚乙烯粒料 100 质量份加入力化学反应器中，在室温下进行固相剪切共混，产生的热量由反应器夹套中的冷却循环水带走，两磨盘的静压力由螺旋加压系统控制为 12000～22000kN，转速为 30～150r/min，物料经碾磨后由磨盘边沿出料，完成一次循环；再将得到的产物加入力化学反应器中，经多次循环碾磨，获得混合均匀的粉末状复合物，平均粒径为 10～100min，备用。

③ 热塑加工。将上述混合均匀的物料与 1～5 质量份发泡剂、1～3 质量份交联剂、0.5～2 质量份抗氧剂 1010、0.5～4 质量份氧化锌和 0.5～2 质量份润滑剂加入布拉本德塑化仪中进行熔融共混，混炼温度为 120～150℃，转速为 30～60r/min，时间为 6～15min。

④ 模压发泡。将上述热塑加工后的共混料 15 质量份置入模具中发泡；压力 510MPa，温度 160～190℃，时间 5～15min，模腔中的样块在泄压瞬间膨胀形成泡孔结构，室温下冷

却，制得泡孔结构各异的废旧轮胎胶粉/聚乙烯泡沫材料。

实例 1

配方	质量份	配方	质量份
回收废旧聚乙烯	100	氧化锌	4
废轮胎胶粉	40	硬脂酸	1.5
偶氮二甲酰胺	5	抗氧剂 1010	2
过氧化二异丙苯	2		

工艺步骤如下：

① 废旧轮胎胶粉的干燥。将平均粒径为 250μm 的废旧轮胎胶粉薄层平铺在鼓风烘箱中，于温度 80℃干燥 1h。

② 固相混料。将干燥后的废旧轮胎胶粉 40 份与低密度聚乙烯粒料 100 份，加入力化学反应器中进行固相共混剪切，两磨盘的静压力控制在 22000kN，转速 30r/min，经 20 次碾磨循环后形成混合均匀的粉末状复合物，备用。

③ 热塑加工。将混合均匀的上述物料与偶氮二甲酰胺 5 份、过氧化二异丙苯 2 份、氧化锌 4 份、硬脂酸 1.5 份、抗氧剂 1010 2 份加入布拉本德塑化仪中进行熔融共混，混炼温度 135℃，转子转速 50r/min，时间 10min。

④ 模压发泡。将热塑加工后的共混料 15 份置入模具中发泡。压力控制在 8MPa，温度 175℃，时间 15min。模腔中的样块在泄压瞬间膨胀，泡孔结构形成，室温下冷却，制得废旧轮胎胶粉/聚乙烯泡沫材料。

实例 2

实例 2 与实例 1 配方和工艺参数相同，区别在于工艺步骤②固相混料中采用手工混合废旧轮胎胶粉和低密度聚乙烯粒料。而不是像实例 1 采用力化学反应器进行固相共混剪切。其混合方法不同，导致性能和结构的变化参见图 2-14 和表 2-12。

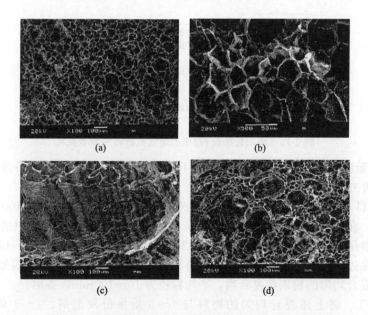

图 2-14　废旧轮胎胶粉/聚乙烯发泡材料的电镜分析图

(a)、(b) 废旧轮胎胶粉/聚乙烯材料经固相剪切共混处理的泡孔结构

(c)、(d) 废旧轮胎胶粉/聚乙烯材料未经固相剪切共混处理的泡孔结构

3. 参考性能

实例 1 与实例 2 的泡孔结构和材料性能比较如表 2-12 所示。

表 2-12 废旧轮胎胶粉/聚乙烯发泡材料性能比较

样品	平均泡孔尺寸/μm	最大泡孔尺寸/μm	最小泡孔尺寸/μm	发泡密度/(g/cm³)	耐回弹性/%	压缩永久变性/%
实例 1	38.5	78.4	14.7	0.57	26.1	25.3
实例 2	29.4	130.1	5.59	0.64	19.6	27.8

（二十） 回收再利用交联聚乙烯电缆绝缘皮的方法

交联电缆绝缘皮是一种由线型分子聚乙烯经过架桥交联后，变成体型分子结构的热固性交联聚乙烯。此种热固性塑料，遇热不会熔融，也不溶于有机溶剂。一旦在电缆生产中出现废品只能将电缆绝缘皮扒掉，其处理办法一般是埋掉或作为燃料烧掉，不能再回收利用使之成为新的塑料制品。近年来，国外曾进行过采用高温高压分馏法从废旧交联聚乙烯电缆绝缘皮中回收聚乙烯的实验。但因工艺复杂，成本过高而无实际意义。所以，一般认为此种热固性塑料废旧品不能再制成新产品。国内电缆生产厂家每年报废的交联聚乙烯电缆绝缘皮的数量达三、四千吨，造成了资源上的巨大浪费。

本例克服现有技术的上述不足，可以在常规条件下获得回收再利用废旧交联聚乙烯电缆绝缘皮的方法，从而实现变废为宝，废物再利用。回收再利用工艺简单易行，便于推广应用，具有成本低、投资效益高的优点。

1. 配方

	质量分数/%		质量分数/%
回收的交联聚乙烯	30～60	软化剂	10～30
回收的聚乙烯	30～60		

注：配料混合时加入的软化剂为低分子聚乙烯（液）、石蜡、硬脂酸，其中三者可同时加入，也可省略后两种之一，加入的低分子聚乙烯占加入的软化剂量的 50% 以上。配料混合时，还可加入填充剂或着色剂，其加入量在配料总量的 10% 以下。

2. 加工工艺

配方 1：

回收的交联聚乙烯	30 份	石蜡	2.5 份
回收的聚乙烯	50 份	硬脂酸	2.5 份
低分子聚乙烯（液）	15 份		

先去掉内外半导体的废旧交联聚乙烯电缆绝缘皮，经清洗烘干后，切成 400mm 长度段，在粉碎设备中粉碎，回收的废旧聚乙烯同时进行清洗晾干，并放入挤出机挤成条，然后切成粒状待用，粉碎后的废旧交联聚乙烯与其他添加物料按回收的交联聚乙烯 30 份、回收的聚乙烯 50 份、低分子聚乙烯（液）15 份、石蜡 2.5 份、硬脂酸 2.5 份的比例混合后，在通用的捏合挤出设备中产出合格的塑料条或粒，其挤出机螺杆比为 1∶16，进料段、压缩段、均化段的温度以控制在 140～170℃ 为好。

配方 2：

回收的交联聚乙烯	33 份	碳酸钙	7 份
回收的聚乙烯	45 份	石蜡	3 份
低分子聚乙烯（液）	15 份	硬脂酸	3 份

回收再利用工艺与配方 1 相同。

配方 3：

回收的交联聚乙烯	32 份	石蜡	5 份
回收的聚乙烯	40 份	硬脂酸	3 份
低分子聚乙烯（液）	15 份	立索尔宝红 7B	1 份
碳酸钙	7 份		

回收再利用工艺与配方 1 相同。

3. 参考性能

配方 1 制出的塑料条或粒，具有较好的塑性、拉伸率和拉断强度。是挤出、注射、压制各类塑料制品的理想原料。

配方 2 制出的塑料条或粒具有弹性、黑色、拉力强度大的特点。是挤制黑色建筑工程用管材的原料。

配方 3 制出的塑料条或粒弹性好，红色。是制作电缆填充物、建筑用管材、低压电器配件及各类民用器具的材料。

（二十一）用再生 PE 作部分原料的彩色接枝共聚物黏合剂及制法

作为黏合剂，PE 接枝共聚物主要用于金属和塑料之间的黏合，比如，埋地钢质管道用，铝塑复合管用，不锈钢塑复合管用等的黏合剂。在这些领域，由于对产品的使用年限要求都较长，一般在 50 年以上，而且加工工艺比较特殊，结合 PE 接枝反应中存在严重的交联反应这一因素，选用原料时必须在品种繁多的 PE 家族中，精选高熔体流动速率的 PE 树脂。一般地，只有新原料才有可能满足要求，这是因为再生 PE 料往往经过多次加热再生和重复使用，热老化和光老化现象比较严重，熔体流动速率损失率非常大。经检测，99％的再生 PE 料熔体流动速率不超过 1g/10min。因此，如果不经改性直接用再生 PE 料作原料或者部分原料制备所需黏合剂是不可靠的。

使用再生 PE 料作原料或者部分原料制备所需黏合剂的另一个问题是：制成品色泽灰暗，美观度较差。所要解决的技术问题是：通过本方法对再生 PE 料进行改性，可以提高接枝率，降低交联度，使其熔体流动速率达到国家标准，适合作制备所需黏合剂的部分原料，并改善制成品的色泽。

1. 配方

	质量分数/%		质量分数/%
高密度聚乙烯	35~50	阻聚剂	0.1~0.5
低密度聚乙烯	10~15	极性单体	1~2
再生聚乙烯	35~50	过氧化物	0.1~0.6
抗氧剂	0.1~0.5	有机颜料	0.01~0.0005

其中，再生聚乙烯是再生低密度聚乙烯，或者是再生线型低密度聚乙烯，或者是再生低密度聚乙烯与再生线型低密度聚乙烯按任意比例的组合物，所有的百分数都是质量分数。极性单体为不饱和羧酸或者不饱和羧酸衍生物，或者两种单体按任意比例的组合物。过氧化物为过氧化苯甲酰或者过氧化二异丙苯，或者两者按任意比例的组合物。有机颜料为酞菁类颜料或者喹丫啶铜类颜料或者异吲哚啉酮类颜料。

2. 加工工艺

母粒的制备方法：首先将有机颜料制成母粒，然后加入按配方混配的黏合剂其他组分中，在高速搅拌机中搅拌 5~10min，加入挤出机反应挤出造粒。其中，母粒中各组分的配方如下：

LDPE($MI=10$)	92	有机颜料	5
聚乙烯蜡	1.5	硬脂酸钙	1
15 号液体石蜡	0.5		

配方所述份为质量份。

	质量分数/%		质量分数/%
高密度聚乙烯($MI=1\sim30$)	36.991	阻聚剂 DMAC	0.3
低密度聚乙烯($MI=2\sim10$)	10	马来酸	1
再生低密度聚乙烯	40	马来酸酐	1
再生线型低密度聚乙烯	10	过氧化二异丙苯	0.5
抗氧剂 DLTP	0.2	异吲哚啉酮黄	0.009

首先将异吲哚啉酮黄制成母粒，然后加入按配方混配的胶黏剂其他组分中，在高速搅拌机中搅拌 5～10min，然后通过反应挤出机挤出；挤出机温度为 170～220℃，机头出口温度为 190～200℃。

3. 参考性能

再生 PE 料用量最高可达全部原料的 50%，大幅度降低了黏合剂的原料成本。据测算，采用本配方可降低原料成本 15%～25%。

由于采取了添加阻聚剂，使用复合接枝单体或复合引发剂等措施，提高了接枝率，降低了交联度，黏合剂熔体流动速率在理想的 1.8～2.1g/10min 范围内。同时，维卡软化点、脆化温度、密度、剥离强度等理化指标都保持在国家标准范围内较高水平上。

将原有"白色底胶"改变为"彩色底胶"，掩盖了再生塑料原来无法处理的灰暗杂色，赋予了产品色彩斑斓的外观。

酞菁类等有机颜料对 PE 树脂具有异相成核作用，选择定量加入这类有机颜料，明显减小 PE 树脂的球晶直径，增加了黏合剂的透明度，并改善了其力学性能指标。将产品置于偏光显微镜下观察，可以看到所加颜料成分改变了树脂的结晶形态，比未加的树脂球晶数显著增多，球晶直径前者明显比后者小。例如，添加十万分之一的酞菁颜料的 PE 胶，球晶直径从 45μm（未成核）降低到 13μm；密度从 0.925g/cm³（未成核）增加到 0.938g/cm³；拉伸模量、断裂应变和耐环境应力开裂等力学指标均有不同程度提高。

（二十二）一种利用废旧 HDPE 塑料制备大口径双壁波纹管的方法

双壁波纹管主要用于排水、排污，通常埋在地下，对管材外观要求不高，只要求管材具有一定环刚度和耐磨、耐腐蚀等性能，因此利用废塑料生产排水、排污用双壁波纹管具有非常好的经济效益和社会效益。目前大口径双壁波纹管均由 HDPE 新树脂生产，成本高，而且废旧塑料不能有效回收利用，在浪费能源的同时也污染了环境。

本方法将片状、纤维状和球状填料三者复合，并选择新型弹性体作为基体树脂，制备出功能母料。母料与废旧 HDPE 共混挤出波纹管时，不同形态的填料发挥协同效应，使管材的力学强度明显提高，而且管材成型机模具为创新设计，在波纹管的波峰部分采用圆弧结构，从而增加管材的环刚度，减轻制品质量；同时成型机头采用"梭式设计"，降低设备投资和能耗；对成型机模具采用强制水冷，提高生产效率。该方法制备的高环刚度、高韧性、耐腐蚀、使用寿命长的大口径双壁波纹管，产品可应用于环境治理排污工程、市政给排水等领域。

1. 配方

	质量分数/%		质量分数/%
废旧 HDPE 塑料	50～60	碳酸钙(1200 目)	10～30
晶须增强料	12	色母粒	3
POE	25～35	消泡剂	3

以上材料的相关参数指标如下：

废旧 HDPE 塑料熔体流动速率 0.6g/10min（5kg，190℃）、弹性模量≥800MPa、拉伸强度≥20MPa；内含 POE 弹性材料的改性母料熔体流动速率 0.4/10min（5kg，190℃）、弹性模量≥1000MPa、拉伸强度≥25MPa；晶须增强料熔体流动速率 0.5g/10min（25kg，190℃）、弹性模量≥1500MPa、固体含量＜70%。

2. 加工工艺

① 将片状、纤维状和球状填料进行协同组合，并且以弹性体为基体树脂，制备出对废旧 HDPE 具有增强、增韧功能的改性母料；填料为 1200 目的碳酸钙和颗粒小于 3mm 的 PE 树脂；弹性体为 POE 树脂；改性母料为晶须增强料。

② 将废旧 HDPE 进行分拣、破碎、清洗、脱水后挤出造粒，制备回收料。

③ 在回收料中加入改性母料，并混合均匀。其中，改性母料与回收料质量配比为 1：（1～5），同时加入黑色母料质量比为 2.5%，消泡剂质量比为 2.5%。可以根据波纹管内壁与外壁的不同要求，在回收料中按不同比例加入波纹管专用改性料，在高速混合机中混合均匀。

④ 混合后的物料由自动上料机分别输送至波纹管生产线的内壁挤出系统和外壁挤出系统，经塑化混合、挤出、连续成型，得到大口径双壁波纹管。加工时，大口径双壁波纹管挤出成型模具在波峰部分采用圆弧结构。双螺杆挤出设备加热温度控制在 150～250℃范围。

⑤ 对得到的大口径双壁波纹管按一定长度切割和堆放；产品经检验合格后入库。

配方 1：

	质量份		质量份
废旧 HDPE 塑料	50	色母料	3
POE 弹性材料的改性母料	35	晶须增强料	12

其组成质量比为 1：0.7：0.06：0.24。

各组成材料充分混合均匀，经高温塑化挤出成型，经过水或风冷后按一定长度切割堆放，并按检测合格后入库。

配方 2：

	质量份		质量份
废旧 HDPE 塑料	60	色母料	3
POE 弹性材料的改性母料	25	晶须增强料	12

其组成质量比为 1：0.42：0.05：0.2。

其材料参数及制备方法与配方 1 相同。

3. 参考性能

利用废旧 HDPE 塑料制备口径达 1200mm 的大口径双壁波纹管，产品的力学性能达到由 HDPE 新树脂制备出的大口径双壁波纹管水平；大口径双壁波纹管挤出成型模具在波峰部分采用圆弧结构，提高了产品的环刚度，产品能满足标准要求。

第三章

废旧聚丙烯材料回收再利用

聚丙烯的回收主要方法一个是能源化，另一个是利用聚丙烯作为热塑性塑料进行熔融再生。聚丙烯在经过加工后因分子结构发生变化，改变了本身的性能。这些废旧聚丙烯并不是没有用途，只要适当利用改变后的性能再经过物理加工处理，废旧聚丙烯一样能够回收再生，包括直接利用、改性利用等。

能源化包括焚烧的热能回收和热分解。PP 废料燃烧可释放大量热量，因此可充分利用废旧 PP 的高热值。相关研究表明，废旧 PP 完全具备作为燃料的基本要求，其发热量与煤和石油相当，且具有不含硫、灰分少以及燃烧速度快等优点。热分解是利用热能使 PP 的高分子链发生断裂，得到低分子量的化合物。废旧 PP 料与其他物质的共裂解可克服单一塑料裂解时因导热性差、反应温度不均匀导致产物收率低的缺点。

聚丙烯的直接再利用指无需改性，将废旧 PP 经过一定分类、清洗、破碎、塑化直接加工成型或通过造粒后加工成型。优点是工艺简单，再生制品成本低廉；缺点是再生材料制品的力学性能降低较多，不宜制作高档制品。废旧 PP 塑料进行直接利用的前提是其成分单一，老化程度低，性能与新料相差不大。但大部分废旧 PP 塑料都难以满足以上条件，因此对废旧 PP 塑料的直接再利用很有限。直接再利用主要是回收 PP 树脂生产厂和 PP 塑料制品厂在生产过程中产生的边角废料，也可以包括那些易于清洗和挑选的一次性废弃品，如 PP 编织袋、仪表盘、CD 盒以及 PP 扁丝等。此外，将废 PP 塑料熔融再生，即将废旧塑料加热熔融后重新塑化，也是一种直接利用的方法。

改性再生利用是指采用物理或化学方法对废旧 PP 塑料进行改性，以改善其力学性能，从而达到再利用要求。经过改性后的再生 PP 塑料，其力学性能得到改善或提高，可用于制作档次较高的 PP 制品。在这个过程中，可以采用共混、增强、增韧以及化学等方法进行改性处理。

（一）废旧聚丙烯/废弃印刷线路板非金属粉复合材料

废弃印刷线路板作为一种典型的电子废弃物，几乎出现在所有的电子产品中，数量巨大、种类繁多。近几年，世界印刷电路板行业年平均增长率已达 8.7%，东南亚地区年增长率为 10.8%，而我国的增长率高达 14.4%，其产量已居世界首位。中国大陆每年需要处理掉的废旧印刷线路板在 50 万吨以上。如何处理数量巨大的废旧印刷线路板已成为包括中国在内的电子信息行业大国所面临的共同问题。印刷线路板中通常含有约 30% 的高分子材料、30% 的惰性氧化物和 40% 的金属。其中金属成分的回收利用技术已经相当成熟，但是占

60％以上的非金属材料常常被作为垃圾丢弃、焚烧或填埋。这不仅给环境带来巨大压力，而且也造成了巨大的资源浪费。

目前对废弃线路板非金属材料（WPCBN）资源化利用的研究主要集中于将其用于热固性树脂（如环氧树脂和酚醛树脂）或热塑性树脂（如聚丙烯）的填料，因此以 WPP 和 WPCBN 为原料，制备性能优良、价格低廉的 WPP/WPCBN 复合材料具有重要的经济效益、社会效益和环保效益。本方法选用来自废弃汽车保险杠的废旧聚丙烯为复合材料基体，以废弃线路板非金属粉（WPCBN）为填料制备了复合材料。

1. 配方

	质量份		质量份
废旧聚丙烯汽车保险杠	100	KH550	1.5
（熔体流动速率 10.31g/10min		马来酸酐接枝聚丙烯	9
废线路板非金属粉料	30	（MAPP 接枝率 0.8％）	
（粒径≤154μm）			

2. 加工工艺

图 3-1　WPP/WPCBN 复合材料的制备工艺流程

WPCBN 的表面改性在高速混合机中进行，硅烷偶联剂（KH550）首先进行水解，然后缓慢滴加到高速搅拌的 WPCBN 中，混合温度设定为 80℃，混合时间为 30min。WPP 取自废弃的汽车保险杠，清洗后将其粉碎，处理后的 WPCBN 与 WPP 分别在 100℃ 干燥箱中干燥 4h；将 WPP、抗氧剂、润滑剂等助剂与不同用量的 WPCBN、MAPP 混合，经双螺杆挤出机（SHJ 系列，南京杰恩特机电有限公司）挤出造粒。图 3-1 为 WPP/WPCBN 复合材料的制备工艺流程。

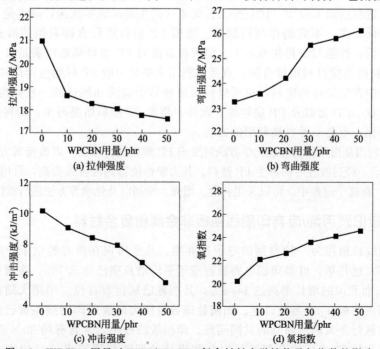

图 3-2　WPCBN 用量对 WPP/WPCBN 复合材料力学性能及氧指数的影响

3. 参考性能

以 WPP 为基体，WPCBN 为填料，制备 WPP/WPCBN 复合材料。由图 3-2(a)～图 3-2(c) 可见，材料的拉伸、冲击强度随 WPCBN 用量的增加而减小，弯曲强度则随之增大。WPCBN 中所含的玻璃纤维是一种刚性填料，导致复合材料的刚性增强，弯曲强度增大。复合材料的韧性取决于填料与基体的界面黏结强度和填料在基体中的分散程度。填料的持续加入破坏了聚丙烯基体的连续性，在相容性较差的填料与基体间形成大量界面，受到外力时，界面产生银纹甚至裂缝，不能被及时终止，容易发展成宏观应力开裂，从而导致拉伸、冲击强度下降。为了实现充分回收利用 WPCBN，又得到较好的复合材料，选择 m（WPP）：m（WPCBN）为 100：30 进行研究，此时拉伸、弯曲、冲击强度分别为 18.06MPa、25.58MPa、7.89kJ/m²。

复合材料氧指数（*OI*）的测定结果显示［图 3-2（d）］，纯 WPP 的 *OI* 值为 20，属易燃材料。WPP/WPCBN 复合材料的 *OI* 值随 WPCBN 填充量的增加而升高，m（WPP）：m（WPCBN）为 100：10 时，*OI* 值（氧指数）为 22，材料在空气中具有自熄性。WPCBN 中含不燃的玻璃纤维，并且线路板制作过程中添加有溴系阻燃剂，使 WPCBN 作为填料具有一定阻燃性能。

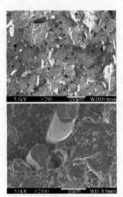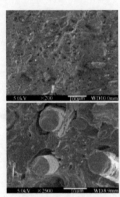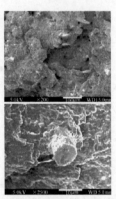

(a) WPP/WPCBN　　　(b) WPP/WPCBN/KH550　　　(c) WPP/WPCBN/KH550/MAPP

图 3-3　不同改性体系的复合材料冲击断面形貌

由图 3-3(a) 可见，添加未改性的 WPCBN 时，复合材料冲击断面空洞较多，镶嵌在基体树脂中的填料粒子与基体树脂间的空隙较大，颗粒分布不均匀，断面粗糙，清晰可见较多填料粒子裸露在树脂外面，并且粒子表面光滑；表明填料与 PP 树脂基体界面黏结较差，树脂产生不连续现象。添加 1.5phr KH550 改性后的 WPCBN，如图 3-3(b) 所示，复合材料断面空洞减少，粒子分布比较均匀。填料粒子拔出时，引发了周围基体屈服，较少粒子裸露在树脂外面，粒子表面有少量聚丙烯基体黏附，表明填料与树脂界面黏结作用加强。添加相容剂 MAPP 后，图 3-3 (c) 中复合材料断面平整，填料粒子在树脂中分布较均匀，填料粒子表面完全

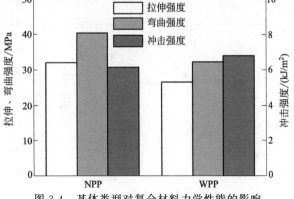

图 3-4　基体类型对复合材料力学性能的影响

被聚丙烯基体包裹，填料与树脂之间界面紧密，脱落界面间存在丝状连接，界面黏结明显优于前两者。界面结合强度的提高使受到外力形成微裂纹时需要的能量增大，宏观表现为复合材料力学性能的提高。说明马来酸酐接枝聚丙烯作为相容剂起到很好的作用。

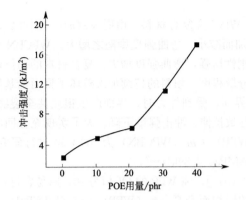

图 3-5 POE 用量（相对废旧 PP 为 100 份计）对废旧 PP 冲击强度的影响

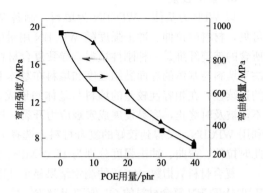

图 3-6 POE 用量对废旧 PP 基体弯曲强度和弯曲模量的影响

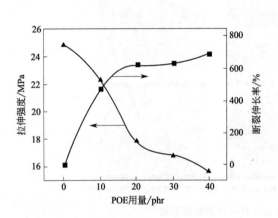

图 3-7 POE 用量对废旧 PP 拉伸强度和断裂伸长率的影响

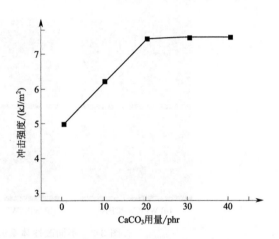

图 3-8 碳酸钙用量对废旧 PP/POE 共混体系冲击强度的影响

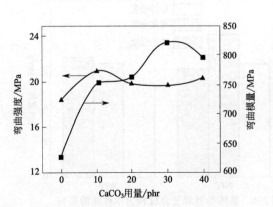

图 3-9 碳酸钙用量对废旧 PP/POE 共混体系弯曲强度和弯曲模量的影响

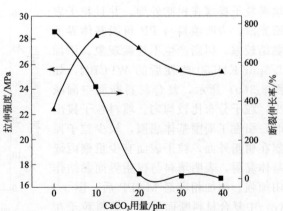

图 3-10 碳酸钙用量对废旧 PP/POE 共混体系拉伸强度和断裂伸长率的影响

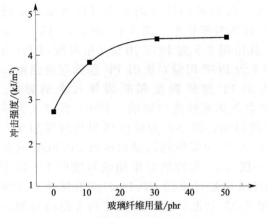

图 3-11　玻璃纤维用量对废旧 PP/POE
共混体系冲击强度的影响

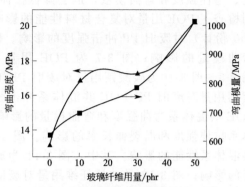

图 3-12　玻璃纤维用量对废旧 PP/POE
共混体系弯曲强度和弯曲模量的影响

如图 3-4 所示，按配方 m（WPP）：m（WPCBN）：m（MAPP）＝100：30：9 所制备的复合材料的拉伸强度、弯曲强度、冲击强度分别达到 26.78MPa、32.35MPa、6.8kJ/m^2，WPP/WPCBN；与采用纯 PP 为基体的 NPP/WPCBN 相比，拉伸、弯曲强度分别下降 16.8%、20.4%，降幅较低；冲击强度提高 10.6%。当 WPCBN 填充量达到 10 phr 以上时，具有阻燃性能，复合材料具有自熄性，见图 3-2。由于 WPP 取自废弃的汽车保险杠，加工过程中添加的弹性体使其韧性较好，因此所制的复合材料冲击强度较优。

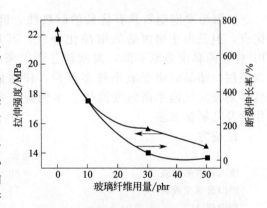

图 3-13　玻璃纤维用量对废旧 PP/POE
共混体系拉伸强度和断裂伸长率的影响

（二）废旧聚丙烯框料的增强增韧

废旧塑料框料的主要成分为聚丙烯（PP），但是框料是用废旧聚丙烯生产的，经过多次成型，废旧框料的力学性能已大大降低。本例将用碳酸钙、废旧玻璃纤维、乙烯-辛烯共聚物（POE）弹性体对废旧框料进行增强增韧改性。

1. 配方

	质量份		质量份
回收框料	100	废旧玻璃纤维（回收废旧浴缸料）	50
POE（Engage 7380）	10	顺丁烯二酸酐（MAH）	0.1
碳酸钙	10	过氧化二异丙苯（DCP）	0.1

2. 加工工艺

首先将废旧 PP、POE 和碳酸钙于 60℃下干燥 8h，再将废旧 PP、弹性体和填料按不同配比在双螺杆挤出机上共混，挤出后切粒，60℃下干燥至恒重。干燥后的粒料置于注塑机中注塑成标准样条。

3. 参考性能

对于废旧 PP 体系，POE 添加量在 10phr 时为宜。POE 用量高于 10phr，则体系的弯曲模量和弯曲强度大幅下降；体系未添加 POE 时，材料的断裂伸长率仅为 7.04%。综合考虑，选用 10phr 的 POE 为宜。加入少量碳酸钙可以增加材料的强度，加入量过多时，则会降低材料的拉伸强度和断裂伸长率；废旧玻璃纤维的加入可以增强冲击强度、弯曲强度和弯曲模量，但会降低拉伸强度和断裂伸长率。图3-5、图3-6、图3-7分别检查了POE用量对复合材料性能的影响。其中图3-5为POE用量（相对废旧PP为100份计）对废旧PP冲击强度的影响。图3-6为POE用量对废旧PP基体弯曲强度和弯曲模量的影响；图3-7为POE用量对废旧PP拉伸强度和断裂伸长率的影响。图3-8～图3-10为碳酸钙用量对废旧PP/POE共混体系性能的影响。其中，图3-8为碳酸钙用量对废旧PP/POE共混体系冲击强度的影响；图3-9为碳酸钙用量对废旧PP/POE共混体系弯曲强度和弯曲模量的影响。图3-10为碳酸钙用量对废旧PP/POE共混体系拉伸强度和断裂伸长率的影响。图3-11～图3-13为玻璃纤维用量对废旧PP/POE共混体系性能的影响。其中，图3-11为玻璃纤维用量对废旧PP/POE共混体系冲击强度的影响；图3-12是玻璃纤维用量对废旧PP/POE共混体系弯曲强度和弯曲模量的影响；图3-13为玻璃纤维用量对废旧PP/POE共混体系拉伸强度和断裂伸长率的影响。

（三）废旧聚丙烯和废旧聚氨酯制备泡沫塑料片材

聚丙烯发泡塑料具有优良的耐热性、机械性强、良好的环境适应性和加工成本低等优点，但是由于聚丙烯的结晶化特性，其加工成型较为困难。随着加工温度的升高，PP树脂的黏度急剧下降，发泡剂分解出来的气体难以在树脂中保持，因而导致发泡难以控制；结晶时由于放出较多热量，使熔体强度降低，发泡后气泡容易破坏，因而不易得到独立气泡率高的发泡体。本例提供一种废旧聚丙烯和废旧聚氨酯制备泡沫塑料片材及其制备方法。

1. 配方

	质量份		质量份
废旧聚丙烯薄膜	80	交联剂（过氧化二异丙苯）	1
废旧聚氨酯胶粉	15	交联助剂（二乙烯基苯）	3
发泡剂AC	5	填充剂（滑石粉）	40

注：其中所述的填充剂为滑石粉、碳酸钙、碳酸镁、二氧化钛、陶土中的一种或几种混合。

2. 加工工艺

废旧聚丙烯薄膜80份、废旧聚氨酯胶粉15份、双氰胺AC发泡剂5份、交联剂过氧化二异丙苯1份、交联助剂二乙烯基苯3份，填充剂为滑石粉40份；在混炼机中按计量加入废旧聚丙烯薄膜、废旧聚氨酯胶粉和填充剂塑料，在110℃下塑炼捏合10min，再加入双氰胺AC发泡剂，在80℃下混炼10min；继续加入交联剂过氧化二异丙苯和交联助剂二乙烯基苯，在80℃下混炼10min，交联成型；将混合物投入挤出机中挤出，在热压模塑机中发泡定型，发泡温度为160℃，加热时间为15min，得到发泡塑料片材产品。

3. 参考性能

材料为微孔，密度为0.18g/cm³，邵氏硬度为36，拉伸强度为0.95MPa，伸长率为86%，弹性为27%。

（四）废旧聚丙烯生产生物农用膜的配方

本例通过废旧聚丙烯与乙烯共聚，大大提高了生物农用膜的耐候性能，降温母粒用于分子量调节剂，乙烯单体作为农作物生长调节剂和增效剂，且生产成本低，废料易于回收和再利用，产品环保性能好。产品可广泛应用于水稻育秧、蔬菜栽培、人造草坪、无土栽培、水果生长保护袋、农用基生材料和包缠材料。

1. 配方

	质量份		质量份
废旧聚丙烯文具碎片	7	机头料	13
PP绳	15	染色废织带	9
废丝	15	乙烯单体	16
打包带	25	降温母粒	0.1

2. 加工工艺流程

图 3-14 为废旧聚丙烯生产生物农用膜工艺流程。

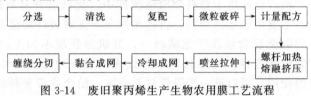

图 3-14　废旧聚丙烯生产生物农用膜工艺流程

（五）废弃聚丙烯医用塑料输液容器制备的增韧粒料

聚丙烯（PP）是三大通用塑料之一，在输液容器中广泛应用，因此在废弃医用塑料容器中占有较大比重，属于在医用输液容器产品中大量使用的一次性塑料制品，一次性塑料输液容器（包括一次性塑料瓶和塑料软袋）以及一次性塑料注射器的使用数量非常巨大。可是，其使用在带来方便同时，也产生了大量废弃物，而且这些塑料制品的生产需要大量消耗石油资源。如果只对这些废弃医用塑料输液容器进行填埋、焚烧处理，不但浪费资源，而且会严重污染环境。现以来自废弃医用塑料输液容器的聚丙烯为主体原料，加入乙烯-辛烯共聚物以及成本低廉的增韧改性剂活性碳酸钙、β-晶型稀土成核剂，添加助剂组分进行改性，在不影响其他材料性能和不增加成本的前提下，较大限度地提高了废弃 PP 复合材料的冲击强度，制备得到的废弃医用塑料输液容器聚烯烃再生改性料韧性好、易于加工，适合于耐低温、耐冲击产品的制备，很好地实现了医用塑料输液容器废弃物的资源化再利用。

1. 配方

	质量份		质量份
废弃聚丙烯医用塑料输液容器	75	POE-*g*-MAH	3
乙烯-辛烯共聚物	15	抗氧剂 1010	0.1
活性碳酸钙	10	抗氧剂 168	0.2
硬脂酸钙	0.1		

注：使用的废弃医用塑料输液容器聚丙烯是从某市卫生局由各医院统一集中归置并进行过杀菌消毒的一次性输液袋废弃物，用粉碎机进行粉碎得到初步的纯塑料颗粒物，其来源可保证并且不存在卫生安全方面的问题。

2. 加工工艺

将 75 质量份废弃医用塑料输液容器聚丙烯、15 质量份（ENGAGE8150 陶氏塑料）、10 质量份活性碳酸钙（粒径 5μm）、0.1 质量份硬脂酸钙（购自高密市东方化工有限公司）、3 质量份 POE-*g*-MAH（CMG5805，南通日之升高分子新材料科技有限公司）、0.1 质量份抗氧剂 1010（购自梯希爱化成工业发展有限公司）和 0.2 质量份抗氧剂 168（购自梯希爱化成工业发展有限公司）等置于混合机中，混合机的转速为 30r/min，高速混合 3r/min；所得混合物加入双螺杆挤出机中以挤出温度 180～230℃，螺杆转速 180r/min，喂料速度 40r/min，进行熔融混炼挤出注塑，切割造粒。

3. 参考性能

拉伸强度为 30MPa，悬臂梁缺口冲击强度为 42kJ/m²，断裂伸长率超过 800%。

（六） 中碱玻璃纤维增强聚丙烯洗衣机转筒回收料

聚丙烯洗衣机筒一般为共聚聚丙烯材料，填充少、熔体流动速率高、抗冲击能力强。我国每年约报废几百万台洗衣机，且以年均20%的速度在增长，由此产生的洗衣机筒废料若能得到合理再利用，会节约资源，保护环境，减少浪费。回收聚丙烯材料因老化、降解，其性能已经明显衰减，回收料的再次造粒过程中，聚丙烯链段会再次破坏和降解，因此为了更好地利用回收料，一般会进行再改性，提高聚丙烯的强度和耐老化性能。玻璃纤维对塑料的增强作用非常明显，并被广泛应用于塑料的增强改性中。无碱玻纤具有优良的化学稳定性、电绝缘性和力学性能，主要用于增强塑料，目前在汽车上无碱玻纤增强聚丙烯材料已经得到广泛应用。中碱玻纤的碱金属含量高于无碱玻纤，其机械强度不如无碱玻纤，但是来源丰富，价格便宜，用中碱玻纤改性聚丙烯材料来替代无碱玻纤增强聚丙烯材料，可以降低成本；而聚丙烯回收料的使用，可以进一步降低材料成本，给企业带来利润。

1. 配方

	质量份		质量份
废旧聚丙烯洗衣机筒回收料	75	抗氧剂1010	0.2
共聚聚丙烯材料AX668	10	抗氧剂168	0.2
增韧剂POE 8150	5	中碱玻纤	10
黑母粒PE2772	0.5		

2. 加工工艺

将75份聚丙烯A、10份聚丙烯B、5份增韧剂、0.2份抗氧剂和0.5份黑母粒放入高速混合机中混合3min，然后将混合物放入挤出机中，将10份中碱玻纤从玻纤口加入，挤出切粒，得到所需中碱玻纤增强聚丙烯回收料。聚丙烯A为废旧聚丙烯洗衣机筒回收料；聚丙烯B为住友化学的共聚聚丙烯材料AX668；增韧剂为陶氏化学的POE 8150；主抗氧剂为1010，辅抗氧剂为168，复配比例为1:1；黑母粒为卡博特黑母粒PE2772；中碱玻纤的生产厂家为巢湖市富方玻璃纤维有限公司。双螺杆挤出机的料筒各区段温度分别设置为：一区180℃、二区185℃、三区195℃、四区195℃、五区200℃、六区200℃、机头205℃。挤出条通过循环水槽冷却至室温，经过吹风机干燥后进入切粒机造粒。

3. 参考性能

表3-1给出了中碱玻纤增强聚丙烯洗衣机筒回收料的材料性能。

表3-1 中碱玻纤增强聚丙烯洗衣机筒回收料的材料性能

测试项目	实施例	测试项目	实施例
密度/(g/cm³)	0.97	弯曲模量/(MPa)	1659
拉伸强度/(MPa)	24	简支梁缺口冲击强度/(kJ/m²)	8
弯曲强度/(MPa)	31.7	简支梁无缺口冲击强度/(kJ/m²)	56

（七） 聚丙烯再生料编织袋专用增强增韧母粒

由于塑编制品的特殊性，用于聚丙烯和聚乙烯增强增韧的助剂大多不能应用于编织袋的生产。本例为了既能降低成本又能有效提高制品的强度和韧性，利用不同组分之间的协同作用制得弹性体包覆刚性粒子的"核-壳"母粒，专用于聚丙烯再生料编织袋的增强增韧。本例提供一种聚丙烯再生料编织袋专用增强增韧母粒及其制备方法，添加少量即可提高编织袋的拉力和断裂伸长率，解决了用现有聚丙烯再生料生产编织袋存在的问题。

1. 配方

	质量份		质量份
聚丙烯	14.85	马来酸酐接枝聚乙烯(PE-g-MAH)	6.6
高密度聚乙烯	14.85	马来酸酐接枝聚丙烯(PP-g-MAH)	6.6
乙烯-辛烯共聚物	82.5	硬脂酸钙	1.65
碳酸钙	198	聚乙烯蜡	1.65
钛酸酯偶联剂	3.3		

2. 加工工艺

按质量比称取原料；相应质量的无机刚性粒子和偶联剂在 800r/min 的高速混合机中进行混合包覆 5～7min，得到活化无机刚性粒子；先将聚烯烃树脂、弹性体和活化无机刚性粒子放入高混机中充分混合 3～5min，然后将其他助剂加入其中混合 1～3min，出料得到混合物；将制得的混合物通过双螺杆挤出机挤出生产，经风冷切粒即可制得该聚丙烯再生料编织袋专用增强增韧母粒。

3. 参考性能

聚丙烯再生料编织袋性能如表 3-2 所示。

表 3-2　聚丙烯再生料编织袋性能

测试项目	样品
平米克重/(g/m^2)	74.24
经(纬)向拉力/N	547.96
断裂伸长率/%	13.51

注：测试标准为 GB/T 8946—2013，测试条件：50mm/min。

（八）再生聚丙烯阻燃改性材料

聚丙烯通过注塑、挤出、吹塑和热成型等方法制成各种产品，在包装、汽车、家电、建材、化工等领域被广泛使用。在电子电器行业中使用过的聚丙烯能够进行回收改性再生，但本身聚丙烯属于易燃材料，其氧指数仅为 17%～18.5%，并且成炭率低，容易传播火焰，引起火灾，燃烧时产生融滴，因此其阻燃性能的改性是一个重大问题。本例针对现有技术中的不足，提供一种再生聚丙烯阻燃改性材料，其具有阻燃效果好，含氧指数大大提高，燃烧后成炭率高，无融滴，且材料抗冲击强度高，在不影响其力学性能的同时大大增强其阻燃性。

1. 配方

	质量份		质量份
聚丙烯回收料	100	抗冲击改性剂(SBS 回收料)	15
玻璃纤维	10	抗氧剂 168	1
阻燃剂	45	钛酸酯偶联剂	0.5
阻燃增效剂(硅藻土)	1	补强剂(二水脱硫石膏)	0.3

注：阻燃剂为氢氧化镁和包覆红磷复配而成的复合阻燃剂，质量比为 2∶1。抗冲击改性剂为 SBS 回收造粒料，回收橡胶颗粒的粒径为 3～8μm，将回收橡胶颗粒制备成粉状或颗粒状，相当于功能性弹性体填充料，在高温挤出造粒时能提高再生聚丙烯材料的密着性、硬度或弹性，并且回收橡胶的成本较低，制备工艺也简单易行。偶联剂为钛酸酯偶联剂。二水脱硫石膏一般用作橡胶领域的补强剂。通过加入少量二水脱硫石膏作为填料，能提升再生聚丙烯材料的工艺性能，且降低成本，提高了材料的硬度、弹性、耐热性能，并且减小压缩永久变形。

2. 加工工艺

按质量份称取聚丙烯回收料，将破碎好的聚丙烯回收料经过单螺杆挤出机，温度控制在230℃熔融，在单螺杆挤出机的机头处设置过滤装置，对熔体进行过滤，除去不溶性杂质，挤出聚丙烯回收条；按质量份称取剩余物料，将聚丙烯回收条和剩余物料加入密炼机中，在220℃混炼 20min；将混炼好的物料加入双螺杆挤出机中挤出，造粒，料筒温度为 210℃，螺杆转速为 400r/min，挤出，造粒。

3. 参考性能

表 3-3 为再生聚丙烯阻燃改性材料的基本性能。

表 3-3　再生聚丙烯阻燃改性材料的基本性能

性能指标	测试标准	样品	性能指标	测试标准	样品
悬臂梁缺口冲击强度/(kJ/m²)	ISO 180	11	弯曲强度/MPa	ISO 178	46.72
拉伸强度/MPa	ISO 527	90	氧指数/%	ISO 4589	36
断裂伸长率/%	ISO 527	12.44	垂直燃烧试验	UL 94	V-0

（九）含有改性聚丙烯的瓦楞纸

瓦楞纸是纸质包装箱常见的用料，它比木箱质轻，又有硬度，大小容易剪裁，用来保护被包装的其他产品不被损害。瓦楞纸可在外部印刷不同色彩的图案及文字或写上文字符号，成本也相对低。不过，瓦楞纸忌水浸、潮湿、发霉、入水、手勾等。但是现有瓦楞纸在生产过程中都有欠缺，不能提高瓦楞纸的强度和防水性。本例提供一种含有改性聚丙烯的瓦楞纸及其制备方法，提高了瓦楞纸的强度，在实用过程中也提高了产品的防水性能。

1. 配方

	质量份		质量份
废纸	70	三烯丙基异氰脲酸酯	1.5
聚丙烯	10	硅烷	1.5
增强剂	5	硬脂酸镁	1.8
硫酸铝	1	对苯二酚	1
碳纤维	2		

2. 加工工艺

① 废纸处理：对废纸进行破碎、打浆、筛选、除杂后得到纸浆。

② 制浆：将处理好的纸浆放入反应釜里，加入聚丙烯、增强剂、硫酸铝、碳纤维、三烯丙基异氰脲酸酯、硅烷；将温度控制在 80～85℃之间连续搅拌 3～4h。

③ 往反应釜里加入硬脂酸镁和对苯二酚且把温度控制在 85～90℃下搅拌 1～2h；结束后把温度控制在 60～75℃，得到成品。

（十）废旧聚丙烯分子链改性的抗静电聚丙烯塑料检查井材料

建筑小区排水用检查井从黏土砖、水泥砌块、预制混凝土检查井发展到塑料检查井。改性聚丙烯材料具有强度高、耐腐蚀等优异特性，被广泛用于塑料检查井材料。塑料检查井在组装和运输过程中会产生静电现象，由此带来了巨大的安全隐患，这给塑料检查井的大力推广造成了较大阻力。本例提供一种由废旧聚丙烯分子链修复改性的环保抗静电聚丙烯塑料检查井材料及其制备方法，特别是利用了分子链修复技术，对废旧聚丙烯进行分子链修复，提高分子量，从而提高废旧聚丙烯树脂的综合力学性能，同时利用高分子永久型抗静电母粒，彻底解决塑料检查井在安装、运输过程中所出现的静电问题。

1. 配方

	质量分数/%		质量分数/%
废旧洗衣机桶破碎料	40	相容剂(马来酸酐接枝聚丙烯)	3
废旧编织袋破碎料	35.9	抗氧剂 1010	0.1
分子链修复剂	3	抗氧剂 168	0.2
抗静电母粒	2	光稳定剂 944	0.2
增韧剂聚乙烯	5	光稳定剂 770	0.2
滑石粉	10	润滑剂(聚乙烯蜡)	0.4

2. 加工工艺

在单螺杆挤出机的下料漏斗处放置磁铁架，对废旧聚丙烯破碎料进行金属过滤；将单螺杆挤出机机头安装 800～1000 目过滤网，对废旧聚丙烯熔体中的杂质进行过滤处理。将废旧聚丙烯破碎料经过单螺杆挤出机熔融、挤出、造粒，得到去杂质废旧聚丙烯粒子。挤出温度为 180～200℃，螺杆转速为 50r/min。去杂质废旧聚丙烯粒子与分子链修复剂、抗静电母粒、增韧剂、相容剂通过高混机预混合 3～4min，然后再加入称好的矿物混合 2～3min，最后加入称量好的抗氧剂、光稳定剂、润滑剂一起混合 6～8min，出料得到预混料。所有混合过程均在高混机中进行，转速为 1200～1500r/min；制备的预混料经双螺杆挤出机熔融、挤出、造粒，双螺杆挤出机的转速为 300～450r/min，温度为 190～230℃。

3. 参考性能

表 3-4 为抗静电聚丙烯塑料检查井材料的基本性能。

表 3-4　抗静电聚丙烯塑料检查井材料的基本性能

检测项目	检测方法	样品	检测项目	检测方法	样品
密度/(g/cm³)	ISO 1183	0.982	悬臂梁无缺口冲击强度(-30℃)/(kJ/m²)	ISO 179	NB
拉伸强度/MPa	ISO 527	25.6	简支梁无缺口冲击强度(-30℃)/(kJ/m²)	ISO 179	27.5
弯曲强度/MPa	ISO 178	40.3	热变形温度(0.45MPa)/℃	ISO 75-2	105.6
悬臂梁缺口冲击强度(23℃)/MPa	ISO 178	2890		GB/T	
悬臂梁缺口冲击强度(-30℃)/(kJ/m²)	ISO 180	28.4	体积电阻率(23℃)/Ω·cm	15662—	7.8×10⁷
悬臂梁无缺口冲击强度(23℃)/(kJ/m²)	ISO 180	4.0		1995	

（十一）玻璃纤维增强废旧聚丙烯建筑模板

建筑模板有钢模板、木模板、竹模板。塑料建筑模板是一种节能型和绿色环保产品，是继木模板、组合钢模板、竹木胶合模板、全钢大模板之后又一新型换代产品，能完全取代传统的钢模板、木模板、方木，节能环保，摊销成本低。塑料建筑模板周转次数能达到 30 次以上，还能回收再造；温度适应范围大，规格适应性强，可锯、钻，使用方便。模板表面的平整度、光洁度超过了现有清水混凝土模板的技术要求，有阻燃、防腐、抗水及抗化学品腐蚀的功能，有较好的力学性能和电绝缘性能；能满足各种长方体、正方体、L 形、U 形的建筑支模的要求。本例提供了一种玻璃纤维增强废旧聚丙烯建筑模板及其制备方法，除了具有塑料建筑模板的优异性能以外，还利用了废旧 PP 塑料，具备较高的强度。

1. 配方

	质量份		质量份
废旧 PP 塑料	100	端烯基双官能团偶联剂	0.7
碳酸钙	25	脱模剂	0.5
抗氧剂 101	0.9	交联剂硫黄	0.6
玻璃纤维增强剂	8		

2. 加工工艺

玻璃纤维增强废旧聚丙烯建筑模板的制备包括以下步骤：

① 将废旧聚丙烯塑料通过塑料挤出机进行熔融、挤出，然后冷却，通过切粒机切粒成大小均匀的塑料颗粒。

② 将步骤①得到的塑料颗粒和其他原料在 PP 高低温混料机中先在 170～180℃混合 15min，然后在 15～25℃下冷混 10min，得到均匀的混合料。

③ 将混合料经塑料挤出机混炼后，从机头挤出，螺杆挤出机各段的温度控制在 180～220℃进行动态硫化反应，从挤出机口模处挤出板材，板材经过压光机的压光和降温，并被调整为厚度为 5～20mm 的板材，然后经过切边装置、牵引装置和切割装置，得到一种建筑用废旧聚丙烯塑料模板。

（十二）导电炭黑改性再生聚丙烯

聚丙烯极易燃烧，较高的燃烧热也使得包括聚丙烯在内的一大类聚丙烯的实际生产和应用受到了一定限制。在某些工业领域希望塑料经过特殊改造也像金属一样具有导电性。与传统的金属相比，导电塑料低成本，易加工，能广泛应用于集成电路、晶片、传感器护套等精密电子元件生产过程的防静电周转箱、托盘、晶片载体、薄膜袋等及电信、电脑、自动化系统、工业用电子产品、消费电子产品、汽车用电子产品等领域中的电子产品 EMI 屏蔽外壳等。目前针对改性 PP 材料的导电性能有一定研究，但并没有很理想的效果。本例是采用导电炭黑改性再生聚丙烯。制备方法简单，材料具有良好的阻燃性能和导电性能，同时耐冲击性能以及拉伸性能良好。

1. 配方

	质量份		质量份
纯聚丙烯树脂	25	增韧剂 POE	4
再生聚丙烯塑料	45	抗氧剂（1076）	0.2
导电炭黑	22	润滑剂（硬脂酸）	0.5
膨胀阻燃剂（OP935∶MPP=4∶1）	4	EBS	0.11

2. 加工工艺

按质量称取再生聚丙烯树脂、纯聚丙烯树脂、导电炭黑、EBS、增韧剂、膨胀阻燃剂、抗氧剂、润滑剂，然后加入高速混合机中混合 10～30min；将上述混合物投入双螺杆挤出机，控制螺杆转速在 42～50r/min，各段温度在 180～220℃，经过双螺杆挤出机充分塑化、熔融、复合、挤出、拉条、切粒和冷却，制得聚丙烯复合材料；利用注塑机注塑用于力学测试的样条，注塑机各段温度为 200～220℃。

3. 参考性能

表 3-5 为导电炭黑改性再生聚丙烯基本性能。

表 3-5 导电炭黑改性再生聚丙烯基本性能

性能指标	样品	性能指标	样品
拉伸强度/MPa	30.56	弯曲模量/MPa	1913
断裂伸长率/%	16.89	冲击强度/(kJ/m²)	21.90
弯曲强度/MPa	43.86	体积电阻率/Ω·cm	28.54

数据表明，经过炭黑改性的 PP 复合材料的导电性能完全能够应用于集成电路、晶片、传感器护套等精密电子元件生产过程的防静电周转箱、托盘、晶片载体、薄膜袋等及电信、计算机、自动化系统、工业用电子产品、消费电子产品、汽车用电子产品等领域中的电子产

品 EMI 屏蔽外壳等方面。

（十三）　蛇皮袋类聚丙烯的降解

蛇皮袋主要由聚丙烯组成，由于高温、机械剪切及紫外线辐射的作用，在加工、使用过程中容易发生降解，生成小分子 PP、含有双键的分子以及带有含氧基团的分子。在不同温度下分馏出不同产物。如下式：

$$-[CH_2-CH_2-CH_2]_n (PP) \xrightarrow[\text{催化剂}]{\text{常压 }380℃} \begin{cases} H_2 C_1 \sim C_4 \text{（气体）} \\ C_5 \sim C_{20} \text{（汽油）} \\ C \text{（残渣）} \end{cases}$$

废旧蛇皮袋聚丙烯类塑料可经过热解-催化改质得到合格的汽油，汽油辛烷值为 90。以中强酸、弱酸为主，孔径为 2.5～4nm 的 90$^{\#}$ 催化剂可用于废旧聚丙烯塑料的热解-催化改质，液体收率可达 80%，液体收率最高时的温度为 360℃。废旧蛇皮袋热裂解或催化裂解回收燃料油和化工原料，使废旧蛇皮袋制品中的高分子键在热能作用下发生断裂，得到低分子量化合物。分解后生成链长、结构无一定规律的低分子化合物；在适当的温度、压力和催化剂条件下，产生的低分子化合物的链长和结构可被限制在一定范围内，利用这一性质，可以生产出汽油和柴油。本例将废旧蛇皮袋前处理后投入反应器进行分解，在催化剂作用下获得各类烃族气体，经冷凝后形成混合油气体，再经蒸馏工艺，最终得到汽油产品。用蛇皮袋聚丙烯类催化裂解生产的汽油与原油生产的汽油相比，其物理性质、化学性质、产品质量基本相同，而且不含铅、氨等有害物质，无"二次污染"。

1. 配方

	质量份		质量份
废旧蛇皮袋聚丙烯	20	氯化铝	2.8
氯化锌	2.5		

2. 加工工艺

将 20 份粉碎后的废旧蛇皮袋、2.5 份氯化锌、2.8 份氯化铝作催化剂，进行高温加热。温度控制在 380～400℃加热 80min。保持分馏出口温度在 180～200℃之间，经过回流冷却池，20min 后开始有液体流出，收集液体提纯物（淡黄色液体）。如果温度达到 400℃以上就会有气体物质溢出。产生的尾气可以通过氢氧化钠池来吸收氯化氢、硫化氢等有害物质并收集，也可通入生产炉二次利用。裂解装置底部沉降的杂质继续高温加热，在底部加热将残油蒸发，气体返回裂解装置顶部。经过一段时间后，杂质干燥成粉，扒出装置外，此装置为间歇操作。所产生的气体可通入氢氧化钠池除去氯化氢、硫化氢等气体，实际生产中可将尾气处理后直接通入加热层中，可节约能源；裂解装置底沉降的杂质继续高温加热，在底部加热将残油蒸发，气体返回裂解装置顶部，装置易清理。

3. 参考性能

降解得到的产品通过与标准 90$^{\#}$ 汽油对比的方法进行表征，结果表明，在各峰值数据相同，定性为汽油。如图 3-15 所示，液体提纯物红外谱图与 90$^{\#}$ 汽油谱图峰值在 2400cm^{-1}、1700cm^{-1}、1500cm^{-1}、700cm^{-1}、400cm^{-1} 处均相等。

（十四）　废旧聚丙烯纤维和废旧聚酯纤维制备复合纤维板

本例利用合成纤维生产、纺纱织造、服装加工的任一过程中的废料，如废旧聚丙烯纤维、化纤厂废丝、废旧聚酯纤维。热压成型主要是利用聚丙烯和聚酯纤维熔点的差异，使聚丙烯纤维熔融，包覆在聚酯纤维表面，在一定压力下，黏合成型。冷却后，即成为具有一定强度的复合纤维板材。

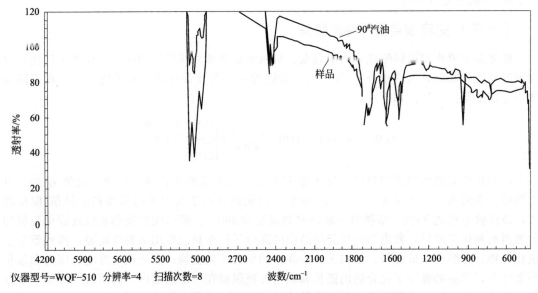

图 3-15 蛇皮编织袋降解产物与标准 90# 汽油红外谱图对比

1. 配方

	质量分数/%		质量分数/%
废旧聚丙烯纤维	60	废旧聚酯纤维	40

2. 加工工艺

原料→混合→梳理→纤维网→压机预热→恒温加压→冷却定型→脱模→标准制样→性能测试。使用设备：开清棉机（HYFU 218D）；梳棉机（AS181）。最佳工艺条件：聚丙烯纤维的质量分数为 60%，热压温度为 185℃，热压压力为 10MPa，热压时间为 4min。

3. 参考性能

图 3-16 为 DSC 图谱，显示了废旧聚丙烯纤维与聚酯纤维的熔点。

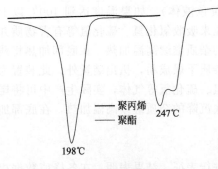

图 3-16 废旧聚丙烯纤维与
聚酯纤维的熔点

（十五）固相力化学方法回收利用废弃聚丙烯／废旧电路板（WPCB）

废旧电路板（WPCB）中的金属材料回收已较为成熟，但其中的非金属粉的回收是最大难题。利用 WPCB 中的非金属材料制备复合材料是当前研究的热点和主流，如用 WPCB 非金属粉填充环氧树脂、聚氯乙烯（PVC），代替木粉制备酚醛复合材料或作为增强填料增强聚酯、聚丙烯（PP）等。但常规制备方法制备的复合材料样品外观和力学性能极差，难以被市场接受，其实用性面临巨大挑战。因此需要开发 WPCB 料的新工艺、新技术。固相力化学反应器借鉴了中国传统石磨的构思和结构，其独特的三维剪切结构具有粉碎、分散、混合、力化学反应等多种功能，在室温可实现难分离共混填充复合型废弃高分子材料的超细粉碎，均匀混合分散，解决传统回收技术需组分相容和黏度匹配，因而需分类分离的难题，为废弃高分子材料回收利用提供了一种经济、高效、环境友好的新途径。本方法通过固相力化学反应器制备 WPCB 改性粉体，改善WPCB 粉体结构和界面相容性，用以填充废弃 PP，制备高性能 PP/WPCB 复合材料，为高值化回收废旧电路板提供新技术、新方法。

1. 配方

	质量份		质量份
废弃聚丙烯 PP	65	PP-*g*-MAH	5
WPCB	30	KH550	0.5

废弃聚丙烯（PP）主要为 T30S，$MFI=3.5g/10min$；废旧电路板非金属粉（WPCB），市场购买，平均粒度 40 目。

2. 加工工艺

将 WPCB 粉由加料口加入磨盘型固相力化学反应器，由螺杆加压系统控制碾磨面间的压力为 2～5MPa，控制转速为 30～35r/min，物料在磨盘中滞留时间为每次 10～15s。磨盘碾磨过程中产生的热量由冷却水通过循环带出，经过一次碾磨后粉料由出料口出料，然后从进料口进入下一次碾磨循环。将 1%KH550 分别加入碾磨 30 次的 WPCB 粉体中，高速混合机混合 10min。加入 10%PP-*g*-MAH 后与废旧 PP 混合，用平行双螺杆挤出机挤出、造粒，从进口到出口的挤出温度为 170℃、190℃、200℃、200℃、190℃、180℃，再通过注塑机注塑成型，注塑温度为 190℃、210℃、210℃、195℃。

3. 参考性能

本例使用的 WPCB 粉主要由玻璃纤维（70%，质量分数）和环氧树脂（30%，质量分数）组成，由于玻璃纤维和环氧树脂共同存在，致使 WPCB 非金属粉的粒度分布比较复杂。图 3-17 为 WPCB 粉体碾磨不同次数的粒度分布图；表 3-6 为 WPCB 粉体碾磨不同次数的粒径测试结果；图 3-18 为碾磨前后 WPCB 对比。

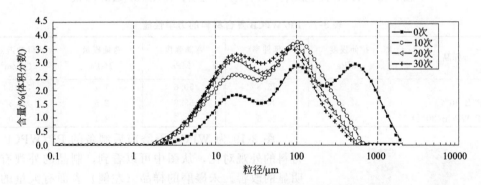

图 3-17　WPCB 粉体碾磨不同次数的粒度分布图

表 3-6　WPCB 粉体碾磨不同次数的粒径测试结果

研磨次数	0	10	20	30
平均体积粒径/μm	282.4	95.9	69.1	63.5
比表面积/(m²/g)	0.06	0.11	0.12	0.14
分散度	6.04	4.16	4.00	3.49

如图 3-18 所示，WPCB 粉经磨盘碾磨后，复合粉体粒径随碾磨次数增加而减小，粒度分布明显变窄，粉体比表面积大幅增加，玻璃纤维与粘接的环氧树脂基本剥离；固相力化学方法制备 WPCB 粉体填充废旧 PP 后，其分散度大幅改善，加工性能明显优于未碾磨体系，复合材料力学性能优于纯 PP 和未经固相力化学处理的 PP/WPCB 复合材料，相对于纯 PP 拉伸强度提高 14.6%，弯曲模量提高 82.5%，缺口冲击强度提高 30.4%，见表 3-7。

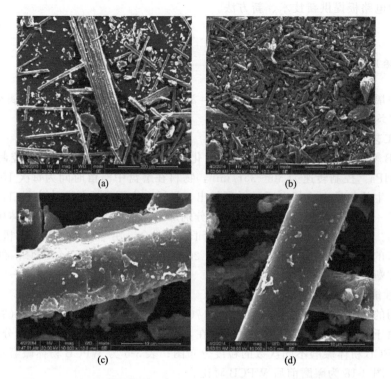

图 3-18 WPCB 粉体形貌：(a)、(c) 未碾磨；(b)、(d) 碾磨 30 次

表 3-7 PP/WPCB 复合材料的力学性能

样品	拉伸强度/MPa	延伸率/%	弯曲强度/MPa	弯曲模量/GPa	缺口冲击强度/(kJ/m²)
纯 PP	34.3	73.3	50.6	1.7	2.6
PP/WPCB(30%)	32.2	8.8	55.8	2.6	2.3
碾磨 PP/WPCB(30%)	39.3	20.5	54.2	3.1	3.0

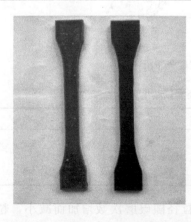

图 3-19 PP/WPCB（30%）复合材料的外观（左）未磨（右）碾磨 30 次

图 3-19 为 WPCB 碾磨前后制备的 PP/WPCB 复合材料的外观对比，从图中可以看到，制品的外观有非常明显的改善。未碾磨的样品（左侧）表面有大量的团聚 WPCB 粉末浅黄色斑点，严重影响制品的美观。而经过磨盘碾磨后样品（右侧）外观色泽均一。

（十六）废旧轻质长玻纤聚丙烯（GMT）回收利用

轻质长玻璃纤维增强聚丙烯复合材料（简称轻质 GMT），是由短切的长玻璃纤维（纤维长度约 5cm）和丙纶短纤经混合、梳理、针刺、热压制得的一种新型复合材料，具有轻质环保、吸音、隔热、耐热、抗霉变、可再生利用等显著优点，目前主要用于汽车内饰领域。轻质 GMT 废弃制品的可回收利用是生产厂商考虑选用该材料的一个主要原因。首先，由于轻质 GMT 在加工过程中经过针刺、梳理等工艺，发生了膨化，材料又软又轻又膨，使机械粉碎过程难以进行。其次，轻质 GMT 材料是由丙纶和玻纤以一定比例混合制备而成的，其中的丙纶在加工过程中会在表面浸润一些油剂，这些油剂的存在会极大地影响回料的使用性能。因此，轻质 GMT 的回收利用一直是该行业的难题。本例采用废旧 GMT 片材裁切回收工艺，将废旧 GMT 回收造粒得到的短玻纤增强聚丙烯（PP-GF）加入阻燃 PP 复合材料（FRPP）中，通过双螺杆挤出造粒制备出短玻纤增强聚丙烯阻燃复合材料（FRPP-GF）。

1. 配方

	质量份		质量份
聚丙烯(PP)：T30S	380	膨胀型阻燃剂	185
PP-GF：废旧轻质 GMT	300	（聚磷酸铵和三嗪类成炭剂）	
乙烯-丙烯无规共聚物（POP3980）	50	纳米黏土（OMMT）	15
双十八烷基有机化处理相容剂 PP-g-MAH	70		

注：接枝率 1%。

2. 加工工艺

① 废旧 GMT 回收造粒。将废旧的轻质 GMT 用剪切机裁切成条状的轻质 GMT 片材，然后将裁切好的 GMT 片材放入粉碎机中进行机械粉碎，将轻质 GMT 撕裂成小颗粒状的回收料，由于玻纤的支撑作用，轻质 GMT 小颗粒间相互支撑，堆积密度较低，无法喂入螺杆。为了解决这个问题，在轻质 GMT 小颗粒中加入少量白油、聚丙烯粉末，在高速混合机中搅拌，使聚丙烯粉末黏附于轻质 GMT 小颗粒的表面，减少玻纤毛刺对堆积密度的影响，然后将得到的产品喂入挤出机中进行挤出造粒，即可得到轻质 GMT 回收造粒料（PP-GF）。

② 玻纤增强聚丙烯阻燃材料的制备。采用同向双螺杆挤出机挤出造粒制备短玻纤增强聚丙烯阻燃复合材料（下文中简记为 FRPP-GF）。挤出机从加料口到模头的温度分别为 160℃、180℃、190℃、195℃、195℃、190℃。

3. 参考性能

不同玻纤添加量增强聚丙烯阻燃复合材料的配方由表 3-8 给出；表 3-9 为添加不同含量 FRPP-GF 的阻燃聚丙烯材料的力学性能；图 3-20 为添加不同含量 FRPP-GF 的阻燃聚丙烯材料的冲击强度；图 3-21 为添加不同含量 FRPP-GF 的阻燃聚丙烯材料的极限氧指数值；表 3-10 显示添加不同含量 FRPP-GF 的阻燃聚丙烯材料的垂直燃烧测试性能。表 3-11 为添加不同含量 FRPP-GF 的阻燃聚丙烯材料的锥形量热测试结果。力学性能测试结果表明：FRPP-GF 的加入能够提高阻燃 PP 复合材料的拉伸强度，但会使材料的冲击强度下降，通过加入增韧剂 POP，可以显著改善材料的冲击性能。阻燃性能测试结果表明：FRPP-GF 的 LOI 值与 FRPP 相比，有一定程度的下降，但 LOI 值随玻纤含量的变化不大；FRPP 能够达到 UL94V-1 级别，但是添加了 FRPP-GF 的材料无法通过垂直燃烧测试，这是由于玻纤在燃烧过程中会相互交错搭接，形成大量空隙，影响炭层的致密性，同时会使膨胀型阻燃剂所释放出的用来使炭层膨胀的气体溢出，从而影响阻燃效果。锥形量热测试结果显示，随着 FRPP-GF 添加量的增加，FRPP-GF 的 PHRR 值先增大后减小，当质量分数为 30% 时，FRPP-GF 的 PHRR、THR、AMLR 与 FRPP 相比都相差不大。

表 3-8　不同玻纤添加量增强聚丙烯阻燃复合材料配方

样品编号	PP/g	IFR/g	OMMT/g	MAPP/g	PP-GF/g	POP/g
FRPP	730	185	15	70	0	0
FRPP-GF10	630	185	15	70	100	0
FRPP-GF30	430	185	15	70	300	0
FRPP-GF50	230	185	15	70	500	0
FRPP-GF30s	380	185	15	70	300	50

表 3-9　添加不同含量 FRPP-GF 的阻燃聚丙烯材料的力学性能

样品编号	拉伸强度/MPa	拉伸屈服应力/MPa	断裂伸长率/%
FRPP	29.5	29.5	15.1
FRPP-GF10	30.4	30.8	5.0
FRPP-GF30	32.0	33.5	2.9
FRPP-GF50	34.8	35.7	1.5
FRPP-GF30s	29	29.7	11

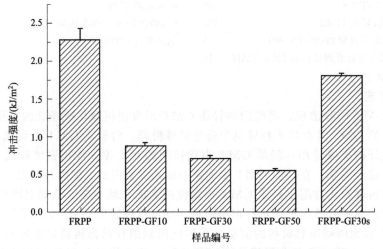

图 3-20　添加不同含量 FRPP-GF 的阻燃聚丙烯材料的冲击强度

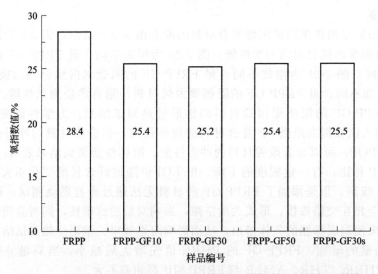

图 3-21　添加不同含量 FRPP-GF 的阻燃聚丙烯材料的极限氧指数值

表 3-10　添加不同含量 FRPP-GF 的阻燃聚丙烯材料的垂直燃烧测试性能

样品编号	T_{1max}/s	T_{2max}/s	是否滴落	级别
FRPP	4.6	12.1	否	Ⅵ
FRPP-GF10	—	—	否	无
FRPP-GF30	12.6	—	否	无
FRPP-GF50	10.3	—	否	无
FRPP-GF30s	11.2	—	否	无

表 3-11　添加不同含量 FRPP-GF 的阻燃聚丙烯材料的锥形量热测试结果

样品编号	TTI	TTPH/s	PHRR/(kW/m²)	THR/(MJ/m)	AMLR/(g/s)	FIGRA/[kW/(m²·s)]
FRPP	21	380	258	95	5.4	0.67
FRPP-GF10	22	105	415	109	7.2	3.95
FRPP-GF30	20	145	251	97	5.2	1.73
FRPP-GF50	20	100	262	75	5.6	2.62
FRPP-GF30s	19	305	232	71	5.57	0.76

（十七）旧报纸纤维增强回收聚丙烯

在现阶段，我国废纸资源化利用技术研究主要集中在利用脱墨浆生产纸或纸板等方面，技术较单一，产品附加值相对较低。废纸纤维结构和性质与天然植物纤维相似，具有相对低廉的价格、较小的密度、较高的弹性模量，尤其是自身的生物降解性和可再生性等优点，使其在新型材料的研发方面备受关注。研究表明，废纸纤维完全具备用作热塑性聚合物基复合材料无机填充料的基本条件。同时，我国废塑料资源丰富、价格低廉，废塑料与原生塑料在性能上仅有微小的区别，完全可以进行有效回收利用。现以旧报纸（ONP）和废塑料（回收聚丙烯塑料）为原料，马来酸酐接枝聚丙烯为相容剂，采用热压成型法制备废纸纤维/回收聚丙烯复合材料内容如下。

1. 配方

	质量分数/%		质量分数/%
旧报纸（ONP）	68	马来酸酐接枝聚丙烯（MAPP）	2
回收聚丙塑料（r-PP）	30		

注：接枝率为 1%。

2. 加工工艺

将 ONP 与 r-PP 按照一定比例混合均匀，采用开放式双辊混炼机进行混炼，混炼过程中均匀加入相容剂 MAPP，充分混炼 15min 制成废纸纤维/回收聚丙烯复合材料。冷却后，经过模压制成片。

3. 参考性能

ONP 纤维含量对废纸纤维/回收聚丙烯复合材料的拉伸强度和弯曲强度的影响如图 3-22 和图 3-23 所示。ONP 纤维对 r-PP 具有增强作用，当 ONP 纤维含量为 30% 时，废纸纤维/回收聚丙烯复合材料的拉伸强度达到最大值 32.36MPa，比 r-PP 提高了 66.1%；弯曲强度达到 43.37MPa，比 r-PP 提高了 69.6%。

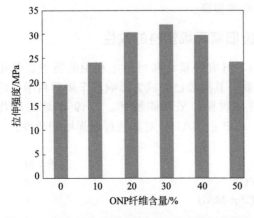

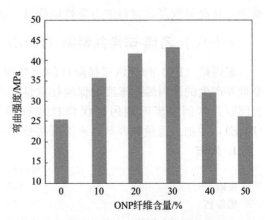

图 3-22　ONP 纤维含量对复合材料拉伸强度的影响　　图 3-23　ONP 纤维含量对复合材料弯曲强度的影响

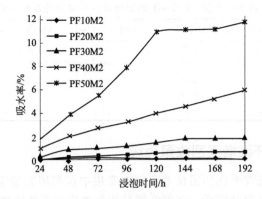

图 3-24　ONP 纤维含量对复合材料吸水性能的影响

复合材料的吸水率随 ONP 纤维含量的增加和浸泡时间的延长而提高；当 ONP 纤维含量超过 30％时，吸水率明显提高，如图 3-24 所示。

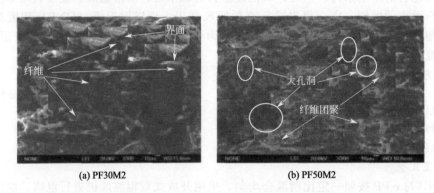

(a) PF30M2	(b) PF50M2

图 3-25　ONP 纤维含量为 30％和 50％复合材料的拉伸断面的 SEM

从图 3-25(a) 可以看出，ONP 纤维在 rPP 中分散均匀、纤维表面被聚丙烯包裹良好、纤维与 r-PP 之间结合紧密。从图 3-25(b) 可以明显地看出，PF50M2 试样的拉伸断面结构与 PF30M2 试样的拉伸断面结构存在较大差异；PF50M2 试样的拉伸断面暴露出较多的 ONP 纤维，且 ONP 纤维"团聚"现象较为明显，同时出现了因纤维"团聚"而导致的较大孔洞，纤维分散状况较差，纤维与 r-PP 之间存在明显的间隙，这说明过量的 ONP 纤维已经超出 r-PP 的浸润能力，r-PP 与 ONP 纤维之间的界面结合变差，复合体系中应力破坏点增多，从而导致复合材料的力学性能降低，吸水性能提高。

（十八）乙烯-辛烯共聚物（POE）对废旧聚丙烯塑料的改性

聚丙烯（PP）作为汽车保险杠的主要原材料，具有轻量化和可再生利用的特点。每年全世界产生的聚丙烯汽车废旧保险杠数量相当可观，其回收已经成为影响汽车用塑料增长的大问题。本例以废旧聚丙烯保险杠和框料为基体树脂，采用碳酸钙、乙烯-辛烯共聚物（POE），并加入适量相容剂马来酸酐接枝聚丙烯（PP-g-MAH）对其进行增强增韧改性。

1. 配方

	质量份		质量份
废旧 PP	100	POE	10
碳酸钙	15	PP-g-MAH	10

注：回收框料和回收汽车保险杠的质量比为 2∶1。

2. 加工工艺

首先将废旧PP、碳酸钙、POE和PP-g-MAH按配方称重（废旧PP为100份，其中回收框料和回收汽车保险杠的质量比为2：1），将称量好的材料放入烘箱内，在60℃下干燥5h，烘干水分；再将材料按不同配比充分混合后加入双螺杆挤出机里，进行熔融共混，冷却后在切粒机中进行造粒，挤出机的螺杆转速为160r/min，加工温度为一段190℃，二段200℃，三段210℃，熔融段为210℃，机头为200℃。

3. 参考性能

图3-26显示$CaCO_3$用量对废旧PP塑料拉伸性能的影响；图3-27为POE用量对PP/$CaCO_3$复合材料拉伸性能的影响；图3-28为弹性体POE的添加量对PP/$CaCO_3$复合材料冲击强度的影响；图3-29为POE用量对PP/$CaCO_3$复合材料弯曲强度和弯曲模量的影响。

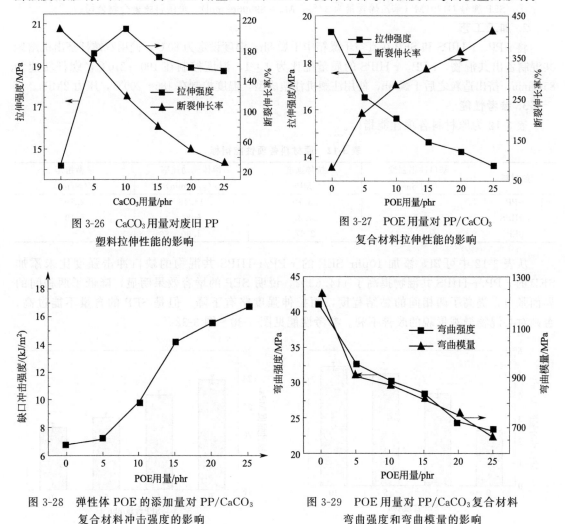

图3-26　$CaCO_3$用量对废旧PP
塑料拉伸性能的影响

图3-27　POE用量对PP/$CaCO_3$
复合材料拉伸性能的影响

图3-28　弹性体POE的添加量对PP/$CaCO_3$
复合材料冲击强度的影响

图3-29　POE用量对PP/$CaCO_3$复合材料
弯曲强度和弯曲模量的影响

（十九）废旧聚丙烯/高抗冲聚苯乙烯（r-PP/r-HIPS）复合材料的制备

中国是世界上最大的家电生产国和消费国，每年有大量家电报废。这些报废的家电外壳有很大部分是以聚丙烯（PP）、高抗冲聚苯乙烯（HIPS）材料为主，其中HIPS就占了56%。这些电器外壳由于在长期使用之后，发生了一些老化和降解，如果将其焚烧、填埋处理，必将造成资源浪费和环境污染。但是由于 PP 和 HIPS 是典型的不相容聚合物，具有较高的界面张力，两相界面黏结性差，所以简单的共混会造成相分离，无法获得理想的力学性能。丙烯二嵌段共聚物（SEP）作为增容剂，对 r-PP/r-HIPS 共混物进行增容，由于 SEP 中含有与 r-PP 和 r-HIPS 中相同的丙烯嵌段（P）和苯乙烯嵌段（S），所以理论上可以达到理想的增容效果。本例采用 SEP 作为增容剂，利用熔融共混法制备出了废旧聚丙烯/高抗冲聚苯乙烯（r-PP/r-HIPS）共混物。

1. 配方

	质量份		质量份
r-PP	80	SEP	5
r-HIPS	20		

注：SEP 牌号 G1701M（苯乙烯含量为 37%，$M_n = 89500g/mol$），美国科腾聚合物公司。

2. 加工工艺

将 r-PP、r-HIPS 和 SEP 在真空干燥箱中干燥 8h，温度设定为 80℃，使用双螺杆挤出机熔融共混制备出共混物，r-PP、r-HIPS 的质量配比为 4:1，温度控制在 190～210℃，螺杆转速为 85r/min，挤出造粒之后干燥 8h，使用注塑机注塑成型，温度控制在 185～200℃，压力 2MPa。

3. 参考性能

表 3-12 为原材料各项性能指标。

表 3-12　原材料各项性能指标

原材料	缺口冲击强度 /(kJ/m²)	拉伸强度 /MPa	熔体流动速率 /(g/10min)	平衡扭矩 /(N/m)
r-PP	3.80	23.70	14.46	2.70
r-HIPS	2.80	27.80	5.80	5.10
SEP	—	2.07	1.00	—

从表 3-12 中可知，添加 10phr SEP 的 r-PP/r-HIPS 共混物的缺口冲击强度比未添加 SEP 的 r-PP/r-HIPS 共混物提高了 114.63%，说明 SEP 的增容效果明显，降低了两相间的界面张力，提高了两相间的黏结程度，而拉伸强度略有下降。但是 SEP 的含量不能过高，否则对共混物微观形貌的改善不利。参考性能见图 3-30～图 3-32。

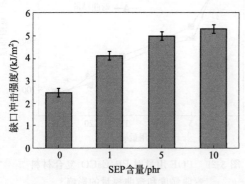

图 3-30　添加 SEP 的 r-PP/r-HIPS
共混物的缺口冲击强度

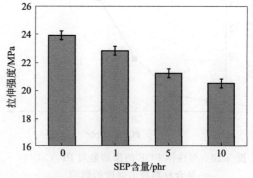

图 3-31　添加 SEP 的 r-PP/r-HIPS
共混物的拉伸强度

（二十）汽车内饰件边角料的回收再利用

聚丙烯（PP）玻璃纤维增强树脂基复合材料除具有质量轻、节能、安全、舒适的优点外，还具有比金属更耐腐蚀的特点，尤其是对甲醇含量高的汽油有更好的耐受力。在汽车领

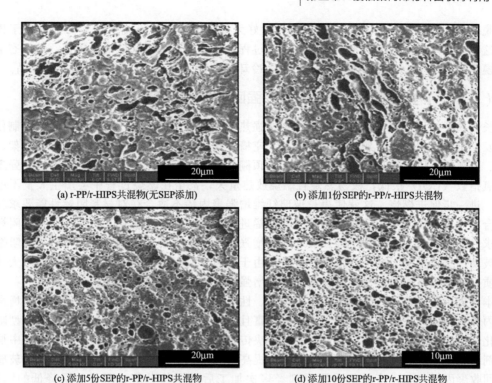

(a) r-PP/r-HIPS共混物(无SEP添加)　　　　(b) 添加1份SEP的r-PP/r-HIPS共混物

(c) 添加5份SEP的r-PP/r-HIPS共混物　　　　(d) 添加10份SEP的r-PP/r-HIPS共混物

图 3-32　r-PP/r-HIPS/SEP 共混物脆性断裂表面 SEM 照片

域，玻璃纤维增强树脂基复合材料的用量与日俱增。因此，随着废旧汽车数量的大量增加，聚丙烯玻纤废旧汽车部件也面临着处理问题。

聚丙烯基玻璃纤维增强复合材料是一种典型的热塑性聚合物基复合材料，与以往大量使用的热固性聚合物基复合材料相比，可回收性是其一个重要特点。

目前，废旧聚丙烯基玻璃纤维增强复合材料回收的主要方法有焚烧法和热解法。我国在玻璃纤维增强树脂基复合材料回收方面绝大部分使用的是焚烧法。但焚烧法既无经济效益可言，更重要的是又会造成二次污染，所以它并非是一种长期可行的回收方法。

本例提供了一种回收聚丙烯复合废边角料成型工艺方法，其原料来源方便，生产工艺简单，能够快速成型，不易造成二次污染，降低了生产成本。制品的形状或规格可根据需要制作模具，所采用的原材料为市场所购，使用的设备为常规设备。所采用的热塑性材料纯聚丙烯通常为颗粒。经回收成型的制品性能稳定、质量轻、耐腐蚀、设计灵活性大、加工容易，可广泛用于制造保险杠、后行李架、座椅、挡泥板、轮罩等零部件。

1. 配方

	质量分数/%		质量分数/%
聚丙烯复合废料	40	偶联剂 KH550	12
聚丙烯	40	润滑剂 EBS	8

注：再加入上述物料总质量的 6% 的玻璃纤维布。

2. 加工工艺

首先将取聚丙烯玻纤汽车内饰件粉碎或冲切成边长为 2mm 的片状，按配方称重后，均匀混合为混合料；然后将上述混合料在加热容器内加热，加热温度为 20℃，保温 5min 至混合料变为熔融态（黏流态），先在模具内放入总质量 6% 玻璃纤维布，再将熔融态混合料移入模具中进行模压，移料时间控制在 50s，应快速移料，可保证制品的性能和外观。为防止成型的复合材料制品粘在模具上，而需在制品与模具之间施加隔离膜，以便制品很容易从模具中脱出，同时保证制品表面质量和模具完好无损。操作时，将脱模剂均匀地分布于模具内，这样就可以容易脱模，不损模具。加工过程中脱模剂选用甲基硅油脱模剂。熔融态混合料在模具中保压1min，模具模压为1MPa，冷却温度在70℃以下，脱膜后得到制成品。

（二十一）无卤阻燃长玻璃纤维增强回收聚丙烯材料及其制备方法

长玻璃纤维增强聚丙烯是长玻璃纤维增强热塑性塑料中的一种，目前被大量用于制作轿车的发动机罩、仪表板骨架、蓄电池托架、座椅骨架、轿车前端模块、保险杠、行李架、备胎盘、挡泥板、风扇叶片、发动机底盘、车顶棚衬架等。但是，现有的长玻璃纤维增强聚丙烯的氧指数（LOI）很低，极易燃烧且燃烧放热量大，甚至在燃烧过程中会产生大量不饱和气体，进一步促进燃烧。这就使得长玻璃纤维增强聚丙烯不适合在对材料阻燃性能要求较高的场合上应用，需要对长玻璃纤维增强聚丙烯进行阻燃改性，才能将其应用到对材料阻燃性能要求较高的场合上。以往增强长玻璃纤维增强聚丙烯的阻燃性，通常采用含卤素的阻燃剂对长玻璃纤维增强聚丙烯进行阻燃改性，但由于含卤素的阻燃剂在燃烧过程中会产生大量有害物质，许多国家颁布法令控制长玻璃纤维增强聚丙烯所用阻燃剂中卤素的添加量。

本例提供了一种工艺简单、制作成本低、性能优异的膨胀型无卤阻燃长玻璃纤维增强回收聚丙烯材料。其优点在于：①采用来源丰富且成本低的回收聚丙烯作原料；②膨胀型阻燃剂经化学反应复合，提高了分子量，有效解决传统膨胀型阻燃剂的析出问题；③配方中加入抑烟剂，有效地降低材料燃烧时的发烟量，提高阻燃效果；④采用一步法制备阻燃长玻璃纤增强回收聚丙烯材料，有效解决阻燃剂经多次加工后易受热分解、阻燃效果降低的问题；⑤长玻璃纤维直接从挤出机模头处的浸渍模具中加入，避免长玻璃纤维被螺杆剪切、打断，保证从模头牵引出的粒条为聚丙烯包覆的连续长玻璃纤维，通过切粒机控制粒子的长度为5～50mm。采用回收聚丙烯作为底料且加入膨胀型无卤阻燃剂、抑烟剂改善阻燃性能，成本低、制作简易且综合性能佳，可应用于家电、电器、汽车零配件等领域。

1. 配方

	质量分数/%		质量分数/%
回收聚丙烯	25～55	偶联剂	0.4～0.8
抑烟剂	0.5～3	抗氧剂	0.2～0.4
熔体流动速率改性剂	0.1～0.3	膨胀型无卤阻燃剂	20～35
功能助剂	1～3	相容剂	3～8
长玻璃纤维	15～40	润滑剂	1～4

上述组分中回收聚丙烯可以是粒状、粉状、块状的共聚或均聚聚丙烯。长玻璃纤维采用无碱连续无捻粗纱，纤维直径为12～20mm，号数为1200～2400号。

膨胀型无卤阻燃剂可选择由磷酸酯、磷酸盐、淀粉、季戊四醇、三聚氰胺、双氰胺、聚磷酸铵中任几种物质组合而成的磷氮系阻燃剂。优选是由其中几种物质在反应釜内经化学反应复合而成的膨胀型阻燃剂。

配方中加入适量抑烟剂，有助于降低材料燃烧时的发烟量，降低材料在火灾中产生大量毒烟而造成伤亡事故的可能性。抑烟剂包括氧化钼、八钼酸铵、氧化锌、硼酸锌中的一种或几种。偶联剂为硅烷偶联剂、酞酸酯偶联剂中的一种或两种。相容剂为热塑性弹性体接枝物，配方中的热塑性弹性体接枝物包括丙烯酸、马来酸酐或丙烯酸缩水甘油酯接枝改性的三元乙丙橡胶EPDM或聚烯烃弹性体POE。热塑性弹性体接枝物采用弹性体作为基体，可大大提高材料的韧性，但是加入过多弹性体接枝物，将使材料的强度和刚性降低。

熔体流动速率改性剂为过氧化二异丙苯（DCP）和过氧化苯甲酰（BPO）中的一种或两种有机过氧化物，加入目的是使聚丙烯微量降解，提高聚丙烯的流动性能，改善加工性，提高玻璃纤维的浸润效果，但过量的熔体流动速率改性剂使材料的冲击性能和伸长率大大降低,因此需控制其添加量。配方中的硅烷偶联剂可选用 DCP 或 BPO。添加时用丙酮稀释后加入,以利于分散均匀。

偶联剂作为表面处理剂,与热塑性弹性体接枝物协同使用,作为相容剂可以很好地改善聚丙烯和玻璃纤维的界面黏结力,使材料的综合物理性能得到改善。配方中的硅烷偶联剂可选用 KH550 或 KH560。添加时用乙醇稀释后加入,以利于分散均匀。

加入抗氧剂能有效防止材料在加工和使用过程中的氧化降解。抗氧剂可选择抗氧剂 1010 和抗氧剂 168,可单独或复合使用。

加入合适的润滑剂,以减少材料在加工过程中与设备的摩擦,降低能耗并提高其流动性和脱模性。润滑剂包括聚乙烯蜡、硬脂酸、硬脂酸钙、亚乙基双硬脂酸胺(EBS)中的一种或几种的混合物。功能助剂根据最终产品的性能要求可选抗紫外线吸收剂、色粉或色母粒的一种或几种。

2. 加工工艺

① 将回收聚丙烯、阻燃剂、抑烟剂、偶联剂、相容剂、熔体流动速率改性剂、抗氧剂、润滑剂及功能助剂加入高速搅拌机中搅拌均匀。

② 将搅拌均匀的物料加入平行双螺杆挤出机的料斗中,将挤出机从料斗到模头分成六段,各段的温度分别为:130~140℃、140~150℃、140~150℃、150~160℃、150~160℃、160~170℃。主机的螺杆转速为 250~330r/min,料斗进料螺杆的转速为 24~35r/min,然后将物料共混、熔融、挤出,长玻璃纤维通过挤出机模头处的模具加入并与熔体充分浸润,然后经拉伸牵引,形成聚丙烯包覆的连续长玻璃纤维。

③ 将步骤②制得的粒条经过水槽冷却,风干后进入切粒机进行造粒,制得无卤阻燃长玻璃纤维增强回收聚丙烯粒料。

配方 1:

	质量分数/%		质量分数/%
回收聚丙烯粒料	43.2	抗氧剂 1010	0.1
膨胀型无卤阻燃剂	30	抗氧剂 168	0.1
抑烟剂氧化钼	2	聚乙烯蜡	2
硅烷偶联剂 KH550	0.5	硬脂酸	1
POE-g-MAH	5	色母粒	1
过氧化二异丙苯 DCP	0.1	玻璃纤维	15

制备步骤如下:

先将上述物料加入高速搅拌机中搅拌均匀;再将混合物加入双螺杆挤出机的料斗中,挤出机从料斗到模头分成六段,设置各段温度分别为 135℃、145℃、148℃、155℃、158℃、160℃。控制主机的螺杆转速为 280r/min,料斗进料螺杆的转速为 33r/min;随后将占总质量分数为 15% 的长玻璃纤维从挤出机模头处的模具中加入,长玻璃纤维通过模具进入后,与聚丙烯混合物的熔体充分浸润,然后经牵引拉条形成聚丙烯包覆的连续长玻璃纤维。最后冷却、切粒,制得阻燃长玻璃纤维增强回收聚丙烯材料。

配方 2:

	质量分数/%		质量分数/%
回收聚丙烯粒料	37.7	抗氧剂 1010	0.1
膨胀型无卤阻燃剂	30	抗氧剂 168	0.1
抑烟剂氧化钼	2	聚乙烯蜡	2
氧化锌	0.5	硬脂酸	1
硅烷偶联剂 KH560	0.5	色母粒	1
POE-g-MAH	5	玻璃纤维	20
过氧化二异丙苯 DCP	0.1		

制备步骤同配方1。

配方3：

	质量分数/%		质量分数/%
回收聚丙烯粒料	31.3	抗氧剂1010	0.1
膨胀型无卤阻燃剂	25	抗氧剂168	0.1
抑烟剂氧化钼	1.5	聚乙烯蜡	2
硅烷偶联剂KH560	0.8	亚乙基双亚乙基硬脂酸胺	1
POE-g-MAH	6	色母粒	2
过氧化二异丙苯DCP	0.2	玻璃纤维	30

制备步骤同配方1。

配方4：

	质量分数/%		质量分数/%
回收聚丙烯粒料	52.1	抗氧剂1010	0.1
膨胀型无卤阻燃剂	20	抗氧剂168	0.1
抑烟剂氧化钼	0.5	聚乙烯蜡	3
硼酸锌	0.5	亚乙基双亚乙基硬脂酸胺	1
硅烷偶联剂KH550	0.5	色母粒	2
POE-g-MAH	5	玻璃纤维	15
过氧化二异丙苯DCP	0.2		

制备步骤同配方1。

配方5：

	质量分数/%		质量分数/%
回收聚丙烯粒料	36.1	抗氧剂1010	0.1
膨胀型无卤阻燃剂	35	抗氧剂168	0.1
抑烟剂氧化钼	2	聚乙烯蜡	3
硼酸锌	1	亚乙基双硬脂酸胺	1
硅烷偶联剂KH560	0.5	色母粒	1
POE-g-MAH	5	玻璃纤维	15
过氧化二异丙苯DCP	0.2		

制备步骤同配方1。

3. 参考性能

表3-13 膨胀型无卤阻燃长玻璃纤维增强回收聚丙烯材料的力学性能及阻燃性能

名称	IZOD缺口冲击强度/(J/m)	拉伸强度/MPa	断裂伸长率/%	弯曲强度/MPa	弯曲模量/MPa	燃烧性能
测试标准	ASTM D256	ASTM D638	ASTM D638	ASTM D790	ASTM D790	UL94
配方1	108.2	83.2	15	106.6	3852	3.2mmV-0
配方2	124.2	85.6	16	111.5	4365	3.2mmV-0
配方3	135.8	90.2	7	113.6	5261	3.2mmV-1
配方4	122.9	79.8	30	102.7	3580	3.2mmV-2
配方5	98.5	84.8	12	108.5	4053	1.6mmV-0

上述配方中所得膨胀型无卤阻燃长玻璃纤维增强回收聚丙烯材料的力学性能及阻燃性能如表3-13所示，从表中数据可以看出，当选择配方3中的物料配比制备时，制得的膨胀型无卤阻燃长玻璃纤维增强回收聚丙烯材料虽然断裂伸长率比较低，但综合性能比较好，可以

作为优化配方使用。

（二十二）废旧聚丙烯塑料生产聚丙烯纤维

利用废旧聚丙烯塑料生产聚丙烯纤维，有利于废旧聚丙烯塑料的回收循环利用，但将废旧聚丙烯塑料用于纺丝，特别在是纺牵一步法设备（FDY）上进行生产聚丙烯纤维，容易出现断头频繁，产品毛丝、松圈丝较多，强度低等缺点，影响织造工序生产。本方法将两种或两种以上不同熔体流动速率的聚丙烯再生料混合并添加分子量调节剂进行共混改性，以分子量调节的方式控制聚合体流变性的可控流变性，所获得的共混物熔体流动速率控制在12～20g/10min 之间，造粒制得聚丙烯再生料颗粒，再用纺牵一步法纺丝，可以有效克服上述缺点。用聚丙烯材质的废旧文具片料、CD 盒、双向拉伸聚丙烯薄膜、打包带、杂色废织带生产聚丙烯纤维。

1. 配方

配方1：

	质量份		质量份
文具片料	7～9	PP 绳	13～15
废丝	14～16	工程网	14～16
机头料	11～13	杂色废织带	11～13
打包带	23～25	降温母粒	0.3～0.5

配方2：

	质量份		质量份
文具片料	19～21	打包带	19～21
CD 盒	29～31	杂色废织带	14～16
双向拉伸聚丙烯薄膜	14～16		

其中，配方1中文具片料为聚丙烯文具塑料经破碎清洗后制得，其熔体流动速率为8～10g/10min，废丝为丙纶生产过程中所产生的经造粒制得，其熔体流动速率为 22～25g/10min，机头料为丙纶生产过程中所产生的机头料经破碎制得，其熔体流动速率为 18～20g/10min，打包带为聚丙烯打包带经破碎清洗造粒制得，其熔体流动速率为 6～8g/10min，PP 绳为聚丙烯农用绳经破碎清洗造粒制得，其熔体流动速率为 6～8g/10min，工程网为建筑工程用聚丙烯安全网经破碎清洗造粒制得，其熔体流动速率为 6～7.5g/10min，杂色废织带为聚丙烯杂色废织带经造粒制得，其熔体流动速率为 20～22g/10min，降温母粒用作分子量调节剂，经混合，上述混合料经造粒制得聚丙烯再生颗粒，其熔体流动速率为 16～18g/10min。

配方2中文具片料为聚丙烯文具塑料经破碎清洗后制得，其熔体流动速率为8～10g/10min，CD 盒为聚丙烯材质的 CD 包装盒经破碎清洗并沉水分离出含填充料的部分制得，其熔体流动速率为 30～50g/10min，双向拉伸聚丙烯薄膜的熔体流动速率为 8～12g/10min，打包带为聚丙烯打包带经破碎清洗造粒制得，其熔体流动速率为 6～8g/10min，杂色废织带为聚丙烯杂色废织带经造粒制得，熔体流动速率为 20～22g/10min，经混合，上述混合料经造粒制得聚丙烯再生料颗粒，其熔体流动速率为 16～18g/10min。

2. 加工工艺

配方1：一步法纺丝工艺挤出机采用的各区参考温度为：一区 180℃，二区 200℃，三区 225℃，四区 230℃，五区 230℃，六区 225℃，纺丝箱的温度为 220℃。

配方2：一步法纺丝工艺挤出机采用的各区参考温度为：一区 180℃，二区 20℃，三区 225℃，四区 230℃，五区 230℃，六区 225℃，纺丝箱的温度为 220℃。

纺牵一步法纺丝工艺及其挤出机为现有成熟技术，在此不详细说明。

（二十三） 聚丙烯再生料制备发泡板材料

聚丙烯再生料板材是以聚丙烯（PP）再生料为原料通过发泡加工制成的板材，聚丙烯再生料板材的成本低，采用聚丙烯再生料发泡加工制成的板材各方面的性能都会下降，例如，密度不均匀、抗拉伸强度降低、断裂伸长率增大、抗弯曲强度降低、缺口冲击强度降低、热变形温度增高、成型收缩率增大等。一般使用聚丙烯再生料均为了降低生产成本。但是聚丙烯再生料存在质量老化、混入杂质等缺陷，聚丙烯再生料非常不稳定，而且容易使产品出现瑕疵。但由于环保诉求及全球节能减排的趋势，使用再生料势必成为必要手段。

如果目前使用再生料不解决上述问题，提高聚丙烯再生料的物理性能，则即失去使用聚丙烯再生料的优势，特别是质量优势。如大量添加支化的聚丙烯新料（新料在总质量中的比例超过 80%），则失去使用聚丙烯再生料的意义，国家环境保护部门规定，产品中的废塑料以质量计不得少于 80%。聚丙烯再生料降解严重，如欲提高其物理性能，则必须使用一些改性手段，既能使用 80% 以上聚丙烯再生料，又能确保质量稳定，降低其成本。

目前采用的改性手段主要是化学改性。化学改性是在将废旧塑料回收并制成塑料粒子的过程中加入过氧化物等化学制剂，通过化学制剂的作用提高聚丙烯再生料的性能。需要注意的是，化学改性是在生产聚丙烯再生料塑料粒子的过程中进行的。通过化学改性的聚丙烯再生料虽然提高了某一方向的性能，但是它往往会牺牲其他方面的性能，聚丙烯再生料在其他方面的性能会更差。例如，在相同技术条件下，采用经过改性的聚丙烯再生料进行发泡时，发泡过程中成核效果差，发泡不均匀，致使发泡形成的板材在厚度方面难以控制，板材表面凹凸不平，质量差。

为了使聚丙烯再生料板材各方面的性能接近支化的聚丙烯新料板材，发泡加工得到的聚丙烯再生料板材发泡均匀，聚丙烯再生料板材表面平整，聚丙烯再生料板材表面质量好，可以通过以下技术或方式实现：在使用聚丙烯再生料进行发泡工艺前，在聚丙烯再生料中加入支化的聚丙烯新料、苯甲酸钠、山梨醇、抗氧化剂和钛酸酯偶联剂。

1. 配方

在使用聚丙烯再生料进行发泡工艺前，在聚丙烯再生料中加入支化的聚丙烯新料、苯甲酸钠、山梨醇、抗氧化剂和钛酸酯偶联剂，所述支化的聚丙烯新料、苯甲酸钠、山梨醇、抗氧化剂和钛酸酯偶联剂与聚丙烯再生混合形成混合原料；其在混合原料总重量中所占的比例分别为：

配方	质量分数/%	配方	质量分数/%
聚丙烯再生料	84	山梨醇	0.25
支化的聚丙烯新料	15	抗氧化剂	0.25
苯甲酸钠	0.25	钛酸酯偶联剂	0.25

2. 加工工艺

将混合原料投入注塑机的原料投入口中，混合原料经过熔融、混炼、压出成型和发泡，生产出发泡板材，完成发泡工艺。配方中苯甲酸钠、山梨醇、抗氧化剂和钛酸酯偶联剂的质量比为 1:1:1:1；抗氧化剂为酚抗氧化剂或亚磷酸化合物。支化的聚丙烯新料、苯甲酸钠、山梨醇、抗氧化剂和钛酸酯偶联剂均可在市场中直接购买。其中，由于支化的聚丙烯新料具备更高的强度，支化的聚丙烯新料强度是一般聚丙烯新料强度的 3~5 倍，支化的聚丙烯新料与聚丙烯再生料共混，能够提高聚丙烯再生料的强度。另外，使用钛酸酯偶联剂能够提高聚丙烯再生料中的杂质与聚丙烯再生料、支化的聚丙烯新料的结合强度，从而提高聚丙烯再生料的强度。

在发泡过程中，苯甲酸钠、山梨醇、抗氧化剂和钛酸酯偶联剂起化学催化作用，一方面使聚丙烯再生料与支化的聚丙烯新料相互更好地结合,同时使聚丙烯再生料中的杂质与聚丙烯再生料、支化的聚丙烯新料更好地结合;另一方面,还能够提高混合原料在发泡过程中的成核效果,使混合原料具有更好的发泡性能,从而提高聚丙烯再生料板材各方面的性能。

3. 参考性能

聚丙烯再生料在混合原料中的最高比例能够达到84%,而且聚丙烯再生料的物理性能好,强度高,降解度小,质量稳定,不易老化。

(二十四) 液相催化降解废旧聚丙烯塑料生产乙酸

采用液相催化空气氧化技术降解废旧聚丙烯是一个全新过程。该方法是以可溶性钴盐、锰盐、锆盐、铈盐和溴化物、有机碱为催化剂,将其与聚丙烯废旧塑料和惰性溶剂混合,在100~350℃、0.4~4.0MPa下,采用含有氧分子的气体对废旧聚丙烯进行氧化降解生产乙酸。通过改变降解温度和溶剂体系的组成,可改善聚丙烯的氧化降解过程,调整降解速率和乙酸产品的收率。现以含有1~6个碳原子的脂肪族羧酸为溶剂,以芳香烃或其衍生物为助溶剂,在合适的反应温度和压力条件下,在钴-锰-锆-铈-溴催化体系中,采用含有氧分子的气体对废旧聚丙烯进行氧化降解生产乙酸。该方法反应条件温和,反应速率快,收率高,不但具有解决"白色污染"问题的社会效益,而且可以产出乙酸等精细化工原料,以获得较高的经济效益,具有降解费用低,降解产品附加值高等优点。

1. 配方

废旧聚丙烯塑料的质量比为(1~50):1

催化剂(可溶性钴盐、锰盐、锆盐、铈盐和溴化物有机碱多元复合物),催化剂的总浓度为50~10000μL/L

钴离子与锰离子的摩尔比为0.1~100

钴离子与锆离子的摩尔比为0.1~100

钴离子与铈离子的摩尔比为0.1~100

溴离子与钴离子的摩尔比为0.01~20

脂肪族羧酸惰性溶剂含有质量分数为1%~25%的水

注:所述的惰性溶剂为含有1~6个碳原子的脂肪族羧酸惰性溶剂,可选自甲酸、乙酸、丙酸、丁酸、戊酸、己酸、丁二酸、戊二酸、正丁酸、己二酸或三甲基乙酸。

催化剂中的可溶性钴盐选自钴的乙酸盐、钴的甲酸盐、钴的环烷酸盐、钴的溴化物、钴的氯化物、钴的碳酸盐、钴的硝酸盐或钴的硫酸盐;可溶性锰盐选自锰的乙酸盐、锰的甲酸盐、锰的环烷酸盐、锰的溴化物、锰的氯化物、锰的碳酸盐、锰的硝酸盐或锰的硫酸盐;可溶性锆盐选自锆的乙酸盐、锆的甲酸盐、锆的环烷酸盐、锆的溴化物、锆的氯化物、锆的碳酸盐、锆的硝酸盐或锆的硫酸盐;可溶性铈盐选自铈的乙酸盐、铈的甲酸盐、铈的环烷酸盐、铈的溴化物、铈的氯化物、铈的碳酸盐、铈的硝酸盐或铈的硫酸盐;可溶性溴化物选自四溴甲烷、三溴甲烷、二溴甲烷、四溴乙烷、三溴乙烷、二溴乙烷、溴代苯、溴化氢、溴化铵、溴化钠或溴化钾。

2. 加工工艺

先将废旧聚丙烯分割成粒径为1~10mm的颗粒,然后将催化剂、废旧聚丙烯塑料与惰性溶剂混合,加入反应釜中进行氧化降解反应,在氮气保护下,以10~30℃/min的升温速率使反应温度达到100~350℃,反应压力达到0.4~4.0MPa后,通入压缩含氧气体,进行氧化降解反应。

实例1

向容积为500mL钛材高压反应釜中加入液固反应混合物,通入氮气作为保护气,在搅拌的同时将反应混合物加热升温至190℃,压力升至2.0MPa。液固反应混合物的组成为

300g 乙酸、10.4g 聚丙烯固体和 3.75g 催化剂。所添加的催化剂组成为：0.76g 四水乙酸钴，0.76g 四水乙酸锰和 2.23g 溴化氢（47％浓度的水溶液）。降解反应在 190℃、2.0MPa 条件下进行，反应过程中连续通入高压空气，恒定空气流量为 8L/min；120min 后反应结束，将反应液样品用毛细管气相色谱法分析，可测定其氧化降解小分子产物的组成。所采用的仪器为配有 FID 检测器的岛津 GC-9A 气相色谱仪，用 MR-95 色谱数据工作站进行数据记录与处理；色谱柱，固定相 EC-5，膜厚 1.0μm、30m×0.32mm；采用程序升温法，160℃ 保持 2min，以每分钟 30℃ 速率升温至 280℃，保持 5min。由色谱峰面积数据和校正因子可得各降解组分同溶剂乙酸的质量比浓度数据，因溶剂乙酸在反应体系中基本保持化学惰性，乙酸的质量可认为恒定，通过加料乙酸质量和各组分质量比浓度数据即可计算得各组分的生成总质量。结果表明，聚丙烯液相催化降解的小分子产物是乙酸，反应 120min 后乙酸的收率即可达到 95％，结果详见表 3-14 和表 3-15。

实例 2

以与实例 1 相同的方式进行聚丙烯的氧化降解反应，只是在实例 2 中所采用的溶剂体系为乙酸和水的混合物，溶剂组成为 276g 乙酸和 24g 水。降解 120min 后反应结束，用毛细管气相色谱法可测得乙酸产物的生成量，结果见表 3-14。

与实例 1 相比，实例 2 的结果表明，乙酸溶剂体系可容许少量水分子的存在，适量的水还有利于聚丙烯液相催化降解过程（乙酸收率由实例 1 的 95％增加到实例 2 的 98％）。

实例 3

以与实例 1 相同的方式进行聚丙烯的氧化降解反应，只是在实例 3 中所采用的降解温度和压力条件有所不同，实例 3 所采用的降解温度为 160℃，压力为 1.0MPa。降解 120min 后反应结束，用毛细管气相色谱法可测得乙酸产物的生成量，结果见表 3-15。

实例 4

以与实例 2 相同的方式进行聚丙烯的氧化降解反应，只是在实例 4 中所采用的降解温度和压力条件有所不同，实例 4 所采用的降解温度为 160℃，压力为 1.0MPa。降解 120min 后反应结束，用毛细管气相色谱法可测得乙酸降解产物的生成量，结果见表 3-15。

3. 参考性能

表 3-14　不同溶剂体系组成条件下的降解反应结果

实例	溶剂组成乙酸：水：苯（质量比）	温度/℃	乙酸收率/%
1	300：0：0	190	95
2	276：24：0	190	98

表 3-15　不同温度条件下的降解反应结果

实例	温度/℃	溶剂组成乙酸：水：苯（质量比）	乙酸收率/%
1	190	300：0：0	98
3	160	300：0：0	90
2	190	270：0：30	98
4	160	270：0：30	93

注：乙酸收率（%）是指实际乙酸生成量占聚丙烯的苯环全部转化为乙酸苯环的乙酸理论生成量的百分比。

由表 3-15 的结果可知，降解反应温度降低可使聚丙烯降解过程减慢，其原因可能是低温降低了链反应的活性。

（二十五）再生聚丙烯改性增强模压产品专用料及其生产方法

该方法是将废弃的聚丙烯塑料回收，作为基本原料，经加工与混配后制成再生聚丙烯改性增强模压产品专用料，从而达到变废为宝、节约资源之目的。具有工艺简单和实用性强等优点，同时，利用本方法所生产出的 r-PPM 产品即"再生聚丙烯改性增强模压产品专用料"，不仅可以达到原生聚丙烯材料的同等性能，有些性能，如强度方面表现得更好。r-PPM 产品可用于模压排水管和汽车覆盖件材料，也可用作其他模压产品的材料。它先通过电熔挤出机挤到大容量塑料注塑机的料缸内，再通过成型机的活塞将料缸内的熟料挤到模具内，拆模后即得到所需的符合国家标准的模压产品。

1. 配方

配方 1：

	质量份		质量份
再生颗粒状回收料	80	炭黑	5
改性剂	0.5	增韧剂	4
玻璃纤维	10	抗氧剂	0.5

上述改性剂可采用 N,N-二苯甲烷双马来酰亚胺，或其他具有同种性能的胺类产品。抗氧剂可采用多酚类抗氧剂，例如抗氧剂 1010。增韧剂可采用马来酸酐接枝聚丙烯。

2. 加工工艺

再生聚丙烯改性增强模压产品专用料的制备：将回收的废弃聚丙烯塑料经过分拣、清洗、粉碎、再清洗、干燥后，得到 8～15mm 的颗粒状回收料，再添加改性剂、增强剂、增韧剂和抗氧剂等，经混合均匀制成 r-PPM 模压产品专用料。

配方 2：

	质量份		质量份
再生颗粒状回收料	80	炭黑	5
改性剂	0.5	增韧剂	4
玻璃纤维	10	抗氧剂	0.5

按配方混匀后，再通过挤出机将再生聚丙烯改性增强模压产品专用料挤到大容量塑料注塑机的料缸内，通过大容量塑料注塑机压到 $DN1200$mm 排水管的模具内制造出 $DN1200$mm 的模压排水管。按照相关国家标准检测玻璃纤维增强聚丙烯模压排水管的力学性能，其检测结果见表 3-16。

配方 2 制备步骤同配方 1。按照相关国家标准检测玻璃纤维增强聚丙烯模压排水管的力学性能，其结果见表 3-17。

3. 参考性能

性能见表 3-16、表 3-17，表中所示的力学性能指标是按以下国家标准进行测试的：

环刚度：按 GB/T 9647—2003《热塑性塑料管材环刚度的测定》进行测试。

环柔性：按 GB/T 9647—2003 测定。

落锤冲击试验：按 GB/T 14152—2001《热塑性塑料管材耐外冲击性能试验方法》测定。

烘箱试验：按 GB/T 8803—2001 管件热烘箱试验方法测定。

连接密封试验：按 GB/T 6111—2003《液体输送热塑性塑料管材耐内压试验方法》测定。

表 3-16　模压（FRPP）排水沟力学性能（$DN1200$mm）

检验项目	标准指标	检验值
环刚度/(kN/m²)	≥8	18.6
环柔性	无分层、开裂、永久性挠曲变形，80%以上复原	无分层、开裂、永久性挠曲变形，80%以上复原
落锤冲击试验	TIP≤10%	TIP≤10%
烘箱试验	(150±2)℃，30min，无分层、开裂、起泡	无分层、开裂、起泡
连接密封试验	(19±10)℃，0.15MPa，15min，无破裂、无渗漏	无分层、无渗透

表 3-17　模压（FRPP）排水沟力学性能（$DN300mm$）

检验项目	标准指标	检验值
环刚度/(kN/m²)	≥8	10.5
环柔性	无分层、开裂、永久性挠曲变形，80%以上复原	无分层开裂、永久性挠曲变形，80%以上复原
落锤冲击试验	TIP≤10%	TIP≤10%
烘箱试验	(150±2)℃，30min无分层、开裂、起泡	无分层、开裂、起泡
连接密封试验	(19±10)℃，0.15MPa，15min，无破裂、无渗漏	无分层、无渗透

（二十六）回收汽车保险杠的脱漆方法

随着我国汽车消费的扩大和更新换代，大量废旧汽车塑料的回收再利用成为一个日益迫切的问题。汽车保险杠一般为改性聚丙烯材料（也有少量PC+PBT合金、ABS），其具有良好的流动性和韧性，可回收再利用于一般保险杠产品。但是回收的汽车保险杠材料一般表面已喷漆，不加处理直接回用，会影响再回收材料的加工性能和使用性能，以及再次喷涂的性能。

目前常用的脱漆方法是将回收的汽车保险杠材料加入有机溶剂或强碱溶液中，加温搅拌，然后再用大量水冲洗，造成成本较高以及大量水污染。

本方法在回收的汽车保险杠破碎料中加入少量脱漆剂，通过脱漆剂破坏涂料与基材的结合而脱除涂料。与现有技术相比，其具有操作简便、脱漆效果明显、对基材材质特性无影响、无废水和废液等优点。

1. 配方

配方1：

	质量份		质量份
回收保险杠破碎料	99.6	抗氧剂1010	0.1
氧化钙	1	EBS	0.2

配方2：

	质量份		质量份
回收保险杠破碎料	96.7	抗氧剂1010	0.1
氧化锌	3	硬脂酸	0.2

配方3：

	质量份		质量份
回收保险杠破碎料	94.7	抗氧剂168	0.1
氧化镁	5	石蜡	0.3

2. 加工工艺

将氧化钙和回收的汽车保险杠破碎料按1：99.9%的质量分数进行混合，将混合物放入单螺杆挤出机中挤出造粒，得到汽车保险杠的回收料，其中单螺杆挤出机各段的挤出温度分别控制在195℃、205℃、215℃、215℃、215℃、225℃。

3. 参考性能

（1）杂点定义　杂点主要分三种：①任何单一、在塑料表面可以看到的、和塑料本身颜色不一样的颗粒状或区域状污染（黑色、棕色、灰色、白色等）。②裸眼可以看得见的，不是单一颗粒的、而是连续的污染区间。③任何与污染颗粒有关的连带区间。

（2）检验仪器

①带光源放大镜，具有高强度光源的观察平台。

②标准污染对比图：按实际比例1：1制造的透明标准尺寸；不允许复印或其他方式复制，否则它的精度会受到影响。

③ 注塑机：标准注塑机；要求注塑机必须清洗干净（清洁标准：以本色塑料连续 5 块方板没有杂点）。

④ 模具：模具是厚度 2mm、60.35mm×60.35mm 的测量收缩率方板的模具。观察区间：方板的两个表面。

（3）检验方法

① 打样：将配方 1、配方 2、配方 3 和对比例制得的汽车保险杠的回收料分别利用模具和注塑机注塑得到 20 个方板。

② 目视观察：不使用放大镜，正常的目视距离观察方板；透明色板只看一面，不透明色板观察两面。

③ 用油性笔：把污染区域圈出，并用标准污染对比图对比杂点的大小。

④ 统计 20 块方板上杂点总数及尺寸大小（判断的基础）。

（4）杂点的判断标准见表 3-18

表 3-18　杂点的判断标准

项目	A 级		B 级		C 级		D 级	
直径 d	总数	每块最多	总数	每块最多	总数	每块最多	总数	每块最多
$d \leqslant 0.1mm$	10	2	10	2	20	5	40	10
$0.1mm < d \leqslant 0.2mm$	5	1	5	2	10	2	10	5
$0.2mm < d \leqslant 0.3mm$	1	1	2	1	5	1	5	2
$\geqslant 0.3mm$	0	0	0	0	1	1	2	1

表 3-19　配方 1～配方 3 和对比例的测试结果

测试	配方 1	配方 2	配方 3	对比例(未添加脱漆剂)
杂点等级	D	B	A	D 级以下

从表 3-19 可以看出，脱漆剂的加入可以有效地脱除回收保险杠材料的表面涂料。另外，脱漆剂的用量可以根据回收的汽车保险杠破碎料的表面涂料情况以及客户要求适当调整。

第四章 ▶▶▶

废旧 PVC 的回收和再生利用

第一节　概述

废旧 PVC 塑料制品主要有以下两个来源：

① 塑料成型加工中产生的边角料、废品、废料，这类废物比较干净，成分均一，可用简单回收的方式重新造粒，按一定比例加入新料中，替代部分新料，进行再成型加工。

② 日常生活和工业应用中报废的制品。

由于 PVC 塑料中含有大量添加剂，因此这类废料品种多，成分不均一，且受到外界环境的影响性能变化大；同时还混杂有其他废物，回收过程较为复杂，一般按以下方法回收：①首先分离、去除混杂的非 PVC 制品。②因 PVC 制品有硬质与软质之分，因此在回收时应按产品的种类分别回收，并经筛选、清洗、干燥等预处理，去除杂质。

PVC 制品在加工过程中添加了大量添加剂，以保证制品的性能，在使用过程中，受外界条件的影响，PVC 树脂及这些添加剂会发生变化。因此，在 PVC 废料再生加工之前，应首先对废旧制品中 PVC 的分子量（或黏度）、双键结构、剩余添加剂的种类及含量有一定了解，然后根据再生制品的要求，判断需添加的添加剂的种类及用量。

PVC 塑料的回收一般是指将使用过的 PVC，经过破碎、清洗、甩干、加温塑化、拉丝、冷却、造粒，加工处理后，变成料粒 PVC，以供再制成 PVC 相关产品。由于 PVC 在医用管、具中被大量使用，以及卫生等原因，只能一次性使用。

废旧 PVC 也可以改性再生，一般将 PVC 再生料通过物理和化学方法改性后，再加工成型。废旧 PVC 的物理改性是指通过混炼，制备多元组分的共混物。填充、纤维复合、共混增韧是 PVC 物理改性的主要手段。

① 填充改性。填充改性指的是在聚合物中均匀掺混模量比聚合物高得多的微粒状填充改性剂的改性方法。PVC 填充材料主要是无机物、金属、气体等，填充改性既有增量作用，又有改性效果，可改进制品的硬度、刚度、耐热性、阻燃性等，并可降低成本。

② 纤维复合增强改性。纤维复合增强改性是指在聚合物中掺入高模量、高强度的天然或人造纤维，从而使制品的力学性能大大提高的改性方法。

作为改性剂的纤维材料具有较聚合物高得多的模量，因而增强改性后，可提高塑料的硬度、耐磨性、热变形温度，降低成品的成型收缩率和挤出膨大效应。树脂通过纤维增强构成复合材料是大幅度提高其综合性能的有效途径。新型 GF/PVC 复合材料具有高的刚性、耐热性、良好的尺寸稳定性及耐缺口冲击性，可以制成粒料来生产各种注塑件及挤出件，可形成系列化产品。玻璃纤维中有代表性的增强剂包括有机聚合物纤维及其织物、碳纤维。除此之外，还有石棉纤维、硼纤维、金属纤维等。

再生 PVC 塑料与原生 PVC 塑料的性质非常接近，而价格却低 20%～30%。我国已将回收的废 PVC 制品（农膜、家具、油瓶、矿泉水瓶、包装膜等）用于制作管材、防雨材料、家庭用具、弹性地板、墙壁装饰板等的原料。

第二节　废旧 PVC 的回收和再生利用配方

（一）废 PVC 农膜改性再生钙塑地板砖

农村普遍流行的 PVC 农膜，在大自然环境中不能自己分解，成为不可降解的永久污染。增塑剂、稳定剂和润滑剂是废旧 PVC 农膜主要含有的助剂，经过加工处理后可以作为 PVC 地砖基片的主体材料进行重复利用。PVC 再生地板的多层复合型结构一般是由面层、中间衬层和基层采用热压贴合成型工艺法叠加而制成，其中以高强耐磨的套色印花的 PVC 硬片作为面层，以白色的 PVC 硬片作为中间衬层，最后以废 PVC 农膜和其他活性助剂、填料等作为主要原料制备成所需的基层。

1. 配方

	质量份		质量份
废 PVC 农膜	100	三碱式硫酸铅	2
硬脂酸	2	颜料（炭黑）	适量
重质碳酸钙（325 目）	350	二碱式亚磷酸铅	1
DOP	2.5		

注：废 PVC 农膜中含有 10%～25% 的增塑剂、稳定剂、润滑剂等助剂。

2. 加工工艺

图 4-1 为 PVC 地砖生产工艺流程。

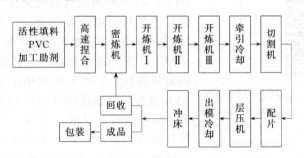

图 4-1　PVC 地砖生产工艺流程

（1）废地膜预处理

① PVC 地膜收集与分选。收集的废地膜中常混有其他塑料，如聚烯烃，还有铁丝、钉子、瓦砾、玻璃和砂石等，在进入工厂前，需彻底清除。

② 废旧地膜的粉碎及纯化。破碎废旧塑料必须选择适合的破碎机，破碎机的切断室应具备剪切角大，剪切过程刀隙不变的特点。一般将地膜粉碎成 ϕ3mm×3mm 的粒料或者 ϕ5mm 的片料，可选用 SCP-640A 型塑料破碎机。预洗后的地膜材料加入含水洗涤剂，进行湿磨，一边粉碎一边洗涤，进一步洗净，湿磨可以防止因摩擦热引起的降解。可选择超声波

清洗，这种方法可以减少传统方法难除掉的细微黏附物，得到清洁度很好的碎片。

③ 废旧地膜的脱水及干燥。脱水和干燥是将材料中所含水、溶剂等可挥发成分汽化除去的操作，它在塑料加工过程中是极其重要的工序。在此过程中，活性填料 $CaCO_3$ 吸湿性大，PVC 废料又经过洗涤处理，物料中含有一定水分，如不进行干燥，制品表面起泡、易剥离。因此，在加工前必须对物料进行干燥处理，使 $CaCO_3$ 含水率低于 0.5%。可选用 TC-120Y1 型智能程控生物组织自动脱水机和斗式去湿式干燥机。

（2）混合及塑炼　初混合是在聚合物熔点以下的温度和较为缓和的剪切应力下进行的一种简单混合。设备选用 SHG-200A 型高速捏合机。加料顺序一般为：树脂、稳定剂、颜料、填料。将配制好的物料于（90±5）℃进行 5min 高速捏合，需加热到 110℃，使物料均匀分散，充分膨胀，增塑剂被充分吸收，同时除去水分及部分低温挥发物，使物料达到初步预塑化。

对物料进行塑炼，设备可选用 SHM-50 型密炼机一台，SK-550 型开炼机三台。预塑化的物料在密炼机内于（140±5）℃密炼 3～5min，使物料充分塑化。密炼于 120℃ 左右出料，进入开炼机。开炼机的塑化温度为（120±5）℃，最后一个开炼机的辊距为（3±0.5）mm，前辊比后辊温度高 5℃，其蒸气压控制在 0.8MPa 以上。为防止物料摩擦生热引起温度升高，可通过冷却水保持辊温。

（3）冷却与切割　对混合塑化后的钙塑地板砖进行冷却，主要起到冷却定型的作用，在本设计中选用冷辊机进行冷却，并且通循环冷却水。冷却后的半成品由一台连续自动冲切机冲切，冲切速度要与主机相匹配，切成 1000mm×670mm 和一定厚度（大约 3mm）的片材，即基片。

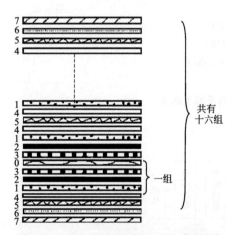

图 4-2　上层、中层和底层 PVC 地砖的叠合
0—平面不锈钢板；1—PVC 底层材料（基片）；2—PVC 白色硬片（中层）；3—印有彩色图案的 PVC 透明硬片（上层）；4—双向拉伸聚丙烯薄膜；5—帆布；6—衬纸（约 50～100 张）；7—金属板

（4）热压贴合成型　塑料层压机的主要特点是在压机的上下横梁之间设有多层活动平板，一次可以生产多层制品。选用设备 PYET-2000 型层压机（德国进口）。由第三台开裂机出片后，经冷却切成 1000mm×670mm 和一定厚度（大约 3mm）的片材，即成底层。热压机有 16 层，每层放叠料 16 组。PTEY-2000 型热压机的板面是 1050mm×1850mm。这样每台热压机每压一次，可压成规格为 1000mm×670mm 的 PVC 半成品 160 张。本例采用热压贴合成型工艺生产再生地板砖，经第三台开裂机出片后的地板砖基片，经配片和热压工艺，生产三层复合 PVC 地板砖（地板砖具体结构见图 4-2），具体叠放顺序为金属板、衬纸（约 50～100 张）、帆布、双向拉伸聚丙烯薄膜、PVC 底层材料（基片）、PVC 白色硬片（中层）、印有彩色图案的 PVC 透明硬片（上层）、平面不锈钢板。

（5）冲床　冲床是对材料施以压力，使其塑性变形，而得到所要求的形状与精度。设备选用 AHS-50T 型冲床。每张可冲成 6 块 PVC 地砖，其规格为 304.8mm×304.8mm。

3. 参考性能

PVC 地砖的密度为 2.15g/cm³，其手感及质感可媲美大理石和瓷砖等天然材料，符合国家标准，可以应用于装饰的铺地材料。表 4-1 为废 PVC 地膜再生钙塑地板砖的物理性能。

表 4-1　废 PVC 地膜再生钙塑地板砖的物理性能

项目	国标	实测性能
外观：缺口、龟裂、分层	不可有	合格
污染、伤痕、异物	不可有	合格
尺寸偏差/mm（厚）	±0.15	无偏差
（长）	±3.0	0.10
（宽）	±3.0	无偏差
垂直度/mm	最大公差值在 0.25 以下	0.3
热膨胀系数/$10^{-6}°C^{-1}$	≤1.2	1.1～1.2
加热质量损失率/%	≤0.5	0.18
加热长度变化率/%	≤0.25	0.23～0.25
吸水长度变化率/%	≤0.17	0.08～0.10
23℃凹陷纹/mm	≤0.30	0.21
45℃凹陷纹/mm	≤1.00	0.73
残余凹陷度/mm	≤0.15	0.11
磨耗量/(g/m^2)	≤0.015	0.0075

（二）煤矿井巷用密闭 PVC 薄膜

密闭是煤矿井巷工程中重要的安全环节，其不仅危及施工人员的生命安全，还关系到工程的顺利实施；而在密闭工作中，所用的密闭薄膜品质直接关系到密闭效果。而目前煤矿井巷密闭多采用传统 PVC 薄膜，虽然也能满足密闭要求，但密闭效果一直不佳，使得安全问题较为突出。本例提供一种煤矿井巷密闭专用 PVC 薄膜，解决现有煤矿井巷密闭施工存在的安全隐患。

1. 配方

	质量份		质量份
PVC 树脂	100	环氧大豆油	5
废旧 PVC	28	HSt	0.5
DOP 增塑剂	15	石蜡	0.5
有机锡稳定剂	3.5	导电性炭黑/石墨粉母料	15

注：导电性炭黑/石墨粉母料是由载体树脂、导电性炭黑、石墨粉按照质量比为 1：1：1 的比例混合而成的。载体树脂包括 EVA、CPE 或氯磺化 PE 中的至少一种。导电性炭黑和石墨粉的粒径＜44μm。

2. 加工工艺

将各组分原料加入高速搅拌机中升温至 80～100℃，搅拌混合均匀，然后送至挤出机，挤出机温度控制在 130～140℃，再将物料送至炼塑机，接着上料至压延机，压延机的温度为 160～180℃，经压延、压花定型、冷却、卷曲、分切、包装即可得成品。

（三）聚氯乙烯再生塑料颗粒

PVC 塑料可以再生造粒。其造粒工艺分为冷切造粒和热切造粒两大类。一般不同的塑料品种，造粒工艺也不同，但同种塑料也会因成型设备及工艺的不同而采用不同的造粒工艺。

1. 配方

	质量份		质量份
废旧聚氯乙烯	70	抗氧化剂 1076	1
聚氨酯废料	30	邻苯二甲酸二辛酯	3
$CaCO_3$	10	乙酸钠	0.4
硬脂酸钙	2	二碱式硬脂酸铅	1

2. 加工工艺

将废旧聚氯乙烯、聚氨酯废料、钙粉、硬脂酸钙、抗氧化剂 1076、邻苯二甲酸二辛酯、乙酸钠和二碱式硬脂酸铅，送入卧式热风循环造粒机的箱体，通过热风循环加热，加热温度设为180℃，并在搅拌轴作用下加速熔融，转速为500r/min；当上述物料在熔融状态下混匀后将混合物在转速400r/min的双螺杆挤出机内混炼，时间为5min，结束混炼后的物料冷却、切粒即可得到聚氯乙烯再生塑料颗粒。

（四）利用废旧硬质PVC材料生产的双壁波纹管

双壁波纹管是一种具有环状结构外壁和平滑内壁的新型管材，由于其具有抗外压能力强、工程造价低、施工方便、摩阻系数小、流量大以及良好的耐低温、抗冲击性能和化学稳定性佳等优点，目前已经得到广泛应用。它一般采用聚乙烯或新聚氯乙烯材料制成。生产硬质PVC制品的企业，在成品制成后，有大量的废硬质PVC（边角余料）产生，废硬质PVC的处理非常困难，其中专利申请号为2007100493282的中国专利报道了应用废硬质PVC生产电缆碳素螺纹护套管的方法。

本方法根据双壁波纹管外壁和内壁的内在结构特征和外在形态特征，将废旧硬质PVC进行了颜色分选，将有色废旧硬质PVC用于内层并在外层原料中加入炭黑，保证了双壁波纹管内壁有色（红、橙、黄、绿、蓝等除黑色以外的颜色）而外壁为黑色的需要；同时，为了提高内壁原料颜色的分散效果和着色力，在内层原料里面加入适量低分子量聚乙烯蜡420P作为辅料。另外，为了降低成本和提高性能，对内层和外层的废旧硬质PVC的含钙量进行了研究，选择了适宜的含钙量，以满足降低成本和提高性能的需要。

先对回收的废旧硬质PVC材料，包括硬质PVC材料生产过程中的边角余料，剔除其中的杂质，并根据不同颜色进行分选；同时，根据硬质PVC材料的硬度进行其含钙量的分类，选择含钙量为45%～50%、颜色为蓝色的废旧硬质PVC材料作为内层原料，粉碎，然后磨成70目的硬质PVC粉，选择含钙量为35%～40%、作为内层原料后剩余的其他各种颜色的废旧硬质PVC材料作为外层原料，粉碎，然后磨成50目的硬质PVC粉，然后配料。

1. 配方

其中内层的原料由下述质量份的组分组成：

废硬质PVC粉	85	硬脂酸	0.2
氯化聚乙烯	5.0	着色剂	3.0
复合铅盐热稳定剂	1.5	低分子量聚乙烯蜡420P	5.0
石蜡	0.3		

外层的原料由下述质量份的组分组成：

废硬质PVC粉	84	硬脂酸	0.2
氯化聚乙烯	5.0	炭黑	4
复合铅盐热稳定剂	1.5	硬质聚氯乙烯	5.0
石蜡	0.3		

2. 加工工艺

将上述内层原料和外层原料分别投入不同的混料容器中混匀，然后分别投入捏合机中捏合，均捏合至温度为100℃，再将捏合后的物料各置于一台双螺杆机熔融挤出。该过程中，内层物料的双螺杆转速为30r/min，料筒温度为160℃，外层物料的双螺杆转速为45r/min，料筒温度为165℃，熔融挤出后的物料经同一口模定型，口模温度为170℃，定型后真空定径，再经冷却，牵引切割，自动扩口下线。

3. 参考性能

上述实例所得的产品，按照聚乙烯双壁波纹管（GB/T 19472.1—2004）和"埋地排水用硬聚氯乙烯（PVC-U）结构壁管道系统第一部分：双壁波纹管材"（GB/T 18477.1—2007）进行质量检测，检测结果如表4-2。

表 4-2 双壁波纹管的性能检测结果

序号	检测项目	标准	检测结果
1	环刚度 SN4	≥4	6.8
2	环刚度 SN8	≥8	11.2
3	冲击性能/%	TIR≤10	6.5
4	环柔度	试样圆滑,无反向弯曲,无破裂,两壁无脱开	符合
5	蠕变比率/%	≤4	3.2
6	抗压强度/MPa	≥18	25

（五）用废旧 PVC 料制造汽车脚踏垫的方法

现有的汽车脚踏垫一般为复合平面结构，表面为地毯，如涤纶、丙纶或尼龙材料的地毯，下层为塑料，塑料通常采用 PVC 料，其生产方法一般为直接挤出成型。若采用废旧 PVC 料，则其中的杂料极易堵死直接挤出成型的挤出机的挤出模头，而使生产无法正常进行。这就造成一方面因 PVC 等新材料价格较高，使现有汽车脚踏垫的成本相对高；而另一方面，大量废旧 PVC 料以及生产汽车脚踏垫的边角料却由于现有技术的限制而不能用于汽车脚踏垫的生产，造成资源浪费和环境污染。采用本方法生产，由于不是直接挤出成型，所以避免了废旧 PVC 料中的杂料堵死直接挤出成型挤出机的挤出模头，而使生产无法正常进行的现象。本方法一般能使汽车脚踏垫所用 PVC 原料成本每吨降低 4000 元左右，又减少了废弃物对环境的污染，改善了环境。

1. 配方

	质量分数/%		质量分数/%
废旧 PVC 料	40	黑色素	0.2
以前制造汽车脚踏垫所留的边角料	20	粒状石蜡	0.4
碳酸钙 200 目	39.4		

2. 加工工艺

① 按配方称取原料。

② 将步骤①的原料放入搅拌机内搅匀。

③ 将搅匀的原料放入螺杆式挤出机在 160～190℃下挤出。

④ 将挤出的物料送至混炼机在 150～180℃下混炼。

⑤ 将混炼后的物料送至压延机在 150～180℃下拉成片状料。

⑥ 接着将片状料和地毯送至两旋转的上下压辊间，使片状料的一面与地毯的背面压合成型。

⑦ 冷却定型，即为成品。

实例

① 称取以下质量的原料（单位：kg）

经挑选、破碎后的废旧 PVC 料	40	黑色素	0.2
生产汽车脚踏垫所留的边角料	20	粒状石蜡	0.4
粉末粒径为 200 目的碳酸钙	39.4		

② 将步骤①的原料放入自动搅拌机内搅匀，即混合均匀。

③ 将搅匀的原料放入螺杆式挤出机加温至 170～190℃挤出。

④ 将挤出的物料通过输送带送至混炼机，在 160～180℃（此温度一般指材料表面所接触到的温度）下混炼。

⑤ 将混炼后的物料通过输送带送至压延机在 160～180℃（此温度一般指材料表面所接触到的温度）下拉成片状料。

⑥ 接着（即充分利用片状料的余热）将片状料和地毯送至两旋转的上下压辊间，使片

状料的一面与地毯的背面压合成型，即将地毯的背面向上，放在送料机构上，将地毯的一端和片状料的一端同时伸进上下压辊间，开动传动装置，上下压辊相对转动，片状料与地毯被碾入上下压辊并通过上下压辊挤压成型。

⑦ 冷却定型（如风冷），即为汽车脚踏垫成品。

（六） PVC 电缆生产中的废料的再生利用

在 PVC 电线电缆生产过程中，不可避免地会产生工艺废料、机头废料、产品异常剥离的绝缘与护套等废旧 PVC 电缆料。废旧 PVC 电缆料一般会有不同程度的老化，所含的助剂都存在不同程度的损失。虽然废旧 PVC 电缆料再生加工后，其性能与新材料相比有所差异，但是为了减少对环境的影响和变废为宝，应尽可能对其再生利用。可通过重新调整配方，添加必要的功能助剂来改进废旧 PVC 电缆料的加工性能、力学性能和电气性能等。

针对不同的产品要求，可以采用不同的工艺配方与工艺：

① 直接利用废旧 PVC 块状、粒状料生产线缆用内衬料、电缆薄膜、普通填充条等，一般不必调整配方。

② 对废旧 PVC 电缆料进行收集、破碎、除磁分选后再次挤出造粒成 3mm×3mm 的内衬专用料，并用于挤制内衬层。

在废旧 PVC 电缆料的收集、破碎、除磁分选过程中，应认真挑选异物，不能混入 PE、LDPE 等材料及 PVC 电缆胶带，必须分离出铜、铝等金属及木屑。确保废旧 PVC 电缆料干净、无杂物。

1. 配方

以废旧 PVC 电缆料为 100 份（质量份）计，石蜡、硬脂酸、FWR 复合稳定剂等功能助剂合计 1.5 份。

2. 工艺流程

采用废旧 PVC 电缆料生产内衬专用料及深加工的工艺流程如下：

废旧 PVC 电缆料收集→分选过筛→破碎切块→混合取样测试→除磁装袋→配比混合→高速混合→挤出塑炼→造粒冷却→风送装袋→取样测试→挤制内衬→取样测试。

实例

	质量份		质量份
废旧 PVC 电缆料	100	石蜡	0.5
FWR 复合稳定剂	0.5	硬脂酸	0.5

挤出内衬层时，挤出机机身预热温度为 180℃，机头预热温度为 180～185℃，预热时间 2h 以上。挤出前应对 PVC 内衬专用料进行烘料，烘料温度为（90±5）℃，时间为 0.5～1.0h。烘料温度可根据产品外观、剖面质量进行调整。破碎后的废旧 PVC 电缆料在 70～85℃的混合温度下搅拌混合 4～5min 后，将混合均匀的 PVC 物料加入双阶双螺杆挤出造粒机组中挤出造粒，挤出温度为（150±5）℃。不同挤出机的挤出温度参数见表 4-3、表 4-4。

造粒后的颗粒料需进行分散冷却，防止粒料黏结。在废旧 PVC 电缆料二次造粒时，要严格按工艺要求定时更换滤网，并定期检查排气装置。一般每 2～3h 更换 3～4 层 150～250μm 筛孔（60～100 目）的不锈钢滤网（或铜滤网），以免滤网被废旧 PVC 电缆料中的杂质、焦料冲破，在挤出内衬层时因混入杂质而造成电缆护套火花率偏高，发生电压击穿。要加强排气装置的检查，避免排气装置漏气，导致真空压力降低，不易排出 HCl、CO_2、CO 等分解产物及水蒸气，从而造成内衬层出现气孔、针眼，工艺放线性能差，线缆产品外观毛糙、不光滑。

挤制过程中火花电压（10kV、5km）火花击穿不超过 3 个火花点，内衬层成品的电阻应为 1～3MΩ。与 H-90PVC 护套的挤出温度相比，PVC 内衬料的挤出温度相对偏低。每个班次连续挤制内衬 8h 后须停机进行清理。

二次造粒生产的 PVC 内衬专用料应及时使用，不宜摆放时间过长，避免材料吸湿受潮，建议摆放时间不超过 1 个月。

挤出的内衬层外观应光滑，无拉丝、通洞等不良现象；挤出过程中出胶量应稳定；内衬层剖面应无目视可见的气孔、针眼等缺陷；PVC 内衬专用料仅用于挤制内衬层，不能用于挤制护套。

表 4-3　200 型挤出机的温度参数　　　　　　单位：℃

温度类别	机身6	机身5	机身4	机身3	机身2	机身1	机头4	机头3	机头2	机头1
设定温度	110	110	113	115	115	126	125	125	146	146
实际温度	138	110	151	131	139	119	131	135	146	155

表 4-4　150 型挤出机的温度参数　　　　　　单位：℃

温度类别	机身6	机身5	机身4	机身3	机身2	机身1	机头7	机头8	机头9
设定温度	140	142	142	142	145	145	151	155	151
实际温度	144	150	140	146	160	145	160	163	160

3. 参考性能

按照 GB/T 8815—2008 中 H-90 的指标检测废旧 PVC 电缆料和 PVC 内衬专用料的性能，结果见表 4-5。

表 4-5　废旧 PVC 电缆料和 PVC 内衬专用料的性能检测结果

原料	拉伸强度 /MPa	断裂伸长率 /%	热变形率 /%	200℃热稳定时间 /min	20℃体积电阻率 /(Ω·m)	介电度 /(MV/m)	(100±2)℃、240h 老化后性能			−20℃冲击脆化性能	密度 /(g/cm³)	氧指数
							拉伸强度/MPa	断裂拉伸应变/%	质量损失/(g/m²)			
废旧料	16.0	293	36	100	9.5×10⁹	23	17.0	317	14.8	通过	1.398	26
内衬料	16.2	335	37	95	1.8×10¹⁰	21	16.7	325	14.3	通过	1.400	27
指标	≥16.0	≥180	≤40	≥90	≥1.0×10⁹	≥18	≥16.0	≥180	≤15	通过	1.39～1.45	

由表 4-5 可知，两种材料的性能都达到 GB/T 8815—2008 中 H-90 的标准要求。PVC 内衬专用料因混合充分，经过再次挤出塑化，其力学性能、老化性能要比废旧 PVC 电缆料性能优异，质量损失稳定。在 PVC 内衬专用料的加工过程中，其含有的液体助剂在高温条件下分解、挥发，因而其密度略有增大（密度指标为企业要求），但不影响挤出性能。

废旧 PVC 电缆料因来源差异（来自于 H-90、HZ-90、J-70、H-70、HZ-70 等）与人为的随意性，仅仅是人工简单地混合压片，其性能存在较大波动，尤其是质量损失、老化前拉伸性能、20℃体积电阻率、冲击脆化性能等。因此，对废旧 PVC 电缆料进行再生利用前，建议先进行性能检测和二次造粒，最后再挤制内垫层。

（七）废旧 PVC 膜重新造粒再生 PVC 软管

在废旧 PVC 膜重新造粒再生 PVC 软管时，应注意以下几个问题。

（1）废旧 PVC 膜的除杂清理　将废旧 PVC 膜小片直接用水流冲洗或放在水槽中漂洗，对于回收到的大片或成捆的 PVC 膜，则需要剪切或研磨粉碎，将其变成易处理的碎片；否则直接洗会因水流和搅拌叶片作用，使 PVC 膜相互拧绞，泥沙和杂质会夹裹在其中，给清杂造成困难。对破碎后的 PVC 膜片，再进行清洗，PVC 膜片冲洗的机会将增多，因为其两面都能接触到水流冲洗，这样废旧 PVC 膜能得到很好的清洗效果。用清水清洗，采用搅拌方法使附着在膜表面的杂物脱落，但对于那些附着力较强的，有油墨、颜料、油污等的 PVC 膜片，则需要用热水清洗，清洗后的废旧 PVC 膜片具有较高的纯度和较好的性能。

（2）废旧 PVC 膜清洗后脱水及烘干　经过清洗后的膜碎片含有大量水分，不利于再生 PVC 软管。为了进一步加工处理，必须进行脱水处理。到目前为止，脱水方式主要有两种：一种是用筛网脱水；另一种是用离心过滤脱水，将 PVC 膜放在有一定目数要求的筛网上，使水与薄膜碎片分选晒网的放置形式，平放和斜放都可以；最好是带有振动器的筛网，脱水效果更好。用离心式脱水机脱水是靠高速旋转的甩干筒产生强离心力，使膜碎片将水脱掉。虽然 PVC 薄膜碎片经过脱水处理，但是薄膜碎片上仍会有一定量水分，要想达到挤出造粒要求，必须进行烘干处理，需将水分含量减少到 2% 以下，为降低成本，节约能源，烘干通常使用热风干燥器或加热器进行，干燥器或加热器产生的热风都能循环使用。

（3）废旧 PVC 薄膜碎片的重新造粒　废旧 PVC 薄膜碎片，经过清洗和烘干处理后，应送入造粒机进行挤出造粒，但因有的较轻质大容积碎片（50g/L）易出现架桥现象。为了防止架桥现象的出现，则需要选用喂料式的螺杆进行预压缩，使 PVC 薄膜碎片压实。选用喂料式螺杆的速度要与挤出机相匹配，否则会造成机器过载。在这个过程中应加入适量的塑料助剂，来改善回收料的性能。

废旧 PVC 薄膜碎片用单螺杆挤出机和双螺杆挤出机挤出造粒都可行。用单螺杆挤出机挤出造粒时，需用长径比（L/D）在 30 以上的挤出机，使用该挤出机的优点是设备投资小，缺点是混炼的效果较双螺杆挤出机差一些。用双螺杆挤出机挤出造粒时，螺杆选用同向旋转和异向旋转都可以。回收料在挤出机料筒里的混炼机理也不同，双螺杆挤出机内可多处进料和开设排气孔。薄膜碎片所需的剪切力不是靠螺杆和与机筒的摩擦产生的，而是靠两个螺杆之间的捏合产生，从而大大提高了物料的混炼效果；同时也降低了能耗。双螺杆的自洁性较单螺杆挤出机好。若是大量回收废旧薄膜再生软管的话，则应选用双螺杆挤出造粒比较合理。

废旧 PVC 薄膜碎片在熔融挤出过程中，也常常会有水蒸气生产单体分解物的气体产生，这样会使生产出的粒料含有气泡，故应当采取排气措施。另外，为了提高回收料产品的质量，对回收料的熔体有必要进行过滤，熔体可以通过过滤将清洗后滞留的杂质滤掉。熔体的过滤使用连续式过滤网装置，这样不会中断熔体的流动，熔体冷却后进行切粒，然后经烘干处理送进料仓。

（4）加工设备要求　再生软质熔融黏度较低，流动性很好。机头可选择直通式，机头压缩较大些，为 2.5:1；长径比，即 L/D 值为 25:1；螺杆的螺槽为等距不等深。机头压缩比控制在 10～20，口膜平直部分长度约为软管壁厚的 10～20 倍为宜，芯膜尺寸可比管内外径扩大 10%～20%。挤出 PVC 软管后需经拉伸达到所需的管径尺寸，冷却方式采用喷淋式冷却水冷却，且喷淋的位置距离为 20～40mm。

1. 配方

	质量份		质量份
PVC 树脂	10	氯化石蜡	0.6
PVC 回收料	100	热稳定剂	3
DOP	5	颜料	适量
DBP	3		

2. 加工工艺

再生软管的生产工艺流程：

废旧 PVC 薄膜的回收→预处理→切碎→配料→混炼→挤出造粒→烘干→再生→软管→冷却成型→牵引→卷曲→成品检验→包装入库

在挤出 PVC 软管时挤出机的各段温度控制范围：

加料段：100～120℃；压缩段：120～140℃；

均化计量段：140～160℃；分流器：140～160℃；口模：160～180℃。

因再生 PVC 软管的熔融流动性好，易塑化，所以螺杆转速要比硬材快，一般以螺杆直径为 65mm 的挤出机的螺杆转速为 (30±10)r/min 为宜。因通气孔与外界空气接通，在加工中不用压缩空气，也不会导致粘接和管径不圆。再生 PVC 软管在生产时，不必向管内通压缩空气，也无需冷却定型；这样牵引力相应减少，一定要严格控制好牵引速度，来保证管材的壁厚和再生 PVC 软管的外径尺寸。

3. 参考性能

该产品从外观上看，表面有光泽，管壁厚均匀且光滑平整，没有气泡、裂口，色泽均匀。该产品经检验各项性能均达到或超过产品所执行的标准，具有优良的化学稳定性、卓越的电绝缘性能和良好的柔软性。其可用于代替橡胶管，也可以输送液体及腐性介质，常用于电缆套管、建筑物中的电线护套、电线的绝缘等。

（八）回收 PVC 门窗软硬共挤废料制备热塑性弹性体

PVC 塑料门窗软硬共挤技术是将硬质 PVC 塑料与软质弹性体进行复合共挤出，形成具有软硬两种材质和功能的 PVC 门窗制品，可以集强度与弹性于一体，构成具有缓冲功能、密封作用等特殊用途的材料。例如，在门窗异型材上共挤出玻璃密封条，其优势在于减少了门窗加工组装的工作量，能较好地解决型材长度收缩问题，提高门窗的密封性能等。随着软硬共挤技术在塑料门窗异型材中的快速发展，其生产、安装过程中形成的试模过渡料和下脚料越来越多，加之投入使用中的软硬共挤门窗的更换会产生大量 PVC 门窗软硬共挤废料。如果不加以回收，不但浪费资源，而且会对环境造成严重污染。

传统的回收方法是将 PVC 异型材软硬共挤材料中的 PVC 异型材与密封条分离后再利用，但共挤出的塑料门窗中硬质部分（PVC 塑料）与软质部分（橡胶）分离困难，且分离后的塑料仍难免附带部分橡胶，再利用时会影响制品的性能与表观。

此方法为一种无需分离橡塑成分，直接回收利用门窗 PVC 异型材软硬共挤废料的方法。将 PVC 异型材与橡胶密封条共挤废料进行直接熔融共混，制备可作为塑料门窗、汽车门窗密封条使用的 PVC 热塑性弹性体。

1. 配方

	质量份		质量份
门窗软硬共挤料	100	碳酸钙	0～60
稳定剂	2	CPE	0～40
炭黑	2	DOP	40～60
硬脂酸	0.5		

注：PVC 门窗软硬共挤废料中含有硬质塑料和软质橡胶，二者在分子结构、性能方面有较大差别，塑料分子链刚硬，其玻璃化转变温度比室温高得多，具有高强度、高模量。而橡胶分子链柔顺，其玻璃化转变温度比室温低得多，具有高弹性、低模量。因此，废料中硬质和软质材料的比例直接影响着所制备的热塑性弹性体的性能，在实际生产中可以通过控制门窗软硬共挤废料中的橡塑比例来制备不同性能的弹性体，以满足各种应用要求。

CPE 常用于改善硬质塑料的耐冲击性、耐燃性、耐低温性和耐候性等。CPE 可以在不降低弹性体的拉伸强度的同时，提高其拉断伸长率。

增塑剂 DOP 可降低 PVC 分子间的作用力，减小熔体的黏度，增加 PVC 流动性，改善 PVC 的加工性能和制品的柔韧性。

炭黑、活性碳酸钙适量时，对热塑性弹性体有一定的补强作用。炭黑还起到染色作用。

2. 加工工艺

图 4-3 为试样制备及性能测试流程。

PVC软硬共挤料 → 造粒 → 与其他组分高速混合 → 挤出 → 造粒 → 注射成型 → 性能测试

图 4-3 试样制备及性能测试流程

挤出与注塑工艺条件见表 4-6 和表 4-7。

表 4-6 双螺杆挤出工艺条件

温度设置/℃					喂料速率 /(r/s)	螺杆转速 /(r/s)
1 区	2 区	3 区	4 区	5 区		
120	145	150	150	145	6	10

表 4-7 注塑工艺参数

温度设置/℃				注射压力 /MPa	保压时间 /s	模具温度 /℃
一段	二段	三段	四段			
120	145	150	150	50	10	室温

配方 1：

	质量份		质量份
门窗软硬共挤废料	100	稳定剂	2
炭黑	2	CPE	20
硬脂酸	0.5	DOP	60

配方 2：

	质量份		质量份
门窗软硬共挤废料	100	CPE	20
炭黑	2	DOP	60
硬脂酸	0.5	$CaCO_3$	20
稳定剂	2		

注：加工条件与配方 1 相同。

3. 参考性能

硬度实验按 GB/T 531.2—2009 进行，读数时间 15s；力学性能按 GB/T 528—2009 进行；老化性能按 GB 7141—2008 进行；压缩性变形实验按 GB/T 7759—1996 进行。见表 4-8。

表 4-8 配方参考性能

原料	项目	硬度(邵氏 A 型) /度			0℃与 40℃硬度差	拉伸强度 /MPa	拉伸断裂伸长率/%	热空气老化后性能 (100℃,72h)			加热收缩率 /%	压缩永久变形 /%
		20℃	0℃	40℃				拉伸强度保持率 /%	伸长率保持率 /%	加热失重率 /%		
废旧料内衬料	GB 12002—1989	65±5	<85	<50	<30	≥7.5	≥300	≥85	≥70	≤30	≤2.0	<75
	GB/T 12423—1990	74±3				≥11.76	≥300	≥80	≥80	≤10		
指标	配方 1	70	82	48	34	11.48	341	88	98	2.5	1.5	65
	配方 2	75	88	55	33	12.53	320	83	105	3	1.4	71

（九）再生料聚氯乙烯拖鞋

每年的拖鞋和鞋底生产，消耗大量 PVC 树脂粉。而废弃的拖鞋、一次成型凉鞋、皮凉鞋底又几乎是 PVC 材质，利用 PVC 拖鞋的废弃物生产再生料拖鞋或鞋底，可以完全不用 PVC 树脂粉，既减少化工工业原料的消耗，减轻垃圾处理负担，还降低生产成本。将聚氯乙烯即 PVC 回收料经清理、晾晒、粉碎成颗粒料，添加增塑剂、发泡剂加温搅拌塑化，即可注塑成型为拖鞋或皮、凉鞋底，对成型基材实施专用涂料涂装后，便可成为颜色、花纹多样的美观成品。此方法的特点是完全取代 PVC 树脂粉，减少或取消增塑剂、发泡剂的添加量。

1. 配方

① 发泡拖鞋

	质量份		质量份
废旧 PVC	100	AC 发泡剂	1.5～2.5
邻苯二甲酸二丁酯	15～25		

② 皮、凉鞋底

	质量份		质量份
废旧 PVC	100	AC 发泡剂	1.5～2.5
邻苯二甲酸二丁酯	5～15		

2. 加工工艺

首先将回收的 PVC 废弃物分类，发泡的拖鞋 PVC 废弃料为首选，PVC 皮凉鞋底次之，进入清理晾晒程序，就是进行金属件的弃除和尘土污物的清洗晾晒，一定要排除聚氨酯和合成橡胶料的混入；将准备好的回收料用粉碎机粉碎成颗粒料，颗粒料要求应不大于 5mm，备用；颗粒料实施注塑成型之前，还需经过拌料塑化程序，而在实施拌料塑化程序时，还应根据不同产品的不同要求，进行不同配方的邻苯二甲酸二丁酯和 AC 发泡剂的添加。

生产的如果是发泡拖鞋，按质量份计，100 份的颗粒料，15～25 份的邻苯二甲酸二丁酯，1.5～2.5 份的 AC 发泡剂，加入拌料机搅拌并加温塑化 3～4h，倒出，进一步散发水分，即可进入注塑机注塑成型程序；当产品成型修剪后，即可进入涂装成品程序，涂装时需选用专用涂料，方可涂成颜色、花纹多样的美观成品。生产的如果是皮凉鞋底，根据产品的硬度要求，100 份的颗粒料，5～15 份的邻苯二甲酸二丁酯，与生产拖鞋同法。

（十）废旧 PVC 和粉煤灰复合材料制备

燃煤电厂排出的粉煤灰是一种黏土类火山灰质材料，熔点为 1250～1450℃，根据煤种不同，粉煤灰的组成成分也不同，粉煤灰的收集方法通常有干法和湿法两种，湿法收集的粉煤灰粒径一般小于 0.1mm。目前只有 30% 被利用，50% 堆放在灰场，20% 排入江河湖海，而堆场占地投资占电厂建设投资的 40%，是一笔很大的支出。此外，在堆放过程中因粉煤灰逐步脱水而随处飘迁，严重危害人们的生活和工作环境。

在热塑性塑料加工过程中，应加入无机填料，以改善塑料制品的耐摩擦性、耐热性、尺寸稳定性、刚性等；要求填料具有化学稳定性，颗粒细小均匀，密度小，资源丰富，价格低廉等性能。塑料工业常用的填料为碳酸钙，可分为轻质碳酸钙和重质碳酸钙。粉煤灰作为塑料填料，其中含有圆而光滑的珠体，颗粒间聚集力小，加工时易分散到树脂中且分布均匀。粉煤灰粒径较小，不必像轻质碳酸钙那样必须专门煅烧、干燥，只将其适当处理就可填充于塑料，并大大节省投资，降低原材料的成本。

1. 配方

	质量份		质量份
PVC	105	含氯量为 40% 的氯化聚乙烯	1.4
粉煤灰	47.5	硬脂酸	0.3
对苯二甲酸二辛酯	3	聚乙烯蜡	0.4
偏苯三酸三辛酯	4	四［β-(3,5-二叔丁基-4-羟基苯基)丙酸］	0.2
三氧化二锑	0.7	季戊四醇酯	
氢氧化铝	0.9	β-(3,5-二叔丁基-4-羟基苯基)丙酸正十	0.2
钙锌复合稳定剂	1.4	八碳醇酯	

2. 加工工艺

将废旧 PVC 表面黏附的灰尘清除，破碎，然后过 120 目筛，待用；废旧 PVC 为回收的 PVC 电线电缆和废旧 PVC 薄膜。将粒径为 0.07mm 的粉煤灰在 125℃下干燥 3h，然后过 120 目筛，待用；称取废旧 PVC 105kg，粉煤灰 47.5kg，对苯二甲酸二辛酯 3kg、偏苯三酸三辛酯 4kg，三氧化二锑 0.7kg、氢氧化铝 0.9kg，钙锌复合稳定剂 1.4kg，含氯量为 40% 的氯化聚乙烯 1.4kg，硬脂酸 0.3kg，聚乙烯蜡 0.4kg，四[β-(3,5-二叔丁基-4-羟基苯基)丙酸]季戊四醇酯 0.2kg、三[2,4-二叔丁基苯基]亚磷酸酯 0.2kg 混合；将混合后的原料放入高速共混机中，在 120℃ 下搅拌 20min；将搅拌后的原料通过双螺杆挤出机挤出造粒，经切料、风冷，制得废旧 PVC 和粉煤灰复合材料；所述双螺杆挤出机的螺杆温度为：一段 155℃、二段 155℃、三段 150℃、四段 148℃ 和五段 145℃。制得的废旧 PVC 和粉煤灰复合材料的物理机械性能如表 4-9 所示。

3. 参考性能

表 4-9　废旧 PVC 和粉煤灰复合材料的物理机械性能

性能指标	样品性能	性能指标	样品性能
20℃体积电阻率/(Ω・m)	13.5	弯曲强度/MPa	53.7
拉伸强度/MPa	28.7	热变形温度/℃	135
断裂伸长率/%	288	UL94(1.5mm)	V-0
Izod 缺口冲击强度/(kJ/m²)	257		

（十一）　废聚氯乙烯生产功能保健地板砖

废旧农用塑料地膜、农膜的主要成分为聚乙烯和聚氯乙烯等合成的高分子材料。我国是传统的农业大国，农业生产中的废弃物，尤其是植物性纤维废弃物，如秸秆类、麦秆、棉花秆、烟秆、高粱秆、玉米秆等就有 22 种；壳类有稻壳、花生壳、椰子壳、葵花籽壳、棉花籽壳等各种果壳；渣泄类有甘蔗渣、麻屑、甜菜屑、烤胶渣、麻黄渣、竹屑等。以上种类多、数量大的农业废弃物，虽然各级政府出台了各种措施，但农村中有不少地方将这些废弃物进行焚烧，屡禁不止，严重污染空气和损害人体健康。本方法提供一种废聚氯乙烯及农业废弃物生产功能保健用塑料地板砖。

1. 配方

配方 1：

	质量份		质量份
废旧聚氯乙烯 PVC 树脂	25.0	AC 发泡剂	1.6
甘蔗渣 100 目	39.0	ACR 加工助剂	2.0
壳聚糖黏胶纤维	10.0	DOP 增塑剂	2.2
麦饭石细粉 200 目	8.0	PE 蜡润滑剂	2.2
电气石细粉 200 目	7.0	偶联剂或相容剂	2.0
有机锡热稳定剂	1.0		

配方 2：

	质量份		质量份
回收废旧聚氯乙烯农膜	30.0	壳聚糖天然抗菌剂 SCJ-920	6.0
麦秆或棉花秆 100 目	23.0	润滑剂	4.0
纳米远红外负离子粉	5.0	稳定剂	1.0
碳酸钙	35.8	色浆剂	0.2

配方 3：

	质量份		质量份
废旧聚乙烯再生塑料	50.0	邻苯二甲酸二辛酯	1.2
花生壳 100 目	15.0	邻苯二甲酸二丁酯	1.2
甲壳素黏胶纤维	8.0	石脑油	1.2
麦饭石细粉 200 目	7.0	三碱式硫酸铅	0.8
方英石或磷石英细粉 200 目	6.0	二碱式硫酸铅	0.6

	质量份		质量份
硬脂酸钡	0.5	阻燃剂	0.4
硬脂酸	0.6	抗静电剂	0.2
碳酸钙	7.0	具有香味的颜料	0.2

配方 4：

	质量份		质量份
废软聚氯乙烯 PVC 农膜	20.0	三碱式硫酸铅	0.8
稻谷或棉籽壳 100 目	18.0	二碱式亚磷酸铅	0.4
壳聚糖黏胶纤维	12.0	软质 $CaCO_3$	42.0
纳米远红外负离子粉	5.0	硬脂酸	1.0
二次增塑剂	0.5	氧化铁红	0.2

注：甲壳素黏胶纤维为天然抗菌剂，麦饭石细粉可以释放微量元素，方英石或磷石英细粉自发产生负离子，纳米远红外负离子粉释放远红外线，这样所制的地板砖具有功能保健作用。

2. 加工工艺

（1）**木粉的处理** 未经干燥的木粉直接使用会引起制品起泡、燃烧，甚至在机筒内爆炸。由于木粉实际含有水分，且木粉和聚氯乙烯 PVC 等聚合物无粘接力，因此简单混入木粉中只能得到非常脆的制品，必须对其进行改性处理。其方法为在 190～230℃下，除去木粉中的水分和部分易分解组分，热处理后的木粉还要用下述方法进行高分子包覆，使之具有亲油性。

① 偶联法。将细木粉过 60～100 目筛，粒度为 150～250μm 的细木粉在 190～230℃下加热处理，将处理干燥后的木粉加入搅拌机中进行搅拌，温度保持在 90～100℃时，加入铝酸酯偶联剂继续搅拌混合均匀，即得到改性木粉。

② 表面接技法。将细木粉过 60～100 目筛，粒度为 150～250μm 的细木粉在 190～230℃下加热处理，然后将干燥的木粉加入搅拌机中进行搅拌，并将浸渍剂丙烯酸丁酯、聚合引发剂过氧化苯甲酰、聚合促进剂二甲基苯胺的混合物加入正在搅拌的木粉中，再浸渍 2h，搅拌使其均匀，然后升温至 100～400℃保持 4h，使木粉中的浸渍剂硬化，从而得到改性木粉。

（2）**用甘蔗渣作为非木纤维的加工与表面处理制备工艺**

① 将甘蔗渣堆积自然发酵后，采用自然晒干、热风烘干和微波烘干，目的是除去非木纤维中低分子量的物质以及易分解物质。对于甘蔗粉烘干优选在 150℃左右，烘干 3h 以上，然后用粉碎机过 80～120 目筛。此时，甘蔗粉非木纤维的主要成分是纤维素和木质素，其中还含有大量羟基，具有很大的极性，容易吸湿；而热塑性塑料多数为非极性或弱极性的，具有疏水性，两者间相容性较差，界面结合力很小，所以要对甘蔗类非木纤维进行处理，来解决非木纤维与废旧塑料这两种材料的相容性问题。此种表面处理的方法是用硅烷偶联剂和钛酸酯偶联剂或铝酸酯偶联剂对非木纤维进行表面处理来解决两种材料的相容性问题，偶联剂的作用与对木粉表面覆盖程度有关，用量为非木纤维粉末质量分配 2%为宜。

② 共混造粒以及挤出成型。即将非木纤维粉末与热塑性塑料共混造粒以及挤出成型的方法。按热塑性塑料为 100g 计算，置于高速捏合机内，接着需加入以下材料：a. 7%以下的有机系或无机系热稳定剂、粉体、液体，这样可以防止树脂遇热分解；b. 5%以下的有机系发泡剂，因为加热后可以放出气体，留在胶化塑胶中，形成开放性气室的发泡体；c. 10%以下的增塑剂；d. 15%以下的有机高分子系加工助剂，目的是提高塑胶胶化；e. 5%的润滑剂，这样可以降低塑料温度，促进胶化，润滑剂用粉体或液体均可；f. 7%的麦饭石纳米粉，目的是释放微量元素，吸附空气及水中的有毒、有害重金属，净化水质；g. 8%的奇冰石，即电气石纳米粉，目的是产生负离子，促进人体健康；h. 6%的颜料。

制法：将上述各物料按质量份配比组成，分别投入搅拌后温度可达到 110℃以下的高速捏合机内，得到干松状粉体，易于输送的混合粉末后就停止搅拌；然后通过造粒机造粒，造粒后的粒料含水率要低于3％，然后将粒料置于单螺杆挤出成型机的料筒中，塑炼温度在120～200℃之间，冷凝水温度在20℃以下低发泡挤出成型。非木纤维，如甘蔗渣，干燥后的含糖率为1％以下，含水率为10％以下，可以通过自然发酵法除糖，这可以用乙酸、草酸、双氧水漂白脱色。方法为：将干燥粉碎后过100目筛的甘蔗渣与配成水溶液的钛酸酯偶联剂，在喷雾搅拌下均匀混合，然后干燥到含水率10％以下，再与其他物料通过高速捏合机在110℃以后均匀混合并用造粒机造粒。粒料含水率在3％以下，再将粒料添加到料筒中，用单螺杆挤出成型机在塑炼温度为170℃左右挤出，并用15℃左右的冷凝水冷却成型。如果需要水纹，可用压花轮压花，制品挤出成型后，取适当长度剪切成为所需要的成品。

例如，回收的PVC料中含有软PVC和PVC薄膜，可适当加入填充剂，如$CaCO_3$。如果直接使用粉碎料，一次挤出塑化不好，应采用先挤塑混熔造粒，再使用粒料挤塑，这样等于两次塑化。

（十二）保温再生的PVC高性能装饰材料

建筑用外墙保温板，多数是聚苯乙烯板，易老化且不易降解，环境污染很严重，易变形，易脱落，寿命短，并且防火性能不是很好。以珍珠岩为主的保温材料具有防火、防腐、质量轻的优点，可以广泛应用于装饰材料中。目前，现有的装饰材料大多采用泥土或水泥和其他无机材料制作而成，这不仅浪费许多土地资源和破坏生态环境，而且现有的装饰材料还存在制作成本高、吸声效果差等缺点，很不适合作为建筑装饰材料使用。因此，现有的装饰材料使用时还是不够理想。本例提供一种保温再生的高性能装饰材料，充分利用废弃物，变废为宝，得到的复合材料具有阻燃功能；同时具有很好的防水、吸声效果，无毒、无腐蚀性，性能稳定。

配方：

	质量份		质量份
聚氯乙烯塑料	30	热稳定剂	4
炼铁高炉熔渣	15	硅砂	5
植物粉碎物	20	铝厂废渣	14
十九烷和石膏粉的混合物（质量比1∶3）	4	助熔剂	2
石膏粉	4	阻燃剂	2
膨润土	6		

注：植物粉碎物为枯草、麦秸和杨树叶。按照质量比2∶1∶3组成的混合物；阻燃剂为含有12％～15％的三氧化二锑的矿物纤维和珍珠岩按照质量比3∶5组成的混合物。助熔剂为纯碱、硅酸钠和氟硅酸钠按照质量比3∶2∶2组成的混合物。热稳定剂为硬脂酸钡、硬脂酸镉和防火环胶凝剂按照1∶1∶2组成的混合物。

（十三）可再生聚氯乙烯地板

本例提供一种聚氯乙烯可再生地板，成为废板时，可以重新加工，再次利用，环保效果好，节约资源。

配方：

	质量份		质量份
聚氯乙烯树脂	12	六苯乙烯	21
乳液法聚氯乙烯	48	高甲氧基果胶	12
氟橡胶	20	空分硅胶	13
丙纶全牵伸丝	11	甲基丙烯醛	16
通用聚苯乙烯	11	己二酸异辛癸酯	16
玻璃纤维增强热塑性塑料	18		

第五章 ▶▶▶

废旧聚苯乙烯塑料回收与再生

第一节　废旧聚苯乙烯塑料回收与再生概述

根据废旧塑料回收利用程度的不同，可以将废旧聚苯乙烯泡沫的回收方法分成四级。第一级是通过溶剂法或熔融法直接回收母料，再投入聚苯乙烯泡沫的生产母料中去，这样做会或多或少地降低产品的性能，适用于特殊的回收废料，比如要干净，未引入其他杂质。第二级与第一级类似，只是将回收的聚苯乙烯作为原料，用来生产品质较差的产品，但是经过使用的塑料再次使用时已经引入了大量杂质，高分子材料的分子结构也有不同程度的老化降解，所生产的产品在质量上有所下降。三级是指回收废塑料中的化学成分，例如通过热降解、催化降解等使之成为单体或燃料，在能源问题日益短缺、石油资源日益匮乏的今天无疑是目前回收利用高分子材料的更好途径，也是国内外科研工作者的研究重点和热点。四级是指通过焚烧直接回收热量，这种不加以区别的回收方法浪费很多资源，又会产生粉尘、烟雾，燃烧过程中还会放出有毒气体，对操作人员的身体健康和生态环境造成了不良影响。通过一定的化学手段从废弃聚苯乙烯泡沫塑料中回收化工原料是比较有效的回收途径。

当前聚苯乙烯的具体回收方法可以简单地概括为物理法回收母料、简单改性制备涂料或胶黏剂、化学法降解回收原料和燃烧回收热量。其中化学降解回收方法包括热降解、光降解、热催化降解和超临界流体中催化降解，回收产品包括苯乙烯单体、二聚体、其他芳香族类化合物、气态烷烃产物和固体残渣。下面对聚苯乙烯的主要回收方法及研究现状进行简要综合概述。

(1) 制备胶黏剂　将经简单净化处理后的废聚苯乙烯泡沫溶于苯类或乙酸乙酯类溶剂中，加入一些助剂和其他添加剂，配成溶液，既可用于聚苯乙烯塑料制品的粘接，也可用于其他方面。当黏度提高并加入一些增塑剂和其他添加剂，成型挥发掉溶剂，能制成固态制品。这种回收方法有低投入、作坊式生产的优点，缺点是产品质量不高，没有做到对聚苯乙烯的彻底回收。

(2) 制备涂料　利用聚苯乙烯泡沫生产的涂料可分为两种。一种是有机溶剂型聚苯乙烯涂料，常用溶剂有二甲苯或其他芳烃、酯类、酮类等，加入增塑剂制成清漆。清漆可以再被制成屋面的防水涂料和涂在金属表面对金属起阴极保护作用的富锌底漆。另外一种是用天然有机溶剂将废旧聚苯乙烯溶解后接枝改性，再加入适量乳化剂制成的水溶性涂料。普通水代替部分有机溶剂能降低生产成本，在使用时涂料的稀释、溶解也更方便，同时避免了有机溶剂对空气的影响，符合环保需要。例如，云南省建筑材料科学研究设计院已研制出（水乳型）聚苯乙烯涂料，具有良好的性能，既可以用于纸箱的防潮，通过改性还可以用于屋面的防水涂料。

（3）生产建筑材料　将粉碎成一定大小颗粒状的回收聚苯乙烯塑料泡沫添加到制备建筑用砖材的坯料中，加水搅拌使其混合均匀，压制成具有自由形状的砖块，用于建筑材料。这种新型建筑材料具有保温、隔音的功效，且质轻，强度也够用。

（4）热降解回收油类　聚苯乙烯是线型高分子材料，有良好的稳定性。在高温条件下，键断裂产生自由基和氢，经过一系列自由基重排反应会生成苯乙烯单体和二聚体，还会生成苯、甲苯、乙苯等芳烃类产物。所以，裂解产物是组成复杂的混合物，这样就降低裂解产品的使用价值。在降低聚苯乙烯的热降解温度、提高单体产率方面人们做了长足研究。通过SEM、DSC、TGA分析聚苯乙烯的热降解过程发现，聚苯乙烯的物理形态，如泡沫密度、结构等对降解温度的影响不大，升温过程中泡沫收缩熔融，温度高于275℃时开始挥发。当温度继续升高时熔融的聚苯乙烯开始发生断链反应，随着温度的继续升高反应加速。热降解反应在不同的反应温度时进行，所得到的产品组成不同，液体产物和液体产物中苯乙烯单体的比率会有明显变化。通过控制温度能够提高单体的选择性。

研究发现，反应压力也对热降解产物有明显影响，在真空条件下高温热降解液体收率最高时的反应温度与单体收率最高时的反应温度不同，升高反应温度，还能够减少固体残留。产品的组成主要是苯乙烯单体和二聚体，副产物含有芳烃类和短链烃类气体。

总体来讲，热降解回收聚苯乙烯的主要研究重点在于降低反应温度和提高单体的选择性，影响这些的反应因素包括温度、压力、降解气氛等。采用传热速率快的反应器、提高裂解温度、借助特定的催化剂都有利于提高热降解产品的选择性。实际回收的高分子材料是混合物，往往同时包含PP、PS、PE等多种高分子材料，在回收时可以一次性通过热裂解转化为混合油类。

（5）光降解　Shang等对聚苯乙烯的光催化降解性能进行了对比研究。结果表明：酞菁铜敏化TiO₂制成TiO₂/CuPc混入聚苯乙烯，在荧光灯照射下光催化分解聚苯乙烯，酞菁铜的加入能促使光敏化反应移向可见光区，而未处理的TiO₂参与的聚苯乙烯光催化降解反应只发生在紫外线区，主要降解产物为苯甲醛、苯乙醛、苯甲酸、二氧化碳等。

（6）催化降解　人们对聚苯乙烯的催化降解进行了大量研究，如加入催化剂、降低反应温度、提高单体的产率，并且有些催化剂可以循环使用。在聚苯乙烯催化降解方面研究较多的催化剂包括固体酸、固体碱和碱性中孔分子筛。各类催化剂各有优劣。

① 固体酸催化剂。研究发现，影响产品组成的因素有催化剂的酸性、反应温度、聚苯乙烯和催化剂的接触时间等，提高酸度和延长反应时间均能使反应向着有益方向进行。其中，斜发沸石表现出良好的催化活性。在一定条件下，芳烃类产品的收率在99%以上。通过研究固体酸催化裂解机理发现，反应过程中产生的自由基和氢引发的交联反应使产品变得复杂。产品组分可以简单地概括为以苯乙烯为主，各类芳烃衍生物为辅。总的来说，产品的复杂性导致裂解反应的实用价值降低。

② 固体碱催化剂。与固体酸催化剂相比，固体碱催化剂具有很多优势。聚苯乙烯在固体碱的催化热降解下，产品单一性有明显提高，降解温度也有所降低。Kim等研究了Fe-K/Al₂O₃作催化剂降解聚苯乙烯的催化性能，催化剂的加入能够使聚苯乙烯在较低温度发生裂解，并且提高了苯乙烯单体的收率，这与裂解反应的活化能变化有关。催化剂的存在使聚苯乙烯的降解活化能由原来的194kJ/mol降为138kJ/mol，液体产物和苯乙烯单体的收率分别可达92.2%和65.8%。

以碱金属氧化物或碱土金属氧化物作为固体碱催化剂催化裂解聚苯乙烯时发现，BaO是有效的催化剂，能够同时提高液体产率和苯乙烯单体的收率，通过工艺条件的优化，液体产物可达 91.2%，其中苯乙烯的摩尔分数可达 91.0%。

通过对过渡金属氧化物催化降解聚苯乙烯的研究发现其催化效果并不理想，Fe_2O_3、ZnO 及 MnO 所表现出的催化效果依次降低。总的来说，固体碱催化剂在降解聚苯乙烯方面表现出较好的催化活性。

③ 碱性中孔分子筛催化剂。分子筛有天然的和人工合成的，一般孔径均匀，有较大的比表面积，在催化方面有广泛应用。在实际的催化反应过程中主要起催化作用的是催化剂的表面结构，这样就大大降低催化剂的使用效率，催化活性也大打折扣。MCM-411 中孔分子筛是人工合成分子筛中的典型代表，孔径均匀且大小可调，孔道排列规则，比表面积大，负载其他金属离子可以制成各种性能优异的催化剂。

通过研究 K_2O/Si-MCM-41、Si-MCM-41、Al-MCM-41 等负载碱型中孔分子筛对废旧聚苯乙烯的催化裂解性能发现，K_2O/Si-MCM-4 表现出的催化活性最高。当催化剂的使用量为聚苯乙烯的 1/50，反应温度为 400℃，反应时间为 0.5h 时，90.5% 的聚苯乙烯裂解，其中液体产物和苯乙烯单体分别占 85.7% 和 69.0%。对这种催化剂进行掺杂（Mg、Ca、Ba）改性后发现，废旧聚苯乙烯的转化率在 99% 以上，其中液体收率和单体收率分别为95% 和 80%。

（7）超临界流体中降解　废旧塑料在超临界流体中的催化降解具有高效、快速、无污染、催化剂可循环使用、产品选择性高的优点。

① 超临界水。对在超临界水中降解聚苯乙烯的研究发现，改变添加剂的品种和用量能不同程度地促进反应进行。在缩短反应时间、不添加催化剂的条件下，提高反应温度有利于降解反应的进行。油状产物的主要组成是芳烃类衍生物。氧气对产品的组成也有影响，在不同氧气流速下苯乙烯单体的选择性不同。

② 超临界甲苯。研究发现，聚苯乙烯在超临界苯、甲苯、乙苯中的降解性相似，在 310～370℃，压力 4.0～6.0MPa 下，在超临界甲苯中聚苯乙烯能迅速降解生成苯乙烯单体、二聚体以及一些副产物。

综合已有的研究成果可见，聚苯乙烯可以通过热降解、催化降解回收苯乙烯单体或者油类，但是得到的产品往往是混合物，组分分离困难，降低了产物的使用价值。乔占平和王浩绮等研究了回收聚苯乙烯废料经过消化、微波催化氧化制备对硝基苯甲酸，在经过优化的工艺条件下对硝基苯甲酸的产率达到最大（80%），产品纯度为 99.2%。这种回收方法的优点是产率和产品纯度都很好，缺点是反应条件较为苛刻，难以大规模使用。

第二节　废旧聚苯乙烯塑料回收与再生方法

（一）废旧电视机外壳高抗冲聚苯乙烯的增韧增强改性

电视机塑料外壳的主要成分为 HIPS（high impact polystryrene），它包含了橡胶和 PS两种结构单元形式，其分子式如图 5-1 所示。环保部废弃电器电子产品处理信息系统显示，2014 年上半年，废弃电器电子产品的拆解量为 2008.5 万台，其中 CRT 电视机为 1777.2 万台，占 88.48%。我国国家标准征求意见稿《废弃电工电子产品再生利用率限定值和目标值》第二部分中指出废弃电视机材料单一塑料的再生利用率为 80%、混合塑料的再生利用率为 20%。电视机外壳塑料的回收成为必然趋势，但电视机外壳经过长期光、热、力的作用，冲击强度和拉伸强度下降很多，因此对其改性研究是很有必要的。苯乙烯-丁二烯-苯乙烯嵌段共聚物

（SBS）为热塑性弹性体，是一种传统的增韧材料，具有优异的韧性和耐低温性。在加工过程中无需混炼和硫化，因此可以作为一种增韧剂来使用。本例采用苯乙烯-丁二烯-苯乙烯嵌段共聚物（SBS）通过熔融共混的方法对废旧电视机外壳材料高抗冲聚苯乙烯（HIPS）进行了改性。

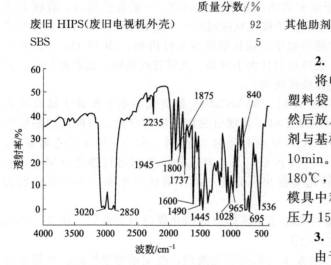

图 5-1　HIPS 的分子式

1. 配方

	质量分数/%		质量分数/%
废旧 HIPS（废电视机外壳）	92	其他助剂	3
SBS	5		

图 5-2　废电视机外壳红外光谱

2. 加工工艺

将电视机外壳破碎后的 HIPS 塑料装入塑料袋内，置于超声清洗机中清洗 0.5h，然后放入烘箱，50℃烘 3h。将一定量添加剂与基材 HIPS 混合，在流变仪中熔融共混 10min。流变仪 1～3 区的温度都设为 180℃，转速 90r/min。复合后的材料放入模具中利用压片机压片，压片温度 190℃，压力 15MPa 左右下静置 1min。

3. 参考性能

由于材料为废旧塑料，部分氧化降解，如图 5-2 所示红外谱图中 $1737cm^{-1}$、$1800cm^{-1}$、$1945cm^{-1}$ 处主要为酸酐、酯、醚类物质的 CO 或 COC 的伸缩振动，高分子发生氧化反应后的主要产物为过氧化物，在适当条件下可分解成其他含氧自由基。

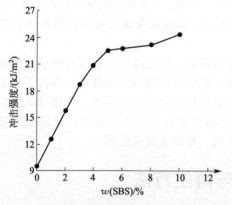

图 5-3　不同 SBS 质量分数下复合材料的冲击强度

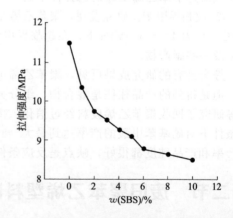

图 5-4　不同 SBS 质量分数下复合材料的拉伸强度

在不同 SBS 添加量下，复合材料的冲击力学性能如图 5-3 所示。从图中可以看出，随着 SBS 添加量的提高，复合材料冲击强度性能呈逐渐增大趋势，初始增大幅度较大。当添加量为 5%（质量分数，下同）时，SBS/HIPS 复合材料冲击强度的增大幅度减缓，基本维持在 22～23MPa 之间。当添加量为 10% 时，冲击强度增大到 24.3MPa。这是由于 SBS 中两 S 端为苯乙烯，能够与 HIPS 很好地相容，从而使得弹性体能够更好地发挥自身作用。

但随着 SBS 的增加，复合材料的拉伸强度会有所降低。如图 5-4 所示，随着 SBS 质量分数的增大，SBS/HIPS 的拉伸强度逐渐降低。从上面分析中可知，在 HIPS 中添加 SBS 有利于复合材料冲击强度的提高，但对复合材料的拉伸强度有不利影响。复合材料的冲击和拉伸性能的性能对比见表 5-1。

表 5-1 复合材料的冲击和拉伸性能

原材料	冲击强度/(kJ/m²)	拉伸强度/MPa
废旧料 HIPS	9.50	11.5
SBS/废旧料 HIPS	22.5	8.50

（二） 噁唑啉对废旧高抗冲聚苯乙烯的扩链改性

高抗冲聚苯乙烯（HIPS）广泛应用于制备空调机箱、收音机、电视机等塑料电器的外壳中。HIPS 具有冲击强度高、光泽度好、耐热性和流动性好等优点，但在加工和使用过程中会发生老化降解，引起分子链断链和相结构的改变。所以，废旧高抗冲聚苯乙烯（r-HIPS）的性能远远差于 HIPS 新料的性能。本例选用 1,3-双（2-噁唑啉基）苯（MPBO）为扩链剂，对 r-HIPS 进行改性，利用线型 MPBO 扩链剂的噁唑啉基团与 r-HIPS 中的羧基发生开环反应，使降解后的羧基基团在 MPBO 的作用下连接起来，从而使 r-HIPS 分子链变长，材料的力学性能得到提高。

1. 配方

	质量份		质量份
r-HIPS	100	MPBO	1.3

废旧高抗冲击聚苯乙烯（r-HIPS）片状料：直径为 3～7mm 不规则片状料，由广东省佛山市某新材料有限公司提供，冲击强度 2.66kJ/m²，拉伸强度 25.37MPa，断裂伸长率 26.66%，熔体流动速率（MFR）10.84g/10min，M_w 为 11273；1,3-双（2-噁唑啉基）苯（MPBO）：含量≥99%。

2. 加工工艺

将 r-HIPS 在 80℃真空干燥箱中干燥 12h，除去 HIPS 在空气中吸收的水分，然后将 r-HIPS/MPBO 放在双螺杆挤出机中制备共混物。挤出机温度控制在 190～210℃；转速为 84r/min，喂料频率为 4.1Hz，挤出干燥造粒。将粒料置于真空烘箱中 4h，温度 80℃，烘干。然后在注塑机注塑成型，成型温度控制在 185～195℃，注射压力 20MPa，保压时间 15s，模具温度为室温。

3. 参考性能

图 5-5 为 r-HIPS、c-HIPS（1.3phr MPBO）和 MPBO 指纹区的红外图谱。图中 919cm⁻¹ 处是

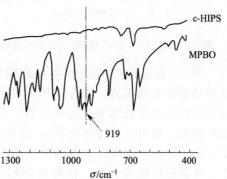

图 5-5　r-HIPS、c-HIPS（1.3phr MPBO）和 MPBO 红外图谱

噁唑啉五元杂环的振动峰，而在 c-HIPS 光谱图中没有出现此峰，由此可知，噁唑啉基团发生了变化。式(5-1)为噁唑啉基团与 r-HIPS 中的羧基反应方程式。

$$R: \quad \text{（苯环）}$$

(5-1)

　　图 5-6 为 MPBO 含量对 HIPS 冲击强度的影响。可以看出，随着 MPBO 用量的增加，HIPS 的冲击强度先增大后保持不变，在 MPBO 用量为 1.3phr 时，达到最大 4.83kJ/m²，提高约 80%。这是由于随 MPBO 用量增加，更多 r-HIPS 分子链发生扩链，HIPS 的分子量增大。当 MPBO 用量为 1.3phr 时，MPBO 中的噁唑啉基团与含有羧基的分子链充分反应，分子链扩链程度达到最大，分子量也有大幅度提升，分子间范德华力增大，分子间作用力增强，分子链之间的缠结点数增加，分子间不易产生滑移，分子链的弹性收缩较大。在高速载荷的冲击瞬间，可以很快地传递应力引发的能量，吸收冲击能量的能力提高，从而使冲击强度提升并且达到最大。在 MPBO 用量达 1.3phr 之后，可能是因为不再发生扩链反应，分子量保持不变，分子之间的相互作用力也保持不变，故冲击强度基本不变。当 MPBO 含量为 1.3phr 时，c-HIPS 的冲击强度最大，缺口冲击强度达到 4.83kJ/m²，比未加扩链剂时提高约 1.8 倍；同时，拉伸强度和断裂伸长率均有明显提高，说明 MPBO 作为扩链剂起到提高 r-HIPS 性能的作用。

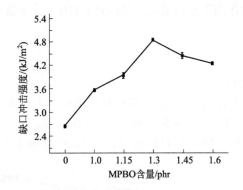 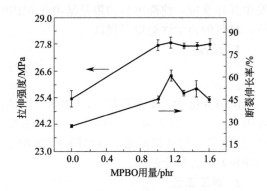

图 5-6　MPBO 含量对 HIPS 冲击强度的影响　　　图 5-7　MPBO 含量对拉伸强度和断裂伸长率的影响

　　图 5-7 是 c-HIPS 的拉伸强度和断裂伸长率随着 MPBO 用量的变化。如图 5-7 所示，拉伸强度有大幅提高，随着 MPBO 用量的继续增加，拉伸强度基本趋于平缓。拉伸强度有大幅提升主要是因为扩链反应后，分子链不仅增长，并且相互缠结（因为 MPBO 为线型扩链剂，没有发生过度交联），分子链之间的作用力也很大，在拉伸的静载荷力的作用下，分子链随着载荷力方向的屈服能力增强，在施加静载荷力的过程中就不容易发生变形，导致拉伸强度上升。拉伸强度趋于平缓，可能是因为当分子量超过一定数值以后，拉伸强度的变化不大，更多的 MPBO 用量对拉伸性能的影响不是很大。图 5-7 中断裂伸长率随着 MPBO 用量的增加而显著提高，当 MPBO 用量为 1.15phr 的时候达到最大，随后呈波折型。说明分子链增长给树脂基体带来了更多的灵活性，对断裂伸长率有很大影响，因为冲击强度和断裂伸长率都是表征韧性，二者的增长说明材料的韧性提高。断裂伸长率反映材料大变形的能力，涉及整个分子链的强度和分子链移动的能力。当 MPBO 用量在 1.15phr 时，分子链的强度和分子链移动的能力综合起来，其性能达到最优，此时断裂伸长率达到最大。

　　图 5-8 为 HIPS 的应力-应变曲线。图中 r-HIPS 没有缩颈现象发生，材料未出现屈服，已经断裂，为硬而脆型材料；c-HIPS 通过冷拉有明显的缩颈现象，为强而韧型材料。c-HIPS 应力-应变曲线下的面积远远高于 r-HIPS 应力-应变曲线下的面积，说明扩链后材料断裂吸收的能量变大，材料韧性变好，并有明显提高。

　　MFR（熔体质量流动速率）通常用于工业生产中测定流变特性，是衡量共混物加工性能的基本参数。图 5-9 中，HIPS 的 MFR 随 MPBO 的增加先下降后增大，在 MPBO 用量为

1.3phr 时达到最小值 6.83g/10min。MFR 下降可能是因为 HIPS 的羧基与 MPBO 的噁唑啉基团发生了开环扩链反应，使得 HIPS 分子的分子量增大，分子之间缠结程度增加，在相同剪切应力作用下，受到的内摩擦阻力增大，从而流动性下降。MFR 上升，可能是因为加入过量 MPBO 后，分子链上出现未反应的噁唑啉基团（图 5-10），噁唑啉基团的极性大于羧基的极性导致分子间作用力减小，流动性增加；未反应的 MPBO 在 HIPS 分子链之间，减小了分子链之间的摩擦力，随着 MPBO 的增加，未反应的小分子可能会向管壁处聚集，使得分子链与管壁之间摩擦减小（图 5-11），MFR 增加。

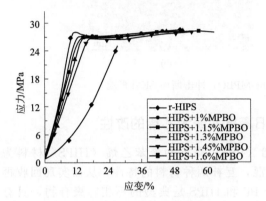

图 5-8　HIPS 的应力-应变曲线

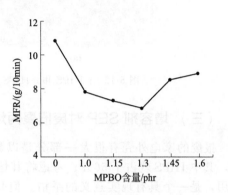

图 5-9　MPBO 含量对 MFR 的影响

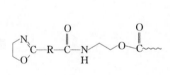

图 5-10　分子链上出现未反应的噁唑啉基团

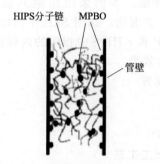

图 5-11　分子链与管壁之间的摩擦

表 5-2 为 r-HIPS、c-HIPS（1.3phr MPBO）以及 HIPS 新料的分子量及其分布。

此结果充分说明了 MPBO 与 r-HIPS 发生了扩链反应，扩链后 HIPS 的多分散性减小，分子量的分布更加均匀。

表 5-2　r-HIPS、c-HIPS（1.3phr MPBO）以及 HIPS 新料的分子量及其分布

项　　目	$\overline{M}_n$ $\times 10^{-3}$	$\overline{M}_w$ $\times 10^{-3}$	$\overline{M}_z$ $\times 10^{-3}$	$a = \overline{M}_z / \overline{M}_w$
r-HIPS	1.1	11.3	44.2	3.91
c-HIPS(1.3phr MPBO)	2.4	32.1	67.0	2.09
HIPS	1.9	48.6	74.8	1.54

从图 5-12(a) 断面中看出，PB 分散相分散不均匀，粒径大小不一，相界面明显，所以受到外力作用时，裂缝很快沿着相界面扩展，从而导致其冲击强度降低。在图 5-12(b) 中，PB 分散相分布均匀，粒径变小且分散度减小，基体上有纤维网状结构出现与拉丝现象明显。这可能是在冲击过程中，由于 PB 分散相与 PS 基体相较强的粘接作用，导致 PS 基体相发生较大的塑性变形，最终呈现出如 SEM 照片中的白色丝状物。上述情况说明，

MPBO 在起到扩链作用的同时，使得相界面粘接力增强，实现了 r-HIPS 冲击性能的较大提高。

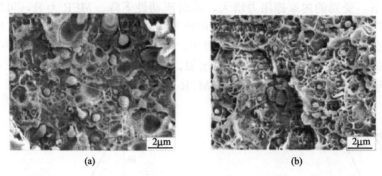

图 5-12　r-HIPS 和 c-HIPS（1.3phr MPBO）冲击断面 SEM 形貌

（三）　增容剂 SEP 对废旧聚丙烯/废旧高抗冲聚苯乙烯的改性

报废的家电外壳有很大一部分是以聚丙烯（PP）、高抗冲聚苯乙烯（HIPS）材料为主，其中 HIPS 就占了 56％。考虑将其熔融共混，互补两种材料的特性，从而实现回收再利用，是一个具有现实意义的举措。但是由于 PP 和 HIPS 是典型的不相容聚合物，具有较高的界面张力，两相界面的粘接性差，所以简单的共混会造成相分离，无法获得理想的力学性能。本例采用熔融共混法制备出废旧聚丙烯/废旧高抗冲聚苯乙烯（r-PP/r-HIPS）共混物。选用 SEP 作为增容剂对 r-PP/r-HIPS 共混物进行增容，由于 SEP 中含有与 r-PP 和 r-HIPS 中相同的丙烯嵌段（P）和苯乙烯嵌段（S），所以理论上可以达到理想的增容效果。

1. 配方

	质量份		质量份
r-PP	80	SEP	10
r-HIPS	20		

2. 加工工艺

将 r-PP、r-HIPS 和 SEP 在真空干燥箱中干燥 8h，温度设定为 80℃，使用双螺杆挤出机熔融共混制备出共混物，r-PP、r-HIPS 的配比为 80∶20，温度控制在 190～210℃，螺杆转速为 85r/min，挤出造粒之后干燥 8h，使用注塑机注塑成型，温度控制在 185～200℃，压力 2MPa。

3. 参考性能

表 5-3　原材料各项性能指标

原材料	缺口冲击强度/(kJ/m²)	拉伸强度/MPa	熔体流动速率/(g/10min)
r-PP	3.80	23.70	14.46
r-HIPS	2.80	27.80	80
SEP	—	2.70	1.00

表 5-3 为原材料各项性能指标。图 5-13 为 r-PP/r-HIPS 共混物的缺口冲击强度柱状图。从图 5-13 可以看出，当 r-PP/r-HIPS 共混物中未添加 SEP 时，共混物的冲击强度很低，仅为 2.46kJ/m²，这是因为 r-PP 和 r-HIPS 是典型的不相容体系，r-PP 和 r-HIPS 两种材料中没有相似的分子结构或官能团，而且两者的溶解度参数也有较大差距，所以两种材料的相容性很差。共混物存在严重的相分离，熔混时的机械力只会使两种大分子在

界面处有轻微的相互扩散，当承受大的外力时，外力不能有效地通过界面层传递到整个体系，导致体系受力不均。同时，易诱发应力集中，使两相剥离，在界面处形成空洞，空洞发展引起材料破坏，导致强度下降。当加入 1phr SEP 时，冲击强度发生了明显变化，增至 4.09kJ/m²，较未添加 SEP 的共混物提高 66.26%，而且从图 5-13 中可以看出，柱状图的变化很明显，这表明 SEP 的增容作用是非常显著的。随着 SEP 含量的增加，共混物的冲击强度逐渐提高。当 SEP 含量为 5phr 时，共混物的冲击强度为 4.96kJ/m²，较未添加 SEP 的共混物提高了 101.63%。当 SEP 含量为 10phr 时，共混物的冲击强度为 5.28kJ/m²，较未添加 SEP 的共混物提高 114.63%。SEP 含量为 5phr 和 10phr 的共混物冲击强度相比变化不大，这可能是由于 SEP 的含量已经接近饱和，两相之间形成橡胶软层，从而不利于冲击强度的提高。由于 SEP 的增容作用，共混物的两相粘接作用加强，受到外力冲击时，应力传递不会中断，改善材料中能量的转移和损耗，所以冲击强度更高。但是拉伸强度却相反，从图 5-14 可以看出，未添加 SEP 的共混物的拉伸强度为23.98MPa，加入 1phr SEP 之后，拉伸强度下降到 22.90MPa，随着 SEP 含量的增加，拉伸强度继续下降，SEP 的含量为 10phr 时，拉伸强度为 20.60MPa。拉伸强度的下降可能是因为 SEP 是一种弹性体，加入 r-PP/r-HIPS 共混物之后，会破坏基体 r-PP 中链的规整性，从而使 r-PP 的结晶度降低，拉伸强度降低；也可能是因为 SEP 的链段是柔性链，也会造成拉伸强度的降低。但是，拉伸强度下降得并不多，所以综合其力学性能考虑，这种微弱的变化不足以影响整个材料的综合力学性能。

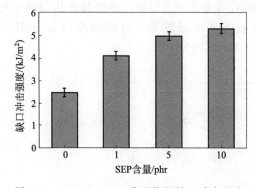

图 5-13　r-PP/r-HIPS 共混物的缺口冲击强度　　图 5-14　添加 SEP 的 r-PP/r-HIPS 共混物的拉伸强度

　　图 5-15 显示了添加 SEP 的 r-PP/r-HIPS 共混物的熔体流动速率的变化。从图 5-15 可以看出，未添加 SEP 的 r-PP/r-HIPS 共混物 MFI 较大，随着增容剂 SEP 的加入，共混物的 MFI 呈现下降的趋势，表明体系的黏度随着相容剂 SEP 含量的增加而增大。

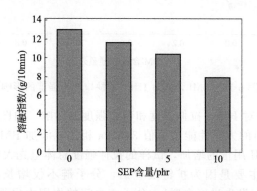

图 5-15　添加 SEP 的 r-PP/r-HIPS 共混物的熔体流动速率

（四） BMI/SEBS 对废旧高抗冲聚苯乙烯的扩链改性

1. 配方

	质量份		质量份
r-HIPS	100	SEBS	10
BMI(双马来酰亚胺)	0.7		

2. 加工工艺

双螺杆挤出机挤出：将 r-HIPS 在 80℃鼓风干燥机中干燥 12h，除去 HIPS 在空气中吸收的水分，然后将 r-HIPS、BMI、SEBS 按配比在双螺杆挤出机中制备共混物，挤出机的温度控制在 180～200℃，转速 84r/min，喂料频率 4.1Hz，挤出干燥造粒。式(5-2) 为 BMI 和羟基反应生成网状分子的反应方程式。

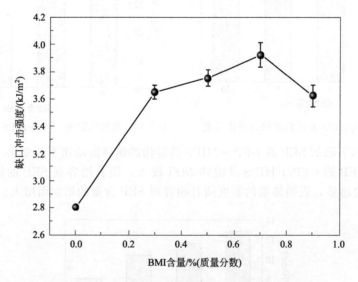

$$(5\text{-}2)$$

3. 参考性能

图 5-16 为 BMI 含量对 HIPS 缺口冲击强度的影响。从图中可以看出，随着 BMI 含量的增加，HIPS 的冲击强度先增大后保持不变；在 BMI 含量为 0.7%时，冲击强度达到最大值为 3.92kJ/m^2，相对纯 r-HIPS 提高了 40%，有较大的增强效果。可能的原因是 BMI 与 r-HIPS中的羧基和羟基反应，一定程度上扩大了 r-HIPS 的分子量。

图 5-16　BMI 含量对 HIPS 的缺口冲击强度的影响

图 5-17 为 BMI 含量对 HIPS 拉伸强度和弯曲强度的影响。由图可知，r-HIPS 改性后拉伸强度有所上升。与新料的力学性能参考值 34MPa 相比，添加 BMI 的 r-HIPS 的拉伸强度都接近其数值。随着 BMI 用量的增加，试样的拉伸强度总体呈先大幅上升再略下降的趋势。拉伸强度有大幅提升，主要是因为扩链反应后，分子链不仅增长，并且相互缠结（因为 BMI 为线性扩链剂，没有发生过度交联），分子链之间的作用力也很大，在拉伸的静载荷力

的作用下，分子链随着载荷力方向的屈服能力增强，在施加静载荷力的过程中不容易发生变形，导致拉伸强度上升。拉伸强度趋于平缓，可能是因为当分子量超过一定数值以后，拉伸强度的变化不大，更多的 BMI 对拉伸性能的影响不是很大。BMI 用量为 0.7％时达到了最大值，弯曲强度为 36.94MPa，比 r-HIPS 增加了 8.54MPa。

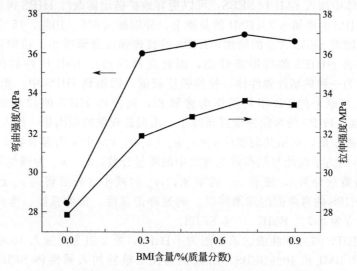

图 5-17　BMI 含量对 HIPS 的拉伸强度和弯曲强度的影响

图 5-18 表明了 SEBS 的含量对 HIPS 的冲击性能的影响。由图可知：随着 SEBS 含量的增加，HIPS 的冲击强度逐渐增大。在 20％时取得最大值 6.31kJ/m²。这是由于 SEBS 为苯乙烯-丁二烯-苯乙烯嵌段共聚物，它的两端是 S 段，它们与 HIPS 基材中的 S 段形成一相。与此同时，B、EB 段与 S 段会以化学键、范德华力相互连接，并和 HIPS 中的 B 段结构相一致，具有较好的相容性。所以，SEBS 中的 EB、B 段和 HIPS 的界面相粘接，它们会被牢牢地固定在基材之中，当这些样品受到来自外力的冲击时。EB、B 段会较为容易引发 HIPS 形成银纹，同时 EB、B 段及 HIPS 之中的 B 段自身便会产生弹性形变，这会使外界的作用能在体系之中得到相对较好地分散和传递，并且 B 和 EB 这两段本身发生的弹性形变也会吸收一部分能量。除此之外，由于 SEBS 颗粒的粒径相对较小，SEBS 会在 HIPS 中分散得很均匀，这便会形成互相贯穿的空间网状结构，所以它对材料在力学性能上的改性要好过其他

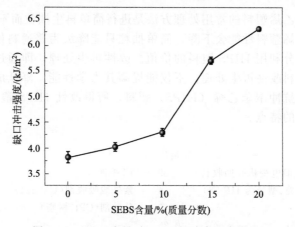

图 5-18　SEBS 含量对 HIPS 的冲击强度影响

弹性体。由于分散的 SEBS 弹性体微粒会作为大量的应力集中点，当它们受到外力相对强大的冲击时，HIPS 会引发剪切带和银纹。随着银纹在其周围的出现，进而会吸收大量冲击能量，同时大量银纹之间的应力场会相互干扰，这会降低银纹端的应力进一步扩展，从而阻碍了银纹更进一步发展，所以材料的冲击强度会大大提高。

在 HIPS 基体中加入 BMI 和 SEBS，可以更好地扩链增韧改性 HIPS 树脂。为了得到更好的配方，在 HIPS 中添加 0.7%BMI 的基础上，分别加入 5%、10%、15%、20% 的 SEBS 进行性能测试。随着 SEBS 含量的增加，HIPS 的拉伸强度逐渐减小。拉伸强度出现此现象的原因：为了改善 r-HIPS 的抗冲击性能，因此选择向经过 BMI 改性后的 HIPS 中添加 SEBS，SEBS 作为一种热塑性弹性体，拉伸强度较低，添加到 HIPS 中，能与 r-HIPS 很好地融合在一起，与原来的 PB 相共同作为橡胶相，而使得 HIPS 的拉伸强度降低。随着 SEBS 含量的增加，HIPS 的弯曲强度逐渐减小。出现此现象的原因是：加入 SEBS，热塑性弹性体的弯曲强度较低，根据共混理论 $\sigma = \sigma_p m_p + \sigma_r m_r$（其中 σ 为混合物力学方面的性能，σ_p、m_p 为 HIPS 的力学性能与其在共混物之中的质量分数，σ_r、m_r 为弹性体的力学性能及其在共混物中的质量分数），随着 m_r 的增加，m_p 的减小，势必将向 σ_r 趋近，因此随着 SEBS 的加入，HIPS 的弯曲强度逐渐降低。通过冲击强度、拉伸强度、弯曲强度的综合性能得到的最佳配方为 0.7% BMI、10% SEBS。

表 5-4 为 c-HIPS 的力学性能。第 1 组为 r-HIPS，第 2 组为只加入 10%SEBS，第 3 组为同时加入 0.7%BMI 和 10%SEBS。由数据看出，单独加入弹性体 SEBS，冲击强度为 4.16kJ/m²，加入 SEBS 和 BMI 之后，冲击强度为 5.09kJ/m²，提高了 22%，说明在 HIPS 扩链的基础上添加 BMI，对于该组实验是有效果的。扩链之后分子链增长，在 BMI 的作用下，分子呈现网状结构，分子之间的相互作用力很大，从而使材料的宏观性能提升，在添加 SEBS 之后，在 HIPS 的基体中添加弹性体进行增韧，使得材料在冲击过程中，橡胶相有阻碍银纹扩展，形成剪切带作用，增大冲击强度，使得材料的性能有很好改善。

表 5-4　c-HIPS 的力学性能

组别	冲击强度/(kJ/m²)	拉伸强度/MPa	弯曲强度/MPa
1	2.7	27.93	34.04
2	4.16	31.4	32.07
3	5.09	27.8	31.95

（五）改性高抗冲聚苯乙烯塑料

废旧高抗冲聚苯乙烯塑料的常用处理方法是进行简单再生抽粒而不进行任何改性。而使用后的高抗冲聚苯乙烯塑料性能会下降，简单抽粒只能降级为普通料使用，虽比直接填埋、焚烧好，但仍不能充分利用 HIPS 塑料的价值。改性再生处理：即通过加入一定量添加剂，对高抗冲聚苯乙烯塑料改性再生处理，不仅能提高其力学性能，降低成本，且不破坏环境。本例提供一种改性高抗冲聚苯乙烯（HIPS）塑料，所得改性 HIPS 塑料兼具韧性好、拉伸强度和弯曲强度较高的特点。

1. 配方

	质量份		质量份
废旧 HIPS 塑料(废旧电视机壳回收料)	89	抗氧剂	0.4
HIPS 新料(镇江奇美、型号为 HP-88)	4	紫外线吸收剂(UV-531)	0.2
增韧剂(SBS)	5	分散剂(CPE 树脂)	1
热稳定剂(硬脂酸锌)	0.25		

注：抗氧剂（质量比为 1:1 的抗氧剂 1010、168 的混合物）

2. 加工工艺

首先，称取废旧 HIPS 塑料、HIPS 新料、增韧剂、热稳定剂、抗氧剂、紫外线吸收剂等成分，以质量份按下述组成配方将所有原料放入混料机进行共混；其次，将上述共混料加入双螺杆挤出机中挤出造粒，所得粒子经注塑机注塑成型。

3. 参考性能

表 5-5 为回收料和纯料的力学性能。

表 5-5　回收料和纯料的力学性能

性能	改性回收料	HIPS(镇江奇美 HP-88)
冲击强度/(kJ/m²)	9.4	9
拉伸强度/MPa	26	24
弯曲强度/MPa	42.6	41

（六）废旧 HIPS/ABS 共混改性复合材料

丙烯腈/丁二烯/苯乙烯共聚物 ABS 和高抗冲聚苯乙烯（HIPS）是生产各种电器塑料部件的常用塑料，二者外观与密度相似，回收时较难进行分离，但其混合物在加工时会出现分层、变脆、力学性能大幅下降等问题，许多企业积累了大量废料，无法得到充分利用，浪费了资源。

L. B. Brennan 和 D. H. Isaac 等对废旧电脑外壳塑料进行了分析，并对回收的 HIPS 和 ABS 共混物进行了力学性能测试实验。该方法采用挤出、成型工艺来制备复合材料。徐晓强采用 SMA 作为 HIPS/ABS 的相容剂，对共混材料的相容性进行了研究，通过扫描电镜分析和力学性能的测试，证明 SMA 对 HIPS/ABS 共混物起到很好的相容性作用。董智贤、周彦豪等研究了氯化聚乙烯、苯乙烯/丁二烯/苯乙烯嵌段共聚物（SBS）和 K 树脂对 ABS/HIPS 共混材料有不同程度的增容增韧改性作用，采用氯化聚乙烯、苯乙烯/丁二烯/苯乙烯嵌段共聚物（SBS）和 K 树脂通过直接与回收料共混来改善 ABS 与 HIPS 的相容性，研究了改性前后 ABS/HIPS 共混材料的加工流动性和力学性能及其内部结构的变化。

本例通过添加环氧树脂对已降解的 HIPS 和 ABS 进行分子链修复，同时对复合材料起到相容性作用，利用环氧树脂所含的环氧基团，对复合材料起到增强作用，高胶粉对复合材料起到增韧作用以解决电器外壳塑料废料无法得到充分利用的问题，提供一种 HIPS/ABS 共混改性复合材料及其制备方法。

1. 配方

	质量份		质量份
废旧回收料 HIPS	70	环氧树脂	0.6
废旧回收料 ABS	30	ABS 高胶粉	10

注：ABS 高胶粉购自杭州中聚化工科技有限公司，型号为 IM5100AH。

2. 加工工艺

① 废旧回收料 HIPS 和废旧回收料 ABS 破碎，称取废旧回收料 HIPS 70kg、废旧回收料 ABS 30kg、环氧树脂 0.3kg、ABS 高胶粉 8kg。

② 原料均匀混合，加入双螺杆挤出机内，挤出温度为 205℃，出料，挤出后冷却、干燥造粒，即得复合材料。

3. 参考性能

表 5-6 为回收料的力学性能。

表 5-6   回收料的力学性能

性能指标	改性回收料
冲击强度/(kJ/m²)	10
拉伸强度/MPa	26
弯曲强度/MPa	46

（七）再生 HIPS 阻燃环保改性材料

电子电器产品中，塑料成分以高抗冲聚苯乙烯（HIPS）和 ABS 树脂居多，其中 HIPS 就占了 56%，HIPS 遇火容易燃烧，并释放大量浓烟和有害气体。为了使产品符合阻燃要求，必须加入阻燃剂进行改性。HIPS 回收料基本都属于废旧电子、电器产品的回收料，由于老化严重，抗冲击性能低，容易发生脆裂，且光泽度低。目前，国内市场主要采用含卤素有机物（十溴二苯乙烷、八溴联苯醚、四溴双酚 A）和三氧化二锑（Sb_2O_3）复配的溴系阻燃剂生产阻燃型 HIPS。但由于近年来受到二噁英问题的困扰，同时溴-锑系阻燃高分子材料在热裂解及燃烧时会生成大量烟尘及腐蚀性气体，因此欧盟颁布相关指令，要求成员国确保投放于市场的新电子和电器产品不包含聚溴二苯醚和聚溴联苯等有害物质。目前国内外许多科研院所及大公司都相继开展了环保型阻燃 HIPS 的研究。

本例针对现有技术中的不足，提供一种再生 HIPS 环保改性材料，其具有阻燃效果好，纯度高，杂质少，制备工艺简便，容易实现产业化的特点。材料抗冲击强度高，材料成本低、对环境良好，无污染，是绿色环保型再生材料。

1. 配方

	质量份		质量份
HIPS 回收料	100	抗氧剂(抗氧剂 300)	2
增韧剂	3	偶联剂(硅烷偶联剂硬脂酸锌)	2
阻燃剂	16	润滑剂(亚乙基双硬脂酰胺)	5
阻燃增效剂	0.5	稳定剂(硬脂酸锌)	2
抗冲击改性剂	10		

注：阻燃剂由高聚磷酸铵、氢氧化镁和硼酸锌的复合阻燃剂与蒙脱土-十六烷基三甲基溴化铵混合组成；复合阻燃剂中高聚磷酸铵、氢氧化镁和硼酸锌的质量比为 1.5∶2.5∶7。阻燃剂中复合阻燃剂与蒙脱土-十六烷基三甲基溴化铵的混合比例为 6∶2.7。对 HIPS 具有明显的阻燃和抑烟的协同作用，增强再生 HIPS 材料的阻燃性能。阻燃增效剂为水滑石类化学物质和红磷母粒按质量比为 1.8∶1 的混合物，当水滑石类化学物质与红磷母粒的质量为 2∶1 时，阻燃效果更优异。

抗冲击改性剂为废旧 TPR 鞋底材料，废旧 TPR 鞋底材料的粒径为 3~8μm。将废旧 TPR 鞋底材料制备成粉状或颗粒状，相当于功能性弹性体填充料，在高温挤出造粒时能提高再生 HIPS 材料的密着性、硬度或弹性，并且回收橡胶的成本较低，制备工艺也简单易行。增韧剂为苯乙烯-丁二烯-苯乙烯嵌段共聚物 SBS，润滑剂为亚乙基双硬脂酰胺，偶联剂为硅烷偶联剂。HIPS 回收料的力学性能低，韧性差，因此需要对其添加增韧剂进行改性。SBS 本身就是橡胶类、沥青类的常用增韧剂，与废旧 TPR 鞋底材料有较强的协同作用，能提高整体材料的流动性，便于熔融和造粒，材料的性质更加稳定。抗氧剂为抗氧剂 300；所述稳定剂为硬脂酸锌。抗氧剂的加入能提高再生 HIPS 的抗氧化性能，延缓材料的老化。HIPS 回收料本身的材料不是纯 HIPS，是经过改性后的，因此性能比较复杂，稳定性低，通过添加硬脂酸锌、硬脂酸钙、硬脂酸钡等稳定剂，能提高材料的稳定性。

2. 加工工艺

将破碎好的 HIPS 回收料通过调好密度的盐水清洗，使 HIPS 回收料漂浮在水面，清洗掉部分杂质；将清洗好的 HIPS 回收料在调整好密度的盐水清洗，使 HIPS 回收料沉入溶液下面，再次清洗掉部分杂质；清洗好的 HIPS 回收料放入乙酸溶液，乙酸溶液的密度为 1050～1060kg/m³，表面张力为 35～40mN/m，pH 值为 2.8，则混合在 HIPS 回收料中的 ABS 上浮，HIPS 下沉；ABS 和 HIPS 两种材料是用于电器产品中最多的两种混合材料，并且两者的性能比较相似，因此采用上述步骤难以将两者分离。本发明通过利用 50％的乙酸溶液，配合 pH 值，能将这两种材料完全湿润，并且通过控制表面张力，使 HIPS 和 ABS 得到有效分离，分离率高达 90％以上。称取配方中的各组分，倒入高速搅拌机中均匀混合，高速搅拌 5min；将混匀后的物料，加入双螺杆挤出机的料斗中，经高温挤出机熔融共混挤出、冷却、风干、切粒、均化、包装。

双螺杆挤出机的温度设置为：一区 180℃；二区 190℃；三区 190℃；四区 195℃；五区 220℃；六区 195℃；七区 19℃；八区 195℃，九区 190℃；机头 190℃；螺杆转速控制在 300r/min。

3. 参考性能

根据表 5-7 可以看出，制备的再生阻燃 HIPS 回收料的综合力学性能和阻燃性能优异。

表 5-7　阻燃 HIPS 回收料的基本性能

性能指标	测试标准	阻燃回收料	性能指标	测试标准	阻燃回收料
悬臂梁缺口冲击强度/(kJ/m²)	ISO180	13.23	硬度(洛氏 R)	ISO2029	72
			断裂伸长率/%	ISO527	11.44
拉伸强度/MPa	ISO527	36.42	氧指数	ISO4580	32
弯曲强度/MPa	ISO178	40.78	垂直燃烧试验	UL94	V-0

（八）改性废旧高抗冲聚苯乙烯抗老化母料

高抗冲聚苯乙烯（HIPS）具有高光泽、高抗冲强度、耐热性好和流动性好等优点，可广泛用于制备空调机箱、办公用品、玩具、食品包装、CD 件、收音机和电视机壳。

废旧 HIPS 相对于 HIPS 新料而言，其不仅经过了注塑等加工过程，而且经过了长期使用，这些过程都伴随着复杂的光降解和热氧老化，使其分子量大幅度减小，力学性能变差，尤其是抗冲击强度（表 5-8）。

表 5-8　新旧料 HIPS 的性能对比

材料	数均分子量/(×10⁴)	冲击强度/(kJ/m²)	拉伸强度/MPa
新料 HIPS	7.2	14.03	27.5
废旧 HIPS	4.5	3	23.67

加之在回收利用前还需经过破碎、清洗，干燥等过程，HIPS 的分子量和力学性能还会进一步降低。同时，因废旧料中含有更多水分和杂质，制成产品后，更易在热氧作用下加速老化，导致性能变差且使用寿命缩短。即便在 HIPS 新料的加工过程中曾加入各种抗紫外线剂和抗氧剂，但经过长期使用，有些助剂已经失效。因此，用回收料制备高要求的电视机后罩料等时需要考虑如何提高加工粒料的抗老化问题，以减缓加工产品的光氧和热氧老化速度，延长使用寿命。

通常有三种途径来改善 HIPS 或 PS 的抗老化性能。第一种是加无机纳米粒子，如通过加表面改性的金红石型纳米 1102 到 HIPS 中，提高了 HIPS 的抗变色能力和老化后力学性能的保持；这种方法虽然能有效提高 HIPS 的抗老化性能，但工业上对纳米填料的有机化改性、混料都存在难度，并会增加成本。第二种是添加光稳定剂和抗氧剂，如选择适当的由光稳定剂和抗氧剂组成的防老化体系，使得 HIPS/PPO 合金的悬臂梁缺口冲击强度保持率 $>85\%$，变色评级在 $2\sim3$ 以上，但是这种方法效果有限。第三种是添加第二组分的高聚物来提高抗老化性能。

由于这三种抗老化途径都是针对 PS 和 HIPS 新料而言，因而简单地直接将其用于废旧 HIPS，不可能获得用于新料时的同等效果。本方法针对已有技术存在的问题，提供一种改性高抗冲聚苯乙烯抗老化母料。

1. 配方

	质量份		质量份
废旧 HIPS	95	苯乙烯	5
聚烯烃弹性体 POE	5	过氧化二异丙苯	0.35
线型低密度聚乙烯	5	钛酸酯偶联剂	0.35
2-(2-羟基-5-甲基苯基)苯并三唑	0.25		

2. 加工工艺

将 95 份废旧 HIPS，5 份聚烯烃弹性体 POE，5 份线型低密度聚乙烯和 0.25 份 2-(2-羟基-5-甲基苯基) 苯并三唑先放入转速为 1000r/min 的高速混合器中混合 5min，然后将其放入双螺杆挤出机中，同时将已溶入了 0.07 份按质量比计为 1∶1 的过氧化二异丙苯和钛酸酯偶联剂的苯乙烯 5 份从双螺杆挤出机的玻纤口加入，在各区温度分别为 150℃、170℃、190℃、210℃、210℃、200℃，螺杆转速为 900r/min 的条件下熔融共混挤出造粒即得。所得抗老化母料的缺口冲击强度和拉伸强度以及老化后的性能变化见表 5-9、表 5-10。

表 5-9 不同配方老化前后的冲击性能对比

材料	氙灯紫外老化一周		氙灯紫外老化三周	热氧老化两周缺口
	老化前缺口冲击强度/(kJ/m²)	缺口冲击强度/冲击强度保持率	缺口冲击强度/冲击强度保持率	冲击强度/冲击强度保持率
废旧 HIPS 合金	12.60	6.79kJ/m²/53.9%	5.23kJ/m²/41.5%	7.28kJ/m²/57.8%
HIPS 新料	14.03	9.82kJ/m²/70%	7.49kJ/m²/53.4%	9.98kJ/m²/79.2%
添加传统抗老化配方的废旧 HIPS 合金	12.41	8.15kJ/m²/65.7%	5.46kJ/m²/44%	8.46kJ/m²/68.2%
配方例	13.19	11.20kJ/m²/84.9%	7.86kJ/m²/59.6%	12.15kJ/m²/92.1%

表 5-10 不同配方老化前后拉伸性能对比

材料	老化前拉伸强度/MPa	氙灯紫外老化三周拉伸强度/MPa	氙灯紫外老化三周拉伸强度保持率/%
废旧 HIPS 合金	15.60	11.17	71.63
HIPS 新料	23.67	19.98	84.42
添加了传统抗老化配方的废旧 HIPS 合金	18.54	14.14	76.25
配方例	18.98	18.21	95.93

（九）用废旧聚苯乙烯塑料制备涂料用树脂

利用废旧聚苯乙烯塑料制备涂料用树脂是其回收途径之一。目前所采用的方法是将废旧聚苯乙烯塑料用溶剂溶解、过滤，所得滤液与各种改性剂混合进行改性制作涂料用树脂。这种方法的缺点是：由于聚苯乙烯是特大分子量的高分子树脂，用溶剂直接溶解只能形成固体含量为 $10\%\sim15\%$（质量分数）的聚苯乙烯溶液，大部分聚苯乙烯未能利用，不仅利用率低而且使用时会造成大量有机溶剂挥发，不利于环保和降低成本。另外，如果直接将回收的聚苯乙烯用于涂料，不仅因聚苯乙烯的玻璃化温度高，使得制成涂料后涂膜太脆，而且因聚苯乙烯没有活性基团，不能与固化剂反应，故形成的涂膜性能比较差，影响涂料的使用范围。

本方法提供一种用废旧聚苯乙烯塑料制备涂料用树脂的方法。先将废旧聚苯乙烯塑料降解，制成145℃、黏度为100～200mPa·s且固体含量为50%～65%（质量分数）的已降解聚苯乙烯溶液，再用过氧化环己酮为引发剂，通过自由基聚合反应，利用柔性单体、功能性单体和增进附着力单体，依次对已降解的聚苯乙烯进行接枝改性，制得涂料用树脂。该方法设备投资小，聚苯乙烯利用率提高且符合环保要求，用该方法制得的树脂配制涂料时，其涂膜具有良好的附着力、柔韧性和固化性能。

1. 配方

	质量份		质量份
废旧聚苯乙烯	100	柔性单体	10～15
引发剂过氧化环己酮	1.5～2	功能性单体	20～25
溶剂二甲苯	65～70	附着力单体	8～12

柔性单体是丙烯酸-2-乙基己酯、丙烯酸甲酯、丙烯酸丁酯中的一种；功能性单体是丙烯酸-β-羟丙酯、丙烯酸-β-羟乙酯、甲基丙烯酸-β-羟丙酯、甲基丙烯酸-β-羟乙酯中的一种；所述增进附着力单体是甲基丙烯酸缩水甘油酯或丙烯酸缩水甘油酯。

柔性单体优选丙烯酸-2-乙基己酯；功能性单体优选丙烯酸-β-羟丙酯；增进附着力单体优选甲基丙烯酸缩水甘油酯。

2. 加工工艺

① 降解：将清洗、晾干后的废旧聚苯乙烯塑料，溶解于二甲苯中，投入反应釜内，加入催化剂并加热至回流，在回流状态下降解，直至145℃黏度为100～200mPa·s时，停止降解，然后蒸出溶剂制成145℃黏度为100～200mPa·s且固体含量为50%～65%（质量分数）的已降解的聚苯乙烯溶液，保存备用。

步骤①降解时，回流温度为140℃，所述催化剂是环烷酸锡含量为1%（质量分数）的乙二醇乙醚乙酸酯的碱性溶液，降解所用各原料的质量比如下，废旧聚苯乙烯塑料：二甲苯：催化剂为6:3.9:0.1。

② 接枝改性：将步骤①得到的已降解的聚苯乙烯溶液投入反应釜内，加热到60℃±2℃时，在反应釜内先加入引发剂过氧化环己酮，搅拌下依次滴加柔性单体、功能性单体、增进附着力单体，对已降解的聚苯乙烯进行接枝改性，每种单体加完都必须搅拌反应0.5h，再滴加下一种单体；同时在整个滴加过程中，反应体系温度保持在60℃±2℃，且用4,4-亚甲基二苯胺控制反应体系的pH值在7.6～7.8之间。所有单体滴加完毕后，再用苯甲酸将反应釜内物料的pH值调至6.5，即制得涂料用树脂。

步骤②接枝改性所用各原料的质量比如下，已降解的聚苯乙烯溶液：柔性单体：功能性单体：增进附着力单体：过氧化环己酮为61:11:19:7:2。

实例

（1）废旧聚苯乙烯接枝

① 降解：将清洗、晾干后的废旧聚苯乙烯塑料，溶解于二甲苯中，投入反应釜内，加入催化剂（环烷酸锡含量为1%的乙二醇乙醚乙酸酯的碱性溶液）并加热至回流，在回流状态下降解，直至145℃黏度为100～200mPa·s时，停止降解，然后蒸出溶剂，制成145℃黏度为100～200mPa·s且固体含量为60%（质量分数）的已降解的聚苯乙烯溶液，保存备用。

所用各原料的质量比如下，废旧聚苯乙烯塑料：二甲苯：催化剂为6:3.9:0.1。

② 接枝改性：将步骤①得到的已降解的聚苯乙烯溶液投入反应釜内，加热到60℃±2℃时，在反应釜内先加入引发剂过氧化环己酮，搅拌下依次滴加柔性单体丙烯酸-2-乙基己酯、功能性单体丙烯酸羟丙脂、增进附着力单体甲基丙烯酸缩水甘油酯，对已降解的聚苯乙烯进行接枝改性，每种单体加完都必须搅拌反应0.5h，再滴加下一种单体，同时在整个滴加过

程中，反应体系温度保持在 $60℃±2℃$，且用4,4-亚甲基二苯胺控制反应体系 pH 值在 7.6~7.8 之间，所有单体滴加完毕后，再用苯甲酸将反应釜内物料的 pH 值调至 6.5，即制得涂料用树脂；所用各原料的质量比如下，已降解的聚苯乙烯溶液（60％）∶丙烯酸-2-乙基己酯∶丙烯酸羟丙脂∶甲基丙烯酸缩水甘油酯∶过氧化环己酮为 61∶11∶19∶7∶2。

（2）配制双组分涂料

按质量分数（％）计的涂料配方如下：

树脂（实例制）	60	滑石粉	5
钛白	15	溶剂	4.2
硫酸钡	15	有机膨润土（BP186）	0.8

将上述各组分混合均匀，研磨至细度 $25\mu m$，作为羟基组分；使用前，将上述羟基组分与固化剂（HXF 三聚体）按质量比 5∶1 混合均匀即可施工。

3. 参考性能

用制得的涂料，按相关的涂料国家标准，制备样板并进行样板性能检测，具体结果如下：

冲击强度/(kg/cm^2)	≥50	耐候性 240h		无异常	
柔韧性/mm	1	耐盐雾性 600h		无异常	
附着力（级）	1	耐汽油性 120h		无异常	

耐水性 168h 无气泡、无锈斑、不变色

（十） 无毒无污染聚苯乙烯涂料

用废旧聚苯乙烯塑料制备涂料，是一种很好的利用方式。要制备成涂料，就需要先将聚苯乙烯溶解。但是，现在使用的溶剂均是苯、甲苯、二甲苯等芳烃溶剂，有毒，又有强烈刺激性气味，对人体和环境都会带来很大危害；并且现有的该类涂料，一方面附着力差，尤其是对金属的附着力差，易从物体表面脱落，直接影响了其应用性能；另一方面，产品成膜性差，致使表面不光滑，影响装饰效果，又施工性能差，固化时间要么很短，未等处理完毕即固化；要么很长，在很长时间内都不能干燥定型。

本例提供一种用废旧聚苯乙烯塑料制备的无毒无污染涂料，附着力强，成膜性好，装饰效果好，施工性能好，同时简单易行的制备方法。

1. 配方

	质量份		质量份
废塑料聚苯乙烯	10~18	引发剂	1~3
酯、醚溶剂	40~80	催化剂	0.5~1
改性剂	13~22		

酯、醚溶剂有丙二醇甲醚、丙二醇乙醚、丙二醇丙醚、丙二醇丁醚、乙酸乙酯、丙二醇甲醚乙酸酯；改性剂有甲基丙烯酸丁酯、邻苯二甲酸二辛酯、植物油；引发剂有过氧化苯甲酰、过氧化环己酮、过硫酸铵；催化剂有环烷酸锌、环烷酸钴、环烷酸锰。没有使用苯、甲苯、二甲苯等芳烃溶剂，而选用无毒溶剂，从本质上解决毒性、污染问题。

废塑料聚苯乙烯为非极性巨型分子，结构中几乎没有极性基团存在，因此附着力差。配方中加入了具有极性基团的树脂作为改性剂，如丙烯酸酯共聚物、植物油等，使其形成"互穿聚合物网络"（称 IPN）。活性极性基团有羟基—OH、酰胺基—$CONH_2$、羧基—COOH等。通过改性处理，大大增强了聚苯乙烯涂料涂膜的成膜性及对物体的附着力，同时也增加涂膜的强度和耐候性、耐晒性等，这样的改性就如同在铁中加入了其他金属元素形成合金一样，性能上有实质性的飞跃，也可称为"聚合物合金"。甲基丙烯酸丁酯、蓖麻油、邻苯二甲酸二辛酯都能明显提高涂料的附着力，邻苯二甲酸二辛酯对改善涂料涂膜的柔韧性，也具

有较好的促进作用。

组成中的引发剂和催化剂,有助于使配料达到设计要求。配方中除废旧聚苯乙烯为废物利用外,其他均可直接购买。

本配方涂料作为基础涂料(也可称为清漆),可以单独使用;也可以配入颜料、钛白粉、滑石粉填料等制备成彩色涂料(也称为色漆)使用。为了实现一些特殊性能,可在配料中添加相应的功能添加剂,如添加阻燃剂增强阻燃性,添加香酯调节气味等。

2. 加工工艺

配方1:

	质量份		质量份
废塑料聚苯乙烯	16	甲基丙烯酸丁酯	8
丙二醇乙醚	40	邻苯二甲酸二辛酯	6
乙酸乙酯	20	环烷酸锌	0.8

添加丙二醇乙醚溶剂,搅拌溶解后沉淀,取滤液;向滤液中加入甲基丙烯酸丁酯、蓖麻油和邻苯二甲酸二辛酯改性剂及引发剂过氧化苯甲酰和催化剂环烷酸锌,加热,不断搅拌,温度80℃,时间1.9h;反应后常压冷却,过滤,向滤液中加入乙酸乙酯,调节黏度后得产品。

配方2:

	质量份		质量份
废塑料聚苯乙烯	16	蓖麻油	3
丙二醇甲醚	35	邻苯二甲酸二辛酯	7
乙酸乙酯	16	过氧化环己酮	1.5
甲基丙烯酸丁酯	7	环烷酸钴	0.6

制备方法参数:反应温度90℃,时间1.5h。

配方3:

	质量份		质量份
废塑料聚苯乙烯	17	蓖麻油	3
丙二醇丙醚	38	邻苯二甲酸二辛酯	7
乙酸乙酯	22	过氧化环己酮	1.5
甲基丙烯酸丁酯	7	环烷酸锰	0.6

制备方法参数:反应温度105℃,时间1h。

3. 参考性能

经检测,涂料技术指标全部符合国家标准要求,具体指标参数见表5-11。

表5-11 涂料技术指标检测报告表

序号	检验项目	技术要求	检测结果	单项评定
1	成膜颜色和外观	平整光滑	平整光滑	合格
2	黏度(涂4黏度计)/S	>80	179	合格
3	干燥时间(实干)/h	<5	2	合格
4	硬度(双摆)	>0.4	0.5	合格
5	柔韧性/mm	1~2	1	合格
6	冲击强度/cm	40~50	50	合格
7	附着力(划圈法)	2~3	2	合格
8	气味	无毒、芳香味	无毒、芳香味	合格

4. 用途

本配方涂料可以直接涂在木制品表面作装饰之用,涂在钢、铁等金属制品表面作为防护涂料,避免生锈,使金属制品永保明亮的金属光泽,彩色涂料用于装饰内外墙壁。涂料也可广泛应用在化工设备、各种管道、桥梁、电塔、车、船、码头等设施上。

（十一） 高冲性/可发性聚苯乙烯回收料制备可发性聚苯乙烯改性材料

可发性聚苯乙烯，即 EPS，是当今世界上应用最广泛的塑料之一，主要用于家电、办公机械缓冲包装材料、容器以及一次性餐具等。使用后的 EPS，由于质量轻、体积大、耐老化、抗腐蚀等特性，所以是垃圾处理的一大难题，对环境造成较大污染。为有效处理废旧 EPS，国内外科研人员进行了大量工作，归纳起来有以下方式：热熔再生，热裂解（催化裂解）制单体及燃料油，改性再生制涂料、胶黏剂、隔热保温材料，共混制聚合物合金以及凝胶法再生、溶剂法再生与燃烧回收能量和挤压再生塑料板材料等。以上对废旧 EPS 处理都有各自特点，但总的来说，处理成本较高。目前工业化生产的主要是熔融造粒和生产涂料或黏合剂，其他方式处理量很少，同时将产生二次污染，成品的单价高，实用价值降低。

本例为克服上述现有技术的不足，提供了一种利用废旧可发性聚苯乙烯和废旧高抗冲聚苯乙烯为原料生产可发性聚苯乙烯回收料改性材料及其制备方法，可以解决 EPS 对环境的污染，充分利用废旧高抗冲聚苯乙烯。同时生产的可发性聚苯乙烯回收料改性材料成本低，性能好，满足生产电视机后罩等产品的指标要求，可替代高抗冲聚苯乙烯材料即 HIPS 材料。

1. 配方

	质量分数/%		质量分数/%
可发性聚苯乙烯回收料	19	高抗冲聚苯乙烯树脂	48
高抗冲聚苯乙烯回收料	28.4	增韧剂	4.6

注：其中，增韧剂为丁二烯-苯乙烯嵌段共聚物，以及占总质量 0.07% 的硬脂酸锌。所述的增韧剂为丁二烯-苯乙烯嵌段共聚物，以及占总质量 0.05%～0.1% 的硬脂酸盐。

2. 加工工艺

上述可发性聚苯乙烯回收料改性材料的制备方法按以下步骤进行。

① 将原料按以下质量分数（%）配比：

高抗冲聚苯乙烯回收料	55	增韧剂	9
可发性聚苯乙烯回收料	36		

增韧剂为丁二烯-苯乙烯嵌段共聚物。

② 将上述配料中加入加工助剂和抗氧剂后按以下工艺步骤制得回收复合料：高速混合→预分散→捏合→熔融→挤出。

③ 将回收复合料与高抗冲聚苯乙烯树脂按以下配比配料：

回收复合料	52	高抗冲聚苯乙烯树脂	48

按上述配料总质量的 0.07% 加入硬脂酸锌，再加入加工助剂和抗氧剂后，按以下工艺步骤制得可发性聚苯乙烯回收料改性材料：高速混合→熔融→挤出→切粒。

3. 参考性能

本配方生产的可发性聚苯乙烯回收料改性材料的产品性能达到 HIPS 树脂的要求，见表 5-12，经测试可替代 HIPS 树脂作电视后罩。

表 5-12 电视后罩用 HIPS 树脂各项指标测试数据对比

性能	测试方法	DOW 1300		配方样品	BASF 466F	
		本色	灰色	灰色	本色	灰色
熔体流动速率/(g/10min)	GB 3682	5	6	3.6	3.5	3.5
拉伸强度/MPa	GB 3682	30	28	30.6	28	28
伸长率/%	GB 3682	45	45	48	45	45
弯曲强度/MPa	GB 3682	45	40	47.7	45	40

续表

| 性能 | 测试方法 | DOW | | 配方样品 | BASF | |
| | | 1300 | | | 466F | |
		本色	灰色	灰色	本色	灰色
弯曲模量/MPa	GB 3682	1800	1750	2060	1800	1750
缺口冲击强度/(kJ/m²)	GB 3682	10	10.5	9.4	10	10.5
热变形/℃	GB 3682	78	78	79.8	78	78
燃烧性能	UL94	HB	HB	HB	HB	IIB

（十二）　耐冲击型聚苯乙烯次料改性回收配方

耐冲击型聚苯乙烯广泛应用于各领域中，如包装、仪表、运输、机械制造等。由于耐冲击型聚苯乙烯应用领域广，需求量大，因此在生产过程中会产生大量边角废料，如果对其回收利用，会造成资源浪费，且这些边角废料相较于原料而言，其性能有所降低，对制品的性能有影响，需要对其改性。本例提供一种耐冲击型聚苯乙烯次料改性回收配方，提高了回收料制品的力学性能。

1. 配方

	质量分数/%		质量分数/%
耐冲击型聚苯乙烯次料	85	亚乙基双硬酯酰胺	0.3
苯乙烯-丁二烯-苯乙烯嵌段共聚物	14	硬脂酸锌	0.2
抗氧剂1076	0.2	染色剂	0.1
抗氧剂168	0.2		

增韧剂为苯乙烯-丁二烯-苯乙烯嵌段共聚物（SBS）；抗氧剂为抗氧剂1076和抗氧剂168的复合物；润滑剂为亚乙基双硬酯酰胺（EBS）；稳定剂为硬脂酸锌。

2. 加工工艺

将上述各成分依次加入高速混合机中高速预混3～5min，然后将共混料加入双螺杆挤出机的主机筒中熔融挤出造粒，其中螺杆长径比可为38∶1，主机筒从一区到五区各段控制温度分别为200～210℃、210～220℃、215～220℃、215～220℃、215～220℃，模头温度为210～220℃，主机频率为25Hz，喂料器频率为12Hz，共混料经双螺杆挤出机挤出造粒后，将塑料粒于85℃环境中放置4h，然后用注塑机射成ASTM标准样条，注塑温度为220～230℃，将注塑好的标准样条按ASTM标准测试所得成品的力学性能，并将所得成品的力学性能与100%质量分数的耐冲击型聚苯乙烯次料的力学性能做对比，结果如表5-13所述。

表5-13　回收料的测试性能

测试项目	测试方法	对比例	配方样品
冲击强度/(J/m)	ASTM D256	80	150
拉伸强度/MPa	ASTM D638	20	28
断裂伸长率/%	ASTM D638	35	70
弯曲强度/MPa	ASTM D790	38	46
弯曲模量/MPa	ASTM D790	1950	2200
熔体流动速率/(g/10 min)	ASTM D1238	15	9

3. 参考性能

由表5-13可以看出，经过改性处理的回收料力学性能有大幅提高，冲击强度提高接近一倍，拉伸强度提高40%，弯曲强度提高21%，取得了良好的改性效果。

（十三）　由废旧电器类聚苯乙烯材料制备的高性能聚苯乙烯合金

聚苯乙烯在生产和使用过程中，会产生大量废旧料或次品料、回收品，由于焚烧或填埋，会造成环境污染和土地资源浪费，因此不适宜采用。

然而对废旧料、次品料或回收品进行简单的回收抽粒，而不进行任何改性处理，将降级为普通塑料使用。虽然解决了环境污染问题，但未能充分利用这些次料的经济价值，而且严重造成劣质材料流向市场，将会产生劣质产品，直接影响人们的生活质量。

本例提供一种由废旧电器类聚苯乙烯材料为主料制备而得的，具有高性能、高阻燃、高抗冲、耐寒性、高稳定性和抗静电等特点的高性能聚苯乙烯合金。可以由废旧电器电视机壳体、废旧电脑壳体，以及由聚苯乙烯含量占 95％以上的材料制造的废旧电器电视机壳体、废旧电脑壳体制备的高性能聚苯乙烯合金。

1. 配方

	质量份		质量份
废旧电器类聚苯乙烯粉碎料	60	阻燃剂 TPP	2
改性聚苯醚 MPPO	30	分散剂 EBS	0.6
增韧剂 SEBS	3	润滑剂 PETS	0.8
阻燃剂包覆红磷	3	B-215 长效热稳定剂	0.2

配方中，纯聚苯乙烯材料制备的废旧电器电视机壳体、废旧电脑壳体，以及由聚苯乙烯含量占 95％以上的材料制造的废旧电器电视机壳体、废旧电脑壳体经粉碎处理得到粒径≤10mm 的粉碎料；改性聚苯醚 MPPO 起提高增强阻燃的作用。增韧剂 SEBS 用于提高废旧材料的氧化、老化性能的作用。阻燃剂包覆红磷起阻燃和抗氧老化的作用。阻燃剂 TPP 用作阻燃剂和增塑剂。分散剂 EBS 起到增韧，以及克服聚苯乙烯以及耐冲击聚苯乙烯的脆性和增加稳定性的作用。润滑剂 PETS 的作用是提高聚合物的热稳定性，防止加工中的降解，改善透明度、光度，具备优异脱模性能。B-215 长效热稳定剂的作用是抗热、抗氧老化、防止基材热氧化降解、保持材料流动指数、防止加工过程中聚合物氧化和解决废旧基材的黏度降低、光泽退化的问题。

2. 加工工艺

使用裁剪机对长度超过 600mm 的废旧电器类聚苯乙烯材料进行裁剪，使裁剪后其长度为 600mm，再把裁剪后的废旧电器类聚苯乙烯材料与长度不超过 600mm 的废旧电器类聚苯乙烯材料一同送进粉碎机上进行粉碎，得到粒度≤10mm 的颗粒，则为所需废旧电器类聚苯乙烯粉碎料；按照上述原料配方将上述步骤制备的废旧电器类聚苯乙烯粉碎料、改性聚苯醚 MPPO、增韧剂 SEBS、阻燃剂包覆红磷、阻燃剂 TPP、分散剂 EBS、润滑剂 PETS 和 B-215 长效热稳定剂装入搅拌机中，反复搅拌混合均匀后，送入双螺杆挤出机中，在 190～230℃下出机挤出后，经水槽冷却，引入切粒机进行切粒操作，收集粒料，即为本例所需聚苯乙烯合金。

3. 参考性能

采用 ASTM 国际标准对配方制备的聚苯乙烯合金进行性能测试，结果如表 5-14 所示。

表 5-14 聚苯乙烯合金的性能测试结果

性质	方法	配方样品	性质	方法	配方样品
密度/(g/cm³)	ASTM D792	1.16	热变形温度/℃	ASTM D648	80
模收缩/%	ASTM D955	0.2～0.4	耐燃性/(1/8in)	UL94	V0
拉伸强度/MPa	ASTM D638	420	干燥温度/℃	—	70
弯曲强度/MPa	ASTM D790	550	干燥时间/h	—	4
延伸率/%	ASTM D638	40	熔融温度/℃	—	190～230
弯曲模数	ASTM D790	11500	建议模温/℃	—	50
缺口冲击强度/(MJ/m²)	ASTM D256	9.2			

（十四）废旧聚苯乙烯泡沫制备对硝基苯甲酸

对硝基苯甲酸是一种重要的化工原料，可以用于生产普鲁卡因（procaine）、苯佐卡因（benzocaine）、氨甲环酸（tranexamic acid）、叶酸（folic acid；petrol-glutamic acid）等的医药中间体。将聚苯乙烯硝化氧化制备成化工原料对硝基苯甲酸是比较新颖、有价值的回收方法。

1. 配方

	质量份		质量份
①聚苯乙烯硝化制备聚对硝基苯乙烯		②聚对硝基苯乙烯	6
聚苯乙烯	10	水合重铬酸钠	18
二氯甲烷	90	浓硫酸	30
浓硫酸	14	5%氢氧化钠溶液	50
浓硝酸	14		

2. 加工工艺

① 聚苯乙烯消泡。二氯甲烷滴入废旧聚苯乙烯泡沫，搅拌促进聚苯乙烯的溶解消泡，待聚苯乙烯呈现透明黏稠状，放置约1h之后，将凝固后的固体取出并破碎，这一过程将废旧聚苯乙烯泡沫体积缩小为原来体积的约1/25。

采用部分溶解的方法对回收的废旧聚苯乙烯进行消泡，大大简化了操作步骤，不使用较复杂设备，避免了热消泡处理方法的能量消耗。消泡处理时所使用的溶剂为相对低毒的二氯甲烷，很好地达到了对废旧聚苯乙烯的前处理目的，得到了便于进行下一步反应的原料。不足之处是使用的二氯甲烷挥发到大气中，对环境造成污染。在硝化反应过程中使用的溶剂是二氯甲烷，溶解原料需要较多的二氯甲烷。在反应过程中还会有很多挥发，可以尝试选用一些不易挥发，同时又不参与硝化反应的溶剂。在处理过程中要注意尽量减少二氯甲烷的使用量，才能达到好的消泡效果。

② 聚苯乙烯硝化制备聚对硝基苯乙烯。称取消泡后的聚苯乙烯颗粒，放入反应釜中，在搅拌条件下向烧瓶中加入二氯甲烷，待聚苯乙烯完全溶解后，量取一定体积的浓硝酸加入烧瓶中，然后缓慢滴加一定体积浓硫酸，注意防止体系过热。浓硫酸滴加完毕，加热搅拌并回流一段时间后，反应温度为40℃，反应时间为8h。将反应液和产品倒出，向产品中加沸水使溶剂挥发，产品发泡，放置一段时间后，将发泡产品再放入烘箱中烘干。烘干后把产物研磨成粉末，之后在80℃水浴中煮1h，过滤，烘干，这样就得到了硝化产物。对于反应过程中加入金属盐离子考核其催化性能的实验，盐离子与聚苯乙烯（以苯环为计算单元）的物料比为1:100。正常的产品随反应条件的不同会呈现黄色、淡黄色和黄白色，这可能是由于硝化反应程度的不同导致硝化产品的颜色不同。

反应机理如图5-19所示。聚苯乙烯首先与浓硫酸发生磺化反应，在对位引入了磺酸基，由于空间位阻效应磺酸基很难进入邻位。磺酸基不稳定，很快被硝基取代，生成对硝基苯甲酸。

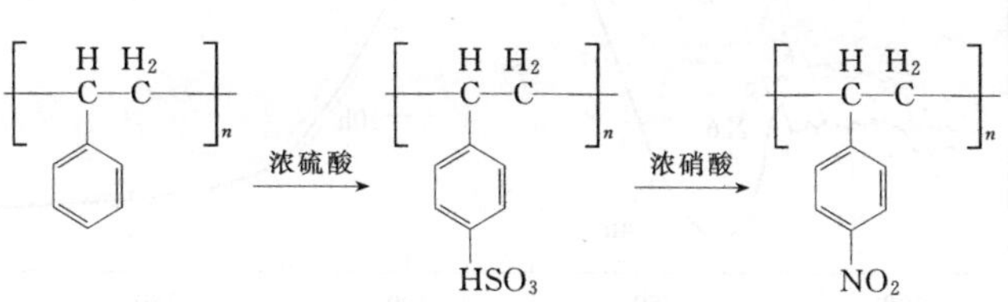

图5-19 反应机理

③ 聚对硝基苯乙烯氧化制备对硝基苯甲酸。称取6kg硝化产物，18kg水合重铬酸钠，放入反应釜中并加入30L蒸馏水，搅拌均匀，搅拌过程中缓慢滴加30份浓硫酸到混

合体系中，将温度计插入反应液中。设定电热套温度和搅拌器搅拌速度，反应一段时间后停止。将50L冷水加入反应体系中，产品冷却结晶，将其抽滤，并用约20L蒸馏水在抽滤过程中冲洗，得到黄绿色固体，滤液含铬，直接倒掉，会造成水体污染。因此，要收集起来集中处理。将黄绿色固体转移出，加入25L配制好的5%稀硫酸，加热搅拌约10min，抽滤，滤液弃掉，这一步的目的是去除粗产品中的铬盐。去除铬盐后固体显示淡黄色，再加入50L新配制5%氢氧化钠溶液，加热，使液体保持在温度约50℃，趁热将溶液抽滤，将冷却后的滤液缓慢加入60L的15%稀硫酸中，得到淡黄色沉淀，再将沉淀用吸管吸出，放入表面皿中，干燥，得到晶状黄白色产物，计算其产率。在滴加浓硫酸的过程中混合物的颜色会逐渐变深和变黑，甚至出现暴沸。因为硫酸溶解放热，使温度急剧升高。所以，要注意控制滴加速度，同时用冷凝管回流冷却，以防止产物挥发，最后影响产率。

加完浓硫酸后，用电热套升高温度，进行加热，把温度调节到所需实验的温度，在搅拌器的搅拌下，使反应物轻度沸腾，并且产物在冷凝管中回流冷却。在加热的初始阶段，溶液中的硫酸还没混合均匀，反应时也会放出一定热量。所以，需特别注意反应温度的调节控制，时刻观察实验的进行状况，以免发生暴沸。在反应过程中冷凝管里有白色针状物对硝基甲苯出现，此时可适当减小冷凝水，使其熔融滴下，以免产率偏低。

涉及的氧化反应方程式如式(5-3)所示，氧化过程中有可能生成副产物，副产物很快被氧化成对硝基苯甲酸，在反应过程中没有副产物产生是氧化反应的一个优势。

3. 参考性能

① 硝化产品的紫外-可见吸收光谱。硝化过程分为两步。首先磺酸基取代聚苯乙烯苯环的对位氢，由于磺酸基不稳定，硝基取代磺酸基而生成聚对硝基苯乙烯，但是由于聚苯乙烯是长链分子，空间位阻效应导致取代反应不容易进行，所以在反应过程中会有未被硝化的苯环存在于长链中。通过紫外可见分光光度计对不同时间的产品进行检测，通过观察吸收峰的异动情况可以了解实际的硝化状况。图5-20为反应温度为40℃时，不同反应时间对聚对硝基苯乙烯

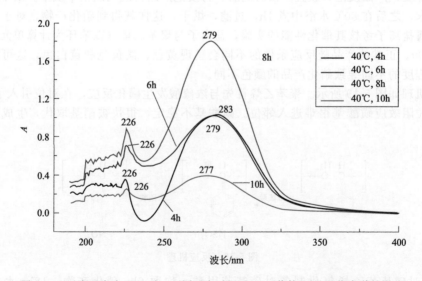

图 5-20　反应温度为40℃时，不同反应时间对 PNS 紫外-可见吸收光谱的影响

（PNS）紫外-可见吸收光谱的影响；图 5-21 为反应时间为 8h 时，不同反应温度对聚对硝基苯乙烯（PNS）紫外-可见吸收光谱的影响。

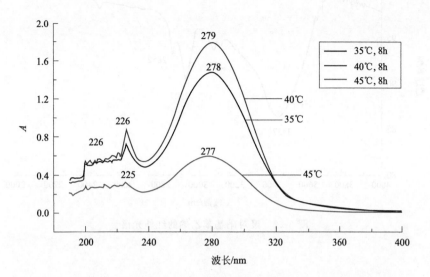

图 5-21 反应时间为 8h 时，不同反应温度对 PNS 紫外-可见吸收光谱的影响

② 硝化产品的红外光谱分析。聚对硝基苯乙烯红外谱图及主要吸收峰标注如图 5-22 所示：

$3437cm^{-1}$、$3078cm^{-1}$ 处为苯环上的 C—H 伸缩振动吸收峰，$2927cm^{-1}$、$2852cm^{-1}$ 处为 C—H 的对称和不对称伸缩振动吸收峰，$1695cm^{-1}$ 为羰基伸缩振动吸收峰，$1602cm^{-1}$、$1447cm^{-1}$ 为苯环的伸缩振动吸收峰，$1346cm^{-1}$、$1521cm^{-1}$ 为硝基的伸缩振动特征峰，$1178cm^{-1}$、$1112cm^{-1}$、$1059cm^{-1}$、$1018cm^{-1}$ 范围内多个吸收峰是 C—C 骨架的变形振动引起的，$853cm^{-1}$、$702cm^{-1}$ 为对位取代苯环上的 C—H 面外弯曲振动吸收峰。由于硝基的影响，聚对硝基苯乙烯的部分吸收峰与聚苯乙烯相比有明显位移。可以观察到 $1695cm^{-1}$ 处的弱吸收峰存在，说明在硝化过程中有可能发生了部分氧化反应。

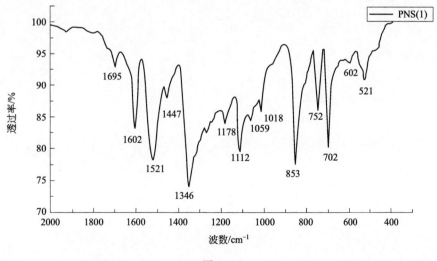

图 5-22

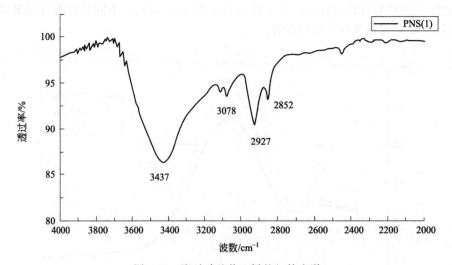

图 5-22　聚对硝基苯乙烯的红外光谱

第六章

废旧聚酯的再生利用

据统计，2014年全球聚酯瓶回收市场规模已达670万吨，预计2020年将达到1500万吨。其中回收聚酯用于制造纤维的比例占85%，回收聚酯瓶制造聚酯瓶约占12%，其余3%为包装带、单丝和工程塑料等。长期以来，回收再生聚酯瓶制备纤维的工艺路线一般是将聚酯瓶粉碎、分拣清洗、熔融造粒，然后切片干燥后进行螺杆纺丝。由于熔融造粒和切片干燥过程相对于原生聚酯难控制，因此瓶片制纤维的产品往往局限于对染色、纤维均匀性要求相对较低的领域。

在诸多应用领域，再生聚酯有着明显的成本优势，比如，汽车内饰和工业用土工布方面，原生聚酯因成本高而难以广泛应用，再生聚酯很好地填补了这一空缺。目前，回收的聚酯瓶片已经广泛应用于非织造布和聚酯短纤的生产上，但在长丝上占比还很小。随着再生聚酯纺长丝工艺的改进，再生聚酯纺长丝具有较大的发展空间。再生聚酯、原生聚酯各自都有成熟的消费领域，替代性不强。随着再生聚酯工艺技术的进步，食品级的再生瓶片数量将大大增加，再生聚酯与原生聚酯的质量差异将进一步缩小。在回料纺涤短方面，原生产品与再生产品的价差较大，普遍在900元/吨以上，而且国内涤短产量中再生产品占比达55%，涤短方面的替代性研究尤为重要。在回料纺长丝方面，原生产品与再生产品的价差长期保持在500元/吨以上，但由于国内再生长丝体量小，这一块的替代性不强。

目前，国外回收PET的方法主要是化学回收法，方法主要有：乙二醇醇解技术、甲醇醇解技术、水解技术及超临界流体技术等。化学回收技术还包括对回收聚酯产品进行化学改进，通常采用的改进方法包括增链改性、交联改性、氯化改性等改变分子链链长及其结构，从而提高其物理化学性能。虽然化学回收可得到相对纯净的聚合物，但真正实现产业化的企业并不多。到目前为止，该技术仅在日本帝人和中国台湾南亚等少数企业得到成功应用。化学回收的新进展是位于印度的Polygenta Technologies Limited（PTL）公司开发的糖醇解再生工艺法。通过该工艺，其在POY/DTY纺丝中直接添加了20%回收聚酯。北爱尔兰的Wellman International（威尔曼国际）公司是欧洲最大的再生PET企业，目前具备年产8.5万吨再生纤维和2.2万吨双组分纤维的能力，每天约可回收450万个聚酯瓶，其产品的主要应用领域为填充材料和非织造布。近年来，该企业对应用市场进行了细分，开发了三大系列、18个品牌产品，如表6-1所示。

表 6-1 威尔曼公司的再生聚酯纤维系列品牌

Smart 系列		Essential 系列		Hygiene 系列	
名称	特点	名称	特点	名称	特点
Cimis	填充用,导湿、含硅、中空	Fillwell	填充用,高回弹、含硅	Softflex HY	亲水、中空、加工非织造布
Sensifill	填充用,抗过敏、中空、三叶、五叶截面	Fillwell H	填充用,高回弹、含硅、中空	Fillwell HY	亲水、高回弹、加工非织造布
Wellcare Range	填充用,广谱抗菌、中空、	Fillwell HS	填充用,舒适、含硅、高柔性	Sensifill HY	亲水、抗过敏、异形截面、加工非织造布
Softflex	填充用,抗过敏、中空、真丝手感	Fillwell HUF	填充用,舒适、含硅、高柔性、中空	Wellfend HY	亲水、高弹性、加工非织造布
Dreamfil	填充用,保温、中空、高回弹、硅处理	wellbond	双组分、热黏纤维	Profile HY	亲水、中空、三叶、五叶截面
Profile PT	产业用(隔音、保温、过滤)、三叶、五叶截面	Wellene Range	车用非织造布	Wellbond HY	亲水、双组分热黏纤维

国内回收 PET 的方法则主要采用机械加工进行物理回收再利用,即将废 PET 聚酯及其制品经过直接掺混、共混、造粒等简单的物理处理后制成再生切片,作为次档产品,可用于纺丝、拉膜和工程塑料等,实现二次利用;经物理处理过的 PET 由于卫生原因,目前尚未直接用于食品包装材料,只有解聚后再缩聚的 PET 聚酯才能符合食品业对材料的卫生要求。此外,废旧 PET 直接回收加工产生的二次废料,因特性黏度值过低等原因已不宜再直接使用,只能通过化学解聚来实现其循环利用。盈创再生资源有限公司自 2003 年起引进国外生产线,年处理废旧 PET 饮料瓶 5 万吨,相当于 22 亿个废旧 PET 饮料瓶,年产再生洁净 PET 碎片 3 万吨,再生超洁聚酯切片 2 万吨,生产工艺达到美国 FDA、欧洲 ISSI 国际标准,但面临的是由于聚酯饮料瓶回收市场的无序竞争,导致原料不足。2013 年,上海聚友化工有限公司与中国人民解放军总后军需所、北京服装学院、浙江富源再生资源有限公司等共同承担了涤纶及涤棉废旧纺织品再生利用关键技术研究,并在浙江诸暨建成了年产 3000t 再生聚酯中试示范线,其主要技术包括:废旧纺织品破碎技术;醇解温度为 200～260℃的连续醇解供料技术;醇解系统杂质捕集系统,有效部分捕集废旧纺织品带入的杂质组分,减少后续装置的回收压力;涤棉织物快速醇解、分离系统,有效提高涤棉织物的醇解效率,实现涤棉织物的连续快速分离回收;高效降膜式预缩聚反应装置,有效实现回收过程中的脱挥效果。

(一) 地沟油与聚酯瓶片合成醇酸树脂胶黏剂

地沟油和聚酯(PET)废旧塑料垃圾都是一直困扰人们需要急需解决的问题。我国地沟油的特点是废量大、成分复杂,且含有毒有害物质,如何解决地沟油问题并创造出价值是急需解决的问题。利用豆油、多元醇和苯酐等原料经酯化反应而制得醇酸树脂,由于合成技术成熟、树脂薄膜综合性能好,已成为聚酯树脂中用量最大的品种之一。近年来,受石油价格上涨的影响,使得醇酸树脂生产成本大为增加,用地沟油代替豆油可以解决油价上涨的难题。利用聚酯饮料瓶的有效成分聚对苯二甲酸乙二酯,通过降解法使之在醇酸树脂体系中接枝,可代替苯酐,降低生产成本。本方法以地沟油为主要原料,经过甘油多元醇醇解后,再与聚酯饮料瓶的有效成分聚对苯二甲酸乙二酯酯化,合成了一种性能优异的改性醇酸树脂胶黏剂。

1. 配方

	摩尔比		摩尔比
地沟油	1	PET	适量
甘油	2.5		

2. 加工工艺

将计量好的精制地沟油加入装有回流冷凝管、温度计和氮气管的四口烧瓶中，升温至 130℃ 保温 1h，去水，然后加入甘油，升温至 230℃，保温直至测得醇容忍度合格后，稍稍降温到规定值加入聚酯碎片，在 1h 内升温到 240℃，待 PET 碎片融化后降温到 230℃，继续搅拌，直至酸值和黏度均达到标准，然后冷却至 100℃ 以下，加入抗氧化剂，出料即可。

3. 参考性能

精制地沟油的理化性质见表 6-2。地沟油经脱胶、脱色处理后，和甘油摩尔比为 1:2.5，230℃ 下醇解 2h，油度为 37%，加入 PET 后反应温度为 240℃，对醇酸树脂的改性效果最好。在最佳条件下获得的醇酸树脂胶块涂膜，涂膜后所得的胶带的初黏力为 2 号球，持黏力为 30min，剥离强度为 0.4N/25mm。

表 6-2　精制地沟油的理化性质

指标	测定结果	指标	测定结果
熔点/℃	25	酸值/(mg/g)	98
运动黏度/(mPa·s)	35.8	碘值/(g/100g)	132
机械杂质/%	0.05		

（二）扩链剂化学改性回收 PET

聚对苯二甲酸乙二醇酯回收料（简称 r-PET）在回收过程中，其各方面性能都有所下降，难以达到直接再利用的目的。因此，在本例中采用单扩链剂均苯四甲酸二酐 PMDA（成都某化学试剂有限公司）和双扩链剂（杭州某新材料科技有限公司）联用的化学改性方法对 r-PET 改性，改性后黏均分子量、热分解温度、加工时的平衡扭矩均有所提高。

1. 配方

	质量分数/%		质量分数/%
r-PET	99.3	环氧树脂类扩链剂	0.4
PMDA	0.3		

2. 加工工艺

按配比进行配料；用双螺杆挤出机反应挤出。

3. 参考性能

单扩链剂改性时，由于热降解作用较强，虽然改性后性能有所提高，但是提升幅度较小，改性后的 PET 料只能用于要求较低的 PET 产品。双扩链剂改性时，PMDA 使其端羟基发生扩链，同时环氧树脂类扩链剂使 r-PET 端羧基发生扩链反应，增长其分子链长度，改性效果明显，性能提高幅度大。故得出双扩链剂改性法的最佳配方为 0.3% 的 PMDA 与 0.4% 的环氧树脂类扩链剂联用。表 6-3 为双扩链剂改性后的平衡扭矩；图 6-1 为 PMDA 含量对黏均分子量、特性黏度的影响，改性后所得特性黏度、黏均分子量，体数值见表 6-4。

表 6-3　双扩链剂改性后的平衡扭矩

配方编号	PMDA 含量/%	环氧扩链剂/%	平衡扭矩/(N·m)
1#	0.2	0.2	26
2#	0.25	0.2	31
3#	0.3	0.2	35
4#	0.2	0.4	30
5#	0.25	0.4	33
6#	0.3	0.4	38

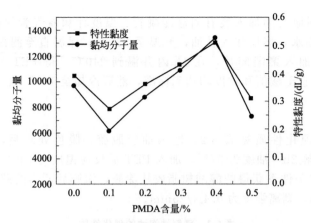

图 6-1 PMDA 含量对黏均分子量、特性黏度的影响

表 6-4 双扩链剂改性后的特性黏度、分子量

配方编号	特性黏度/(dL/g)	黏均分子量	配方编号	特性黏度/(dL/g)	黏均分子量
1#	0.36	8790	4#	0.45	11539
2#	0.43	10917	5#	0.49	12802
3#	0.48	12484	6#	0.51	13442

（三） 赛克醇解废旧聚酯瓶制备漆包线漆

醇解废旧聚酯采用的多元醇仅限于乙二醇、二乙二醇、甘油等，获得的聚酯多元醇结构单一，适用面窄，且对废旧聚酯料醇解终点缺乏有效的控制方法，常常导致最终产物中未反应的聚酯料残留，影响产品性能。本例选用三（α-羟乙基）异氰脲酸酯（俗称赛克或THEIC）来醇解废旧聚酯瓶制备一种赛克改性的聚酯多元醇，获得综合性能良好的漆包线漆。

1. 配方

	质量份		质量份
①醇解		甲酚	85
聚酯瓶碎片	100	双酯类溶剂 DBE	42
乙二醇	20	二甲苯	68
赛克	30	③聚酯多元醇溶液	
硫酸锂	1.2	异氰酸酯	100
②聚酯多元醇溶液		甲酚	20
醇解物	100	二甲苯	10
二甲苯	5	二甲基甲酰胺	10
三氧化二锑	1.2		

注：配方③聚酯多元醇溶液与异氰酸酯交联剂按质量比 1∶1 混合，加入催化剂环烷酸锌 1%。

2. 加工工艺

① 废旧聚酯瓶的醇解及反应终点控制。将洁净的聚酯瓶碎片 100g、乙二醇 20g、赛克 30g、硫酸锂 1.2g，加入反应瓶中，在（195±5）℃醇解 7h，达到醇解终点。

采用薄层色谱法控制反应终点：首先将聚酯瓶碎片溶解在四氢呋喃和二甲基甲酰胺的（质量比为 1∶1）混合溶剂中制得参照试样，醇解过程中每隔一定时间抽取醇解混合物，溶解在四氢呋喃和二甲基甲酰胺的（质量比为 1∶1）混合溶剂中制得待测试样。用毛细管分别蘸取上述参照试样和待测试样点于薄层硅胶板的底边两侧，放入盛有乙酸乙酯和石油醚（质量比为 3：2）的混合展开剂中。待溶液爬于硅胶板的 2/3 处，取出，晾干，在紫外灯下观测薄层板上黑点消失时确定为醇解反应终点。

② 聚酯多元醇及漆包线漆的制备。在上述醇解物中，加入二甲苯 5g、三氧化二锑 1.2g，在 (195±5)℃，缩聚 2.5h，醇解物缩聚程度达到要求后，再在 0.05MPa 负压下抽除二甲苯 10min，制得聚酯多元醇；再加入甲酚 85g、双酯类溶剂 DBE 42g、二甲苯 68g，在 120℃搅拌 20min，冷却至室温，制得聚酯多元醇溶液。最后，将聚酯多元醇溶液与异氰酸酯交联剂按质量比 1：1 混合，加入催化剂环烷酸锌 1%，用甲酚 20g、二甲苯 10g、二甲基甲酰胺 10g，调节到黏度涂 4 杯 25s 的黏度，制得漆包线漆。

3. 参考性能

当赛克/乙二醇的质量比为 3：2 时，获得的聚酯多元醇呈透明脆性固体，M_n 为 5800，能满足制备漆包线漆的羟基树脂质量要求，涂制的漆包线软化击穿温度达 290℃，击穿电压为 5.3kV，介质损耗曲线拐点温度为 117℃，3% 及 5% 拉伸盐水针孔为零，直焊性 375℃、3s，综合性能优良。

（四）无卤阻燃增强 PTT/回收 PET 瓶片

聚对苯二甲酸丙二醇酯 (PTT) 是一种性能优异的新型聚酯。由于 PTT 大分子链上存在三个亚甲基而导致的区别于 PET 和 PBT 的"奇碳效应"，使得 PTT 纤维能够同时克服 PET 的刚性和 PBT 的柔性，并兼有 PET 和 PA 的优点。回收 PET 瓶片与 PTT 同属于聚酯体系，相容性好，且回收 PET 瓶片成本低，添加回收 PET 瓶片可以有效降低 PTT 复合材料的成本，提高 PTT 复合材料的竞争力。本例利用 PTT 和回收 PET 瓶片为基体树脂，通过添加玻纤、红磷阻燃剂、增韧剂制备 PTT/回收 PET 瓶片增强无卤阻燃材料。

1. 配方

	质量分数/%		质量分数/%
基体树脂 PTT	32	增韧剂 PTW	2
无碱玻璃纤维 2000#	30	抗氧剂 1010	0.25
回收 PET 可乐瓶片	20	抗氧剂 168	0.25
红磷母粒 RPM540B	15	润滑剂 PETS	0.5

注：基体树脂 PTT，杜邦公司；无碱玻璃纤维 2000#，北京某玻璃纤维厂；红磷母粒 RPM540B，中蓝晨光化工研究院；增韧剂 PTW，杜邦公司。

2. 加工工艺

阻燃塑料加工工艺流程见图 6-2。

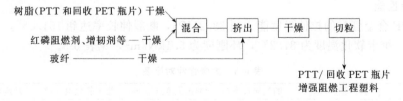

图 6-2 阻燃塑料加工工艺流程

3. 参考性能

按照上述制备工艺制备出的红磷阻燃增强 PTT/回收 PET 瓶片复合材料，测定其主要性能指标，其结果列于表 6-5 中。

表 6-5　复合材料的主要性能指标

项目	性能指标	项目	性能指标
拉伸强度/MPa	133	阻燃性/UL94	V0
缺口冲击强度/(kJ/m²)	11.5	外观	较光滑

由表 6-5 可知，该复合材料具有较高的强度；韧性与阻燃性优良，已经能够满足制造电子与电器部件，如线圈骨架、继电器底座、汽车点火部件等使用要求。

（五）回收聚酯瓶制备 PET/PE 合金管

本例利用接枝共聚相容剂（马来酸酐接枝聚乙烯或马来酸酐接枝乙烯-辛烯共聚物）将回收聚对苯二甲酸乙二醇酯（PET）与回收聚乙烯（PE）共混改性，再挤出成型，研制出 PET/PE 合金管材。

1. 配方

	质量份		质量份
回收 PET 瓶片	75	接枝共聚相容剂	5
PE 回收料	15		

注：回收 PE：中空吹塑容器，如 PE 桶、牛奶瓶接枝共聚相容剂为马来酸酐接枝聚乙烯（MAH-g-PE）或马来酸酐接枝乙烯-辛烯共聚物 MAH-g-POE。

2. 加工工艺

PET/PE 合金管材加工工艺路线见图 6-3。

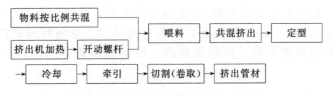

图 6-3　PET/PE 合金管材加工工艺路线

根据配方，将 PET 瓶片、PE 粉碎料、接枝共聚相容剂等放在高速搅拌机内混合 5min，其中搅拌速度为 200r/min，温度为 25℃；再将混合料置于同向双螺杆挤出机中熔融挤出，其中机筒温度分别为 180~190℃、210~230℃、240~260℃、260~270℃、260~270℃，机头温度为 260~270℃，牵引速度为 3.8mm/s，水箱温度为 20℃。

PET/PE 合金管材加工时不必干燥处理，易于挤出等成型加工。回收 PET 和 PE 共混时，已经被加热，在自然排气口可以排出一部分水分；加入的 PE 是不水解的材料，在共混时其对 PET 起到一定的"保护膜"作用，降低 PET 水解的可能。因此，PET/PE 合金管加工时不需要对 PET 进行干燥处理。

3. 参考性能

PET/PE 合金管材的拉伸强度能达到 33.2MPa，断裂伸长率达到 151.0%，冲击强度为 40.3kJ/m²，维卡软化温度为 81.2℃，环刚度为 5.1kN/m²，见表 6-6。

表 6-6　力学性能对比表

样品	拉伸强度/MPa	断裂伸长率/%	冲击强度/(kJ/m²)	维卡软化温度/℃	环刚度/(kN/m²)
PET/PE 合金管材	33.2	151	40.3	81.2	5.1
PE 管材	18.0	250	20.0	79.0	>4
无规共聚聚丙烯(r-PP)管材	25.0	10	20.0	131.3	未测
PVC 管材	40.0	无要求	4.5	74.0	未测

PET/PE 合金管材的主要成分是 PET，故管道外观比较光滑，有光泽（图 6-4），这是由于 PET 表面平滑有光泽所致。PET/PE 合金材料呈现乳白色。假如 PET 或 PE 在回收过程中表面出现大量污浊物，则 PET/PE 合金呈现灰色。因此，PET/PE 合金管材可以加工成各种颜色的产品。图 6-5 为 PET/PE 合金管焊接照片（40mm），图 6-6 为 PET/PE 合金注塑管件（50mm）。

(a) PET/PE合金管道

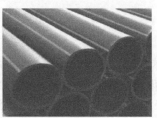
(b) PE管道

图 6-4　PET/PE 合金管道和 PE 管道的对比照片

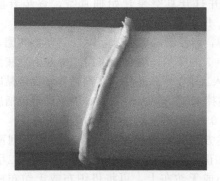

图 6-5　PET/PE 合金管焊接照片（40mm）

图 6-6　PET/PE 合金注塑管件（50mm）

目前市场上的塑料管材主要有 PPR、PVC、PE、PP 等管材，主要应用于建材市场等。表 6-7 列出了塑料管材使用的原料价格对比，PET 合金材料有一定价格优势。PET 合金管材的加工和普通塑料管材的加工一样，加工费用相当。考虑到 PET 合金的主要成分全是回收塑料，虽然进行了充分清洗，但是 PET 合金管材也只能用于非食品领域，如排污管、工程预埋管、穿线管等。PET/PE 合金管材含有 15％的 PE，理论上 PET/PE 合金可以和 PE 共挤，原包料 PE 作为内衬，这种工艺加工的管材就可以满足给水管的需要，其必然有更好的价格优势。

表 6-7　管材原料价格对比

材料	原料单价/(元/吨)	
	原包	再生
PVC	10500	7000
PP-R	15000	7500
PE	11000	8000
PET 合金	8500(灰白)	7000(黑色)

（六）废旧 PET 瓶制作聚氨酯人造革

采用二元醇有机物将 PET 瓶料进行醇解，得到羟基封端的小分子链段聚合物及小分子醇的混合物，再将其与己二酸进行聚合，得到己二酸、对苯二甲酸、醇类的共聚型聚酯多元醇，再采用这样的聚酯多元醇与扩链剂乙二醇，以及二苯基甲烷二异氰酸酯聚合而得到聚氨酯树脂，再通过助剂的调节，使得聚氨酯溶液具有好的流平性及均衡的凝固速度，保证其成膜性，从而做出合格的人造革。通过本例所提供的方法合成的聚氨酯树脂具有优秀的力学性能及耐磨效果，制作出的湿法人造革具有耐热性好、耐磨性好的特点。

1. 配方

	质量份		质量份
聚氨酯树脂	100	色膏	10
木质粉	10	二甲基甲酰胺	50
碳酸钙	10		

2. 加工工艺

① 废旧 PET 的醇解。将废旧 PET 瓶破碎，与乙二醇按照 1∶0.5 的摩尔比投入反应釜中混合，再加入催化剂乙酸钴 100μg/g，加热混合物，加热到 190～210℃，保温 2h，将长链 PET 裂解为以羟基为端基的短链组分，降温至 80℃左右备用。

② 中间体多元醇的合成。向反应釜中再投入己二醇、己二酸，按照 PET∶乙二醇∶己二酸＝1∶0.5∶0.45 的摩尔比投料，升温至 140℃左右，开始往反应釜通入氮气脱水，并在 140℃恒温 4h，待出水量减少后，升温到 180℃，并打开真空泵开始抽真空，逐步升温到 220℃，继续聚合，测试聚合物的羟值约为 53～59，即可停止抽真空并降温出料。

③ 聚氨酯树脂的合成。采用步骤②得到的多元醇，与乙二醇、二苯基甲烷二异氰酸酯，按照多元醇∶乙二醇∶二苯基甲烷二异氰酸酯＝0.5∶2∶3 的摩尔比混合，采用二甲基甲酰胺为溶剂，控制固体初始反应固含量为 50%～60%，逐步加入二甲基甲酰胺作为溶剂稀释，直至黏度达到 180～220mPa·s（25℃），加入甲醇作为终止剂，搅拌 1h 后加入成膜助剂，成膜助剂包括质量比占 2%的渗透剂、质量比占 2%的流平剂、质量比占 0.1%的消泡剂，搅拌均匀后出料。

④ 聚氨酯树脂制作湿法人造革的方法。将上述方法所制得的聚氨酯树脂按照下列配方配料，并搅拌均匀。聚氨酯树脂 100 份，木质粉 10 份，碳酸钙 10 份，色膏 10 份，二甲基甲酰胺 50 份；然后将混合溶液涂覆到湿润的机织布或无纺布上，再将机织布或无纺布放入浓度为 20%的富马酸二甲酯溶液中，将上面涂覆的混合溶液中的二甲基甲酰胺萃取到富马酸二甲酯溶液中，其余物质凝固在机织布或无纺布上，然后再将机织布或无纺布放入水洗槽中，将剩余的二甲基甲酰胺进一步洗净，烘干，收卷，即得湿法人造革。

3. 参考性能

测试该聚氨酯树脂 100%模量为 2.0MPa，拉伸强度为 3.5MPa，伸长率为 400%，是一种软质型湿法人造革用聚氨酯树脂。

（七） 废旧 PET 制备的不饱和聚酯包膜控释肥料

包膜控释肥料是以颗粒肥料为核心，表面涂覆一层低水溶性或微溶性的无机物或有机聚合物，改变肥料养分的溶出性，延长或控制肥料养分释放，使土壤养分的供应与作物需肥要求协调的新型肥料。目前国内外包膜控释肥料的类型主要有高分子聚合物包膜肥料和无机物包膜肥料两大类。在聚合物包膜的控释肥料中，有热塑性和热固性树脂两种类型包膜控释肥料。有机聚合物价格高，纯粹通过低分子原料合成有机聚合物进行包膜生产的包膜型控释肥料价格更高，难以广泛推广应用。本例利用废旧 PET 料制备不饱和聚酯包膜控释肥料。

1. 配方

	质量份		质量份
废旧 PET 料	1000	间苯二甲酸	550
乙二醇	200	苯乙烯	600
乙酸锌	1		

2. 加工工艺

不饱和聚酯的制备如下：

① 将 1000g PET 废旧料、200g 乙二醇、1g 乙酸锌催化剂投入装有温度计、电动搅拌器、氮气导入管和分馏装置的反应釜中，加热升温至 200℃ 进行醇解，醇解时间为 2h，待 PET 全部溶解、无悬浮颗粒后，检测反应体系的酸值。当酸值降至 30mg KOH/g 时，终止反应，得到 PET 醇解产物对苯二甲酸二元醇的单体、二聚体和四聚体的混合物。

② PET 醇解反应结束后，将釜温降低至 150℃，投入 550g 间苯二甲酸，然后逐步升温至 155℃，保温 0.5h，然后升温至 200℃ 进行酯化反应 2.5h。

③ 将釜温降低至 100℃，向反应釜中加入活性稀释剂苯乙烯 600g，充分搅拌使步骤② 制得的酯化产物与活性稀释剂混溶，进行缩聚反应，控制缩聚反应的温度为 200℃，反应时间为 2h，然后冷却、过滤，制得所述不饱和聚酯。

不饱和聚酯包膜控释肥料的制备如下：

① 利用不饱和聚酯进行光固化包膜。向上述制得的不饱和聚酯树脂中添加 3g 光敏剂安息香，同时加入 0.75g 助交联剂 A 氯化亚锡，混合均匀后制成包膜液 1，将 3000g 粒径为 2～5mm 的颗粒肥料 1 置于圆盘中预热至 50～60℃，以淋涂的方式将所述包膜液 1 按肥料总质量 2% 的比例涂布到转动的颗粒肥料 1 表面，在光强为 20～50mW/cm² 的条件下照射 15s～5min，即在颗粒肥料 1 表面形成不饱和聚酯包膜内层 2。

② 利用不饱和聚酯进行热固化包膜。将进行光固化包膜后的肥料，在圆盘中通 50～60℃ 热风，向 15～35℃ 的不饱和聚酯树脂中依次加入 1.5g 氧化剂过氧化甲酰胺、1.5g 还原剂二甲基苯胺、0.15g 助交联剂 B 辛酸亚锡，混合均匀后制成包膜液 2，将所述包膜液 2 按肥料总质量 2% 的比例淋涂到不饱和聚酯包膜内层 2 的表面，固化 1～10min，从圆盘中取出、冷却后即在包膜内层 2 表面形成不饱和聚酯包膜中间层 3。

③ 利用不饱和聚酯树脂制备热熔胶进行包膜。将不饱和聚酯树脂、增黏剂松香树脂、增塑剂邻苯二甲酸二环己酯（DCHP）、固化剂异氰酸酯预聚体、稀释剂微晶蜡按质量比为 0：5：1：1.5：5 的比例混合均匀后制成热熔胶，将步骤② 中表面形成不饱和聚酯包膜中间层 3 的肥料，在圆盘中通 50～60℃ 热风，将所述热熔胶按肥料总质量 1% 的比例淋涂到圆盘中不饱和聚酯包膜中间层 3 的表面，固化 3～10min，即在包膜中间层 3 的表面形成坚韧、光滑致密的不饱和聚酯包膜外层 4，将固化成膜的肥料颗粒从圆盘中取出、冷却，即得到所述不饱和聚酯包膜控释肥料。

3. 参考性能

包膜控释肥料在 25℃ 水中的性能参数如表 6-8 所示。

表 6-8　包膜控释肥料在 25℃ 水中的性能参数

性能参数	样品	性能参数	样品
包膜量	5%	28d 释放率	63.45%
三层膜包膜比例	2：2：1	养分 80% 释放时间/d	55
初步释放率	5.2%		

（八）废旧聚酯瓶生产塑编袋、集装袋用扁丝

目前 PP 或 PE 塑料编织袋或集装袋用扁丝拉力强度差，防老化性能差，这种塑料扁丝的拉丝机组也无法使用其他树脂塑料生产编织袋、集装袋用扁丝，PET 的力学性能、抗紫外性能、耐候性能等都比 PP 和 PE 好。除此之外，PET 原料来源广泛，回收废弃的 PET 瓶材料破碎后也可重复利用，因此 PET 用于塑料扁丝生产具有巨大的潜在利用价值。本例

提供一种废旧聚酯瓶生产塑编袋、集装袋用扁丝的方法，克服现有技术中 PET 编织袋、集装袋用扁丝拉伸强度、断裂伸长率低及拉伸后易变形、扁丝发硬等不足问题。

1. 配方

	质量份		质量份
废旧聚酯瓶片料	8	环氧类增黏剂	2
增容剂	5	填充剂	8
抗氧剂	2	色母料	3

注：镧系金属化合物中稀土金属元素的质量分数为 0.08%（质量分数）；助剂包括分别用聚丙烯包被的二氧化钛、氯化铜和聚乙二醇；二氧化钛的添加量为 0.2%（质量分数）；氯化铜的添加量为 0.02%（质量分数）；聚乙二醇的添加量为 0.02%（质量分数）；以上均以所用废旧聚酯瓶的质量计。

2. 加工工艺

将 8 份废旧聚酯瓶片料、5 份增容剂（AX8900，Arkema）、2 份抗氧剂（CC10008704WE，PolyOne）、2 份增黏剂（环氧类增黏剂）、8 份填充剂（PET 专用填充母料，TOYO INK Group）、3 份色母料（FG-010-1802，Astra Polymers）、镧系金属化合物及助剂混合，加入挤出机 1，挤出机的温度为 275℃，经熔体过滤器、计量泵到模头，并从模头的窄缝中挤出，流延到 28℃、直径 800mm 的急冷辊 2 上骤冷形成膜片。

冷却后的 PET 膜片进入装置，经与一组上下交叉排列的钢辊和涂覆陶瓷辊，其辊温从 60℃ 逐级梯度递增到 90℃，再经过一组 110℃ 拉伸辊，膜片拉伸 1.5 倍，拉伸后的膜片通过分丝装置得到宽度 2.54mm 扁丝，在牵引装置作用下，扁丝通过加热烘箱二次拉伸 2 倍，扁丝拉伸的加热温度为 160℃，再通过牵引装置作用经过 220℃ 的烘板加热装置，得到高强度、高韧性的扁丝，最终经收卷机收卷，得到 PET 扁丝。

3. 参考性能

表 6-9 列出了塑料扁丝的力学性能。

表 6-9　塑料扁丝的力学性能

性能	样品
线密度/tex	71.6
相对拉断力/(N/tex)	0.587
伸长率/%	21.4

（九）废旧聚酯瓶制备阻燃硬质聚氨酯泡沫原料聚酯多元醇

聚氨酯泡沫材料因其优异的节能效果而被广泛应用于建筑外墙外保温，难燃型聚氨酯保温材料价格较高，市场难以接受；不燃无机保温材料节能效果有限，因此，施工依旧普遍采用价格低廉的 B3 级聚氨酯保温材料，而难燃、不燃保温材料少有人问津。阻燃聚醚、阻燃聚酯是制备难燃聚氨酯保温材料的关键原料之一，但因其高昂的价格，不仅限制了其广泛应用，也限制了难燃型聚氨酯保温材料的应用。废旧 PET 来源广泛，原料易得。本例在醇解基础上引入阻燃苯酐，进一步酯化得到酸值介于 240～580mg KOH/g 的聚酯多元醇。该产物可用于生产难燃型硬质聚氨酯泡沫材料。

1. 配方

	质量份		质量份
PET 瓶	100	四溴邻苯二甲酸酐	60
催化剂 a	1	催化剂 b	0.48
二元醇	200		

注：催化剂 a 为乙酸锌与甲基磺酸按照 2:1 配制的复合物。

2. 加工工艺

① 废旧 PET 解聚：将清洁后的 PET 瓶剪切成碎片，放置于含有催化剂 a 的二元醇溶液中，加热加压进行解聚反应；解聚反应的温度为 190℃，压力为 0.1MPa。

② 酯化反应：在上述解聚反应完成后，加入苯酐及催化剂 b，与解聚产物及步骤①添加的二元醇加热进行酯化反应，并在 0.1MPa 的负压条件下不断脱除反应产生的小分子醇及水；酯化反应的条件为：反应温度 200℃，反应时间 3.5h。苯酐为四溴邻苯二甲酸酐，苯酐用量为二元醇用量的 30%；催化剂 b 为二月桂酸二丁锡，用量为苯酐用量的 0.8%。

③ 调整酸值：在上述反应完成后，加入 pH 值为 9 的聚醚三元醇，加热抽真空，不断脱除反应产生的小分子醇及水。反应温度为 190℃，反应及抽真空时间为 3h，抽真空压力为 0.1MPa。

3. 参考性能

合成的聚醚三元醇是以丙三醇为起始剂合成的酸值为 330mg KOH/g 之间的聚酯多元醇。用于难燃型硬质聚氨酯泡沫材料的制造，具有成本低、酸值低，所制备聚氨酯组合料储存期长，阻燃性能及物理力学性能优异的特点。可用于建筑绝热用聚氨酯泡沫板材的生产。

（十）涤纶和氨纶混纺织物回收制备再生聚酯短纤维

涤纶与聚氨酯纤维（俗称氨纶）混纺织物具有性能优异、风格多变的优点，但其同时给其废旧物品的再生回收带来了很大麻烦。纯的聚酯材料或聚氨酯材料由于都具有热塑性，可以通过将废旧物品熔融再成型来实现再生，但这种方法不能实现聚酯/聚氨酯混纺织物的有效再生。主要原因在于两种材料的热降解温度和热熔加工温度相差过大，其中聚酯的熔融加工在 270~290℃，而聚氨酯材料在 220℃ 就开始发生较明显的热降解反应，同时会迅速释放出异氰酸酯基，这些端基在聚酯的熔融温度下会极大地加速聚酯大分子中酯键的断裂，并形成无法再进行缩聚的官能团。因此，如果直接将聚酯/聚氨酯混纺织物熔融，熔体将会发生严重的不可逆的热降解，完全无法进行纺丝成型。本例通过添加苯乙烯-马来酸酐共聚物作为聚氨酯高温热降解抑制剂以及异相增容促进剂，从而实现废旧聚酯/聚氨酯织物的熔融再生可纺，并制备具有较好力学性能的再生聚酯短纤维。

1. 配方

	质量分数/%		质量分数/%
废旧聚酯/聚氨酯混纺织物	90.9	抗氧剂	0.1
苯乙烯-马来酸酐共聚物	9		

2. 加工工艺

① 将废旧聚酯/聚氨酯混纺织物 [其中聚酯为聚对苯二甲酸乙二醇酯，其含量为 85%（质量分数），聚氨酯为聚酯型聚氨酯，其含量为 15%（质量分数）] 进行粉碎、清洗与真空干燥，获得含水率 99μg/g 的聚酯/聚氨酯混纺织物碎片。

② 将聚酯/聚氨酯混纺织物碎片与占其质量分数 9% 的苯乙烯-马来酸酐共聚物 [其中马来酸酐单元含量为 7%（摩尔分数）] 粉末（粉末直径为 0.25mm），占其质量分数 0.1% 的抗氧剂 YIPHOS3010 充分混合均匀后，在温度为 210℃ 下在涤纶泡料造粒机中进行预熔融团粒，团粒过程辅助氮气保护，原料在泡料机内的停留时间应控制在 1min，此过程结束后获得改性聚酯/聚氨酯泡料。

③ 将改性聚酯/聚氨酯泡料进行真空干燥，保证其含水率 9.8μg/g。

④ 将干燥后的改性聚酯/聚氨酯泡料送入纺丝螺杆，进行熔融纺丝，制备再生聚酯短纤维，具体工艺如下：纺丝螺杆进料段的温度为 253℃，压缩段的温度为 267℃，均化计量段的温度为 271℃，纺丝箱体的温度 276℃；纺丝速度为 1200m/min，拉伸温度为 80℃，预牵

伸倍率为 1.10，一道牵伸倍率为 2.3，二道牵伸倍率为 1.08，然后切断制得纤度为 4.8dtex，长度为 45mm 的再生聚酯短纤。

3. 参考性能

采用化学纤维短纤维拉伸性能试验方法（GB/T 14337—2008）对所制备的再生聚酯短纤进行评价，纤维强度为 3.52cN/dtex，断裂伸长率为 45.3%。

（十一）废旧 PET 材料制备的增韧材料

废旧聚对苯二甲酸乙二酯（PET）在一次或多次加工后，会产生比较严重的降解，如果不采取措施加以弥补，就直接用于生产的话，则加工性能和所生产出的产品力学性能就会很差，表观还发黄，无法满足使用要求，引起聚酯性能劣化，使聚酯的特性黏度降低、颜色变化、羧基增加等，不能满足使用要求。同时，由于 PET 的玻璃化温度、熔点比较高，模温高，结晶速度较慢且随树脂分子量的增大而降低，具有结晶结构不均匀、成型加工困难、成型周期长、制品表面粗糙、光泽度差、冲击韧性不好、吸水性大等缺点，因而大大限制 PET 的二次利用效率。本例利用废旧 PET 材料制备 PET 增韧材料，通过添加助剂制成 PET 增韧材料，能够制备出具有良好的力学性能，耐冲击力好，耐折性好、耐油、耐脂肪、耐酸碱及有机溶剂，耐高温及耐低温性能佳，无毒无味，透明性好的 PET 材料。

1. 配方

	质量份		质量份
废旧 PET	700	碳纳米管纤维	55
ABS	6	石蜡	60
乙丙橡胶	70	抗氧剂 1010	5
环氧树脂	50		

2. 加工工艺

废旧 PET 材料在 89℃下烘干 3.5h。把经过脱水滴干后的废旧 PET 材料放入精细粉碎机粉碎成 4cm 左右的小块。称取废旧 PET 材料 700 份、丙烯腈-丁二烯-苯乙烯共聚物 60份、乙丙橡胶 70 份、环氧树脂 50 份，然后在 330℃下搅拌融合 45min，进行第一次融合。称取碳纳米管纤维 55 份、石蜡 60 份、抗氧剂 10105 份，然后在 330℃下搅拌融合 45min，进行第二次融合。融合好的物料经过冷却、定型后即得 PET 增韧材料。

3. 参考性能

表 6-10 为性能对照。

表 6-10 性能对照

材料	拉伸强度/MPa	断裂伸长率/%	弯曲强度/MPa	相对耐腐蚀度	Izod 缺口冲击强度/(J/m²)
普通 PET	91	24	143.1	1.0	72
数值	106.1	36	160.2	2.0	159

（十二）印刷 PET 薄膜脱色回收制备高纯 PET 切片

染色的涤纶纤维和印刷复合膜由于含有大量油墨（一般约 10%~15%），处理难度大，几乎无人加工处理，成为废旧 PET 材料回收的一大难题。通过切断、粉碎、加热熔化等工序对废旧 PET 进行再加工，可以再生利用 PET。但再生 PET 的性能比新料大为降低。印刷 PET 薄膜由于在物理方法处理中会出现容易起泡，抽粒断条，颜色变黑且散发臭味的情况而导致无法加工回收。本例突破了废旧 PET 回收中难度最大的油墨含量高的印刷复合膜回收的技术难题，解决了传统工艺只能对清洗干净、干燥后的瓶片、纤维厂干净废丝进行回收的瓶颈。

1. 配方

	质量份		质量份
PET 废膜	900	BHET	100

2. 加工工艺

① 制备 PET 低分子溶液。将收集的废旧聚对苯二甲酸乙二醇酯 PET 废膜和 BHET 粉末按质量比为 9∶1 的比例加入捏合机中，控温在 260℃，经混合、搅碎、分散 100min，可得到 PET 低分子溶液。

② 制备 PET 初级溶液。将丙二醇和所得 PET 低分子溶液按质量比为 4∶1 的比例投入密闭容器中，在 220℃、0.4MPa 的条件下，搅拌并保温 4h 后，得到 PET 初级溶液。

③ 过滤、冷却结晶。将所得 PET 初级溶液加入孔径为 200 目的过滤器中，在 120℃和常压下过滤，去掉杂质，得到初始溶液；之后于 60℃下冷却结晶，析出得到对苯二甲酸双羟乙酯 BHET 初饼和丙二醇。

④ 压榨、溶解、结晶。将 BHET 初饼置于压榨机中强力压榨后，得到 BHET 清饼；之后向所得 BHET 清饼中加入等体积的丙二醇，加热至 120℃，得到 BHET 清饼溶液；之后将 BHET 清饼溶液在 100℃下冷却结晶，析出，得到 BHET 粗饼和丙二醇溶液；含有染料、油墨的丙二醇溶液在 220℃下旋转蒸发，得到纯净的丙二醇，再次回用。

⑤ 再次压榨、溶解、结晶、精馏。将 BHET 粗饼置于压榨机中强力压榨后，得到 BHET 二次清饼，然后用蒸发器蒸馏，以除去该清饼中残留的全部丙二醇，得到 BHET 精饼；之后将所得 BHET 精饼溶入 60℃热水中，分离出不溶物，再经结晶、脱水、干燥，得到纯度 96.5% 的 BHET 粉末；将得到的 BHET 粉末继续利用精馏装置进行精馏，得到纯度大于 99.0% 的高纯 BHET 粉末。含有染料、油墨的丙二醇溶液在 220℃下旋转蒸发，得到纯净的丙二醇，再次回用。

⑥ 缩聚反应制备 PET 切片。将步骤⑤所得高纯 BHET 粉末与乙二醇按照质量比为 15∶1 的比例加入缩聚釜中，同时加入锑系催化剂 800μg/g，在真空下进行缩聚反应。温度为 280℃、真空度为 100Pa、反应时间为 4h。

3. 参考性能

本方法得到的 PET 切片特性黏度为 0.70dL/g。PET 切片的熔点≥260℃、端羧基含量≤30mol/t、色度 b 值≤3、灰分≤0.07%。

（十三）涤棉废旧衣物制备复合毡

1. 配方

	质量分数/%		质量分数/%
涤棉废旧衣物	85	阻燃剂四溴双酚 A 环氧树脂低聚物	15

2. 加工工艺

① 洗涤、消毒：将废旧衣物剪成长 15cm、宽 5cm 的纤维条，用离子水 500mL，搅拌漂洗 20min，漂洗重复进行 5 次；将漂洗后的纤维条进行微波处理，干燥温度 50℃，干燥时间 30min；所述离子水为酸性离子水，pH 值为 3.5～5 之间，氧化还原电位（ORP 值）达到 800～1100mV；有效氯浓度为 50～80mg/L。

② 分散、造粒：将消毒过的纤维条浸泡在六氟异丙醇/三氯甲烷混合溶剂中，将泡料放入熔炉中进行熔炼，达到熔融状态，然后高精度过滤，除去无机杂质，得聚酯纤维和棉纤维造粒半成品原料；将造粒半成品原料送入反应釜进行解聚、重聚工序，再加入质量为纤维质量 15% 的阻燃剂四溴双酚 A 环氧树脂低聚物；通过接聚打断涤纶的分子链，重聚则可以均质重组分子链、增黏，利用气相杂质挥脱装备真空排除有机杂质，得造粒原料；将造粒原料

用造粒机进行造粒；得到阻燃聚酯纤维和棉纤维。

③ 制备复合毡：按质量百分比，将废旧棉纤维 35%，废旧聚酯纤维 35%，玻璃纤维 12%、高分子聚乙烯丙纶 15%制成三层复合毡；所述三层复合毡底层由玻璃纤维制成保温层，中间层由废旧棉纤维和废旧聚酯纤维混合制成阻燃层，外层由高分子聚乙烯丙纶制成防水层。所述三层复合毡的具体制备工艺：将废旧棉纤维和废旧聚酯纤维均匀混合，经过预开松、精开松、梳理、铺网、预刺、复刺、烘干，得到棉纤维/聚酯纤维复合毡；将玻璃纤维薄毡和高分子聚乙烯丙纶薄毡通过胶黏剂粘贴在棉纤维/聚酯纤维复合毡两侧。

3. 参考性能

制备的复合毡厚度为 20mm；玻璃纤维层厚度为 5mm；高分子聚乙烯丙纶层厚度为 5mm；棉纤维/聚酯纤维层厚度为 10mm，基本性能如表 6-11 所示。

表 6-11　复合毡的基本性能

厚度/mm	单位质量/(g/m²)	吸水率/%	热导率/[W/(m·K)]	拉伸强度/(kg/cm²)	阻燃性
20	185	小于 0.02	0.21	0.21	UL94V-0

（十四） PET 废弃物生产油漆

1. 配方

	质量分数/%		质量分数/%
废旧聚酯农药瓶	15	溶剂油	32
地沟油	26	添加剂	10
废聚酯粉末	17		

2. 加工工艺

将质量比为 15%的废旧聚酯农药瓶、26%的地沟油、17%的废聚酯粉末、32%的溶剂油和 5%~10%的添加剂一次投入反应釜中，加热到 260~300℃，保温 2h，当检测黏度为 15~25mPa·s，酸碱度 pH 值为 6~10 时，出反应釜，出釜后按 1：(0.5~3) 的比例，用国标 200 号溶剂油稀释、过滤，入储存罐备用，即制成半成品；将储存罐中质量比为 48%的半成品、26%的硫酸钡、7%的轻钙、4%的染料、3%的溶剂油混合，搅拌均匀，用齿轮泵注入砂磨机研磨，细度达到 30μm 以下时即可包装。

（十五） 阻燃凉爽再生聚酯长丝纤维

人们对于服饰、家纺产品的功能性要求越来越高，各种功能的服饰应运而生，如阻燃、抗菌、抗紫外线、凉爽等。阻燃凉爽再生聚酯长丝纤维的特征是，再生聚酯长丝纤维为皮芯结构，皮层由凉爽母粒和再生聚酯切片熔融纺丝制得。芯层由阻燃母粒和再生聚酯切片熔融纺丝制得。凉爽母粒由凉爽粉体与再生聚酯切片双螺杆挤出造粒制得。阻燃母粒由阻燃剂与再生聚酯切片双螺杆挤出造粒获得。

1. 配方

①凉爽皮芯母料	质量分数/%	②阻燃芯层母料	质量分数/%
再生聚酯切片	85	再生聚酯切片	75
凉爽粉体	15	聚苯基膦酸二苯砜酯	25

2. 加工工艺

（1）凉爽母粒的制备

① 将片状玉石、二氧化钛、氧化锌三种无机粉体经微粉化处理，使粒径处于 100~500nm 之间。

② 将上述三种粉体分别进行表面改性，具体过程为：将上述三种粉体在真空烘箱中于90℃下真空干燥24h；分别取30g干燥后的粉体加入盛有600mL环己烷的容器中，在600r/min转速下，搅拌1h；再依次加入0.8mL正丙胺、3mLγ-甲基丙烯酰氧基丙基三甲氧基硅烷于室温下反应0.5h；再将上述反应液于65℃油浴中加热反应1h；最后过滤，收集粉体，将粉体在90℃下真空干燥24h，即完成粉体的表面改性。

③ 将片状玉石、二氧化钛、氧化锌粉体按质量分数50%∶10%∶40%混合得到凉爽粉体。

④ 将凉爽粉体与再生聚酯切片分别进行干燥；所述凉爽粉体在90℃下真空干燥12h；再生聚酯切片在真空转鼓干燥箱中分别于80℃、100℃、120℃各干燥1h，最后于140℃干燥6h；所述再生聚酯切片干燥后含水率为30~120μg/g。

⑤ 将凉爽粉体与再生聚酯切片按质量分数比为15%∶85%经双螺杆挤出机造粒制成凉爽母粒，造粒温度为275℃。

（2）阻燃母粒的制备

① 将阻燃剂经过微粉化处理后，使其粒径处于100~500nm；阻燃剂采用聚苯基磷酸二苯砜酯。

② 将阻燃剂和再生聚酯切片分别进行干燥；所述阻燃剂在90℃下真空干燥12h；再生聚酯切片在真空转鼓干燥箱中分别于80℃、100℃、120℃各干燥1h，最后于140℃干燥6h；所述再生聚酯切片干燥后含水率为30~120μg/g。

③ 将阻燃剂与再生聚酯切片按质量分数比为25%∶75%经双螺杆挤出机造粒制成阻燃母粒，造粒温度为275℃。

（3）干燥及熔融纺丝

将上述制备得到的凉爽母粒和阻燃母粒与再生聚酯切片进行干燥；凉爽母粒、阻燃母粒、再生聚酯切片在真空转鼓干燥箱中依次于80℃、100℃、120℃各干燥1h，最后于140℃下干燥6h；再生聚酯切片干燥后含水率为30~120μg/g；干燥后再进行熔融纺丝，采用皮芯喷丝板，皮、芯泵供量比为1∶4，纺丝温度为285℃，纺丝速度为2000m/min，牵伸比为3.7倍，牵伸温度为75℃，热定型温度为125℃；其中皮层中凉爽母粒的添加量为5%（质量分数），芯层中阻燃母粒的添加量为20%（质量分数）。

3. 参考性能

再生聚酯长丝纤维的质量指标：

单丝纤度为2.0dtex，断裂强度为3.5cN/dtex，断裂伸长率为15.3%，根据《纺织品织物透湿性试验方法》（GB/T 12704.1—2009），测得该再生聚酯纤维织物透湿率为132g/(m² · h)。采用日本川端开发的精密迅速热物性测定装置KES-F7，测得最大瞬态热流量 Q_{max} 值为0.17W/cm²，根据《纺织品 燃烧性能垂直方向损毁长度阻燃和续燃时间的测定》（GB/T 5455—2014）标准，测得该再生聚酯长丝的 LOI 为27.3%。

（十六）抗菌再生聚酯纤维

聚酯及其纤维具有较强的疏水性，亲水性能差，难以赋予聚酯纤维以抗菌功能，限制了聚酯纤维在纺织等领域的应用，本例提供一种抗菌聚酯纤维的制备方法。

1. 配方

	质量份		质量份
再生聚对苯二甲酸乙二醇酯切片	90	高温引发剂2,3-二甲基-2,3-二苯基	0.20
2,4-二氨基-6-二烯丙基氨	10	丁烷（DMDPB）	
基-1,3,5-三嗪（NDMA）			

2. 加工工艺

将再生聚对苯二甲酸乙二醇酯切片与 2,4-乙二胺-6-己二烯氨-1,3,5-三氮六环
(NDMA) 以及 2,3-二甲基-2,3-二苯基丁烷 (DMDPB) 分别进行真空烘箱干燥，使三者的
含水量小于 $50\mu L/L$；将干燥后的 90kg 再生聚对苯二甲酸乙二醇酯切片、10kg 2,4-乙二胺-
6-己二烯氨-1,3,5-三氮六环 (NDMA) 与 0.20kg 高温引发剂 2,3-二甲基-2,3-二苯基丁烷
(DMDPB) 混合均匀，混合成均匀物料，将双螺杆挤出机的容器内通入氮气 5min，除尽氧
气，将混合均匀的物料加入双螺杆挤出机加料器内，控制双螺杆挤出机的料筒温度在 230～
260℃，进行熔融反应挤出造粒，制备得到改性再生聚酯切片。改性再生聚酯切片通过熔融
纺丝机进行纺丝，纺丝条件如下：纺丝温度为 240～280℃，纺丝速度为 1000 m/min，单面
侧吹风风速为 0.5～0.7m/s，风温为 25～27℃，制备得到改性再生聚酯纤维。将上述纤维
浸泡在活性氯的浓度为 $1500\mu L/L$ 和质量分数为 0.05% 的 TX-100 的混合溶液中，时间为
30min。然后用过量去离子水洗净，干燥，得到抗菌再生聚对苯二甲酸乙二醇酯纤维。

3. 参考性能

抗菌再生聚酯纤维的性能如表 6-12 和表 6-13 所示。

表 6-12　抗菌再生聚酯纤维的性能

序号	样品	序号	样品
纤度/dtex	3.51	伸长率/%	18.7
强度/(cN/dtex)	4.24	回潮率/%	3.4

表 6-13　抗菌再生聚酯纤维的杀菌性能

序号	菌类	样品
1 次水洗并吸取菌液 10min	金黄色葡萄球菌	99.9%
	大肠杆菌	99.8%
1 次水洗并吸取菌液 24h	金黄色葡萄球菌	98.8%
	大肠杆菌	98.8%
50 次水洗并吸取菌液 10min	金黄色葡萄球菌	99.4%
	大肠杆菌	99.3%
50 次水洗并吸取菌液 24h	金黄色葡萄球菌	92.1%
	大肠杆菌	92.3%
杀菌后胺氯化作用 1 次并吸取菌液 10min	金黄色葡萄球菌	98.2%
	大肠杆菌	98.3%
杀菌后胺氯化作用 1 次并吸取菌液 24h	金黄色葡萄球菌	94.1%
	大肠杆菌	94.0%
杀菌后胺氯化作用 50 次并吸取菌液 10min	金黄色葡萄球菌	97.1%
	大肠杆菌	97.3%
杀菌后胺氯化作用 50 次并吸取菌液 24h	金黄色葡萄球菌	93.1%
	大肠杆菌	93.0%

（十七）废旧聚酯合成吸湿排汗剂

1. 配方

①聚酯废料合成聚醚聚酯多元醇	质量份	②嵌段聚酯硅油合成	质量份
PET 聚酯瓶碎片	49	聚醚聚酯多元醇	50
一缩二乙二醇	39	端丙烯酸乙酯硅油（分子量为 10000）	60
聚环氧乙烷（分子量 1000）	1000	催化剂钛酸正丁酯	0.1
催化剂钛酸正丁酯	0.4		

2. 加工工艺

① 聚酯废料合成聚醚聚酯多元醇。在一个带有温度计、搅拌器、氮气导入管和分馏装置的四口烧瓶中，依次投入一缩二乙二醇 39g，PET 聚酯瓶碎片 49g，分子量 1000 的聚环氧乙烷 1000g，0.4g 钛酸正丁酯作为催化剂。通入氮气的情况下逐渐升温至 180℃，分馏柱温低于 105℃，保持此温度，直至无小分子馏出；然后升温至 240℃，保温反应 4h，反应至体系变得透明均匀为止；在 −0.09MPa 下抽真空 1h。降温至 140℃，出料。

② 嵌段聚酯硅油合成。50g 聚醚聚酯多元醇，60g 端丙烯酸乙酯硅油（分子量 10000），0.1g 钛酸正丁酯作为催化剂。通入氮气情况下，逐渐升温至 200℃，分馏柱温低于 105℃，保持此温度，直至无小分子馏出；然后升温至 260℃，在 −0.09MPa 下抽真空 1h。降温至 140℃，出料。

3. 参考性能

市售产品为 3M 公司生产的吸湿排汗剂 FC-226。从表 6-14 可知，产品的手感、亲水性、耐洗性均好于市售现有产品的要求。

表 6-14　废旧聚酯合成吸湿排汗剂

吸湿排汗剂	用量	手感	毛效/cm	水洗 10 次后手感	水洗 10 次后毛效/cm
样品	10%(owf)	4	16.8	4	15.6
	20%(owf)	5	17.3	5	16.8
市售产品	10%(owf)	3	16.1	3	15.5
	20%(owf)	4	16.6	4	16.1

（十八）废旧 PET 塑料生产减水剂

减水剂作为一种混凝土的外加剂，对混凝土的性能改良起至关重要的作用。减水剂是可以在保持水泥净浆、砂浆和混凝土工作度不变的情况下，显著减少其拌和用水量的外加剂。减水剂的应用能显著提高混凝土的强度，改善混凝土的抗冻性、抗渗性或减少水泥用量。本例提供一种利用废旧 PET 塑料生产减水剂的方法，能回收利用废旧 PET 塑料，减少污染，还能降低减水剂的生产成本。

1. 配方

	质量份		质量份
废旧 PET 塑料	100	NaClO	30
氯化亚砜	110	NaNO$_2$	40

2. 加工工艺

图 6-7 为废旧 PET 塑料生产减水剂的工艺流程。

① 预处理：将 100g PET 塑料在粉碎机中破碎为边长 10～20mm 的碎片，振荡水洗 5min，并用烘干机干燥后称重为 94.6g。

② 皂化：将按步骤①预处理过的 PET 塑料投入质量分数为 15% 的过量 NaOH 溶液中，在 80℃下降解 2h。

③ 酸化：用质量分数为 18% 的稀硫酸调节步骤②所得溶液 pH 值至 4 后过滤，获得固体对苯二甲酸和液相组分，液相组分经普通精馏得到粗乙二醇。

④ 酰氯化：40℃下，加入 110g 氯化亚砜，使其与步骤③制得的固体对苯二甲酸在甲苯溶剂中反应，然后经普通精馏分离出对苯二甲酰氯和甲苯，并循环利用甲苯。

⑤ 氨解：在氮气保护下，将步骤④制得的对苯二甲酰氯溶于三乙胺溶剂，通入氨气，

生成对苯二甲酰胺。

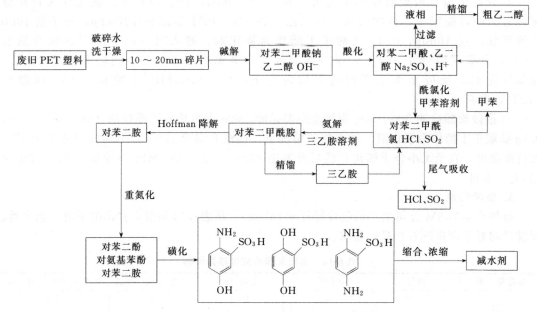

图 6-7 废旧 PET 塑料生产减水剂工艺流程

⑥ Hoffman 降解：将 30g NaClO、质量分数为 15％的过量 NaOH 溶液和步骤⑤制得的对苯二甲酰胺混合，在冰水浴条件下反应 1h 后，加热至 65℃反应至溶液澄清，得到对苯二胺。

⑦ 重氮化：将 40g $NaNO_2$、质量分数为 18％的过量稀硫酸和步骤⑥制得的对苯二胺在冰水浴条件下反应 1h 后，加热至 60℃，水解到不再有气泡冒出为止，得到对苯二酚、对氨基苯酚和对苯二胺的混合物。

⑧ 磺化：补加 100mL 质量分数为 18％的稀硫酸至步骤⑦产物中，并加热至 110℃磺化 45min 后，与甲醛缩合，反应结束后，蒸馏至溶液质量分数到 35％，得到减水剂。

3. 参考性能

减水剂掺入混凝土中，掺量为 0.3％，测得减水率为 10.3％，坍落度保留值为 92.0％，静浆流动度为 214mm。

（十九）废旧 PET 瓶片生产的汽车分电器盖

1. 配方

	质量份		质量份
PET 树脂	50	环氧四氢邻苯二甲酸二辛酯	1
废旧 PET 瓶片	70	2-(3,4-环氧环己基)乙基三甲氧基硅烷	2
玻璃纤维	13	改性助剂	4
聚丙烯酰胺	3	注:改性助剂是由下述质量份的原料组成的:	
纳米硅藻土	3	氯化聚乙烯	80
锌粉	3	EVA 树脂	5
硼酸	4	氮化铝粉	6
海泡石粉	2	脂肪酸聚乙二醇酯	2
环氧大豆油	2	硼化铬	0.4
聚乙二醇二缩水甘油醚	2	液体石蜡	2

将上述脂肪酸聚乙二醇酯与氮化铝粉搅拌混合，加入 EVA 树脂，升高温度至 90℃，保

温 2h，加入剩余各原料，1200r/min 分散 15min，球磨，烘干，过筛，得 3μm 颗粒。

2. 加工工艺

将聚乙二醇二缩水甘油醚、海泡石粉、聚丙烯酰胺混合，充分搅拌后在 90℃下保温反应 40min，加入纳米硅藻土，送入高速混合机中混制 5min，转速为 700r/min；将玻璃纤维、环氧大豆油、废旧 PET 瓶片、改性助剂混合，搅拌充分后加入硼酸，100℃下保温反应 2h，700r/min 分散 15min；将上述处理后的各原料与剩余原料混合，搅拌均匀，送入双螺杆挤出机，经双螺杆挤出机挤出，注塑成型。

3. 参考性能

热变形温度：217℃；拉伸强度：154.5MPa；弯曲强度：219MPa；阻燃性，UL94 测定：V 0。

（二十）　回收聚酯生产的打包带

已经加工过的聚酯产品在其之前的生产过程中已有一定降解；产品在使用过程中经过日光等降解；回收利用时清洗破碎剪切降解都使其分子量大幅度减小，如再次加工生产降解会很严重。特别是在高温加热过程中，聚酯含有极微量水分就会使高分子链段降解，而引起拉伸断裂负荷大幅度降低。普通工艺使用聚酯饮料瓶经破碎后制成的聚酯打包带的拉伸断裂负荷很低，一般仅为新料拉伸断裂负荷的 50%，还可能因制成产品分子量的不足而发脆开裂。以上几个方面的原因限制了可回收塑料用于聚酯打包带的生产，本例提供利用回收聚酯生产打包带的一种方法。

配方：

	质量份		质量份
回收聚酯	83.7	硬脂酸镁	6
聚丙烯	3	聚丙二醇	2
六亚甲基二异氰酸酯	2.5	环氧基苯乙烯类低聚物	2.5
亚磷酸酯三(2,4-二叔丁基苯基)酯	0.3		

（二十一）　聚对苯二甲酸乙二醇酯瓶回收料制备塑料管件

回收的废弃 PET 瓶大部分用于聚酯短纤维，附加值偏低且市场需求量已日趋饱和。将 PET 瓶回收料进行改性，用于注射生产高性能塑料制品已成为今后重点发展的途径之一。由于 PET 瓶回收料加工过程中存在结晶速度慢、注塑成型温度高、成型周期长、制成产品后脆性大、冲击性能差等缺点，近年来，国内外一些研究人员采用添加成核剂的方法，提高 PET 的结晶温度。采用的成核剂有：滑石粉、氧化锌、二氧化硅、硫酸钡、碳酸钠、硬脂酸镁、羧酸钠盐、苯甲酸钠、聚乙二醇等。采用增容剂技术提高 PET 的抗冲击强度和加工性能，如采用 PP-g-AA 增容 PP/PET 共混体系，改善了 PP/PET 两相间的相容性，提高 PP/PET 共混体系的缺口冲击强度；又如，采用马来酸酐接枝热塑性烯烃类弹性体为相容剂，改进 PET/PC 共混物两相间的界面黏结作用，改善 PET 的结晶性能和加工性能，提高 PET/PC 共混物的耐冲击性能。再如，用乙烯-乙酸乙烯酯共聚物（EVA）作为增容剂，对 PET/PE 合金进行界面改性，提高 PET/PE 合金材料的断裂伸长率和冲击韧性，以克服 PET 瓶回收料加工过程中结晶速度慢、注塑成型温度高、成型周期长、制成产品后脆性大、冲击性能差等缺陷。

本例以 PET 瓶回收料和 m-LLDPE 为基本原料，添加相容剂、氧化镧、抗氧剂 1010，通过粉碎、高速混合、双螺杆挤出切粒、注塑成型工艺加工塑料管件。采用本方法制备的塑料管件，具有抗冲击强度高、耐压性能好、表面光泽、成本低等特点，适用于市政工程排水排污管件、农业节水灌溉管件。

1. 配方

	质量份		质量份
PET 瓶回收料	65	POE	0.9
m-LLDPE	24	氧化镧	0.7
EAA	1.5	抗氧剂 1010	0.6

注：m-LLDPE 的密度为 $0.9\sim0.93g/cm^3$，熔体流动速率为 $0.8\sim1.3g/10min$，相容剂是由乙烯-丙烯酸共聚物（EAA）与乙烯-辛烯共聚物（POE）以 $1:(0.5\sim0.9)$ 质量份比例混合组成。氧化镧的纯度为质量分数 99.5%。

采用 EAA 与 POE 组合为相容剂，可以对 PET 瓶回收料与 m-LLDPE 共混体系进行界面改性，改善了 PET 与 m-LLDPE 两相间的相容性，能够提高 PET/m-LLDPE 材料的缺口冲击强度和压缩回弹性。采用氧化镧为成核剂，对 PET/m-LLDPE 进行成核改性，改变了复合物的结晶结构；提高 PET/m-LLDPE 材料的结晶温度 $6\sim8℃$，能够改善 PET/m-LLDPE 材料的注射加工性能。

2. 加工工艺

将回收 PET 瓶清除灰尘和杂质后，置于破碎机中，粉碎成 2mm×2mm 左右的回收料碎片，放入恒温鼓风干燥箱中，控制温度 140℃，干燥 8h 后，称取 PET 瓶回收料 65kg 置于高速搅拌机中，控制搅拌机转速为 250r/min，温度为 100℃，依次加入密度为 0.916 g/cm^3、熔体流动速率为 1.0g/10min 的 m-LLDPE 24kg，EAA 1.5kg 与 POE0.9kg 混合组成的相容剂 2.4kg，纯度为质量分数 99.5%的氧化镧 0.7kg 和抗氧剂 10100.6kg，搅拌混合 8min；置于同向双螺杆挤出机料斗中，控制挤出机料筒温度：Ⅰ区 188℃、Ⅱ区 201℃、Ⅲ区 213℃、Ⅳ区 225℃、Ⅴ区 235℃、Ⅵ区 248℃、模头 245℃，挤出切成颗粒料；而后置于注塑成型机中，控制注塑成型机料筒温度：Ⅰ区 200℃、Ⅱ区 213℃、Ⅲ区 227℃、Ⅳ区 240℃、Ⅴ区 253℃、模头 250℃，注射成管件。

3. 参考性能

制备的管件，与未改性的 PET 瓶回收料制成的管件相比，缺口冲击强度提高了 51%，压缩回弹率提高了 24%，注射管件成品率提高了 20.5%。

（二十二）再生 PET 热轧纺黏无纺布制作

PET 类聚酯物质具有不可降解性，也成就了其可循环利用的优点，而不必要再利用对苯二甲酸和乙二醇聚合。但现在的 PET 类物质的加工及回收利用技术还有待于发展和提高，涤纶是制作纺黏无纺布的主要材料，可在 260℃ 环境中长期使用。本方法利用废旧 PET 制作纺黏热轧无纺布，能够降低企业生产成本；充分利用回收聚酯材料的特性，通过工艺控制进一步增加聚酯纺黏热轧而成的无纺布的强度性能。

1. 配方

	质量份		质量份
废旧 PET 粒料	100	增白剂	0.5

2. 加工工艺

① 对回收的 PET 瓶体进行前期处理，包括清洗分类、破碎、高温蒸煮、漂洗、烘干及分装。

② 将分装后的 PET 瓶片输送到干燥塔，持续吹入 $160\sim180℃$ 的干热空气 $3\sim4h$，对 PET 瓶片进行表面预结晶、旋风分离法去尘和高温干燥。

③ 将干燥后的 PET 瓶片送入螺杆挤出机，加热至 PET 瓶片熔融，采用温度控制及加水方式调节熔体黏度及熔点后，挤压出 PET 颗粒。

④ 将颗粒状 PET 料再次干燥，经过熔体过滤器、纺丝计量泵后送入纺丝箱体。

⑤ 纺丝。

⑥ 冷却牵伸。

⑦ 成网热轧。

⑧ 卷布。

步骤②所述表面预结晶采用干热空气自下而上地吹入结晶床，吹入时间持续 30～40min，使 PET 瓶片粒子不停翻动，温度得以传至瓶片粒子内部。所述干燥采用干热空气自下而上吹入干燥塔，吹入时间持续 110～130min，PET 瓶片粒子的干燥度要求达到 600～800μg/g。所述干热空气为 165℃无油、无水空气。步骤④中采用温度控制及加水方式调节 PET 料的熔点及黏度，熔融后的 PET 料的黏度控制在 0.53～0.61dL/g 之间，熔点控制在 251～265℃之间，以保证成品布的质量。

具体实例如下：

破碎分为两部分，主要采用破碎机自动完成。首先把清洗分类后的瓶子破成 22～25mm 的瓶片，再次清洗后，进一步破碎成 8～10mm 的小片；然后采用 85℃、配置洗涤剂的水蒸煮 20min 左右，最后用清水漂洗。漂洗过程中主要将材料的瓶盖去除，将洗涤剂和少量在前面未处理干净的标签纸漂洗干净。漂洗后的碎片进入烘干机烘干后可按使用要求分装，便于后面的装卸操作。

生产过程的工艺控制对于成品无纺布的强度性能至关重要。在自动化生产线开始端，采用脉冲式气流输送装置，中间经过振动筛将分装后的 PET 碎片输送到结晶床和干燥塔，并向干燥塔内吹入 165℃的干热空气，对 PET 瓶片进行表面预结晶、旋风分离法去尘和高温干燥。

所述预结晶是通过无油、无水分的 165℃干空气自下而上地吹入结晶床，使碎片粒子不停地翻动，吹入时间大约持续 30～40min 尽量使温度传至碎片内部，使碎片分子排列整齐一致，为下一步干燥工艺奠定基础。吹入的干空气中可能会存在一些粉尘或小颗粒，这些粉尘或小颗粒会使结晶好的碎片互相粘连，不利于水分去除，导致干燥效果下降。因此，预结晶之后，需采用旋风分离风机将这些粉尘或小颗粒去除。

干燥工艺同样是采用无油、无水分的 165℃干空气自下而上吹入干燥塔，使塔内的碎片翻动，热空气经碎片的空隙行走，干燥时间大约控制在 110～130min，使碎片的含水率降低到 600～800μg/g 之间。加热温度控制在 285℃，以保证成品布具有较好的性能。熔融状态的 PET 料经过熔体过滤器、纺丝计量泵后送入纺丝箱体。PET 碎片与添加剂混合，在螺杆挤出机加热熔融后变成具有一定黏度的熔体，需通过具有加热装置的管道输送至熔体过滤器去除杂质，以保证纺丝工序中不堵死喷丝板的孔，增加工作时间。

喷丝板的孔径一般为 0.4mm，孔数一般为 3000～5000 孔/m²，喷丝板的长度一般为 3600mm。纺丝箱体具有加热功能，纺丝的温度控制在 320～330℃，以保证成品布的性能。上述工序纺出的丝受喷丝板的孔径限制，一般较粗，约 0.3mm，与制布要求的丝相差甚远，因此需进一步牵伸。制布标准丝采用 D 为单位，D（旦尼尔）的定义为 9000m 长丝的质量，如 1D 就是 9000m 长的丝质量是 1g，2D 就是 9000m 长的丝质量是 2g，而制布要求丝为 1～3D。牵伸装置采用无油、无尘、无水的压缩空气为动力，每分钟需气量大约 200m³，压力 400000Pa 左右。

成网工序是将牵伸后的丝按规律吸附在一条网带上，形成网帘，网帘下设置抽吸装置和风机，用于将网帘送至热轧机热轧。热轧一般采用双辊热轧机，热轧温度控制在 250～260℃之间。最后使用成卷机将热轧而成的布卷起，便于后续搬运处理或使用。

（二十三）回收吹塑 PET 为基材的超韧工程塑料

目前国内对于回收 PET 的研究都局限于再生造粒后纺丝或裂解成低分子化合物，作为聚合原料或生产热熔胶、涂料和不饱和聚酯树脂等，其中大部分用来纺丝，用于服装等的面料。大量回收料的高价值利用进展缓慢，例如与新树脂复合成为三层结构、回收料的单体化等均由于成本或者技术原因难以推广应用。因此，开发新的相关技术势在必行。

我国 PET 工程塑料是一个新兴产业，用 PET 生产工程塑料几乎是空白，生产工程塑料的主要原料仍为聚对苯二甲酸丁二酯（PBT），然而 PBT 工程塑料造价高。随着我国国民经济的发展，国内各行业对工程塑料的需求增长很快，特别是汽车领域对性能优良的工程塑料有大量需求，而我国又具有丰富的 PET 原料，这些为 PET 工程塑料的开发利用提供了良好的发展空间。

本例可以提供一种回收吹塑聚对苯二甲酸乙二醇酯（PET）、聚碳酸酯（PC）和苯乙烯/乙烯/丁二烯/苯乙烯共聚物（SEBS）为原料，在机械剪切力场的作用下，于 60~240℃ 固相反应挤出制得具有超常韧性和塑性，可在室温下像金属一样进行塑性加工的超韧工程塑料。其可以在室温下进行挤压、冲压成型制备安全帽等产品，同时具有与金属类似的低温延展性与低温塑性，可以用金属加工的方法进行加工。除可用于建筑材料、手机外壳外，还可利用该材料的成型、耐冲击以及吸振等特性，开发其在汽车配件、电子器件等方面的应用。

1. 配方

配方 1：

	质量份		质量份
回收 PET 瓶片	9.49	SEBS	1.62
PC	4.79	MDI	0.03

注：为获得不同黏度的材料，在固相反应挤出时可加入端部含不饱和键的反应性扩链剂，如（但不限于）4,4-二苯基甲烷二异氰酸酯（MDI）或式（1）~式（3）所示化合物中的一种，反应性扩链剂的用量为 0.1~10 质量份（以 100 质量份的回收吹塑聚对苯二甲酸乙二醇酯为基准）。以上所用物品除回收吹塑聚对苯二甲酸乙二醇酯外，均为市售品。

$$O=C=N-(CH_2)_6-N=C=O$$
(1)

(2)

(3)

PET 和 PC 于 100℃ 下真空干燥 20h，SEBS 真空干燥处理。干燥后在高速混合机中将以上物料混合，加入 MDI 30g。物料在高速混合机中高速混合 10min 后挤出，挤出机的各段温度设定为 150℃、150℃、150℃、150℃、150℃、240℃、240℃、240℃。主机螺杆的转速为 45r/min，喂料转速为 10r/min。挤出共混物在注射前于 100℃ 下真空干燥 20h 后，经注塑成型。注射温度为 270℃、265℃、265℃、260℃。

配方 2：

	质量份		质量份
回收 PET 瓶片	7.2	SEBS	0.8
PC	2.2	双酚 A 二环氧甘油醚（DGEBA）	0.5

挤出机的各段温度设定为 100℃、100℃、100℃、100℃、100℃、150℃、150℃，主机螺杆的转速为 150r/min，喂料转速为 10r/min。挤出共混物在注射前于 100℃下真空干燥 20h。注射温度为 190～230℃，注射压力为 70～100MPa，模温为 40℃。

2. 参考性能

配方 1：其性能测试结果为拉伸强度为 43.24MPa，断裂伸长率为 264.84%，弯曲强度为 61.86MPa，冲击强度无缺口，未断，为 50.6kJ/m²。热变形温度＞110℃，耐高温性能优良。

配方 2：其性能测试结果为拉伸强度为 48.35MPa，断裂伸长率为 199.67%，弯曲强度为 75.5MPa，冲击强度无缺口，未断，为 65.81kJ/m²。热变形温度＞110℃，耐高温性能优良。

（二十四）废旧 PET 材料生产编织袋

在工业和日常生活中，塑料编织袋广泛用于各类商品包装，量大面广。但是，传统塑料编织袋都是以 PP（聚丙烯）为原料，其缺点是编织袋强度差，不宜用于大包装；耐低温性差，易脆裂，易老化，不宜高寒地区使用及储存期长的商品包装。而 PET（聚对苯二甲酸乙二醇酯）的强度、耐低温性、抗老化性能都比 PP 好，但其成本比 PP 制品高，故从未用于编织袋，主要用于附加值较高的商品包装。例如，矿泉水、啤酒等饮料的包装，这些包装物都是一次性使用，不仅浪费资源，而且对环境保护带来很大压力。本发明提供一种用废旧 PET 制品代替 PP 原料生产的编织袋及其生产工艺和装置，这种编织袋克服了传统 PP 编织袋强度低、易脆裂、老化的缺陷，且产品成本低。

1. 配方

	质量份		质量份
废旧 PET 粒料	100	增白剂	0.5

2. 加工工艺

图 6-8 为废旧 PET 材料生产编织袋的工艺流程。

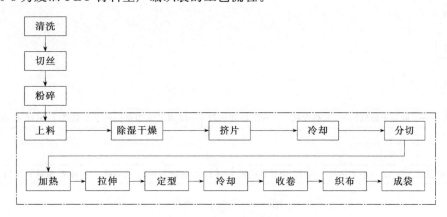

图 6-8　废旧 PET 材料生产编织袋的工艺流程

① 将废旧聚对苯二甲酸乙二醇酯制品清洗干净，粉碎成碎片原料，并干燥。

② 将干燥后的碎片原料挤压成基片，用水冷却。

③ 将基片切成带料。

④ 将带料加热拉成丝。

⑤ 将丝加热张紧定型，定型后冷却至常温。

⑥ 将丝织成布。

⑦ 将布裁剪缝制成袋。

碎片原料的黏度≥0.60dL/g，面积≤6mm²，含水率≤200μg/g。

所述碎片原料干燥采用热风干燥法，热风露点低于—30℃，温度为120～180℃。

所述基片厚度为0.1～1mm，冷却水温度为10～30℃。

所述带料宽度为5～10mm。

所述带料拉丝时加热到75～85℃，纵向拉伸4～6倍长度。

所述丝加热到85～95℃张紧定型，定型后冷却至常温。

将废旧PET制品（如矿泉水等饮料瓶）在清洗槽1内清洗干净，从中分检出材料黏度0.60dL/g以上的制品，先用剪切机2切成丝，再用粉碎机3粉碎成面积不大于6mm²的碎片。在本发明中，材料的黏度是重要指标，PET是一种高分子材料，它的黏度值越大，用其生产的制品的强度就越高。

粉碎后的碎片原料送入上料机4，再进入除湿干燥机5干燥，使其含水率＜200μg/g，含水率越低越好。干燥方法采用热风干燥法，也可采用低温干燥法或真空干燥法，但最好采用比较经济的热风干燥法，热风温度为120～180℃，露点在—30℃以下，露点越低越好。干燥时间通常在4～8h，含水率即可符合要求。采用热风干燥法的优点是：在碎片原料被干燥的同时，也被加热，便于后序挤出。而采用低温干燥法或真空干燥法，碎片原料干燥后，还需加热才能挤出，使工艺和设备变得复杂。

干燥后的原料通过挤出机6（其模具为衣架型口模）挤出厚度为0.1～1mm的基片，挤片时，挤出的基片由基片牵引机8牵引，通过冷却水箱7时被冷却，冷却水温为10～30℃，最好控制在20℃。冷却后的基片由分切机9切成各种规格（一般宽度为5～10mm）的带料，再经拉伸加热器10加热到75～85℃，然后经过拉伸牵引机11做4～6倍长度的纵向拉伸，成为细丝，再经过定型加热器12将细丝加热至85～95℃，用张紧牵引机13张紧定型，定型后用冷却器14冷却至常温。再由收卷机15收成卷。然后将细丝用织布机16织成筒布，裁剪后用缝纫机17缝制成编织袋，如图6-9所示。

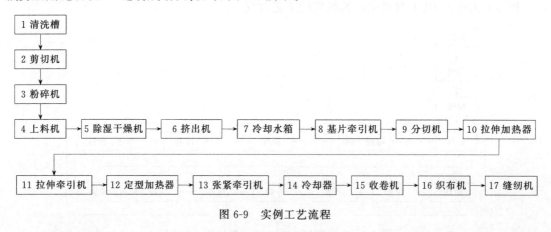

图6-9 实例工艺流程

3. 参考性能

PET编织袋的强度是PP编织袋的2倍，产品耐候性好，低温不易脆裂、老化。废旧PET制品生产的编织袋的成本比PP新料编织袋低30%。

（二十五）改性聚对苯二甲酸乙二醇酯瓶回收料制备塑料模板

近年来，国内外一些研究人员采用增容改性或成核剂改性技术提高PET的抗冲击强度、结晶速度和加工性能，如采用马来酸酐接枝热塑性烯烃类弹性体为相容剂，改进PET/PC共混物两相间的界面黏结作用，改善PET的结晶性能和加工性能，提高PET/PC共混物的耐冲击性能；又如，采用PET瓶回收料为基体材料，茂金属线型低密度聚乙烯（m-

LLDPE）为增韧材料，乙烯-辛烯共聚物（POE）为相容剂，氧化镧为成核剂，制备塑料管件；再如，以 PET 瓶回收料为基本原料，添加苯乙烯-丁二烯-苯乙烯嵌段共聚物（SBS）、马来酸酐接枝苯乙烯-乙烯-丁二烯-苯乙烯嵌段共聚物（SEBS-g-MAH）、碳酸钠、抗氧剂1010，制备排水管。为了克服 PET 瓶回收料加工过程中结晶速度较慢、成型周期长、制成产品后脆性大、冲击性能差等缺陷，本方法采用聚对苯二甲酸乙二醇酯瓶回收料（PET 瓶回收料）为基本原料，热塑性三元乙丙动态硫化橡胶（TPV）为增韧材料，乙烯-丙烯酸乙酯共聚物（EEA）为相容剂，添加四［3-(3,5-二叔丁基-4-羟基苯基)丙酸］季戊四醇酯、三（1,2,2,6,6-五甲基-4-哌啶基）亚磷酸酯、金红石型钛白粉，采用粉碎、干燥、混合、挤出、模压、冷却、定形工艺制备塑料模板。与木材模板相比，塑料模板具有抗压强度高、耐冲击性能好、不吸水、不腐烂、使用寿命长等特点。

1. 配方

	质量份		质量份
PET 瓶回收料	75	抗氧剂 1010	0.7
TPV	19	光稳定剂 GW-540	0.45
EEA	4.5	金红石型钛白粉	0.9

注：TPV 的肖氏硬度 60、密度为 0.92g/cm³，EEA 中丙烯酸乙酯的质量分数占乙烯-丙烯酸乙酯共聚物质量分数的 20%。采用 TPV 为增韧材料，对 PET 瓶回收料进行共混改性，使得 PET 瓶回收料成型加工过程中结晶速度加快，成型周期缩短，柔韧性提高；采用 EEA 为相容剂，对 PET 瓶回收料与 TPV 共混体系进行界面改性，改善了 PET 与 TPV 两相间的相容性，提高了 PET 瓶回收料与 TPV 两相间的界面黏结力，大幅度提高 PET/TPV 板材的缺口冲击强度和断裂伸长率。

2. 加工工艺

双螺杆挤出机的料筒温度：Ⅰ区 198℃、Ⅱ区 215℃、Ⅲ区 230℃、Ⅳ区 246℃、Ⅴ区 260℃、Ⅵ区 263℃、模头 262℃，挤出塑化成胶状料；将胶状料置于模压成型机中，控制模压成型机模具温度为 254℃，模压为 5min，压制成厚度为 14mm 的板材，经自然冷却 30min 后，平放定形而成塑料模板。

3. 参考性能

与木材模板相比，塑料模板具有抗压强度高、耐冲击性能好、不吸水、不腐烂、使用寿命长等特点，适用于楼层水泥浇铸模板、桥梁施工水泥浇铸模板等领域。

（二十六）回收 PET 塑料制备砂浆黏合剂

混凝土路面在使用过程中，由于荷载、环境、设计、施工等因素影响，会出现路面局部破损。如果这些小范围的局部破损得不到有效及时地修补，将导致破损范围进一步扩大最终导致更为严重的破坏。在修补时，材料的强度增长快慢制约着开放交通的时间。增强、耐久的快速修补材料可以缩短道路封闭时间，大大减少对交通的影响，具有良好的社会意义和经济意义。

国内也有很多关于道路快速修补的材料公开，例如，专利 201010186653.5 公开了一种道路快速修补料，是由特种水泥 1 份、普通水泥 0.13～0.14 份、高分子聚合物 0.05～0.08 份、施工助剂 0～0.01 份、膨胀剂 0～0.05 份、掺和料 0.05 份、砂 1.18～1.12 份配制而成，具有快速修补路面并在短时间内开放交通的优点。专利 200510061384.9 公开了一种路面快速修补填料，由沥青 70～80 份、焦油 60～80 份、二氧化硅 450～500 份、砂石料 350～450 份。所述的砂石料中石子质量含量为 40%～60%，沙子质量分数为 40%～60%，具有操作简单快速，修补后 2～3min 即可通车的优点。专利 201010183541.4 公开了一种超早强聚合物快速修补砂浆材料，由快硬水泥 36%～50%、石英砂 42%～54%、聚合物增黏剂 2%～10%、增稠剂 0.1%～0.5%、早强剂 0.1%～0.8%、调凝剂 0.15～0.9%、减水剂

0.1%~0.6%、消泡剂0.02%~0.1%、化学短纤维0.01%~0.08%组成，具有快硬而不速凝、防水抗渗性能好、抗开裂能力强和使用方便等优点。这些材料虽然均能实现道路的快速修补，但是其组成成分多，配方复杂，且都没有公开以废旧塑料作为组成成分。Oklahoma大学 Niji Khoury 等在《Soil Fused with Recycled Plastic Bottles for Various Geo-Engineering Application》提到将 PET 和土或者砂子在275℃下加热熔化，形成均质的塑料土材料，所采用的 PET 用量为 PET∶砂=1∶1。在最优 PET 用量，砂子的级配以及沥青添加方面，Khoury 没有开展研究，而且 Khoury 所制成的塑料土主要用于开级配集料的黏结剂，用于制作透水性路面，没有将塑料砂浆用于道路的快速修补。

本方法提供了一种将废旧 PET 塑料切成碎片，作为砂浆的黏结剂的方法。PET 塑料为原料之一的增强塑料砂浆的强度增长快，可用于混凝土路面快速修补砂浆，3~6h 即可通车，可以满足道路快速修补材料的要求。

1. 配方

黏结剂为废旧 PET 塑料和沥青混合物	粒径 2.36~4.75mm	30%
骨料和黏结剂的质量比　(2.8~3.2)∶1	粒径 1.18~2.36mm	20%
沥青与废旧 PET 塑料的质　(0.05~0.15)∶1	粒径 0.6~1.18mm	15%
量比	粒径 0.3~0.6mm	10%
骨料由砂和矿粉通过级配得到,不同粒径	粒径 0.15~0.3mm	7.5%
的骨料占总骨料的优选质量分数为:	粒径 0.075~0.15mm	5%
粒径 4.75~9.5mm　　　　5%	粒径<0.075mm	7.5%

2. 加工工艺

按要求称取骨料和废旧 PET 塑料、沥青，先将骨料和废旧 PET 塑料混合，在270~290℃加热至混合料成为流动状态，一般加热30~50min，然后加入沥青，搅拌均匀后即得。

所用的骨料为砂和矿粉，所用的砂为普通河砂，其粒径在9.5mm 以下。在取用砂时，其级配根据《公路沥青路面施工技术规范》中砂粒式 AC-5 进行级配设计，得出骨料，采用下述级配比例可以增强砂浆的力学性能，表6-15。

表6-15　骨料的级配要求用量

粒径/mm	4.75~9.5	2.36~4.75	1.18~2.36	0.6~1.18	0.3~0.6	0.15~0.3	0.075~0.15	<0.075
含量	5	30	20	15	10	7.5	5	7.5

注：按此配方，增强砂浆的力学性能为24h 抗张压强32.7MPa、24h 抗折强度6.95MPa。

配制增强塑料砂浆，其组成为：以表6-15级配的砂和矿粉为骨料、以 PET 碎片为黏结剂，其中骨料与黏结剂的质量比为2.8∶1。其制备方法如下：

① 将废旧 PET 塑料瓶去掉标签以及瓶盖，以此得到比较纯净的 PET 材料，将瓶子裁剪成小 PET 碎片后，使用清水适当清洗并烘干后备用。

② 按配比称取骨料和 PET 碎片，将它们混合，然后在270~290℃加热约30~50min，使混合料成为流动状态，即得路面快速修补砂浆，所得砂浆的基本性能如表6-16所示。

表6-16　砂浆的基本性能

毛体积密度	吸水率	弹性模量	3h 抗压强度	6h 抗压强度	18h 抗压强度	24h 抗压强度	3h 抗折强度
1.98g/m³	<1%	2.05GPa	29.0MPa	29.3MPa	31.0MPa	31.7MPa	6.12MPa

从表6-16中可以看出，塑料砂浆的吸水率较低，抗渗透性能较好，对于预防道路水损坏有一定作用。在 PET∶砂=1∶1 的条件下所制成的砂浆的抗压强度为19.6MPa（24h），而本实例所制砂浆24h 的抗压强度为31.7MPa。相比之下，本实例的砂浆抗折强度提高了68.1%。

按照表6-15的方式级配骨料，取废旧 PET 塑料作为原料制备快速修补砂浆，其砂浆组成为：以表 6-15 级配的砂和矿粉为骨料、以 PET 碎片为黏结剂，其中骨料与黏结剂的质量比为 3∶1。其制备方法如下：

① 将废旧 PET 塑料瓶去掉标签以及瓶盖，以此得到比较纯净的 PET 材料，将瓶子裁剪成小 PET 碎片后，使用清水适当清洗并烘干后备用。

② 按配比称取骨料和 PET 碎片，将它们混合，然后在 270℃下加热，约 50min 时混合料成为流动状态，即得路面快速修补砂浆，所得砂浆的基本性能如表 6-17 所示。

表 6-17　砂浆的基本性能

毛体积密度	吸水率	弹性模量	3h 抗压强度	6h 抗压强度	18h 抗压强度	24h 抗压强度	3h 抗折强度
2.03g/m³	<1%	2.17GPa	29.9MPa	29.6MPa	32.0MPa	32.7MPa	7.19MPa

图 6-10 表示塑料砂浆的抗压强度与时间的关系。从图中可以看出，塑料砂浆 3h 的抗压强度已达到最终强度的 90% 以上，早期强度增长快，本砂浆可作为混凝土路面快速修补用砂浆，能够满足道路快速修补的要求。

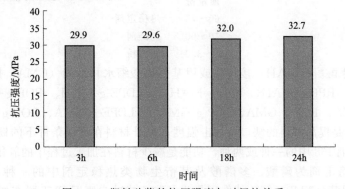

图 6-10　塑料砂浆的抗压强度与时间的关系

加入沥青的塑料砂浆组成为：以表 6-15 级配的砂和矿粉为骨料、以 PET 碎片和沥青为黏结剂，其中骨料与黏结剂的质量比为 3.2∶1，PET 与沥青的质量比为 1∶0.15，所用沥青为普通 70# 石油沥青。其制备方法如下：

① 将废旧 PET 塑料瓶去掉标签以及瓶盖，以此得到比较纯净的 PET 材料，将瓶子裁剪成小 PET 碎片后，使用清水适当清洗并烘干后备用。

② 按配比称取骨料、PET 碎片和沥青，先将骨料和 PET 碎片混合，然后在 270～290℃下加热约 40min，使混合料成为流动状态，然后加入沥青，拌和约 2min，待材料均匀后即得路面快速修补砂浆。

所得砂浆的抗压强度以及抗折强度如表 6-18 所示。从表中可以看出，相比不加沥青的砂浆，加入沥青的砂浆的抗折强度有明显提高，加入 10% 的沥青砂浆的抗压强度提高 11.9%，抗折强度提高 68.1%。

表 6-18　加入沥青的塑料砂浆的性能

弹性模量	24h 抗压强度	24h 抗折强度
2.04GPa	29.8MPa	13.5MPa

所使用的 PET 以及沥青在混合物中作为黏结材料，所用的砂作为混合物的骨料。通过优化 PET 的用量以及砂子的级配，并在塑料砂浆中加入少量沥青，有效提高了塑料砂浆的抗压强度以及抗折强度，且没有影响塑料砂浆早期强度的增长，并将此塑料砂浆应用于道路快速修补技术中。

（二十七）废旧 PET 增韧增黏

目前，所采用的扩链增黏方法，一般都是通过主喂料添加扩链剂的反应挤出增黏法，其原理是扩链剂在熔融状态下与 PET 分子端基进行反应以增大分子量，从而增加 PET 的黏度。但此种方法存在反应程度难以控制、扩链剂容易热分解等问题，导致扩链效果不理想。针对上述不足，本方法将废旧 PET 料、增韧剂、抗氧剂、热稳定剂从主喂料加入，同时将滑石粉与扩链剂混合料从侧位料斗进料，通过调控侧位料斗的加热区温度、进料位置提高扩链反应的速度、控制扩链反应时间等，避免扩链剂在挤出机中停留时间过长造成的热分解。改变了常规扩链剂与废旧 PET 料等混合料直接从主喂料斗进料的双螺杆挤出扩链的加料方式，一方面能更有效地提高扩链剂的利用率、废旧 PET 的特性黏度、流动稳定性，以及抗冲击强度，另一方面能节省成本，提高废旧 PET 的附加值。

1. 配方

	质量份		质量份
废旧 PET 料	60～75	热稳定剂	0.1～3.0
增韧剂	10～50	扩链剂	0.1～3.0
抗氧剂	0.1～3.0	滑石粉	15～25

增韧剂为马来酸酐（MAH）接枝物或甲基丙烯酸缩水甘油酯（GMA）接枝物中的一种，如 PP-g-MAH、RPP-g-MAH、BPP-g-MAH、LLDPE-g-MAH、POE-g-MAH、SEBS-g-MAH、PP-g-GMA、RPP-g-GMA、BPP-g-GMA、LLDPE-g-GMA、POE-g-GMA、SEBS-g-GMA 等。其功能是提高材料的缺口抗冲击强度，提升材料在低温条件下的韧性。抗氧剂为抗氧剂 1010、抗氧剂 168 中的一种或两种，功能是减少材料在加工过程中的氧化，以及减少材料的变黄速度。热稳定剂为磷酸、多磷酸及其衍生物类热稳定剂中的一种，如磷酸三苯酯（TPP）、磷酸三甲酯（TMP）等。其作用是为了防止或减少废旧 PET 料在加工使用过程中受热而发生降解或交联，延长 PET 材料的使用寿命。扩链剂为羧基加成型扩链剂、羟基加成型扩链剂中的一种或两种的组合物，羧基加成型扩链剂可采用双环氧乙烷化合物、双环亚胺醚化合物、多聚碳化二亚胺化合物、内酰胺化合物等；羟基加成型扩链剂可采用二异氰酸酯、双环羧酸酐、双环亚胺酯等。滑石粉的粒径为 0.2～1.4μm。滑石粉是作为一种填充料与扩链剂联用，为了便于侧位进料量的控制，其粒径范围是0.2～1.4μm。

2. 加工工艺

① 粉碎烘干：将相应质量份的废旧 PET 料移至粉碎机进行粉碎，制得 PET 碎料，对该 PET 碎料进行烘干处理。

② 混合：将相应质量份的增韧剂、抗氧剂、热稳定剂和烘干处理后的 PET 碎料移至搅拌机进行充分均匀混合，制得第一混合物；将相应质量份的扩链剂、滑石粉移至搅拌机进行充分均匀混合，制得第二混合物。

③ 加料：将第一混合物移至双螺杆挤出机的主喂料斗中，将第二混合物移至双螺杆挤出机的侧位料斗中。

④ 挤出牵引：启动双螺杆挤出机，并对该双螺杆挤出机所挤出的粒条进行拉伸牵引动作；设定双螺杆挤出机的螺杆转速为 100～200r/min，主喂料的输送速度为 25～30r/min，侧位进料速度为 5～30r/min，双螺杆挤出机的料斗到口模的各段温度分别为：料斗 220～250℃，一区 250～280℃，二区 250～280℃，三区 250～280℃，四区 250～280℃，五区 250～280℃，六区 250～280℃，口模 245～265℃；侧位料斗设置在双螺杆挤出机上的一区至六区之中的任一区段上。当扩链剂的熔点高于废旧 PET 料的熔点时，相应调高该区段的温度，使其与所加入的扩链剂的熔点相近，且该温度不高于废旧 PET 料的熔点，即所设温

度不宜过高（一般不超过所加废旧 PET 料熔点 20℃），以免引起 PET 严重的热降解。

⑤ 冷却造粒：将拉伸牵引后的粒条移至冷却水槽进行冷却，冷却后取出风干，接着将风干后的粒条移至切粒机进行造粒，制得增韧增黏的 PET 粒料。

配方 1：

	质量份		质量份
废旧 PET 料	60	热稳定剂 TPP	0.5
增韧剂 SEBS-*g*-MAH	10	扩链剂均苯四甲酸二酐(PMDA)	0.5
抗氧剂 1010	0.5	1μm 滑石粉	20

① 粉碎烘干：将废旧 PET 料经过粉碎机粉碎后，制得 PET 碎料，将该 PET 碎料在 120℃下烘干 4h。

② 混合：将相应质量份的增韧剂 SEBS-*g*-MAH、抗氧剂 1010、热稳定剂 TPP 和烘干处理后的 PET 碎料移至搅拌机进行充分均匀混合，制得第一混合物；将相应质量份的扩链剂均苯四甲酸二酐（PMDA）、滑石粉移至搅拌机进行充分均匀混合，制得第二混合物。

③ 加料：将第一混合物移至双螺杆挤出机的主喂料斗中，将第二混合物移至双螺杆挤出机的侧位料斗中。

④ 挤出牵引：启动双螺杆挤出机，双螺杆挤出机的螺杆转速为 100r/min，主喂料斗的进料速度为 20r/min，侧位料的进料速度为 5r/min，开启主喂料斗向双螺杆挤出机输送第一混合物。待双螺杆挤出机所挤出的粒条稳定后，再开启侧位料斗向双螺杆挤出机输送第二混合物，然后对双螺杆挤出机挤出的粒条进行拉伸牵引；双螺杆挤出机上的料斗到口模各段温度的设置为：240℃（料斗）、270℃（一区）、255℃（二区）、255℃（三区）、255℃（四区）、255℃（五区）、255℃（六区）、250℃（口模）。其中，所述侧位料斗设置在双螺杆挤出机的一区上，即一区的加热区为本次侧位进料的位置。

⑤ 冷却造粒：将拉伸牵引后的粒条移至冷却水槽进行冷却，冷却后取出风干，接着将风干后的粒条移至切粒机进行造粒，制得增韧增黏的 PET 粒料。

配方 2：

	质量份		质量份
废旧 PET 料	75	热稳定剂 TPP	0.1
增韧剂 SEBS-*g*-MAH	15	扩链剂均苯四甲酸二酐(PMDA)	0.1
抗氧剂 1010	0.1	0.2μm 滑石粉	15

加工步骤同配方 1。

配方 3：

	质量份		质量份
废旧 PET 料	70	热稳定剂 TPP	3
增韧剂 SEBS-*g*-MAH	50	扩链剂均苯四甲酸二酐(PMDA)	3
抗氧剂 1010	3	1.4μm 滑石粉	25

加工步骤同配方 1。

3. 参考性能

表 6-19 列出了增韧 PET 性能对比。

表 6-19 增韧 PET 性能对比

测试项目	测试方法	配方 1	配方 2	配方 3	废旧 PET
熔体流动速率/(g/10min)	GB/T 3682—2000	24	17	31	37
特性黏度/(dL/g)	ASTM D4603-03	0.79	0.85	0.71	0.64
冲击强度/(kJ/m²)	ASTM D256	13.2	13.7	13.0	3.0

（二十八） 解聚废旧 PET 的一种方法

回收废旧 PET 的途径可分为两类：一类是直接回收利用的物理方法，通过熔融、提纯或改性制备再生料；另一类是降解后再利用的化学方法。常用的方法有以下几种：酸性水解法、碱性水解法、甲醇解聚法、乙二醇解聚法等。其中水解法生成的是对苯二甲酸和乙二醇，是直接合成 PET 的原料，所以水解法日益受到重视。

酸性水解法［如美国专利 US4355175（1982）所公开的技术］是采用浓硫酸（>14.5mol/L）作为催化剂，在 85~90℃、常压下水解 5min 后，用冷水稀释产物，然后加 NaOH 溶液至 pH=11。此时，体系由乙二醇、对苯二甲酸（TPA）的钠盐和 Na_2SO_4 溶液及不溶性杂质组成。过滤，将滤液酸化至 pH=1~3，析出固态 TPA，再过滤、洗涤得纯度大于 99% 的 TPA。该法的不足之处是：反应消耗的大量浓酸和强碱难以循环使用，易造成环境污染，且生成的乙二醇也较难回收。碱性水解法一般在浓度为 4%~20% NaOH 溶液中进行。

专利号为 US822834（1959）的美国专利公开了如下方法：用 18% NaOH 溶液在 110℃下解聚 2h，PET 与 NaOH 的质量比为 1:20。反应生成碱溶液的 TPA 的钠盐，酸化后可得 TPA，液相中的乙二醇可通过蒸馏回收。针对碱水解法生产的 TPA 纯度不高及反应较慢的问题，研究者们进行了不断改进。在专利 WO9510499（1995）公开的技术中，在反应过程中添加季铵碱或表面活性剂来增加解聚反应的速度。水解完成后，将反应混合物稀释，过滤分出沉淀后，用空气来过饱和滤液，将可溶性杂质氧化为不溶性物质，过滤除去不溶物，滤液酸化后获得纯度很高的 TPA。

此外，专利号为 Eur.597751（1994）的欧洲专利公开了干法解聚 PET 工艺，即在一个挤压装置中加入废 PET 和固体 NaOH 混合物于 100~200℃下进行皂化反应，反应后经减压蒸馏得到乙二醇，所剩固体粉末为 TPA 的钠盐，经酸化处理得到 TPA。利用该工艺 PET 的解聚率可达 97%，且可省去乙二醇和水的分离工序，提高乙二醇的收率。碱水解法同样有废碱废酸排出，需进行适当的环保处理。

本方法提供一种工艺简单，可一步快速完成的解聚废旧 PET 的方法。本方法的优点是在超临界状态下对废旧 PET 解聚，不仅工艺简单，反应周期短，反应效率高，而且不需要催化剂。

1. 配方

原料和水的质量比范围为(1:5)~(1:20)。

2. 加工工艺

① 将聚对苯二甲酸乙二醇酯废料粉碎，洗涤后干燥。

② 将干燥后的上述原料和水加入高压反应釜中，原料和水的质量比范围为（1:5）~（1:20）。

③ 在高压反应釜中通入惰性气体，置换反应体系中的氧气。

④ 将高压反应釜中的原料和水升温至水的超临界温度和压力以上，即温度在 375~450℃之间，压力在 22.12~50MPa 之间，解聚时间在 5~60min 之间。

⑤ 降温至室温，过滤，洗涤，干燥得固体产物，即对苯二甲酸，滤液经精馏分离可得乙二醇。

上述解聚废旧 PET 的方法，步骤②中聚对苯二甲酸乙二醇酯废料与水的质量比是(1:8)~(1:15)，步骤④的反应温度在 375~420℃之间，反应压力在 30~40MPa 之间，解聚时间最好为 5~30min。

上述解聚废 PET 的方法，所述的惰性气体为氮气或氩气。

实例 1

在一配有电磁搅拌器、热电偶、程序控温仪的高压反应器内加入 10g 经过处理（粉碎、洗涤、干燥）的无色透明聚对苯二甲酸乙二醇酯饮料瓶碎片和 100g 水，以氮气吹扫，除去反应器中的氧气，然后开动搅拌器，加热。反应体系升温至 375℃，压力升至 30.0MPa。反应在该温度下进行 30min 后，降至室温，结晶、过滤、洗涤，把所得固体产物干燥，滤液精馏分离。对苯二甲酸的回收率为 90.3%，乙二醇的回收率为 70.1%，PET 的分解率为 100%。

实例 2

解聚步骤及条件按实例 1 进行，高压反应器内加入 10g 经过处理（粉碎、洗涤、干燥）的有色透明聚对苯二甲酸乙二醇酯饮料瓶碎片和 110g 水，以氮气吹扫，除去反应器中的氧气，然后开动搅拌器，加热。反应体系升温至 450℃，压力升至 40.0MPa。反应在该温度下进行 20min 后，降至室温，结晶、过滤、洗涤，把所得固体产物干燥，滤液精馏分离。对苯二甲酸的回收率为 97.5%，乙二醇的回收率为 80.4%，PET 的分解率为 100%。

实例 3

解聚步骤及条件按实例 1 进行，高压反应器内分别加入经过处理（粉碎、洗涤、干燥）的无色透明聚对苯二甲酸乙二醇酯饮料瓶碎片与水的不同质量比的反应物，（质量比分别为 1:5、1:10、1:15、1:20），于 400℃，30.0MPa 下反应 30min 后，降至室温，结晶、过滤、洗涤，把所得固体产物干燥，滤液精馏分离。所得解聚结果见表 6-20。

表 6-20 物料比对解聚度的影响

水/聚对苯二甲酸乙二醇酯的质量比	对苯二甲酸回收率/%	乙二醇回收率/%	PET 分解率/%
5	87.1	70.4	100
10	92.5	74.2	100
15	94.1	75.6	100
20	97.3	76.1	100

实例 4

解聚步骤及条件按实例 1 进行，高压反应器内加入聚对苯二甲酸乙二醇酯废料与水的反应物，两者的质量比为 1:10，于 400℃，30.0MPa 下分别反应 5min、15min、30min、45min、60min，降至室温，结晶、过滤、洗涤，把所得固体产物干燥，滤液精馏分离，所得解聚结果见表 6-21。

表 6-21 不同反应时间对解聚度的影响

反应时间/min	对苯二甲酸回收率/%	乙二醇回收率/%	PET 分解率/%
5	67.4	63.6	62.5
15	83.8	69.4	91.7
30	92.5	74.2	100
45	93.7	76.7	100
60	96.4	77.1	100

（二十九）废弃 PET 瓶片为原料的无卤阻燃工程塑料

关于废弃 PET 无卤工程化的研究相对较少，中国专利 200810037742.6 公开了一种用于电子电器、汽车领域的"无卤高阻燃性能的增强聚对苯二甲酸乙二醇酯工程塑料及其制备方法"。中国专利 200810227352.5 公开了一种"无卤阻燃聚对苯二甲酸乙二醇酯工程塑料复合材料及其制备方法"。

以上两种方法的主要原料均为全 PET 树脂，从其他配方组分上看：①中国专利

200810037742.6，该产品的阻燃体系为红磷阻燃体系，吸湿性强、可调色性差，加工中释放的酸性腐蚀性物质会对模具造成损害。②中国专利200810227352.5，该产品的阻燃体系为无机密胺焦磷酸盐、有机多聚磷酸铵、氧化锑复配阻燃。该方法制备过程较为烦琐，需要先将不同组分预处理并制成母粒再进行二次加工。同时，体系中含有的氧化锑会造成PET树脂的热降解，不适合电子电器产品中的回收利用。

中国专利200510080229.1公开了一种"以回收PET树脂为基体的环保型阻燃增强复合材料"。该材料组分繁多且涉及多种低分子加工助剂，低分子加工助剂的热稳定性较低，多种低分子加工助剂的加入会影响复合材料的热稳定性，加工助剂组分过多会使复合材料在热加工过程中出现局部相分离，影响材料的耐热性；加工助剂一般多带有极性官能团，不仅会影响复合材料的电性能，在热加工过程中呈现酸性环境的程度更高，使废弃PET树脂降解的可能性更大。该专利中也并未提及材料的热性能和电性能。然而材料的耐热性和CTI（相对漏电起痕指数）值是电子电器领域的重要指标之一。

本方法提供一种以废弃PET瓶片为原料的无卤阻燃工程塑料，其特点是利用废弃PET为原料，克服了作为废弃PET由于黏度低（分子量小，降解所致），在多次热加工过程中极易降解，使材料丧失力学性能，难以作为工程塑料再生利用的缺陷，使其再生高性能化，显示出突出的性价比和环保再生优势。此外，另一特点是克服了废弃PET力学强度低的缺点，所制备的无卤阻燃复合材料不仅在阻燃、电、热性能上满足实际使用要求，在力学强度上也满足工程化需求。用废弃PET瓶片为原料制备的无卤阻燃工程塑料可应用于制备开关接插件、变压器骨架、电器开关、适配器骨架、导热片、连接器、电磁炉烤炉配件或吹风机配件。

1. 配方

	质量份		质量份
废弃PET瓶片（特性黏度为0.5dL/g）	48	成核剂苯甲酸钠	0.3
增韧剂马来酸酐接枝聚烯烃弹性体	5	抗氧剂β-(4-羟基-3,5-二叔丁基苯基)	0.2
磷系阻燃剂间苯二酚缩聚芳基磷酸酯	8	丙酸正十八酯	
氮系阻燃剂三聚氰胺	6		
纳米黏土（粒径为100nm，选用Nanocor公司I.28E）	2.5		

2. 加工工艺

① 将废弃PET瓶片于115℃鼓风干燥4h。

② 按配方将物料依次加入搅拌机中，在400r/min的转速下搅拌混合3min，得到混合物。

③ 将步骤②所得混合物加入双螺杆挤出机中，再将增强剂硅氧烷偶联剂处理的无碱长玻璃纤维30g通过玻纤干燥器（干燥温度160℃，干燥筒长1.5m）干燥后，从玻纤口引入挤出机中，经熔融挤出造粒，挤出物料经冷却、风干、切粒、干燥后，得到以废弃PET瓶片为原料的无卤阻燃工程塑料成品。所述双螺杆挤出机的加工工艺条件如下：

温度为：一区170℃，二区180℃，三区190℃，四区200℃，五区190℃，六区205℃，机头230℃；水槽温度40℃；压力为16MPa；螺杆转速为300r/min；切粒机转速为800r/min。

所得以废弃PET瓶片为原料的无卤阻燃工程塑料成品经检测性能如下：

密度：1.60g/cm³；

断裂伸长率：11%；

拉伸强度：110MPa；

弯曲强度：152MPa；

弯曲模量：8100MPa；

悬臂梁缺口冲击强度：7kJ/m²；

熔体流动速率：33g/10min（265℃，2.16kg）；

热变形温度（0.45MPa）：243℃；

阻燃性（UL94V-0）：0.8mm；

相对漏电起痕指数CTI（V）：600；

将挤出机制得的粒料用于制作变压器骨架的接插件，制作工艺如下：

① 将以废弃PET瓶片为原料的无卤阻燃工程塑料在130℃下干燥4h。

② 注塑工艺如下：

注塑温度：1段265℃，2段260℃，3段255℃；

注塑速度（注塑机油泵排量比）：1段20mg/kg，2段20mg/kg，3段20mg/kg；

注塑压力：1段500bar，2段500bar，3段500bar；

保压压力：1段500bar，2段500bar，3段500bar；

射胶时间：10s；

冷却时间：10s；

保压时间：13s；

模温：80℃。

③ 直接注塑成型。

上述制备的接插件测试性能如下：

① 收缩率0.5%～0.8%，制品尺寸合格。

② 外观判断合格。

③ 环保检测：

Cd：0mg/kg；Cr：0mg/kg；Pb：10.1mg/kg；Cl：566mg/kg；Hg：0mg/kg；Br：0mg/kg，环保判定合格。

④ 耐热测试：140℃烘烤4h，无变色。

⑤ 焊锡测试（420℃±10℃）：本体轻微熔损，判定通过。

⑥ 强度测试：2.5～3.4kg，判定合格。

⑦ 高压测试（3.5kV，5mA，3s）：测试通过。

3. 参考性能

所得用废弃PET瓶片为原料制备的无卤阻燃工程塑料的ISO检测标准性能如下：

密度：1.50～1.69g/cm³；

断裂伸长率：8%～15%；

拉伸强度：80～120MPa；

弯曲强度：100～160MPa；

弯曲模量：4500～9000MPa；

悬臂梁缺口冲击强度：4～9kJ/m²；

熔体流动速率：15～45g/10min（265℃，2.16kg）；

热变形温度（0.45MPa）：160～245℃；

阻燃性（UL94V-0）：0.8mm；

相对漏电起痕指数CTI（V）：600。

第七章 ▶▶▶

废旧 ABS 塑料的再生利用

（一）扩链接改性废旧 ABS 塑料

在电子电器用塑料中，丙烯腈-丁二烯-苯乙烯塑料（ABS）由于拥有出色的力学性能与容易的加工条件而占据了较大比重。然而，ABS 中 C=C 旁的 α 氢非常容易被氧抽取，因此在氧存在的条件下，当 ABS 暴露在热量、机械应力、离子或紫外线辐射下时，会产生一些活性中间体，例如，自由基（如 R·或 ROO·）、氢过氧化物、ROOH 等，最终导致 ABS发生氧化降解。ABS 的化学结构会因降解而发生改变，同时引起分子量以及力学性能等的改变，这些变化都会降低材料的性能，导致材料失去使用价值。本例以 ABS 中因老化产生的羧基为切入点，利用扩链剂与羧基的反应，从一个全新角度对 r-ABS 进行分子链修复来提高 r-ABS 的性能。以 2,2′-(1,3-亚苯基)-二噁唑啉（1,3-PBO，以下简称 PBO）为扩链剂对r-ABS 进行熔融扩链，制备了 r-ABS-PBO 塑料（以下简称 r-ABS-PBO）。

1. 配方

	质量份		质量份
r-ABS	100	PBO	0.7

2. 加工工艺

实验前将 r-ABS 和 PBO 分别在 80℃、30℃的真空干燥箱中干燥 12h，然后将 r-ABS 和PBO 按配方的配比进行混合，之后在双螺杆挤出机中熔融挤出，挤出机各段温度控制在190～210℃，螺杆转速为 80r/min，将共混塑料通过冷却水冷却后切粒、干燥，最后利用注塑机制备力学性能标准测试试样。

3. 参考性能

不同 PBO 含量对 r-ABS 力学性能的影响见图7-1。从图 7-1 中可以看出，随着 PBO 含量的增加，r-ABS 的冲击强度呈现先上升后下降的趋势，而拉伸强度呈现不断增加的趋势。当 PBO 质量份为 0.7 时，r-ABS-PBO 的冲击强度达到最大值 5.93kJ/m²，为 r-ABS 的 2.8 倍；当 PBO 质量份超过 0.7 份时，r-ABS-PBO 的冲击强度有所下降。这是由于 PBO 可以与 r-ABS 上的羧基发生反应，

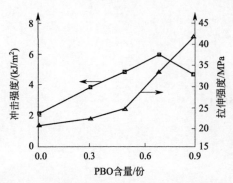

图 7-1　不同 PBO 含量对 r-ABS 力学性能的影响

在断裂的 r-ABS 分子链之间形成有效的化学键，增加了分子量，因此当受到外力冲击时能吸收更多的能量，使其冲击强度得到提高。而当 PBO 质量份超过 0.7 份时，由于此时 PBO 的浓度相对较高，封端效应开始显现。另外，扩链后形成的长分子链之间互相缠结，不利于分子链运动，因此冲击强度下降。

从图 7-2 中可以看出，r-ABS 中有许多样条冲断时，PB 粒子被抽离所留下的孔洞，并且试样断面相对光滑平整。而 r-ABS-PBO 中，PB 粒子的粒径变得更小、分布更均匀，试样断面变得凹凸不平。这是由于扩链后 r-ABS-PBO 的分子链增长，分子相互缠结的程度增加，增强了 PB 与 SAN 之间的结合力。

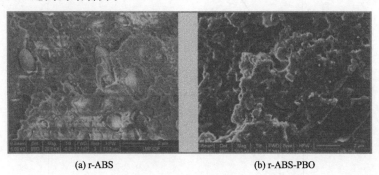

(a) r-ABS　　　　　　　(b) r-ABS-PBO

图 7-2　r-ABS 和 r-ABS-PBO 的 SEM 照片

（二）　TPU-*g*-MAH 增韧废旧 ABS

ABS 塑料是一类通用的工程塑料，广泛应用于电器电子产品部件、汽车零部件等。本例利用马来酸酐中的酸酐基团与热塑性聚氨酯中残留的异氰酸酯（—NCO）基团发生化学反应，制成 TPU-*g*-MAH 接枝物。TPU-*g*-MAH 接枝物中马来酸酐双键在引发剂的作用下与废旧 ABS 中的剩余双键发生接枝反应，增加弹性体 TPU 与废旧 ABS 的相容性，提高废旧 ABS 的冲击强度。

1. 配方

	质量份		质量份
回收 ABS	100	DCP	0.5
TPU-*g*-MAH	20		

注：热塑性聚氨酯（TPU）型号为 T1175-98A，浙江台州埃克森聚氨酯有限公司。

2. 加工工艺

① TPU-*g*-MAH 的制备：将 TPU 干燥后与 MAH 按照一定比例在高速混合机中均匀混合，最后将均匀混合料在双螺杆的挤出机中挤出和造粒，将粒料干燥后密封保存备用，其中挤出温度为 140~160℃。

② TPU-*g*-MAH 增韧废旧 ABS 的制备：将制备好的 TPU-*g*-MAH 和废旧 ABS，引发剂 DCP 按照一定比例在高速混合机中均匀混合，然后将均匀混合料在双螺杆挤出机中挤出和造粒，挤出温度为 160~180℃。

3. 参考性能

当 TPU-*g*-MAH 的用量为 20 份，DCP 的用量为 0.5 份时，共混物的缺口冲击强度为 20.2kJ/m²，比改性前提高了 92.4%，拉伸强度为 32.8MPa，比改性前降低了 6.6%，熔体流动速率为 5.8g/10min，比改性前提高了 38.1%。TPU-*g*-MAH 的用量对共混物性能的影响见图 7-3~图 7-5。综合上述分析，当 TPU-*g*-MAH 的用量为 20 份，DCP 的用量为 0.5 份时，废旧 ABS 的综合性能最好，还可以改善废旧 ABS 的流动性能。

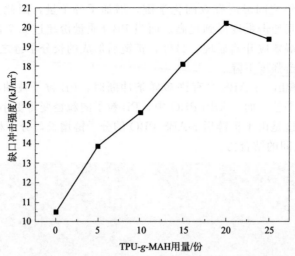

图 7-3　TPU-*g*-MAH 的用量对复合材料缺口冲击强度的影响

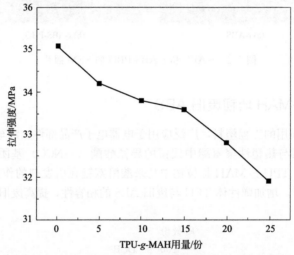

图 7-4　TPU-*g*-MAH 的用量对复合材料拉伸强度的影响

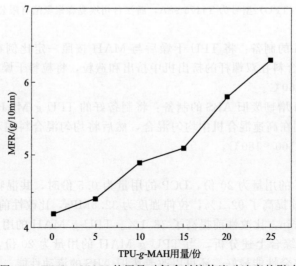

图 7-5　TPU-*g*-MAH 的用量对复合材熔体流动速率的影响

（三） 环氧树脂增韧废旧 ABS

针对 r-ABS 的断链降解，一种恢复其分子量的有效方法是加入扩链剂，通过扩链剂的官能团与 r-ABS 反应，提高 r-ABS 的分子量，增加 r-ABS 分子链的长度。本研究所用的环氧树脂 ADr-4370S 是一种含有缩水甘油酯型环氧基团的化合物，可以与 r-ABS 上因老化产生的羧基进行反应，起到扩链作用。

1. 配方

	质量份		质量份
r-ABS	100	ADR	0.7

注：r-ABS 的熔体流动速率为 5.22g/10min，顺德塑料回收公司；环氧树脂 ADR-4370S 的 $M_n \approx 6800$，广州某生物科技有限公司。

2. 加工工艺

将 r-ABS 和 ADR 分别在 80℃，30℃ 的真空干燥箱中干燥 12h；然后将 r-ABS 和 ADr 在双螺杆挤出机中进行扩链，挤出机温度控制在 190～210℃，螺杆转速分别设为 60r/min、80r/min、100r/min。挤出造粒干燥后，用注塑机注塑成型，成型温度控制在 205～215℃。

3. 参考性能

图 7-6 为 ADR 含量对 r-ABS 性能的影响。当 ADR 含量为 0.7phr 时，r-ABS 的冲击强度最高，缺口冲击强度达到 $6.33kJ/m^2$，比未加扩链剂时提高了近 3 倍，同时拉伸强度和弯曲强度有所提高。

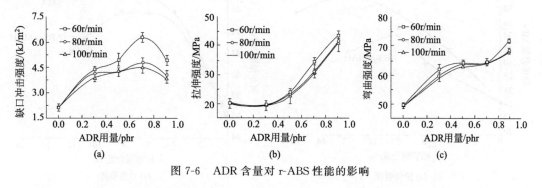

图 7-6　ADR 含量对 r-ABS 性能的影响

（四） 中药渣纤维/回收 ABS

我国中药工业每年产生多达 3000 万吨中药渣，如何对中药渣进行有效回收利用已引起很多学者的关注。因此，对废弃 ABS 塑料和废弃中药渣进行废物回收再利用具有重大的社会意义和经济价值。药渣经处理后制得的纤维不仅可以对复合材料起"增量"作用，而且可以有效地发挥其"增强"作用。本例以经连续性蒸汽爆破处理制得的纤维增强体与回收 ABS 为基本原料，利用开炼机进行熔融共混，可制得性能优良的中药渣纤维/回收 ABS 复合材料。

1. 配方

	质量份		质量份
回收 ABS	100	TPW604	4
中药渣	100	抗氧剂 1010	0.5
SMA/ABS-g-MAH	12/8		

注：马来酸酐接枝 ABS（ABS-*g*-MAH），KT-2，接枝率 1.2%～1.5%，广州金舟化工有限公司；马来酸酐接枝聚苯乙烯（SMA），KT-5，接枝率 15%～18%，广州金舟化工有限公司；润滑剂，TPW604，美国 Struktol 公司。

2. 加工工艺

将使用蒸汽爆破处理制得的药渣纤维、回收 ABS 及加工助剂在真空条件、80℃下干燥12h。按配比将各组分原料混合均匀，其中中药渣纤维和回收 ABS 以质量比 1∶1 混合，偶联剂和润滑剂按占中药渣纤维的质量比例计算，抗氧剂按占回收 ABS 的质量比例计算；利用开炼机在 200℃下混炼 10min；把混炼均匀的共混物置于平板硫化机中，在 200℃、15MPa 下保压 6min，然后置于冷压机中冷却至室温，制得复合材料片材。

3. 参考性能

SMA、ABS-*g*-MAH 相容剂均可改善中药渣纤维/回收 ABS 复合材料的拉伸性能、弯曲性能。图 7-7 为相容剂含量对复合材料拉伸性能的影响；图 7-8 为相容剂含量对复合材料弯曲性能的影响；图 7-9 为相容剂含量对复合材料冲击性能的影响。其中，分别添加 12% 的 SMA 和 8% 的 ABS-*g*-MAH 时，复合材料可获得最佳的综合性能；在拉伸、弯曲强度方面，SMA 的提升能力较 ABS-*g*-MAH 强；但在拉伸、弯曲模量方面则相反；SMA、ABS-*g*-MAH 对复合材料冲击性能的影响不显著。TPW604 润滑剂也可改善中药渣纤维/回收 ABS 复合材料的力学性能。其中，添加 4% 的润滑剂时，复合材料可获得最佳的综合性能。

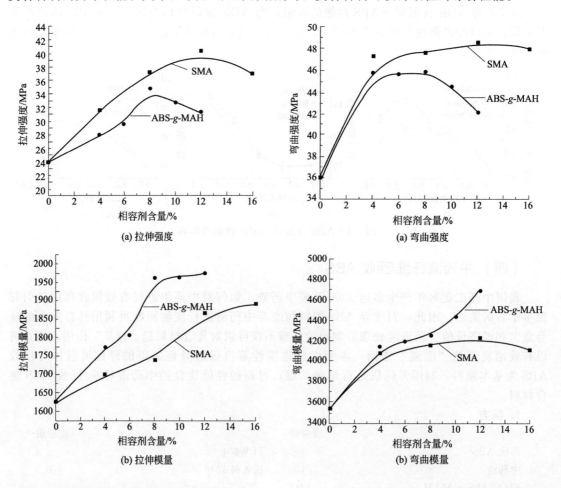

图 7-7 相容剂含量对复合材料拉伸性能的影响　　图 7-8 相容剂含量对复合材料弯曲性能的影响

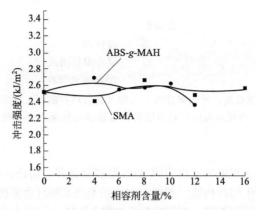

图 7-9　相容剂含量对复合材料冲击性能的影响

（五）废旧洗衣机 ABS 塑料增韧

废旧洗衣机的 ABS 的悬臂梁缺口冲击强度较低，现有的 ABS 增韧技术无法满足洗衣机 ABS 的改性。本例为解决上述技术问题的方案是提供一种废旧洗衣机 ABS 塑料增韧的方法。

1. 配方

	质量份		质量份
废旧洗衣机的 ABS 塑料	97	苯乙烯-丙烯腈-丁二烯核壳型聚合物	0.3
色母粒	1	苯乙烯-丁二烯-苯乙烯嵌段共聚物	0.2
硬脂酸锌	0.1	石蜡油	0.3

2. 加工工艺

先按照如下质量配比精确称取各种物料：将废旧洗衣机的 ABS 塑料粉碎至粒径≤10mm，然后将粉碎得到的废旧洗衣机的 ABS 粉碎料和上述配方的其他组分一起放入高混机搅拌均匀。再将搅拌均匀的破碎料一起放入双螺杆挤出机，在 160～210℃下熔融混炼，所得材料经挤出机挤出牵条后在冷却槽中冷却，再将其引入切粒机进行切粒，得到高冲击强度的增韧 ABS 塑料。

3. 参考性能

从表 7-1 可以看出，经过改性后的增韧 ABS 塑料，其拉伸强度、弯曲强度、弯曲模量、熔体流动速率和断裂伸长率都有小幅度提升，悬臂梁缺口冲击强度提高为原来的 250%。

表 7-1　改性前后的增韧 ABS 塑料性能对比

检测项目	增韧前	增韧后	检测项目	增韧前	增韧后
拉伸强度/MPa	25	26	弯曲模量/MPa	2000	2050
悬臂梁缺口冲击强度/(kJ/m²)	4	10	熔体流动速率/(g/10min)	22	22
弯曲强度/MPa	23	25	断裂伸长率/%	19	19

（六）环保抗菌塑料桶

作为塑料制品，塑料桶在盛装液体时，相比于其他材料具有轻便、抗腐蚀效果好、价格低廉、不易渗漏等优点，而在一些特殊环境下，对于塑料桶还有抗菌的要求。本例提供了一种环保抗菌塑料桶，以解决塑料桶抗菌效果的市场需求。

1. 配方

	质量份		质量份
聚乙烯	35	增韧剂	12.5
聚氯乙烯	35	复合型抗菌剂	4
再生 ABS 颗粒	25	ABS 高光母粒	1.5

注：复合型抗菌剂包括有机烷、可水解硅烷、三唑基化合物和沸石。环保抗菌塑料桶一般在制造的时候还会在结构上根据需要设计物理抗菌层，采用原料抗菌和结构抗菌双重手段，这样可以以较低的生产成本获得更好的抗菌效果。

2. 加工工艺

再生 ABS 颗粒是废弃家用电器或汽车用 ABS 塑胶经破碎、清洗、挤出、造粒工序制备而成的。ABS 高光母粒是将透明 ABS 树脂、颜料和加工助剂经双螺杆密炼机挤出造粒而成。配料搅拌均匀，并依次利用挤出机挤出颗粒料，利用吹塑机吹塑出坯料，最终通过成型机模具制备成型。

（七）再生 ABS 塑料原位增韧 MC 尼龙 6

为了有效二次利用回收的 ABS 塑料产品，利用 ABS 塑料增韧 MC 尼龙 6 是一种有效提高其力学性能的方法。但是，ABS 塑料一般需要进行表面处理，才能使塑料与基体之间的结合牢固，从而提高复合材料的力学性能。因此，在 ABS 塑料增韧体系中，如何方便地、有效地改善塑料与基体之间的结合是 ABS 塑料增韧复合材料的关键。本例提供一种再生 ABS 塑料原位增韧 MC 尼龙 6 复合材料的阴离子原位制备方法，通过该方法所制备的复合材料，ABS 塑料与 MC 尼龙 6 之间的结合是在聚合过程中原位形成的，具有不需要表面处理的特点。所制备的复合材料不仅具有 MC 尼龙 6 的优良性能，而且具有比 MC 尼龙 6 更优秀的力学性能，特别是拉伸强度、弹性模量、缺口冲击强度有大幅度提高。

1. 配方

	质量份		质量份
己内酰胺	100	ABS	1
氢氧化钠	0.4	甲苯二异氰酸酯	0.5

2. 加工工艺

将 100 质量份的己内酰胺单体置于反应容器中加热至 110℃，使己内酰胺单体熔融得到己内酰胺熔体，真空脱水 30min，真空压为 $10^{-1} \sim 10^{-3}$Pa。然后，打开反应容器的阀门，解除真空，将反应容器加热至 160℃，往反应容器加入 0.4 质量份的氢氧化钠，真空脱水 30min，真空压为 $10^{-1} \sim 10^{-3}$Pa。

接着打开反应容器的阀门，解除真空，将反应容器加热至 160℃，往反应容器中加入 1 质量份的再生 ABS 塑料，磁力搅拌 30min，使再生 ABS 塑料在己内酰胺熔体中分散均匀，并且发生一定的碱解反应，制得均匀分散的再生 ABS 塑料/己内酰胺熔体。最后，打开反应容器的阀门，解除真空，往反应容器中加入 0.5 质量份的 2，4-甲苯二异氰酸酯，迅速混匀后，将混匀的物料倒入预热至 180℃的模具中，保温 1h 后自然冷却即得再生 ABS 塑料原位增韧 MC 尼龙 6 复合材料。

3. 参考性能

其性能如下：拉伸强度 85MPa，弹性模量 610MPa，缺口冲击强度 27kJ/m²，断裂伸长率 155%。

（八）废旧印刷电路板非金属粉增强的废旧 ABS

印刷电路板（printed circuit board，PCB）作为电子产品中不可缺少的重要组成部件，被广泛应用于大型计算机和家用电器等各种电子设备中。随着信息产业的高速发展，印刷电路板的生产需求和废弃量也急剧增长。现有废弃印刷电路板的资源化技术较多关注于有价金属的回收，而对其中占总质量 60% 以上的非金属材料资源化和无害化研究较少。如果不能妥善处理这些非金属材料，不仅会造成大量资源流失，而且还将会对环境造成严重污染。本例提供了一种废旧印刷电路板非金属粉增强的废旧 ABS 基复合材料，该复合材料具有较好的力学性能。

1. 配方

配方 1：

	质量份		质量份
废旧 PCB 非金属粉	30	γ-氨丙基三甲氧基硅烷	1

配方 2：

	质量份		质量份
ABS	90	硬脂酸锌	2.5
PA6	10		

配方 3：

	质量份		质量份
废旧 PCB 非金属粉	30	硬脂酸锌	2.5
ABS/PA6 基体材料	70		

2. 加工工艺

取废旧印刷电路板，将废旧印刷电路板进行破碎、分选，得到废旧 PCB 非金属粉；将含有氨基的偶联剂 γ-氨丙基三甲氧基硅烷（APS，购自南京辰工有机硅材料有限公司，CG-551）加入蒸馏水中，溶解得到混合溶液，然后用乙酸调节混合溶液的 pH 值为 4.5，进行水解，得到质量分数为 1% 的 γ-氨丙基三甲氧基硅烷的水解溶液，将废旧 PCB 非金属粉置于 γ-氨丙基三甲氧基硅烷的水解溶液中，废旧 PCB 非金属粉和 γ-氨丙基三甲氧基硅烷的质量比为 30∶1，在 90℃下持续搅拌 1h，然后先用蒸馏水水洗三次，再用乙醇清洗数次，以除去残留的 γ-氨丙基三甲氧基硅烷，在 100℃下干燥 5h，制得改性后的废旧 PCB 非金属粉。

将废旧 ABS 块破碎，清洗干净，在 90℃下干燥 2h，制得废旧 ABS 颗粒，将 PA6 颗粒 80℃下干燥 12h，然后将废旧 ABS 颗粒、PA6 颗粒、润滑剂硬脂酸锌在 180℃混合均匀后，加入同向双螺杆挤出机中进行挤出造粒；并同时用水冷却，制得 ABS/PA6 基体材料。PA6 的质量为废旧 ABS 和 PA6 总质量的 10%；润滑剂硬脂酸锌的质量为废旧 ABS 颗粒和 PA6 总质量的 2.5%。

将 ABS/PA6 基体材料置于真空干燥箱中，90℃下干燥 8h；将改性后的废旧 PCB 非金属粉、ABS/PA6 基体材料和润滑剂硬脂酸锌在 180℃下混合均匀后，废旧 PCB 非金属粉的质量为废旧 PCB 非金属粉、ABS 和 PA6 总质量的 30%，润滑剂硬脂酸锌的质量为废旧 PCB 非金属粉、废 ABS 和 PA6 总质量的 2.5%，加入同向双螺杆挤出机中，挤出成型，并同时用水冷却，制得废旧 PCB 非金属粉增强的废 ABS 基复合材料；复合材料中，废旧 PCB 非金属粉的质量为废旧 PCB 非金属粉、ABS 和 PA6 总质量的 30%，PA6 的质量为 ABS 和 PA6 总质量的 10%。

3. 参考性能

从表 7-2 中可以看出，制得的复合材料的冲击强度、拉伸强度、弯曲模量和弯曲强度的性能均好于对比样 1～3。其中，对比样 1 中没有加入废旧 PCB 非金属粉，也没有加入 PA6。在制备过程中，木粉的热稳定性不好、容易被分解，导致最终得到的复合材料的韧性不好。对比样 2 中没有加入 PA6，PCB 与 ABS 的界面相容性较差，得到的复合材料的力学性能也不好。对比样 3 中没有加入 ABS，只加入 PCB 和 PA6。由于 PA6 的吸水性较强，如果复合材料中没有加入其他塑料，以替换部分 PA6 会导致复合材料的吸水性较强，导致材料易弯曲、变形，力学性能较差。

表 7-2　复合材料性能对比

项目	对比样 1	对比样 2	对比样 3	配方样
拉伸强度/MPa	45.5	78	71.3	84
冲击强度/(kJ/m²)	8.7	9.1	10.3	11.7
弯曲强度/MPa	2621	6500	3390	6805
弯曲模量/MPa	75.6	79.4	102.55	162.70

（九）低成本塑料容器

本例提供一种低成本塑料容器。

1. 配方

配方 1：

	质量份		质量份
废旧轮胎胶粉	90	乙基纤维素	20
十二氟庚基丙基三甲氧基硅烷	3	四氯化碳	41
聚乙二醇	8	柠檬酸三丁酯	2
钛酸铝	2	液体石蜡	60
硅藻土	4	2-巯基苯并噻唑	0.2

配方 2：

	质量份		质量份
高密度聚乙烯	90	8-羟基喹啉铜	0.8
ABS 回收料	14	邻苯二甲酸二丁酯	3
端羟基聚丁二烯	2	甲基丙烯酸锌	0.6
仲钨酸铵	0.4	氧化铝	1
对氯间二甲基苯酚	0.7	二甲基乙醇胺	0.5
聚乙烯醇	2	炭黑	10
四硼酸钾	2	氟化胶料	16

2. 加工工艺

① 氟化胶料制备：将聚乙二醇、乙基纤维素混合加入四氯化碳中，超声振动 5min，得溶液 a；将柠檬酸三丁酯加入液体石蜡中，搅拌均匀后，升高温度为 90℃，滴加上述溶液 a，滴加完毕后保温反应 2h，将硅藻土与钛酸铝混合，磨成细粉后加入，陈化 4h，压滤，干燥，得干粉；将废旧轮胎胶粉、上述干粉混合，加热到 65℃，加入十二氟庚基丙基三甲氧基硅烷，保温搅拌 30min，升高温度为 160℃，加入 2-巯基苯并噻唑，在微波频率为 2450MHz 的微波辐照下作用 4min，得氟化胶料。

② 容器制备：将 ABS 回收料、端羟基聚丁二烯混合，加热到 80℃，加入邻苯二甲酸二丁酯、上述高密度聚乙烯质量的 10%，升高温度为 100℃，保温搅拌 10min；将四硼酸钾加入 6 倍去离子水中，搅拌均匀后加入聚乙烯醇、8-羟基喹啉铜，加热到 70℃，加入炭黑、氧化铝，保温搅拌至水干，与氟化胶料混合，160r/min 搅拌分散 10min；将上述处理后的各

原料与剩余各原料混合，加入挤出机中，通过挤出机熔融挤出成圆管；将尚在熔融状态下的圆管导入已设计好一定形状的模具中，将模具闭合，同时吹入高压空气使其按照已设定的模具成型，对模具冷却定型，然后开始模腔，得到已定型的制品。

3. 参考性能

性能测试具体如下。

拉伸强度：56MPa；

弯曲强度：61MPa；

抗冲击强度：17.6kJ/m²。

（十）改性 ABS 新能源蓄电池外壳专用材料

ABS 被广泛应用于汽车仪表台、家电外壳、办公用品及管型材等领域。聚对苯二甲酸丁二醇酯（PBT）作为结晶型聚酯，与典型的非结晶性聚合物混合，可形成性能互补。本发明改性 ABS 新能源蓄电池外壳专用材料选用 ABS 再生料、PETG 再生料和 TOT 再生料混合使用，配以多种功能性添加剂，制得同时具有较好的韧性、耐腐蚀性、耐油性、耐寒性、耐候性以及抗老化性能的改性 ABS 材料，可满足新能源蓄电池外壳对材料的耐油性、耐寒性和耐腐蚀性的高要求，可作为新能源蓄电池外壳的专用材料使用。

1. 配方

	质量分数/%		质量分数/%
ABS 再生料	40	耐寒剂丁基橡胶	2
PETG 再生料	15	抗氧化剂 1010	0.2
TOT 再生料	15	抗氧剂 168	0.2
增韧剂丁腈橡胶	12	抗紫外线剂 UV770	0.2
增塑剂 BBP	10	润滑剂硬脂酸	0.2
相容剂 GMA	5	分散剂硬脂酸镁	0.2

2. 加工工艺

将 ABS 再生料、PETG 再生料和 TOT 再生料投入混匀机，以 100～120r/min 低速搅拌，混合均匀 8～10min；混匀物料中加入增韧剂和增塑剂，以 100～120r/min 低速搅拌，混合均匀 6～8min；混匀物料中加入相容剂和耐寒剂，搅拌混匀 4～6min；混匀物料中加入抗氧化剂、抗紫外线剂和分散剂，搅拌混匀 2～3min；得到的混匀物料投入双螺杆造料机中进行混合造粒，主机转速为 80～100r/min，喂料速度为 30～40r/min，螺杆加热温度为200～230℃。

3. 参考性能

ABS 新能源蓄电池外壳专用材料的性能见表 7-3。

表 7-3 ABS 新能源蓄电池外壳专用材料的性能

项　目	制备例 1	制备例 2	制备例 3	制备例 4	制备例 5
缺口冲击强度/(kg·cm/cm)[①]	60	45	52	57	49
拉伸强度/MPa	42	38	45	43	40
断裂伸长率/%	28	30	26	25	31
弯曲强度/MPa	125	118	129	127	123
耐腐蚀性	未开裂	未开裂	未开裂	未开裂	未开裂
耐寒性	未开裂	未开裂	未开裂	未开裂	未开裂

① 1kg·cm/cm≈0.01kJ/m。

（十一） 注塑用回收 ABS 粒料

针对 ABS 橡胶相和接枝链段的破坏，可以采取增韧的方法。热塑性树脂增韧的方法通常是在基体中引入弹性体，形成网相结构，同时兼顾与基体树脂的相容性。如商用产品中，HIPS 就是在 PS 中引入了聚丁二烯链段，改善了 PS 的脆性，提高了其抗冲击性能，以及在 PP 中引入 EPR（乙丙橡胶）也可以大幅度提高 PP 的韧性。因此，在 ABS 中同样可以通过加入一定弹性体来弥补由于丁二烯链段的饱和和接枝链段的破坏导致的抗冲击性能下降，这样的弹性体包括 MBS、CPE、丁苯橡胶、丁腈橡胶、POE（聚烯烃弹性体）、EPDM、EPR、SBR 接枝 SAN、ABS 高胶粉、SBS、SEBS 等。

除了弹性体增韧外，无机纳米粒子增韧是近年来的热点，其增韧的原理与弹性体增韧类似，在热塑性树脂的本体内形成均匀分布的两相结构。与弹性体增韧不同的是，由于无机纳米粒子的高刚性特点以及在基体内的骨架作用，无机纳米粒子增韧的同时还能提高树脂的弹性模量和热变形温度，而这一点正好可以弥补 ABS 由于断链导致的弹性模量和热变形温度的降低。这样的无机纳米粒子包括纳米碳酸钙、纳米氧化硅、纳米氧化钛、纳米氧化锌等。这些无机纳米粒子的缺点是与树脂相容性差，会导致拉伸强度恶化，但可以通过一些相容剂得以改善，如各种表面活性剂包括硬脂酸、铝酸酯、钛酸酯、有机硅等，以及高分子相容剂 ABS 接枝马来酸酐、POE 接枝马来酸酐等。

因此，对于 ABS 抗冲击性问题，同时兼顾模量和热变形温度，可以考虑复合增韧的方法，即采用弹性体增韧和无机纳米粒子增韧复合作用。对于增韧体系的添加量，可以根据 ABS 的光老化程度和需要达到的抗冲击水平决定，无机纳米粒子的添加量不宜过高，过高会出现分散不均及团聚的问题，这对增韧不利。

此外，ABS 中含有一定量过氧化物，而这些过氧化物是紫外线的光敏剂，它们的存在，会加剧 ABS 的光老化。因此，在增韧的同时也要尽量消除过氧化物的影响，使得 rABS 树脂具有持效性。消除过氧化物的影响，有多种途径：一是添加过氧化物分解剂和过氧化物抑制剂，如 HALS（受阻胺）和受阻酚抗氧化剂；二是控制紫外线的吸收，可以通过添加光屏蔽剂，如 TiO_2，或者紫外线吸收剂，如苯并三唑类；三是控制自由基，如 HALS 类自由基捕捉剂，通常是通过组合的光稳定助剂来消除 ABS 中过氧化物的影响，使 ABS 的力学性能得以持续。在光稳定剂中，一般要有 HALS，它可以有效地分解已存在的过氧化物，其他的协同光稳定剂可以是另外的一种或两种，根据实验结果确定。光稳定剂的添加量通常在 0.2% 左右。本例利用设计、合理配方，能够改善回收 ABS 的力学性能，并使回收的 ABS 具有持效性，使废旧 ABS 可以应用于注塑产品中，降低了成本，同时也降低了环境污染。

1. 配方

配方 1：

	质量分数/%		质量分数/%
回收 ABS	89.5	抗氧剂 B215	0.2
SBR 接枝 SAN 弹性体	7	纳米碳酸钙	3
过氧化物分解剂 C944	0.1	硬脂酸	0.06
光稳定剂 UV326	0.2		

配方 2：

	质量分数/%		质量分数/%
回收 ABS	86.5	抗氧剂 B215	0.2
ABS 高胶粉	10	纳米碳酸钙	3
过氧化物分解剂 C944	0.1	硬脂酸	0.06
光稳定剂 UV326	0.2		

配方 3：

	质量分数/%		质量分数/%
回收 ABS	81.5	抗氧剂 B215	0.2
MBS	15	纳米碳酸钙	3
过氧化物分解剂 C944	0.1	硬脂酸	0.06
光稳定剂 UV326	0.2		

配方 4：

	质量分数/%		质量分数/%
回收 ABS	89.5	抗氧剂 B215	0.2
SBR 接枝 SAN 弹性体	7	氧化钛	3
过氧化物分解剂 C944	0.1	硬脂酸	0.06
光稳定剂 UV326	0.2		

2. 加工工艺

将各组分按配比称取，于高速搅拌机中混合 4min，出料，将混合料的原料置于双螺杆挤出机中造粒，挤出机的温度为 200℃，转速为 350r/min。将粒子在注塑机中成型为测试样条，并按相应的标准测试各性能。

3. 参考性能

表 7-4 为配方 1～配方 4 中 ABS 性能测试结果。

表 7-4　配方 1～配方 4 中 ABS 性能

性能测试项目	配方 1	配方 2	配方 3	配方 4
拉伸强度/MPa	36.0	34.2	32.6	35.7
缺口冲击强度/(kJ/m²)	25.3	22.8	21.7	24.7
弯曲模量/MPa	1950	1870	1820	1920
热变形温度/℃	72	68	69	69
1000h 紫外线照射后的冲击保持率/%	70	71	69	85

（十二）再生料聚碳酸酯/再生料 ABS 合金

本例的目的在于针对现有技术的不足，提供一种以聚碳酸酯原料、聚碳酸酯再生料、ABS 再生料为主要原料，合成具有高性能、高阻燃、高抗冲、高稳定性和抗静电等特点的聚碳酸酯/ABS 合金。回收料制得的聚碳酸酯/ABS 合金，具有高性能、高阻燃、高抗冲、高稳定性和抗静电等特点，用于制备智能电表壳体及端子排时，其各项指标能满足或超过国家电力系统对智能单相三相电表壳体及端子排的材料标准，而且材料稳定性高、质量好。

1. 配方

	质量份		质量份
聚碳酸酯	25	抗氧剂 1010	0.5
聚碳酸酯再生料	38	抗氧剂 168	0.3
ABS 再生料	20	抗紫外线剂 UV-531	0.5
MBS	9.1	扩散粉 EBS	0.08
磷酸三苯酯	5	群青蓝色粉	0.06
FR2025 防火剂	0.5	氧化铁红色粉	0.04
二氧化钛	1	耐高温荧光黄色粉	0.01

聚碳酸酯再生料采用任何一种聚碳酸酯再生料均可，如聚碳酸酯次料、次品或回收品等；聚碳酸酯/ABS 合金可以制备智能电表壳体或端子排，由于智能电表壳体具有一定颜色要求，所以当聚碳酸酯/ABS 合金用于制备智能电表壳体的时候，聚碳酸酯再生料最好不采

用具有黑色、深蓝色或大红色等深颜色的聚碳酸酯再生料，因为将再生料颜色变浅是需要成本的，而当聚碳酸酯/ABS合金用于制备端子排的时候，则不对聚碳酸酯再生料的颜色进行要求。

MBS是甲基丙烯酸甲酯-丁二烯-苯乙烯共聚物的英文缩写，起到增韧的作用，克服聚合物的脆性，采用市售的任何一种MBS均可实现。磷酸三苯酯的英文缩写是TPP，起到克服ABS的易燃性，提高聚合物阻燃性的作用，采用市售的任何一种磷酸三苯酯均可。FR2025防火剂为市售产品，FR2025防火剂是环保阻燃剂，起到阻燃剂的作用。二氧化钛可对原料配方中再生料的颜色起到消杂色、增白的作用，使得产品的色泽更合适。抗氧剂1010和抗氧剂168均为市售产品，起到抗热、抗老化的作用。抗紫外线剂UV-531为市售产品，起到克服聚碳酸酯在紫外线照射作用下降解；扩散粉EBS为市售产品，起到润滑、扩散的作用。

上述群青蓝色粉、氧化铁红色粉和耐高温荧光黄色粉的作用是搭配在一起调制出的颜色符合用户要求的1U、4U；群青蓝色粉、氧化铁红色粉和耐高温荧光黄色粉采用市售产品即可。

2. 加工工艺

将聚碳酸酯、聚碳酸酯再生料、ABS再生料、MBS、磷酸三苯酯、FR2025防火剂、二氧化钛、抗氧剂1010、抗氧剂168、抗紫外线剂UV-531、扩散粉EBS、群青蓝色粉、氧化铁红色粉和耐高温荧光黄色粉混合均匀后送入双螺杆挤出机中，在210～250℃下熔融混炼，所得熔体由双螺杆挤出机挤出后，经水槽冷却，引入切粒机进行切粒操作，收集粒料即为回收料聚碳酸酯/ABS合金。

3. 参考性能

表7-5为聚碳酸酯/ABS合金的性能测试结果。

表7-5　聚碳酸酯/ABS合金的性能测试结果

性质	方法	样品	性质	方法	样品
相对密度	ASTM-D792	1.16	热变形温度/℃	ASTM-D648	95
模收缩率/%	ASTM-D955	0.4	耐燃性	UL-94	V-0
拉伸强度/MPa	ASTM-D638	680	干燥温度/℃	—	90
弯曲强度/(kJ/cm²)	ASTM-D790	1100	干燥时间/h	—	4
延伸率/%	ASTM-D638	90	熔融温度/℃	—	210
弯曲模量/(kJ/cm²)	ASTM-D790	26800	建议模温/℃	—	50
缺口冲击强度(23℃)/(kg·cm/cm)	ASTM-D256	70			

（十三）PC/ABS废旧料回收配方

本例提供了PC/ABS废旧料回收配方。该配方采用共混过程中添加相容剂、增韧剂、阻燃剂、抗老化剂等助剂的方法，对PC/ABS废旧料进行环保再生利用，使PC/ABS废旧料的各项性能均可以达到PC/ABS原料水准，因此可降低生产成本，避免污染环境。

1. 配方

	质量份		质量份
PC/ABS废旧料	81	三氧化二锑	2
SMA树脂	3	丙烯酸类抗冲改性剂	5.5
MBS	3	抗氧剂1010	0.3
溴化聚碳酸酯(含溴量58%)	6	紫外线吸收剂	0.2

相容剂可为SMA树脂，其为苯乙烯（S）和马来酸酐（MA）无规共聚物。另外，市面

上常见的同类型树脂也可代替，增韧剂可为 ACR（甲基丙烯酸酯-丙烯酸酯共聚物）、MBS（甲基丙烯酸甲酯-丁二烯-苯乙烯共聚物）、MMB（甲基丙烯酸甲酯-丁二烯共聚物）或 ASA（丙烯腈-苯乙烯-丙烯酸酯共聚物）等。

溴系阻燃剂可为溴化聚碳酸酯、十溴二苯醚、八溴醚、四溴双酚 A、四溴双酚 A 聚碳酸酯低聚物、六溴环十二烷或环保型溴系阻燃剂十溴二苯乙烷等。锑系阻燃剂可为三氧化二锑、五氧化二锑或锑酸钠等。抗氧剂可为抗氧剂 1010、抗氧剂 2921 等。

2. 加工工艺

该共混料通过挤出机混炼造粒，所得混炼造粒经注塑成型制成成品，最后按国家标准 GB/T 13525—1992 测试所得成品的力学性能及按美国电工协会 UL94 标准测试其阻燃性能，并按照国家标准 GB/T 3682—2000 测量产品的熔体流动速率（MFR），其结果与改善前 PC/ABS 原料相关性能对比如表 7-6 所示。

3. 参考性能

测试结果与改善前 PC/ABS 原料相关性能对比如表 7-6 所示。PC/ABS 废旧料的各项性能均可以达到 PC/ABS 原料水准。

表 7-6　回收料与纯料之间的性能对比

项目	纯料	回收料	项目	纯料	回收料
冲击强度/(kJ/m²)	44	47.71	熔体流动速率/(g/10min)	17	18.31
拉伸强度/MPa	62	59.5	阻燃性（UL94）	V-0	V-0

废旧聚碳酸酯的再生利用

（一）再生 PC／PET 无卤阻燃合金

考虑到使用的可能性，目前市场上用于 OA 行业的含有再生材料的产品大多为聚碳酸酯

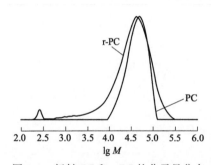

图 8-1　新料 PC 和 r-PC 的分子量分布

（PC）/丙烯腈-丁二烯-苯乙烯塑料（ABS）无卤阻燃产品。其中含有 10%～20% 的再生 PC（r-PC）由于扩大生产后的稳定性问题，市场上很少有更高添加比例的此类再生材料出现。由于 PC、PET 再生料的来源不一，而且都经过了使用过程，其性能与新材料相比均会有较多下降，很难直接用于工程塑料。图 8-1 为新料 PC 和 r-PC 的分子量分布。从图 8-1 中可以看出，r-PC 在使用后分子量的分布明显大于新料，而且，会有一定含量的小分子物质。因此，对于劣化后的材料，都需要进行优化处理。由于 r-PET 的主要来源是回收的矿泉水瓶，

相对于 PC 的来源更广，更复杂，经历的热、氧历史更复杂，而且瓶级 PET 的分子量普遍较小，不适合工程塑料的改性。为了提高 r-PET 的加工稳定性和分子量，需要对r-PET进行扩链处理。本例提供一种再生 PC/PET 无卤阻燃合金的制备方法。

1. 配方

配方 1：PET 扩链母粒	质量份		质量份
回收 PET	100	助剂	0.2
AS-*g*-GMA	15		

配方 2：阻燃合金	质量份		质量份
回收 PC	35	AS-*g*-GMA1	1.5
PET	10	增韧剂	10
PC	30	其他助剂	15

注：丙烯腈-苯乙烯塑料接枝甲基丙烯酸缩水甘油酯（AS-*g*-GMA1）：SAG-001，南通日之升高分子新材料科技有限公司。

2. 加工工艺

PET 扩链母粒的加工。按照表 8-2 试验材料的配比，将物料混合均匀，按照表 8-1 的条

件设定挤出机的各区温度，设定转速为 450r/min，调整扭矩为最大扭矩的 75%，通过挤出机挤出并造粒得到 PET 扩链母粒。

表 8-1 挤出实验温度条件 单位：%

挤出区域	r-PET 扩链	含再生材料的 PC/PET 无卤阻燃合金	挤出区域	r-PET 扩链	含再生材料的 PC/PET 无卤阻燃合金
第一区	230	220	第六区	255	250
第二区	240	235	第七区	255	250
第三区	250	245	第八区	255	250
第四区	255	250	第九区	255	250
第五区	255	250	第十区	250	250

3. 参考性能

按照配方，材料进行了 3 次挤出实验，测试了合金的熔体流动速率（MFR）和缺口冲击强度，验证了材料的稳定性。表 8-2 为含再生材料的 PC/PET 无卤阻燃试样的配方。挤出次数对含再生料的 PC/PET 合金的熔体流动速率（MFR）的影响如图 8-2 所示。图 8-3 为挤出次数对 PC/PET 合金的缺口冲击强度的影响。

表 8-2 含再生材料的 PC/PET 无卤阻燃试样的配方

试样编号	r-PC	PC	r-PET	Δ	AS-g-GMA	PS-g-MAH	增韧剂	其他助剂
8#	35	30	10				10	15
9#	35	30	10		1.5		10	15
10#	35	30	10			1.5	10	15
11#	35	30		10.5	1.5		10	15

注：Δ 为 PET 扩链母粒。

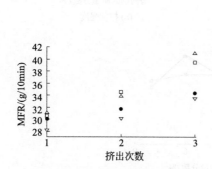

图 8-2 挤出次数对含再生料的 PC/PET
合金的熔体流动速率（MFR）的影响
□—8#；●—9#；△—10#；▽—11#

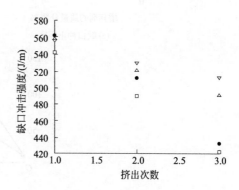

图 8-3 挤出次数对 PC/PET 合金的
缺口冲击强度的影响
□—8#；●—9#；△—10#；▽—11#

（二）聚碳酸酯回收料的增韧改性

PC 经过多次回收再加工，易发生降解，其力学性能，特别是缺口冲击强度会明显下降。研究发现，将 PC 回收料与其他高分子材料共混或者对其进行扩链能够极大地改善材料力学性能。在实际加工生产中，增韧剂的含量是一个重要的控制因素，也是决定材料成品成本的关键因素。本例通过添加增韧剂对聚碳酸酯回收料进行了增韧改性。

1. 配方

	质量分数/%		质量分数/%
r-PC	94	增韧剂 A-688/B-31	6

注：相比于增韧剂 A-688，B-31 能明显改善材料的低温韧性。其中，当其质量分数为 2％和 3％时效果最好。

2. 加工工艺

将 r-PC 在 120℃下干燥 12h，按照一定比例将增韧剂与 PC 回收料用双螺杆挤出机进行熔融共混，挤出温度为 240～270℃，螺杆转速为 50r/min，挤出后风冷并切粒。在 120℃下干燥 4h 后密封备用。

3. 参考性能

图 8-4 为两种增韧剂的含量对 r-PC 的力学性能的影响。从图 8-4 可知，加入两种增韧剂 A-688 和 B-31 后，r-PC 的缺口冲击强度和断裂伸长率均大幅度提高，且随着增韧剂含量的增加而增大。当两种增韧剂的质量分数均为 6％时，共混物的缺口冲击强度由 21kJ/m² 提高至 60kJ/m² 左右，增加到原来的 3 倍；当不加增韧剂时，r-PC 的断裂伸长率为 15％；当增韧剂的质量分数为 6％时，共混物的断裂伸长率提高至 127％，B-31 增韧 r-PC 共混物的断裂伸长率提高至 100％，增韧效果非常明显。但从拉伸性能可以看出，r-PC 韧性的提高是以其拉伸强度的降低为代价的。

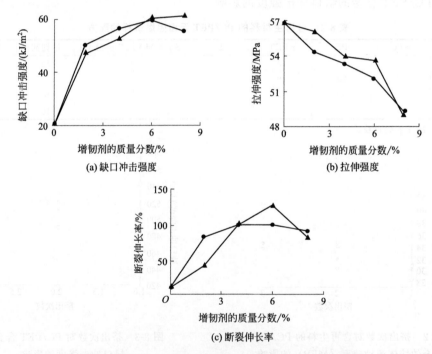

(a) 缺口冲击强度　　　　　(b) 拉伸强度

(c) 断裂伸长率

图 8-4　两种增韧剂的含量对 r-PC 的力学性能的影响
▲—r-PC/A-688；●—r-PC/B-31

图 8-5 是 r-PC 及增韧 r-PC 的 SEM 照片。由图 8-5（b）对比可知，增韧体系的加入，使 r-PC 的断面变得相对平滑，且断裂表面没有大小不均的孔洞分布，说明增韧粒子在 PC 基体中没有发生团聚，粒子均匀分布于 PC 基体中，增韧剂与 r-PC 具有良好的界面相容性。

（三）废旧光盘回收聚碳酸酯

全球光盘复制工厂一年加工 250 亿张光盘成品，产生报废光盘 10 亿张以上，按照每张 15g 计算就达到 1.5 万吨，加上 250 亿个注塑口（按照 0.4g/个估算）和少量聚碳酸酯块料

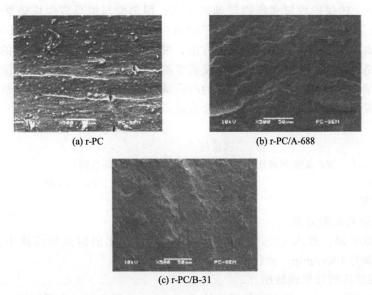

(a) r-PC

(b) r-PC/A-688

(c) r-PC/B-31

图 8-5 r-PC 及增韧 r-PC 的 SEM 照片

约 1 万吨，所以光盘行业每年报废的聚碳酸酯在 2.5 万吨以上，占全球光盘用聚碳酸酯供应量的 5%。这还不包括软件商和音像制品出版发行商报废的光盘，政府抓获的盗版光盘，以及正常使用后报废的光盘数量。

光盘具有多功能层结构，而光学级聚碳酸酯作为基体材料含量最多，占光盘质量的 93% 以上。印刷层主要是涂料和油墨，总厚度约为 0.05mm。金属反射层通常采用铝、金、银以及铜合金，质量较好的光盘使用金作为反射层，其厚度仅为 0.00055mm，还有记录数据层的有机染料，主要是指菁蓝、酞菁蓝染料。如果按照传统焚烧获得热能或者压路机压碎后填埋的销毁方法，光盘上含有的金属等有毒物质仍然存在，都会造成二次污染，不能实现资源的循环利用。

对于废旧光盘的处理目前采用的有超声波法、化学法、机械法，其中化学法能够将光盘的印刷层、保护层与反射层有效分离，最终回收占光盘质量 98% 的聚碳酸酯。光盘复制工厂的注塑口和少量聚碳酸酯块料，在清洗得非常干净以后，原则上可以回收利用，一般是重新造粒后使用。也有不少光盘复制工厂在光盘注塑机上安装注塑口粉碎回收装置，由于没有受到污染，直接混入新料再生产光盘片基；这种方法设备价格较贵，在生产 CD 光盘生产线上应用得较多一些；目前光盘用聚碳酸酯价格上涨幅度很大，这也不失为可考虑的方法之一。

光盘复制工厂接受的预录光盘订单的版权属于出版商所有，报废的光盘实际上相当大的部分仍然可以重放。为了保护客户的知识产权，通常将报废光盘粉碎后再出售（有的客户甚至要求在生产区域内粉碎到每片多少碎块后才能送到废品仓库），或者委托厂方完全可信任的单位销毁信息，保证客户的知识产权不会流失。粉碎了的光盘碎片，已经失去整片光盘的形态，难以采用机械方法除去非聚碳酸酯材料层-反射层、保护胶层和印刷层。化学方法处理报废光盘几乎成了唯一的选择。利用上述化学方法，直接成本低廉，每吨仅约 500 元左右。但是，由于使用强酸、强碱，环境污染严重，只能中和强酸强碱并回收中和产物，保证环境不被污染。可是，这样加工成本就会成倍提高。

所谓的化学方法，是利用反射层与碱或酸反应，使反射层的生成物溶入溶液中，同时将保护胶层（或黏结层）和印刷层剥离下来。例如，用烧碱（NaOH）与铝反应生成偏铝酸钠溶于水，使 CD 上的保护胶层和印刷层剥离下来；用硝酸与银反应生成硝酸银溶于水，使 CD 上的保护胶层和印刷层剥离下来；也有使用一定温度下的烧碱溶液与 DVD 光盘反应，将印刷层等剥离下来。利用上述化学反应方法，报废光盘与强酸、强碱反应的均匀程度和反应时间必须严格控制，否则会使聚碳酸酯发黄变脆，严重降低聚碳酸酯的性能；回收的聚碳酸酯必须用大量清水反复清洗，否则残留的酸或碱将影响后续产品的质量和性能。

本例针对废旧光盘的化学法处理并捏合造粒，确定了最佳工艺条件。

1. 配方

	质量份		质量份
废旧光盘与 1,2-二氯乙烷的固液比	1∶15	抗氧化剂（抗坏血酸）	10
回收 r-PC 料	60	增塑剂（邻苯二甲酸二丁酯）	60

2. 加工工艺

① 化学洗脱液处理光盘。

将废旧光盘剪碎，放入 15％化学洗脱液后，放置在水浴恒温振荡器中，温度保持在 80℃，振荡频率为 100r/min，回收聚碳酸酯基盘。

② 溶解-沉淀法回收聚碳酸酯。

聚碳酸酯基盘与 1,2-二氯乙烷的固液比为 1∶15，容器密封，在不同温度、不同搅拌速率下将聚碳酸酯溶解，过滤，去除不溶的滤渣，再于滤液中加入等体积乙醇，常温下振荡 1h，静置 5h，待聚碳酸酯颗粒沉淀下来后，过滤，分离出聚碳酸酯粗颗粒和混合废液。

③ 混合废液的分离回收。

混合废液由 1,2-二氯乙烷和乙醇组成，在混合废液中加入不同体积水，将 1,2-二氯乙烷与乙醇水溶液分离。

④ 聚碳酸酯粗颗粒捏合造粒。

将聚碳酸酯粗颗粒与抗氧化剂和增塑剂一起捏合造粒。

3. 参考性能

一般高分子材料的阻尼损耗因子为 0.3～0.4，达到 0.6 时阻尼性能较好，从图 8-6 可以看出，在温度为 69℃时阻尼损耗因子达到 0.66，表明回收的聚碳酸酯适合用于阻尼材料，而且阻尼性能偏好。

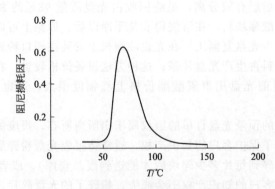

图 8-6 阻尼损耗因子随温度的变化趋势

（四） 再生 PC 和再生 PET 制备阻燃复印件或打印机外装部件

聚碳酸酯（PC）的回收来源方面主要集中在水桶、型材和光盘类。再生 PET 主要用于纤维、片材、非食品包装用瓶以及少量塑钢带和单丝等产品，在工程塑料领域应用较少，一般工程级的 PET 韧性差，再生 PET 的黏度更低，韧性更差，如不能提高韧性，可应用性不强。加入 PC 后可开发无卤阻燃类产品，如家电、OA 类产品在应用上替代无卤阻燃 PC/ABS。本例提供一种含再生 PC 和再生 PET 无卤阻燃树脂组合物及使用该树脂组合物制备的复印机或打印机外装部件。

1. 配方

	质量分数/%		质量分数/%
原生 PC1	16	增韧剂 MBS	8.9
原生 PC2	16.5	阻燃剂	14.4
再生 PC	32.5	阻燃防滴落剂	0.3
再生 PET2	10	抗氧剂、润滑剂	1
苯乙烯-丙烯腈-甲基丙烯酸缩水甘油酯三元共聚物	0.4		

注：原生 PC1 聚碳酸酯的重均分子量为 25000，湖南某石化厂生产；原生 PC2 聚碳酸酯的重均分子量为 21000，湖南某石化厂生产；再生 PC，市售，聚碳酸酯的重均分子量为 24000，再生 PET，市售，其来源于 PET 饮料瓶片，黏度为 0.8dL/g；苯乙烯-丙烯腈共聚物-甲基丙烯酸缩水甘油酯三元共聚物 (SAN-co-GMA)，GMA 的含量为 2%，丙烯腈的含量为 28%；D-1 的型号为 MBSEM-500，LG 生产；阻燃剂，BDP，大湖公司生产；阻燃防滴落剂，PTFE 类，AS 包覆，PTFE 的含量在 50%，市售；加工助剂包括润滑剂亚乙基双硬脂酰胺、亚磷酸酯类抗氧剂 168、受阻酚 IRGANOX1076 和润滑剂道康宁 MB-50，四者质量比为 2：2：1：1。

2. 加工工艺

按照配方中的组分及质量分数备料；备好的原料中的再生 PET、苯乙烯-丙烯腈共聚物-甲基丙烯酸缩水甘油酯三元共聚物在混合机中充分混合后导出，然后放入螺杆机中挤出造粒，制成母粒；再与备好的原料中的其余组分充分混合后造粒，制得相应的无卤阻燃树脂组合物。

3. 参考性能

本例最突出的技术是使再生 PET 和苯乙烯-丙烯腈-甲基丙烯酸缩水甘油酯三元共聚物共挤，制成母粒；其目的在于通过甲基丙烯酸缩水甘油酯使再生 PET 增黏和端基封端，提高其分子量、稳定分子量分布和抑制酯交换作用，从而解决利用再生 PC 和再生 PET 的树脂产品性能稳定性差的问题。

Izod 冲击强度（按照 ASTM-D256 标准测试）：532.6kJ/m²。

MI（按照 ASTM-D1238 标准测试）：27.5。

阻燃测试：V-0。

（五）　环保高亮度塑料管

塑料管利用回收 PC 为原料，生产成本低，环保，且成品亮度高、抗冲击性能强，应用广泛。

配方：

	质量份		质量份
回收 PC	60	氧化铝	6
PET	20	滑石粉	4
相容剂	10	抗氧剂	2.5
氧化镧	6		

（六）　再生 PC 和 PBT 的共混合金

聚碳酸酯（PC）和聚对苯二甲酸丁二醇酯（PBT）均属于通用工程塑料，将 PC 和 PBT 废弃物或废料回收后进行共混，可以得到一种性能优、价格低的高分子再生合金塑料，在电子电器、汽车、机械零部件、生活日用品等方面具有很好的实用价值与前景。

但是，由于 PC、PET 废弃物或废料的来源不一，而且经过了使用过程，其性能与新料相比会有较多下降，很难直接用于工程塑料，因此，需对它们进行优化改性处理，以得到高性能和颇具实用价值的合金材料予以循环再利用。本方法制备的合金在保持具有良好力学性能的同时，具有高阻燃性能和高耐热性能，而且表面光泽度好、耐漏电痕迹指数高、电性能和耐化学品性能良好，在电子电器、机械设备、汽车工业、建筑材料等方面应用可以大幅度降低成本。

1. 配方

	质量分数/%		质量分数/%
再生 PC	45	均苯四甲酸酐(PMDA)	1
再生 PBT	27	亚磷酸三苯酯	1
无碱短切玻璃纤维	10	苯乙烯-马来酸酐无规共聚物(SMA)	3
十溴二苯醚	10	抗氧剂 1010	0.2
三氧化二锑	2	改性亚乙基双脂肪酸酰胺(TAF)	0.8

2. 加工工艺

按质量配比称取干燥的再生 PC、再生 PBT、表面经过硅烷偶联剂处理后的无碱短切玻璃纤维、十溴二苯醚、三氧化二锑、均苯四甲酸酐（PMDA）及其他组分，分别加入高速混合机中，一起搅拌 10～30min，达到均匀混合后，出料加入双螺杆挤出机中，在 235～270℃下共混挤出，螺杆转速为 120～300r/min，经过造粒即得成品。

（七） 废弃光盘制备柔性纳米复合膜

柔性显示屏也被称为"电子纸"，是由柔软材料制成、可变型可弯曲的显示装置。由于其低功耗，轻便，安装和运输方便的特点，正被广泛研究，并运用于便携式电子设备、笔和触摸输入等设备、纤维素纳米晶（CNC）作为生物高聚物增强相之一，比表面积很大，有很高的活性和表面能，而且具有优异的力学性能和生物降解性，可较大地改变聚合物的性能。聚碳酸酯分子链上有大量酯基，纤维素纳米晶表面有很多羧基，二者之间产生强烈的氢键作用，改善了 PC 的一些性能。本例提供一种纤维素纳米晶（CNC）增强废弃光盘提取聚碳酸酯（PC）的柔性纳米复合膜及其制备方法，工艺简单快捷、廉价高效，适用于工业化批量生产。

1. 配方

纤维素原料与混酸溶液的固液比	1：50	盐酸的浓度	6mol/L
柠檬酸与盐酸的体积比	9：1	碱液(氨水)浓度	3mol/L
柠檬酸浓度	3mol/L		

2. 加工工艺

将竹纤维原料加入柠檬酸和盐酸的混酸溶液中，其中竹纤维与混酸水溶液的固液比为1：50，于80℃反应6h，待反应结束后，加入 3mol/L 氨水调节 pH 至中性，经离心、冷冻干燥后得到纤维素纳米晶；把废旧 CD 光盘剪碎，加入氯仿，搅拌 10h，将制得的混合物抽滤，取滤液放入烘箱烘干后得到聚碳酸酯；将聚碳酸酯溶于氯仿，将质量分数为 1% 的纤维素纳米晶悬浮液在冰水浴中超声分散，并将二者混合均匀、涂铺到载玻片上，产物真空烘干，即得到纳米复合薄膜，铺膜厚度为 0.25mm。

3. 参考性能

该膜截面形貌经过扫描电镜（SEM）观察，纤维素纳米晶良好地分散在 PC 基体中，而且材料经过各项性能测试，与纯 PC 相比，薄膜的透过率下降在 10% 以内，折射率由 PC 的1.597 上升到了 1.611，拉伸强度增大 13%，最大降解速率温度（T_{max}）提高了 10.2℃。该膜材料具有非常良好的热稳定性能和物理特性，以及较为理想的折射率，具有广阔的应用前景。

（八）废旧PC/ABS合金

以PC和ABS为原料的PC/ABS合金是一种重要的工程塑料合金。这种材料不仅具有良好的成型性能，还具有良好的耐低温冲击性能和较高的热变形温度及光稳定性。与PC相比，PC/ABS合金熔体黏度低，加工性能好，有较高的冲击强度。与ABS相比，PC/ABS合金的热变形温度、离心性能都得到了改善，因而能更好地应用于汽车、电子、办公设备等制造。本例提供一种废旧PC/ABS合金改性材料及其制备方法。

1. 配方

	质量分数/%		质量分数/%
废旧PC/ABS合金	99.8	甲基丙烯酸缩水甘油酯-苯乙烯-丙烯腈	0.2

2. 加工工艺

将废旧PC/ABS合金粉碎成粒径为3～20mm的粒料，然后将废旧PC/ABS合金粒料放置在鼓风干燥箱中，在80℃下干燥6h。将0.2份甲基丙烯酸缩水甘油酯-苯乙烯-丙烯腈聚合物（型号为SAG-008、厂商为南通日之升）和99.8份干燥后的废旧PC/ABS合金均匀混合，加入双螺杆挤出机，设置双螺杆挤出机从料斗到机头各段温度为：210℃、220℃、230℃、245℃、255℃、240℃、225℃、215℃、205℃；螺杆转速为78r/min。废旧PC/ABS合金和甲基丙烯酸缩水甘油酯-苯乙烯-丙烯腈聚合物在双螺杆挤出机中熔融共混后挤出，挤出得到的挤出料经过造粒后得到颗粒料。将颗粒料放置在鼓风干燥箱中，在80℃下干燥6h。将干燥后的颗粒料倒入注塑机中，设置注塑机从料斗到机头各段温度为190℃、220℃、245℃、235℃。注塑结束后，得到废旧PC/ABS合金改性材料。

3. 参考性能

废旧PC/ABS合金的缺口冲击强度为9.05kJ/m²，拉伸强度为40.26MPa，弯曲强度为53.44MPa，弯曲模量为2113.93MPa，熔体质量流动速率（MFR）为18.1g/10min。

（九）废旧电器外壳制备的高性能导热绝缘PC/ABS合金

对于电子电器外壳，使用最多的材料为丙烯腈-丁二烯-苯乙烯共聚物（ABS）和聚碳酸酯（PC）。本例以废旧电器外壳PC和ABS为原材料，制备一种高性能导热绝缘PC/ABS合金。其特点是在PC/ABS合金的制备过程中添加了乙烯基硅烷偶联剂改性的导热无机填料及玻纤等增强材料，提高了废旧PC/ABS合金的热导率和力学性能。该合金材料可用于需要散热的变压器外壳、笔记本外壳、电源外壳、LED照明灯杯等电子电器设备。

1. 配方

	质量份		质量份
PC破碎料	70	ABS-g-MAH	15
ABS破碎料	30	DCP	0.05
改性Al$_2$O$_3$	50	抗氧剂	3
SiC	50	润滑剂	1
玻璃纤维	20		

2. 加工工艺

收集废旧电器外壳PC的废旧料，使用裁剪机将长度超过300mm的PC废旧料进行裁剪，再将裁剪过的PC废旧料加到破碎机里进行破碎，破碎后得到粒径≤8mm的PC破碎料。收集废旧电器外壳 ABS 的废旧料，使用裁剪机将长度超过 300mm 的 ABS 废旧料进行裁剪，再将裁剪过的 ABS 废旧料加到破碎机里进行破碎，破碎后得到粒径≤8mm 的 ABS 破碎料。称取 1000gAl_2O_3（40μm）加入高速混合机中，高速混合机的温度设置为 100℃。再称取导热填料质量 1% 的乙烯基三甲氧基硅烷，用水醇混合液溶解后制成混合溶液水解 30min。将混合溶液一次性喷洒在高速混合机中的填料上，并加热混合搅拌 10～30min。改性后的导热绝缘填料于 80℃烘干，得到改性 Al_2O_3。再称取 1000g SiC（10μm），采用乙烯基三乙氧基硅烷按上述处理方法处理得到改性 SiC。

将废旧 PC 破碎料和 ABS 破碎料在干燥箱中 80℃干燥 5h，将 70 份上述干燥的 PC 破碎料、30 份上述干燥的 ABS 破碎料、50 份上述制得的改性 Al_2O_3、50 份上述制得的改性 SiC、20 份玻璃纤维、15 份 ABS-g-MAH、0.05 份 DCP、3 份抗氧剂和 1 份润滑剂在高速混合机中共混 10min，然后投入挤出机挤出造粒。其中，挤出机的各段温度依次为：一区温度 180℃、二区温度 230℃、三区温度 235℃、四区温度 240、五区温度 245℃、六区温度 240℃、机头温度 235℃，制得高性能导热绝缘 PC/ABS 合金。

3. 参考性能

导热性能为：热导率 0.8335W/(m·K)。力学性能为：拉伸强度 48.24MPa，缺口冲击强度 20.5kJ/m^2，弯曲强度 100.84MPa，热变形温度 120℃，体积电阻率为 $1.11\times10^{15}\Omega\cdot$cm。可以用于需要散热的变压器外壳、笔记本外壳、电源外壳、LED 照明灯杯等电子电器设备。

（十） 玻璃纤维增强再生 PC

本例提供一种玻璃纤维增强再生 PC 复合材料及其制备方法，将不同种类的 PC 回料，根据其熔体流动速率高低等不同性能差异进行复配，制备的无卤阻燃 PC/ABS 材料成本低、流动性好，可应用于黑色家电领域。

1. 配方

	质量分数/%		质量分数/%
低熔指 PC 回料	79	丁二烯类共聚物	1.5
短切玻璃纤维	10	季戊四醇硬脂酸酯	0.5
双酚 A-双（二苯基磷酸酯）	6	助剂复配混合物	0.4
均苯四甲酸酐	1	丙烯酸酯改性聚四氟乙烯类抗滴落剂	0.6
苯乙烯接枝马来酸酐共聚物	1		

注：复配混合物为四 [3-（3,5-二叔丁基-4-羟基苯基）丙酸丁季戊四醇酯与亚磷酸三（2,4-二叔丁苯）酯以 1:2 的质量比复配而成。

2. 加工工艺

将低熔体流动速率 PC 回料在鼓风干燥机中于 110～130℃下分别干燥 3～4h，待用；按照质量分数组成准备好各种原料；将低熔体流动速率 PC 回料、均苯四甲酸酐、苯乙烯接枝马来酸酐共聚物、丁二烯类共聚物、季戊四醇硬脂酸酯、四 [3-（3,5-二叔丁基-4-羟基苯基）丙酸]季戊四醇酯与亚磷酸三（2,4-二叔丁基苯）酯以 1:2 的质量比复配而成的复配混合物和丙烯酸酯改性聚四氟乙烯类抗滴落剂分别加入高速混合机中，充分搅拌 3～5min，出料，得到混合料；得到的混合料加入双螺杆挤出机中，在 240～260℃下经熔融混炼挤出，且在熔融混炼过程中加入双酚 A-双（二苯基磷酸酯）和短切玻璃纤维，挤出后抽条冷却造粒，即得到玻璃纤维增强再生 PC 复合材料的粒料。

3. 参考性能

玻璃纤维增强再生 PC 性能指标见表 8-3。

表 8-3 玻璃纤维增强再生 PC 性能指标

性能指标	样品试样	性能指标	样品试样
熔体流动速率/(g/10min)	13.5	缺口冲击强度/(kJ/m²)	3410
拉伸强度/MPa	86.7	断裂伸长率/%	11.5
弯曲强度/MPa	16.5	阻燃性(UL94,1.5mm)	V-0
弯曲模量/MPa	112		

（十一） 废旧光盘和印刷电路板制备新型增强聚碳酸酯

印刷电路板作为电子产品不可或缺的一部分，其基板材料通常为玻璃纤维强化酚醛树脂或环氧树脂。本例针对目前废弃光盘和破碎废弃印刷电路板得到的非金属颗粒的产生量大、难处理的特点，并且回收的废旧光盘聚碳酸酯盘基机械强度大幅度下降而无法再次利用造成资源浪费，将废旧光盘进行处理得到的聚碳酸酯盘基与非金属颗粒进行熔融混合造粒，得到新型非金属颗粒增强的聚碳酸酯材料，从而实现了两种废料的资源化。

1. 配方

	质量份		质量份
破碎 PC	100	改性破碎电路板非金属	12

2. 加工工艺

将废旧光盘用 1mol/L 的氢氧化钠溶液浸泡 4h，得到聚碳酸酯盘基，将其清洗、干燥、破碎。将破碎的电路板非金属颗粒与硅烷偶联剂以 100：1 固液比混合高速搅拌 20min，对其进行改性，烘干备用。取足量制备好的破碎聚碳酸酯颗粒以 100：12 的质量比添加颗粒大小为 50 目的改性破碎电路板非金属颗粒，混合均匀后用双螺杆挤出机挤出造粒。

3. 参考性能

回收增强材料的拉伸强度为 35MPa，弯曲强度为 78MPa，热变形温度为 148℃。

（十二） 玻纤增强聚碳酸酯再生料

玻纤增强聚碳酸酯回收料的无卤阻燃和增强增韧改性可以提高其使用价值。本例提供一种玻纤增强聚碳酸酯再生料组合物。所述再生料组合物以玻纤增强聚碳酸酯回收料作为原料，并使最终的再生料保持良好的增强性能，解决了玻纤增强聚碳酸酯的再利用问题。

1. 配方

	质量份		质量份
玻纤增强聚碳酸酯回收料	52.6	增韧剂(EMA)	3
聚碳酸酯回收料	35.4	抗滴落剂(PTFE)	0.5
阻燃剂(BDP)	5	润滑剂(PETS)	0.2
着色剂(黑色母 AS-1)	1	无机填料	2
抗氧剂	0.3		

注：玻纤增强聚碳酸酯回收料的玻纤含量为 19%（质量分数）；聚碳酸酯回收料（芳香族聚碳酸酯，黏均分子量 32000）；抗氧剂（抗氧剂 1076：168＝1：2），无机填料 2 份（偶联剂处理过的二氧化硅）。

2. 加工工艺

将玻纤增强聚碳酸酯回收料和聚碳酸酯回收料在 100~110℃ 的电热恒温鼓风干燥箱干燥 3~4h；按照质量份称取玻纤增强聚碳酸酯回收料、聚碳酸酯回收料、着色剂、抗氧剂、增韧剂、抗滴落剂、润滑剂和无机填料，并将它们依次加入高混机中，搅拌 3~5min；将高混机中的混合料投入单螺杆挤出机，控制单螺杆挤出机各段螺杆温度为 250~260℃，螺杆转速在 400r/min，熔融挤出；单螺杆熔融挤出的物料流入双螺杆挤出机下料口，通过液体计量泵在侧喂料加入阻燃剂，控制双螺杆挤出机各段温度为 240~250℃，机头温度为

255℃，螺杆转速在400r/min，熔融挤出造粒，即得本发明的无卤阻燃增韧玻纤增强聚碳酸酯再生料复合材料，玻纤含量为10%（质量分数），其中的玻纤包含长度在50～200μm范围内的含量为40%（质量分数），玻纤长度大于200μm但不超过400μm的含量为40%（质量分数），大于400μm的含量为20%（质量分数）。

3. 参考性能

玻璃纤维增强再生PC性能指标见表8-4。

表8-4 玻璃纤维增强再生PC性能指标

性能指标	检测标准	样品	性能指标	检测标准	样品
熔体流动速率/(g/10min)	ASTMD638	20	弯曲强度/MPa	ASTMD256	11.5
拉伸强度/MPa	ASTMD638	55	弯曲模量/MPa	ASTMD1238	3050
断裂伸长率/%	ASTMD790	14	阻燃性(UL94,1.5mm)	UL94	V-0
缺口冲击强度/(kJ/m²)	ASTMD790	96			

（十三）PC/PBT/PET合金

1. 配方

	质量份		质量份
再生PET树脂	26	无碱短切玻璃纤维	3
再生PC树脂	20	苯乙烯-丙烯腈-甲基丙烯酸缩水甘油酯共	0.5
PBT树脂	20	聚物(SAG)	
丙烯酸酯与甲基丙烯酸缩水甘油酯双官	3	滑石粉	0.2
能化的乙烯类弹性体		抗氧剂1010	0.3

2. 加工工艺

① 将再生PET、再生PC和PBT在110～130℃下干燥8h以上，表面经过硅烷偶联剂处理过的无碱短切玻璃纤维、丙烯酸酯与甲基丙烯酸缩水甘油酯双官能化的乙烯类弹性体、苯乙烯-丙烯腈-甲基丙烯酸缩水甘油酯共聚物（SAG）、滑石粉、抗氧剂1010在70～100℃下干燥4h。

② 将干燥处理后的再生PET、再生PC、PBT、丙烯酸酯与甲基丙烯酸缩水甘油酯双官能化的乙烯类弹性体、苯乙烯-丙烯腈-甲基丙烯酸缩水甘油酯共聚物（SAG）、滑石粉、抗氧剂1010按比例称取后放入高速混合机中，常温下搅拌5～20min。

③ 将混合后的物料加入双螺杆挤出机的主喂料口，将按质量配比称取的表面经过硅烷偶联剂处理过的无碱短切玻璃纤维加入双螺杆挤出机的侧喂料口，在200～260℃下充分塑化混合后挤出、冷却造粒。

3. 参考性能

合金材料的模塑制品可广泛应用于汽车、电子电器、日常用品和建材等领域。PC/PBT/PET合金性能指标见表8-5。

表8-5 PC/PBT/PET合金性能指标

性能指标	样品试样	性能指标	样品试样
密度/(g/cm³)	1.481	弯曲模量/MPa	8105
拉伸强度/MPa	127.6	缺口冲击强度/(kJ/m²)	14.2
弯曲强度/MPa	173.7		

（十四）透明增韧改性聚碳酸酯回收料

聚碳酸酯回收料由于经过光线照射、氧化、老化等原因，其力学性能，尤其是冲击性能下降得较大，为达到回收再利用的目的，应对其进行增韧改性。利用与其他材料共混，可以提高其缺口冲击强度、改善加工性能、降低成本等，达到取长补短的目的。因此，该方法广泛应用于改性中。目前已有多种方法可增韧，如通过与"核-壳"型共聚物、苯乙烯类共聚物、聚烯烃弹性体等共混，均可获得良好的增韧效果。

清华大学的徐晓琳等研究了 ACR 和 MBS 对光盘的增韧作用。结果表明，MBS 对增韧效果显著，共混物冲击强度可达纯的 3 倍以上，且分散性越好，达到脆-韧转变时所需的含量越少。对共混物损伤机制的研究表明，增韧共混物的增韧机理为粒子的空洞化引发基体的剪切屈服，冲击能被粒子空洞化和剪切屈服所吸收。研究发现，MBS 和 ACR 都能较好地提高冲击性能，并且 ACR 与 PC 的相容性好于 MBS，所以对 PC 的增韧作用优于 MBS。在 PC 中加入 PE，可改进厚壁耐冲击性。将 PE 与 PC 共混，可使冲击强度提高 4 倍、熔体黏度降低 1/3，而拉伸强度和弯曲强度几乎不变，热变形温度仍维持原有水平，且在四氯化碳中的弯曲强度也得到成倍的提高。不过，PC 是极性无定形聚合物，PE 是非极性结晶性聚合物，二者形态、结构差异大，溶解度参数相差很大，故为不相容体系，需采用有效的增容方法改善二者间的相容性。用于增容 PC/PE 合金的增容剂有 PE 的接枝物，如二烯丙基双酚 A 醚接枝 PE、PE-g-MAH、丙烯酸类接枝 PE、含环氧官能团的共聚物，如乙烯-丙烯酸丁酯-甲基丙烯酸缩水甘油酯的共聚物等。

PP 与 PC 共混，可提高冲击强度，降低熔体黏度，改善成型加工性能，降低制品内应力，并提高拉伸强度和断裂伸长率，又可以因为 PP 的存在而使成本大为降低。但 PC/PP 为不相容体系，二者间的相容性很差，必须加入增容剂以提高两相间的相容性，所用的增容剂主要是 PP 的接枝物，如 PP-g-MAH、PP-g-MAH 等。甲基丙烯酸缩水甘油酯接枝 PP（PP-g-GMA）可使 PC/PP 共混体系的两相平均尺寸从 $20\mu m$ 降低到 $5\mu m$ 以下，PP/PC/PP-g-GMA（50/30/20）的界面承受力为 PP/PC（70/30）的 10 倍，PP/PC/PP-g-GMA 共混体系中的结晶温度比 PP/PC/体系高 5～8℃，这与共混过程中形成 PP-g-PC 有关。采用熔融接枝法制备的一种多组分共接枝产物乙烯-辛烯共聚物（POE）-g-（GMA-co-MMA），可以提高 PC/PP 体系中的界面黏结性，经过增容剂的作用，体系的缺口冲击强度比未加入增容剂的体系提高了 1.38 倍。

热塑性弹性体可有效提高 PC 的缺口冲击强度，改善其加工性能，适用于增韧的弹性体主要有苯乙烯型热塑性弹性体（TPS）与聚氨酯弹性体（TPU）。通过研究 SBS 共混改性 PC，发现可显著提高 PC 的冲击强度。当加入的质量分数为 5% 时，对 PC 的作用是最显著的。将几种不同结构的苯乙烯型热塑性弹性体（SEP、SEBS、SEPS、SEEPS）与 PC 共混，发现它们对 PC 均有较好的增韧效果，并能明显提高 PC 的熔体流动速率和耐环境应力开裂性。

TPU 可以有效提高 PC 的缺口冲击强度，将 TPU 与 PC 共混，发现在作为增容剂与增韧剂的第三组分 E 的作用下，PC/TPU 合金的缺口冲击强度随含量增加而增加。当含量为 10% 时达最大值，缺口冲击强度为 $93.24kJ/m^2$，该数值几乎是纯 PC 的三倍左右。

除了以上几种对聚碳酸酯的改性外，还有 PC/聚酯、PC/聚甲基丙烯酸甲酯（PMMA）、PC/聚酰胺（PA）、PC/苯乙烯-马来酸酐无规聚合物（SMA）、PC/热致液晶高分子（TLCP）、PC/聚甲醛（POM）等。

聚对苯二甲酸丁二醇酯（PBT）结晶速度快，易于实现高速成型，具有优异的耐溶剂性，将 PBT 与 PC 共混改性，可以实现优势互补，既克服 PC 耐化学药品性差、成型加工困难等缺点，又弥补了 PBT 耐热性差、冲击性能不高等不足。但由于二者界面黏结性差，需提高二者的相容性。张金柱等采用了新型增容剂丙烯酸酯与甲基丙烯酸缩水甘油酯双官能化乙烯类弹性体（KY-6B）与 PC/PBT 合金共混，结果表明能提高合金的缺口冲击强度和断裂伸长率。当 KY-6B 含量超过后，合金的上述性能变化不明显。

聚对苯二甲酸乙二醇酯（PET）与 PC 具有一定相容性，共混后既保留了 PET 的高耐热性，又提高了体系的耐应力开裂性和耐溶剂性，降低了成本，其韧性还可在较广的温度范围内保持良好。由于 PET 与 PC 只是相容性不是特别良好，因此合金性能不稳定，如果提高二者的相容性可以获得性能更优良的合金。在 PC/PET 体系中加入 PE-*g*-MANa、PE-*g*-MAZn，以提高两相的界面黏结性。根据研究结果，在马来酸盐离聚物的作用下，PC 和 PET 两相的界面黏结性得到增强，相容性提高，而且降低了 PC/PET 合金的表观黏度，体系的加工性能得到提高。

PMMA 与 PS 一样，都是高透明的脆性材料，将其与 PS 共混也能起刚性有机粒子的增韧作用。虽然 PC 和 PMMA 都是透明材料，但是由于二者折射率的差异，共混后的材料却是不透明的。Koo 等研究了 PC/PMMA 共混物，并在由 Kuruachi 等认为的冷拉概念的基础上，阐明了 PC/PMMA 体系中发生增韧的原因，研究表明 PMMA 作为分散相的粒子的粒径不超过 $2\mu m$ 时，体系能够吸收冲击能，刚性粒子能够发挥增韧的作用。

PA 具有较高机械强度、良好的耐油性和熔体流动性，但其耐热性和抗冲击性能较差，因此与 PC 的合金可以实现取长补短。然而两者的相容性较差，在制备过程中需加入增容剂，以增强二者的界面黏结性。Tjong 等研究发现，在共混体系中加入环氧树脂（EP）对增强 PC 与 PA 之间的界面黏结力具有显著的效果，当加入 EP 的含量是 0.5% 时，PC、PA 间的界面将不再清晰，界面张力得到降低，合金的相容性得到提高，从而提高了材料的各项性能。

SMA 具有优良的耐热性、加工流动性以及刚性。将 PC 与 SMA 共混能明显改进成型加工性、化学稳定性和热稳定性，不过力学性能，特别是冲击强度有所下降。Hansen 曾研究了马来酸酐（MA）含量为 14% 的 SMA 与 PC 合金的流变性能后指出：在 PC 中加入质量分数为 10% 的 SMA 可明显改善 PC 的流动性，但进一步提高 SMA 的含量，对流变性能的影响趋于减小。

液晶聚合物（LCP）是介于固体晶体与液体之间的中间态聚合物，具有一定有序性，少量 LCP 可以提高聚合物的熔体流动，并能在体系中形成"原位复合"材料，而增强材料的机械强度。不过由于 PC/TLCP 间的相容性不理想，需要对其进行增容。杜新宇等自制了一种 PC-b-PET/60PHB 多嵌段共聚物，添加到体系中，使共混物的相容性得到显著提高，界面黏结力增强，LCP 得到一定程度细化。各项力学性能都有较大提高。He 等利用磺化的低聚物作为相容剂，加入 PC/TLCP 体系中，可以降低 PC 的 T_g，并细化微纤。Amendola 等研究了 PC 与 TLCP 之间的酯交换反应，通过加入酯交换催化剂可以使 PC 与 TLCP 形成嵌段直到无规的共聚物。将其作为相容剂，可以有效提高 PC 与 TLCP 的黏结，减少了 TLCP 纤维的拔出。PC/POM 共混体系可在保持 PC 的耐热性、尺寸稳定性和冲击韧性的基础上，提高其耐溶剂性和耐应力开裂性。PC 与 POM 可按任意比例混合，但随含量的增加，合金的冲击强度下降。一般来说，相容的均相体系是透明的；非均相体系呈现浑浊。但是，如果两种聚合物的折射率相近（一般临界差值小于 0.01）或者分散相尺寸远小于可见光波长（70nm 左右，此时分散相可被看成悬浮在透明介质中的均匀透明体而不影响光线的通过）时，即使是不相容的分相体系，表观上却仍然为透明的。PC 的折射率是 1.586，PS 的折射率是 1.590，二者的差值小于 0.01，因而尽管二者相容性差，也能透明。

由于 PC 是一种高透明的工程塑料，在对其共混改性后，虽然提高了 PC 的某些性能，但通常是以牺牲了优良的光学性能为代价，从而限制了其在光学、汽车等领域的应用。因此，本例采用同样具有优良光学性能的聚苯乙烯对 PC 回收料共混改性，制备共混合金，并加入与 PC、PS 的折射率相差都小于 0.01 的透明 SMA 作为增容剂。该增容剂是透明的，并能同时满足与基体及分散相的折射率接近，因而是十分难得的。经 SMA 的增容作用后，由于 PS 的刚性有机粒子既增韧又增强的作用，使改性后的 PC 回收共混物的缺口冲击强度和拉伸强度均高于 PC 回收料的值，同时保持了其优良的透明性和热稳定性。该方法拓宽了回收制品的应用，为回收料的循环利用提供了另一条新途径，有望满足在光学、医疗、建筑、汽车等领域的需求。

1. 配方

	质量份		质量份
回收 PC	100	苯乙烯-马来酸酐(SMA)	7
聚苯乙烯(PS)	7		

注：聚苯乙烯：185K 型，无色透明，扬子石化-巴斯夫有限责任公司；苯乙烯-马来酸酐共聚物(SMA)，无色透明，Dylark 型，透光率 88%，折射率 1.583，MAH 含量 8%。美国 Nova 化学公司。

2. 加工工艺

将回收料 PC 均匀地平摊在电热鼓风干燥箱中，温度设定为 120℃，粒料厚度为 2~3cm，干燥 10h；将 PS 均匀地平摊在鼓风干燥箱中，温度设定为 80℃，粒料厚度为 2~3cm，干燥 4h；将 SMA 均匀地平摊在鼓风干燥箱中，温度设定为 80℃，粒料厚度为 2~3cm，干燥 4h。干燥处理完成后，将回收料 PC、PS 和 SMA 按配方迅速混合均匀，并密封备用。采用双螺杆挤出机熔融挤出造粒。挤出温度设置在 230~250℃，口模温度为 240℃，螺杆转速 80r/min。经过造粒机切粒后，在温度为 120℃的干燥箱中干燥。取出密封备用。

3. 参考性能

(1) PC/PS 共混体系的光学性能 PS 含量对 PC/PS 共混物透光率的影响如图 8-7 所示。可见，PC 回收料经过回收、加工后，其透光率略微下降，为 88.2%，但仍保持了优良的光学性能。将其与 PS 共混后发现，体系的透光率随 PS 含量的增加逐渐下降，当含量为 20% 时透光率下降到了 77.4%。

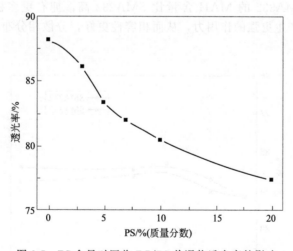

图 8-7 PS 含量对回收 PC/PS 共混物透光率的影响

由于 PC/PS 共混物为部分相容体系，为了提高两相的相容性，在该体系中加入 SMA 为增容剂，来提高二者的相容性。加入 SMA 后体系的透光率如图 8-8 所示。与未增容的 PC/PS 共混物相比，PC/PS/SMA 共混物的透光率均有所提高。在共混体系中，两相相容性较差，分散相的相区尺寸大，而添加了 SMA 后相容性得到提高，两相界面张力减小，相尺寸变小，与基体的体积比和散射体积也变小，从而使散射造成的光损失减少，因此透光率得到提高。可见，添加少量的 SMA 后材料仍能保持优良光学性能。

在固定 PS 含量不变的前提下，在每 100 份 PC/PS（95/5）共混物中加入不同份的

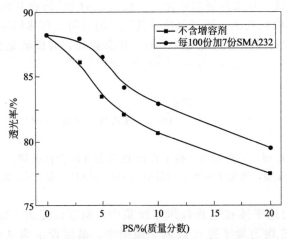

图 8-8　PS 含量对增容后回收 PC/PS 共混物透光率的影响

SMA232 和 SMA332，其透光率如图 8-9 所示。从图中可以发现，增容剂加入量的增加可使共混物的透光率进一步提高，当每 100 份共混物添加 7 份 SMA 时透光率达到最大，分别为 86.5% 和 86.8%，比未加 SMA 的 PC/PS 共混物的透光率增加了 3.1% 和 3.4%。这说明 SMA 能够使体系的相容性提高，分散相尺寸变小，随 SMA 加入量的增加，相容性更好，分散相尺寸更小，因而透光率更高。当添加量多于 7 份后，透光率则基本保持不变。这说明增容剂的加入量并非越多越好，当多于 7 份后，由于体系中分散相含量有限，过多 SMA 无法继续减小分散相的尺寸，所以使透光率影响较少。另外，比较 SMA232 和 SMA332 的增容效果后可以发现，SMA332 比 SMA232 具有更好的增容效果，可使共混物的透光率提高更多。主要是因为 SMA332 的 MAH 含量比 SMA232 高，拥有更多极性马来酸酐基团的 SMA332 能够与 PC 产生更强的作用力，从而相容性更好，分散相分布更均匀，尺寸相对更小，因而透光率更好。

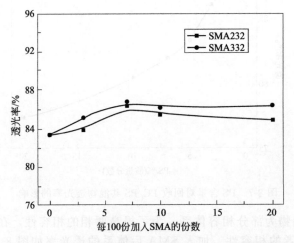

图 8-9　SAM 含量对回收用共混物 PC/PS 透光率的影响

（2）2PC/PS 共混体系的力学性能　PC/PS 共混体系的缺口冲击强度随含量的变化如图 8-10 所示。一般来讲，新料的冲击强度特别突出，悬臂梁缺口冲击强度能有 60～75kJ/m²。而从图 8-10 可以看出，该回收料经热、光、氧化的作用，其缺口冲击强度已经下降到仅有 14.46kJ/m²。而与 PS 共混后，随着 PS 含量的增加，PC/PS 共混物的缺口冲击强度变得更小，当 PS 含量为 20% 时，已降至 4.46kJ/m²。造成这种结果的原因可能是部分相容体系相容性较差，两相界面张力大、界面黏结性低，使得粒子在基体中分散性差，粒径大且分布不均匀，因此无法发挥出刚性有机粒子增韧的作用。此外，有体积较大的芳侧基，链段运动困难，本身已非常脆，缺口冲击强度仅为 3kJ/m² 左右，因此与 PS 共混后导致共混物的缺口冲击强度下降。

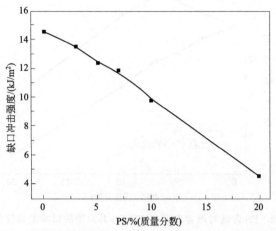

图 8-10　PS 含量对回收 PC/PS 共混物缺口冲击强度的影响

　　PC/PS 共混体系的拉伸强度和断裂伸长率如图 8-11 所示。从图 8-11 可以看出，PC 回收料的断裂伸长率随着 PS 的添量的增加，由新料的 80.12% 约下降到 30%，不过拉伸强度仅由新料的约 64MPa 下降到 62.8MPa。将 PC 回收料直接与 PS 共混后，其拉伸强度略微下降，PS 含量为 20% 时共混物拉伸强度为 61.67MPa。而断裂伸长率则随 PS 含量的增加而迅速下降。拉伸强度下降不大的原因可能是两相不相容会导致拉伸性能有所损失，但由于 PS 是典型的硬而脆的塑料，模量高，拉伸强度相当大，对回收料起到一定的增强作用，二者作用相抵消，因而共混后材料的拉伸强度基本保持不变。而断裂伸长率则随 PS 含量增加而下降较大，与缺口冲击强度的下降基本一致，原因主要是两相不相容以及 PS 本身较低的断裂伸长率。

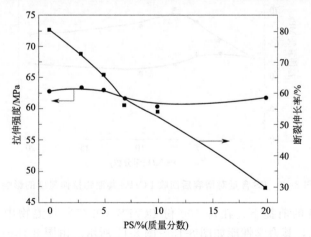

图 8-11　PS 含量对回收 PC/PS 共混物拉伸强度和断裂伸长率的影响

　　为了改善 PC 与 PS 相容性差的问题，采用 SMA 作为增容剂，来提高共混物中两相的相容性。在每份 PC/PS 共混体系中分别加入 7 份 SMA232，增容后的缺口冲击强度如图 8-12 所示。从图 8-12 可见，加入 SMA232 后，共混物的缺口冲击强度比原先简单共混的 PC/PS

共混物有所提高。在 PS 含量为 7％时达到最大值，比纯回收料的缺口冲击强度提高了 17.8％，当 PS 含量为 10％时还略高于 PC 纯回收料的值。这说明在增容剂 SMA 的作用下，PC 相与 PS 相的相容性提高，使 PS 发挥出了一定的刚性有机粒子增韧的作用。

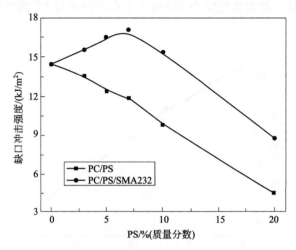

图 8-12　PS 含量对增容后回收 PC/PS 共混物缺口冲击强度的影响

　　共混体系的其他力学性能如图 8-13、图 8-14 所示。当在共混物中添加增容剂后，拉伸强度都有所提高，并且全都超过了 PC 回收料本身的值。当含量为 7％时拉伸强度最大，较纯 PC 回收料的值提高了 11.8％。这表明经过增容后，两相的界面缠结作用和黏结程度有所改善，PS 产生了一定的刚性有机粒子增强的作用。而断裂伸长率也均比简单共混的共混物值高，在 PS 含量为 7％达最大值，与冲击韧性基本是一致的，证明了 SMA 增容剂的增容效果。

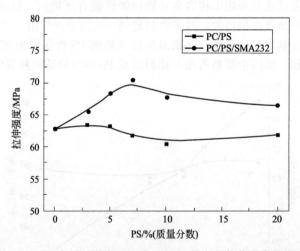

图 8-13　PS 含量对增容后回收 PC/PS 共混物拉伸强度的影响

　　在固定含量不变的前提下，在每 100 份 PC/PS（95/5）共混物中分别加入不同份的 SMA232 和 SMA332，其力学性能如图 8-15～图 8-17 所示。由图 8-15～图 8-17 可知，随着增容剂 SMA 的加入，共混物的缺口冲击强度先升高后降低，在增容剂加入 7 份时达最大值，分别比未添加的共混物提高了 33.8％和 48.0％。拉伸强度则随 SMA 加入量的增加逐渐升高，在添加了 10 份 SMA 后的拉伸强度分别达到 70.46MPa 和 72.82MPa。而断裂伸长率也是先升高后降低，与缺口冲击强度基本保持一致。该结果表明，增容剂的加入量并非越

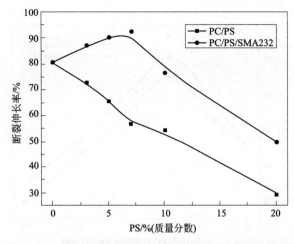

图 8-14　PS 含量对增容后回收 PC/PS 共混物断裂伸长率的影响

多越好，增加的量虽然增加了与间相作用的机会，有利于提高 PC 与 PS 两相的相容性，但相容性越好并非共混物的力学性能越佳，由于 SMA 的力学性能较差，过多地加入反而使共混物的力学性能下降。

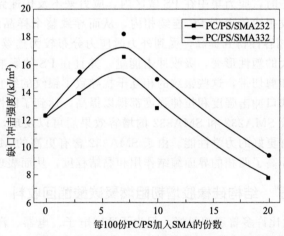

图 8-15　SMA 含量对回收 PC/PS 共混物缺口冲击强度的影响

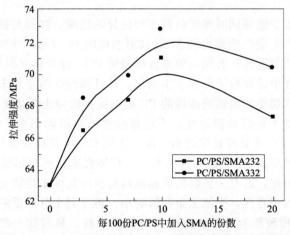

图 8-16　SMA 含量对回收 PC/PS 共混物拉伸强度的影响

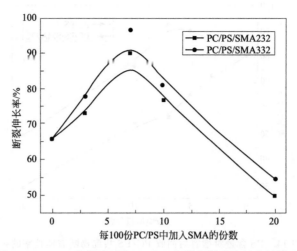

图 8-17　SMA 含量对回收 PC/PS 共混物断裂伸长率的影响

以上结果表明，SMA 增容剂的添加确实有效地提高了 PC 基体与 PS 之间的相容性，提高了两相界面的黏结性、降低了界面张力，加强了两相间的物理相互作用。在简单共混物中，当其受到外界冲击时，应力集中在 PS 微区内，应力来不及传递到样品的其他区域，瞬间微区发生破裂。裂纹很快传递到 PC 连续相内，从而导致整个样品的破坏。而加了 SMA 后，PC 与 PS 两相的相容性得到提高，受到外力时应力分布较为连续。同时，PS 颗粒在受到外力作用时能产生大的塑性形变，吸收冲击能量，并且在 PS 的影响下，受到外力时共混物会产生大量小银纹和剪切带，这些银纹的相互干扰导致了银纹的终止。因此，SMA 在 PS 的作用下，共混物的缺口冲击强度和拉伸强度都得以提高，达到了刚性有机粒子既增韧又增强的效果。另外，比较 SMA232 和 SMA332 的增容效果后可以发现，SMA332 具有更好的增容效果，共混物具有更好的力学性能。由于 SMA332 含有更高的 MAH 含量，能够与 PC 产生更强的作用力，提高了两相的界面缠结作用和黏结程度，从而表现出更佳的力学性能。

（十五）"核-壳" 结构硅橡胶增韧阻燃聚碳酸酯回收料

虽然 PC 的阻燃性比许多普通塑料好，但为了适应电子、电器、汽车等领域的应用，应对 PC 进行改性，以进一步提高其阻燃性。因此，在对 PC 回收料进行增韧改性的同时，也有必要提高其阻燃性。

对材料改性一般很少能够同时赋予材料多种优异的性能，如同时提高冲击性能和阻燃性能。例如，将 PC 与 "核-壳" 型聚合物 MBS 共混制得的 PC/MBS 共混物具有优良的冲击性能，却无法赋予优良的阻燃性；若用一般弹性体增韧 PC，弹性体又没有 "核-壳" 型聚合物的外壳保护，加工过程中橡胶粒子可能发生变化，并且弹性体与基体未必都具有良好的相容性。采用普通的聚硅氧烷作为阻燃剂改性的 PC 则以优良的冲击强度著称，特别是低温冲击强度更为出众，并能赋予良好的阻燃性。不过在这些硅系阻燃剂中，侧链含有芳环化合物（苯基）的聚硅氧烷与 PC 才具有良好的相容性，比如苯基甲基硅树脂与 PC 具有良好的相容性，二者共混后能显著提高 PC 的缺口冲击强度、拉伸强度，热变形温度也随着硅树脂的用量增加而显著上升。因此，若有一种物质既能提高材料的抗冲击性能又能提高其阻燃性，并且与基体能产生良好的相容性，受加工条件影响小，将受到十分广泛的欢迎。

以 "核-壳" 型硅橡胶作为冲击改性剂来增韧回收料，具有比一般弹性体更大的优点。首先，"核-壳" 型硅橡胶由乳液聚合方法制备，硅橡胶粒子的粒径在聚合过程中直接控制合成出适合塑料增韧的最佳粒径，且粒径分布较窄。其次，"核-壳"型硅橡胶粒子均受到塑料外壳的保护，在与其他塑料共混过程中，粒径不易发生变化，更有利于橡胶的增韧。第三，橡胶粒子的塑料外壳更易通过增容剂与基体塑料产生强的界面黏结性，这促进了橡胶粒子的增韧效果。

本例采用具有"核-壳"结构的甲基丙烯酸甲酯-甲基苯基硅氧烷-苯乙烯共聚物与 PC 回收料共混，并结合高效增容技术在回收料 PC 中加入增容剂苯乙烯-马来酸酐共聚物和固态环氧树脂，对 PC 回收料进行共混改性，不仅有效提高了 PC 回收料的抗冲击性能，同时还赋予其优异的阻燃性，从而为回收料提供了一种一举两得的改性新方法。

1. 配方

	质量份		质量份
聚碳酸酯回收料	90	甲基丙烯酸甲酯-甲基苯基硅氧烷	7
固态环氧树脂（DGEBA）	3	(SAM)-苯乙烯共聚物（MSiS）	

注：甲基丙烯酸甲酯-甲基苯基硅氧烷-苯乙烯共聚物为日本钟源化学有限公司 MR-01 型；固态环氧树脂 EPICLON7050，无锡蓝星环氧树脂有限公司。SMA：MAH 含量 8%。

2. 加工工艺

将回收料 PC 均匀地平摊在电热鼓风干燥箱，温度设定为 120℃，粒料厚度为 2～3cm，干燥 10h；将 MSiS 均匀地平摊在鼓风干燥箱中，温度设定为 80℃，粒料厚度为 2～3cm，干燥 4h；将 SMA、DGEBA 均匀地平摊在鼓风干燥箱中，温度设定为 80℃，粒料厚度为 2～3cm，干燥 10h。干燥处理完成后，将回收料 PC、MSiS、DGEBA 和 SMA 按配方迅速混合均匀，并密封备用。采用双螺杆挤出机熔融挤出造粒。挤出温度设置在 240～260℃，口模温度为 250℃，螺杆转速为 200r/min。

3. 参考性能

PC/MSiS 共混体系的缺口冲击强度随 MSiS 含量的变化如图 8-18 所示。众所周知，PC 树脂是一种具有很高韧性的工程塑料，其缺口冲击强度可达 650J/m 以上。然而从图 8-18 可以发现，PC 回收料由于经过热、光、氧化的作用，其缺口冲击强度已经下降到仅为 174J/m。因此，对 PC 回收料进行增韧改性是主要目标之一。当"核-壳"型硅橡胶作为冲击改性剂添加到 PC 回收料后，并没有出现预期的增韧效果。共混物的缺口冲击强度仅随"核-壳"型硅橡胶质量分数的增加而略微提高，即使当它的质量分数达到 15% 时，共混物的缺口冲击强度也仅为 191J/m，提高幅度不到 10%。以上结果表明，简单地将"核-壳"型硅橡胶与回收料进行共混，并不能起到有效的增韧作用，其原因可能是"核-壳"型硅橡胶的聚甲基丙烯酸甲酯外壳与 PC 相容性较差，因两相界面张力大、界面黏结性低，使得"核-壳"型硅橡胶在基体中分散性差，无法发挥出应有的增韧作用，因而导致其对回收料增韧效果不明显。

PC/MSiS 共混体系的拉伸强度和断裂伸长率如图 8-19 所示。从图 8-19 可以看出，由于经过老化和多次加工导致 PC 分子量减少，PC 回收料的拉伸强度已经由新料的约 64MPa 下降到 47.7MPa，断裂伸长率由新料的约 120% 下降到 85.7%。当 PC 回收料直接与"核-壳"型硅橡胶共混后，其拉伸强度随硅橡胶质量分数的增加而下降，而断裂伸长率则随硅橡胶质量分数的增加稍微下降后有所升高。显然，共混体系中橡胶软相的存在会造成材料强度的下降，而两相不相容也会导致拉伸性能的损失，而当含有一定量的橡胶软相时则有助于断裂伸长率的升高。

为了改善 PC 与"核-壳"型硅橡胶的外壳不相容问题，实验分别采用环氧树脂 DGEBA 和 SMA 作为增容剂，来提高共混物中两相的相容性。在 PC/MSiS 共混体系中分别加入质量分数 3% 的 DGEBA 和 SMA，增容后的缺口冲击强度如图 8-20 所示。从图 8-20 可见，只

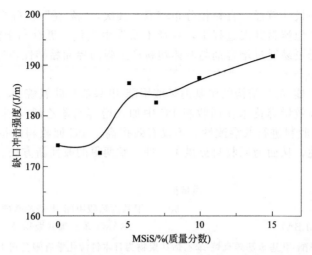

图 8-18　MSiS 含量对回收 PC/MSiS 共混物缺口冲击强度的影响

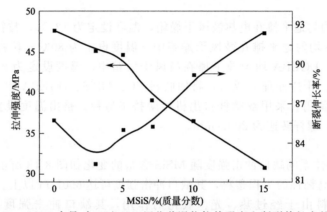

图 8-19　MSiS 含量对 PC/MSiS 回收共混物拉伸强度和断裂伸长率的影响

需在共混物中添加质量分数为 3% 的增容剂，其冲击强度就会随"核-壳"型硅橡胶质量分数的增加而升高，并在 MSiS 质量分数达到 15% 时，出现典型的"脆-韧"转变。其中环氧树脂增容体系的缺口冲击强度显著增加到 435J/m，而采用 SMA 增容体系的冲击强度则提高到 398J/m，提高幅度要略低一些。

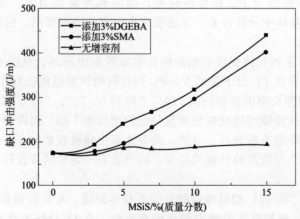

图 8-20　MSiS 含量对增容后回收 PC/MSiS 共混物缺口冲击强度的影响

共混体系的其他力学性能如图 8-21、图 8-22 所示。当在共混物中添加增容剂后，拉伸强度的下降幅度明显减少，在 MSiS 含量为 15％时含有 3％DGEBA 和 SMA 的共混物均比未增容的共混物拉伸强度高。断裂伸长率在增容剂含量 3％以上时显著升高，比纯的 PC/MSiS 断裂伸长率分别提高了 13.8％和 11.3％。这表明增容剂对共混体系中两相相界面黏结性的提高有助于减少材料强度的下降，而断裂伸长率的显著升高特征与冲击韧性也是基本一致的，证明了这两种增容剂的增容效果。

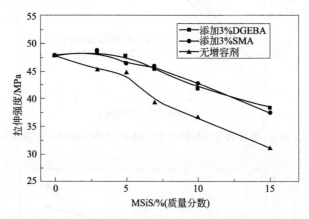

图 8-21　MSiS 含量对增容后回收 PC/MSiS 共混物拉伸强度的影响

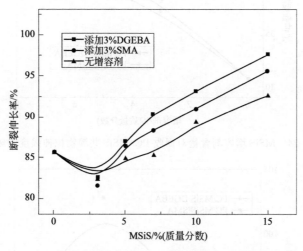

图 8-22　MSiS 含量对增容后回收 PC/MSiS 共混物断裂伸长率的影响

在固定 MSiS 15％含量不变的前提下，在共混体系中加入不同质量分数的增容剂，其力学性能如图 8-23～图 8-25 所示。由图 8-23～图 8-25 可知，提高增容剂的质量分数能够使共混物的冲击强度进一步升高，当增容剂含量为 7％时增加速度趋于平缓，其中冲击强度最高值可达 PC 回收料的 3 倍，表现出很显著的增韧效果。共混物的拉伸强度也是随增容剂的质量分数的增加而升高，断裂伸长率则随增容剂的质量分数的增加先升高，在增容剂含量为 5％时出现极大值，之后出现下降趋势。

以上实验结果表明，增容剂的添加确实有效地提高了 PC 基体与"核-壳"型硅橡胶之间的相容性，且随增容剂质量分数的增加，可更显著地提高两相界面的黏结性、降低了界面张力，加强两相间的物理相互作用，使 PC 基体在受冲击过程中内应力能够在两相间轻松传递，从而有效地促进了"核-壳"型硅橡胶对回收料 PC 的增韧作用。

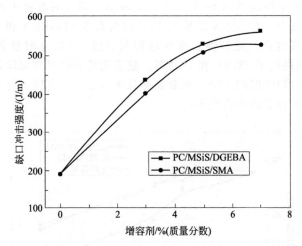

图 8-23　MSiS 增容剂含量对回收 PC/MSiS 共混物缺口冲击强度的影响

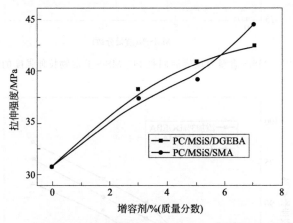

图 8-24　MSiS 增容剂含量对回收 PC/MSiS 共混物拉伸强度的影响

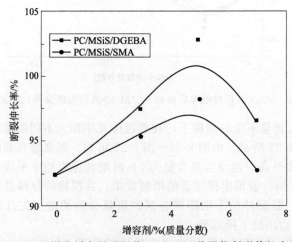

图 8-25　MSiS 增容剂含量对回收 PC/MSiS 共混物断裂伸长率的影响

此外，比较两种增容剂对共混物的增容效果发现，环氧树脂的增容效果更好，使共混物的冲击强度升高更显著。环氧树脂的分子链结构与 PC 相似，两者是热力学相容体系，含有羟基，能与"核-壳"型硅橡胶的外壳的拔基氧形成氢键，并且含有极性环氧基团，可在两相间产生较强的相互作用，所以它们的相容性非常好。因此，通过环氧树脂的增容作用可有效降低两相界面的表面张力，提高"核-壳"型硅橡胶粒子与基体的界面黏结性，以达到促进增韧效果的目的。对基体与"核-壳"型硅橡胶粒子间的增容作用主要通过其分子链上强极性的马来酸酐基团来实现。酸酐基团在高温和剪切力的作用下与相发生酯交换反应，从而降低两相界面张力，促使分散相更加均匀地分散，通过有效的物理分子间相互作用为两相间提供了强界面黏结性和低界面张力，从而提高了"核-壳"型硅橡胶对回收料的增韧效果。

采用"核-壳"型硅橡胶来增韧回收料 PC 获得了令人满意的增韧效果。其机理可认为是：共混物受到冲击后，基体中的"核-壳"型硅橡胶在许多位置引发了局部能量吸收，仍然具有一定韧性的回收料 PC 可引发硅橡胶粒子周围的空洞化，同时促进基体额外的剪切屈服。在断裂过程中，裂纹的引发能量较高，但裂纹的扩展能较低。但是，由"核-壳"型硅橡胶所引发的粒子空洞化减轻了三轴应力，这导致了在裂纹尖端周围的平面应变向平面应力的过渡。一旦有足够的粒子空洞化来减轻三轴应力，屈服区将会扩展，从而使冲击能很快被基体消耗掉。许多研究显示，PC 在受到冲击时，基体内同时存在剪切屈服和银纹化，剪切屈服促进基体的韧性行为，而银纹却导致脆性断裂。弹性体粒子的主要功能是在基体内产生足够的三维轴向张应力，从而增加自由体积和剪切屈服。本例研究的增韧体系中也出现了典型的"脆-韧"转变，而决定"脆-韧"转变最重要的因素是裂纹开裂时的应变，任何弹性体增韧高韧性基体的机制都是要阻止裂纹的引发，并延缓裂纹增长直至发生断裂时的临界值。因此，对于"核-壳"型硅橡胶增韧回收料的 PC 共混体系，可以推断出其主要冲击能量吸收机理是：当硅橡胶粒子引发的空洞化吸收能量时，增强的基体塑性变形导致了更多的能量吸收。在此不是说"核-壳"型硅橡胶的空洞化不重要，而是硅橡胶粒子必须在 PC 基体达到脆性断裂的应力状态之前实现空洞化，最终才能有效地对基体产生增韧效果。

由于"核-壳"型硅橡胶的核由聚甲基苯基硅氧烷组成，它对树脂具有非常有效的阻燃效果，且无毒无害，在燃烧时不释放有毒气体，具有环境友好的特性。硅橡胶不仅能够增韧回收料，同时也能对其产生阻燃效果，而且只要添加相对少量的硅系阻燃剂就能够显著提高阻燃性。

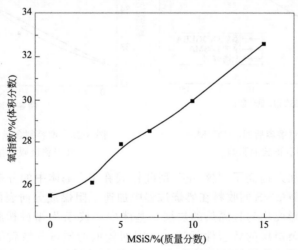

图 8-26　MSiS 含量对回收 PC/MSiS 共混物极限氧指数的影响

未添加增容剂的回收 PC/MSiS 共混物的氧指数如图 8-26 所示。从图 8-26 中可知，共混体系的极限氧指数随"核-壳"型硅橡胶 MSiS 质量分数的增加而显著升高，从纯回收料的 25.5 提高到 32.6。回收料易燃，极限氧指数为 25.5，U94 阻燃级别为 V-2 并有熔融物滴落，添加了 3％的 MSiS 后，回收料的氧指数增加，但共混物由于伴有少量熔滴仍为 V-2 级。添加了 5％的 MSiS，就能使共混物的阻燃级别 UL94 提高到 V-1 级且无滴落。当 MSiS 的质量分数达到 10％时，阻燃级别可达到 V-0 级。该结果表明 MSiS 可以用于 PC 回收料的有效阻燃剂。显然，"核-壳"型硅橡胶中的 PMPS 核是对 PC 回收料产生阻燃效果的有效组分，在燃烧时这种含有富含甲基和苯基的硅橡胶能迅速迁移到 PC 表面，形成高阻燃性的炭保护层；同时在 PC 基体与硅橡胶之间形成交联结构，从而对 PC 回收料产生阻燃作用。研究表明只要存在少量的交联结构就可以减少热释放量，并足以使 PC 的阻燃级别达到 V-0 级，而这种交联结构还阻止熔融物的滴落。

此外，PMPS 在高温时会发生 Si—CH$_3$ 键的均裂，从而产生带有自由基的低聚物和甲烷。通过大量自由基产生的交联降低了 PMPS 分子链的柔顺性，并阻止了环形低聚物进一步分裂，这一过程也伴随了硅-碳氧化物焦炭的形成，从而有效地提高了 PC 回收料的阻燃性。

回收 PC/MSiS 共混物的阻燃性能、经过增容剂增容之后的回收共混物的氧指数如图 8-27、图 8-28 所示。从图 8-27 可知，在 PC 回收料与"核-壳"型硅橡胶的共混物中添加增容剂后，能更进一步提高其阻燃性。原先的共混物 UL94 阻燃等级达到 V-0 级需要的质量分数为 10％，而在加入质量分数 3％的增容剂后，共混物中只要含质量分数 7％的 MSiS，阻燃级别就可达到 V-0 级；而且添加增容剂后，共混体系具有比原先共混体系更高的极限氧指数。在 MSiS 含量不变的前提下，在共混体系中加入不同质量分数的增容剂，从图 8-28 可知，随着增容剂的加入，共混物的氧指数逐渐上升，虽然共混物在 MSiS 的质量分数为 15％，增容剂为 3％时已达到 V-0 级，但显然氧指数越高，材料的阻燃性能越好。

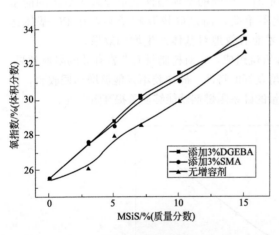 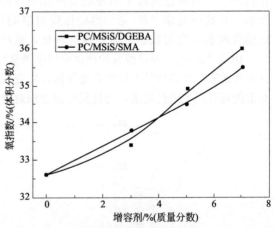

图 8-27　MSiS 含量对增容后回收 PC/MSiS　　　　图 8-28　增容剂含量对回收 PC/MSiS
　　　　共混物极限氧指数的影响　　　　　　　　　　　共混物极限氧指数的影响

显然，增容剂的加入提高了"核-壳"型硅橡胶在 PC 基体中的分散性。硅橡胶的分散性提高后，可使得 PC/MSiS 回收料在燃烧过程中加速了阻燃成分向表面迁移，并与表面的环稠芳烃化合物结合形成均匀且隔热的炭层。基体中"核-壳"型硅橡胶的分散性越好，分散相粒径就越小，残余炭层的致密性就越好，因而较低的质量分数就能起到很好的阻燃效果。对于未添加增容剂的共混体系，"核-壳"型硅橡胶分散相尺寸较大，不能完全覆盖炭层的表面，导致残炭致密性降低，因而需要添加更多的 MSiS 才能使体系的 UL94 阻燃级别达到 V-0 级。

第九章

废旧聚酰胺的再生利用

（一）缓冲空气垫回收再生

缓冲空气垫应用范围广，可用于 DVD、液晶电视等电子电器产品，易碎的陶瓷、玻璃制品，仪器仪表，各种艺术品等的防震包装材料。缓冲空气垫的生产和消费量不断增大。据统计，一个年生产量约为 1000t 的空气缓冲包装袋生产厂，每年就有 20 多吨的边角废料产生，废弃料比例达到 2% 之多。目前，市场上空气缓冲包装袋的价格为 40 元/千克，一个空气缓冲包装袋的单价为 1～17 元左右，因此仅边角废料就给厂家造成了 80 多万元的经济损失与巨大的资源浪费。如何有效地利用 LDPE/PA6/LLDPE 复合薄膜废弃边角料这一资源，将其进行增强改性，制备成质优价廉的塑料制品，使得材料废弃物可循环和再生利用，对保护良好的生态环境和促进缓冲空气垫工业的健康发展具有重要意义。

缓冲空气垫是 LDPE/PA6/LLDPE 共挤出三层复合薄膜，因此回收难度大。由于尼龙是极性聚合物，而聚乙烯是非极性聚合物，二者的相容性较差，共混时由于分散相和连续相界面的张力过大，使两组分间缺乏亲和性，界面黏合力低，相畴尺寸较大，因此简单地将其共混很难得到性能优良的材料。为提高共混合金的相容性，提高再生共混材料的性能，需要添加相容剂。本例选用的相容剂是聚乙烯接枝马来酸酐，它的增容机理见图 9-1。相容剂中的酸酐基和尼龙中的端基在熔融共混中反应形成化学键，而相容剂中的非极性部分与聚乙烯基本相同，能很好地融入聚乙烯基体中，从而提高了聚乙烯与尼龙的相容性。本例以废弃缓冲空气垫复合薄膜为基体材料，低密度聚乙烯接枝马来酸酐为相容剂，制备了 LDPE/PA6/LLDPE 再生共混薄膜，使再生薄膜具备了一定力学性能和阻隔性能。

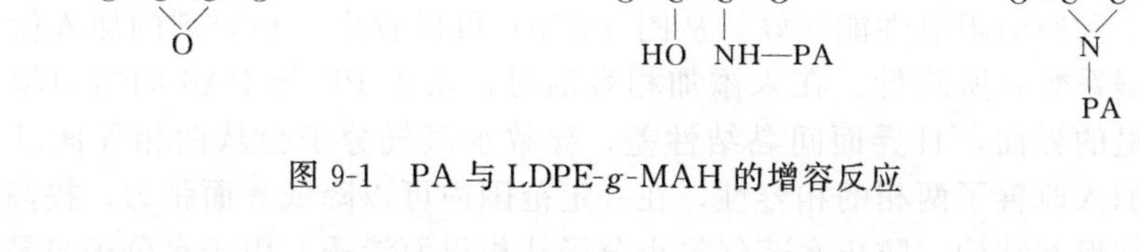

图 9-1　PA 与 LDPE-g-MAH 的增容反应

1. 配方

	质量分数/%		质量分数/%
废弃缓冲空气垫 LDPE/PA6/LLDPE	92	LDPE-*g*-MAH	8

2. 加工工艺

再生粒料的制备：将废弃缓冲空气垫复合薄膜通过薄膜粉碎机裁成碎片，然后置于双螺杆挤出机中（挤出机一区至六区及模口的温度分别为 180℃、190℃、200℃、200℃、225℃、230℃、235℃）熔融挤出，制得再生粒料，双螺杆挤出机的螺杆转速为 30r/min。

再生薄膜的制备：按照表 9-1 配方分别将质量分数为 3%，8%，12% 和 16% 的相容剂 LDPE-*g*-MAH 添加到再生粒料中充分混合，进行熔融共混、挤出、造粒，然后通过单螺杆挤出机（料筒及机头温度分别为 180℃、220℃、230℃、200℃）挤出吹塑成型制备再生薄膜。

3. 参考性能

不同相容剂含量的再生共混材料的熔体流动速率测试结果见表 9-1。

表 9-1　不同相容剂含量的再生共混材料的熔体流动速率测试结果

试样编号	相容剂含量/%	熔体流动速率/(g/10min)	试样编号	相容剂含量/%	熔体流动速率/(g/10min)
P1	0	1.98	P4	12	0.88
P2	3	1.76	P5	16	0.82
P3	8	1.4			

由表 9-1 可知，相容剂的加入使共混物的熔体流动速率显著降低，且随着相容剂含量的增加，再生共混材料的熔体流动速率呈下降趋势。这是由于未加相容剂时，两组分存在明显的界面，黏合力差，材料流动性好；相容剂的加入增加了 PE 与 PA 两相间的界面黏合力，使再生共混材料的黏度增大，流动性下降，这也说明了相容剂中的酸酐基与尼龙中的端氨基发生了反应，起到了增容作用。

对再生薄膜的拉伸强度与断裂伸长率的测试结果见图 9-2。由图 9-2 可以看出，相容剂的加入提高了再生薄膜纵、横向的拉伸强度和断裂伸长率，而且随着相容剂含量的增大，再生薄膜的力学性能一直增强，但增强趋势变缓。当相容剂的质量分数为 16% 时，P5 试样再生薄膜纵、横向的拉伸强度分别达到 24.17MPa 和 20.45MPa，与 P1 试样相比分别提高了 21.95% 和 71.7%；纵、横向的断裂伸长率分别达到 604.63% 和 612.87%，与 P1 试样相比分别提高了 42.75% 和 23.75%。这是由于未加入相容剂时 PE 与 PA6 不相容，两相之间存在明显界面，此时材料的力学性能较差，而相容剂的加入改善了二者的相容性，使分散相与连续相间的黏合力增强，降低了界面张力，从而提高了再生共混材料的力学性能。

相容剂含量对再生共混材料阻隔性能的影响见图 9-3。从图 9-3(a) 可以看出，随着相容剂含量的增加，再生共混薄膜的透氧系数呈先降低后上升的趋势。这是由于 PE 属于非极性物质，而 PA6 具有极性，根据"相似相容"原理，非极性分子 O_2 在 PE 中扩散相对较易，却很难进入 PA6 分子中。当相容剂含量较少时，分散相 PA6 在剪切力作用下在连续相 PE 中伸展为纵横比较大的层状结构。当 O_2 从 PE 基体中透过时，PA6 使其渗透路径变得曲折幽长，使再生共混材料的阻氧性能得到提高。当相容剂含量增大时，分散相尺寸逐渐变小、细化，进而使共混材料的阻气性能有所下降。因此，一般相容剂的质量分数应在 3%~8% 以内，这样再生薄膜的阻氧性能较好。从图 9-3(b) 可以看出，相容剂的加入使再生共混材料的水蒸气透湿系数有所降低。在未添加相容剂时，由于 PE 与 PA6 的热力学不相容，两相之间存在明显的界面，且界面间黏结性差，导致水蒸气分子会从两相界面以毛细现象穿过。相容剂的加入改善了两相的相容性，在一定范围内可以降低界面张力，提高两相界面的黏结力，稳定其形态结构，防止水蒸气等小分子从相界面渗透。由于水分子容易透过带亲水

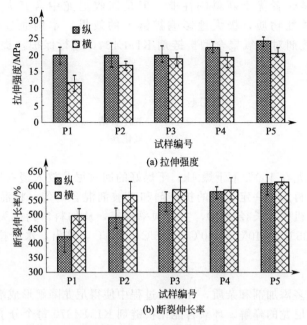

(a) 拉伸强度

(b) 断裂伸长率

图 9-2 相容剂含量对再生薄膜力学性能的影响

端的聚酰胺，因此随着相容剂用量继续增大，对共混材料的阻湿性能影响不大，再生薄膜的
阻湿性能不再提高。

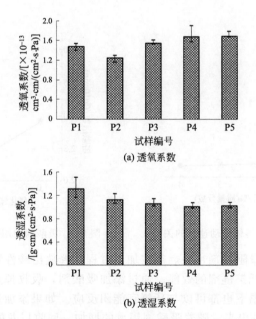

(a) 透氧系数

(b) 透湿系数

图 9-3 相容剂含量对再生共混材料阻隔性能的影响

（二）回收尼龙的扩链改性

近年来，用于尼龙改性的扩链剂品种主要有环氧官能化扩链剂、噁唑啉基扩链剂
和碳酸酯官能团扩链剂。回收尼龙中添加扩链剂可以缓和回收尼龙的熔体流动，提升
回收尼龙的模量强度甚至韧性，提升回收尼龙的抗水解性能，大幅度提升产品的物理

性能，使其达到新料或者优于新料的性能。但是回收尼龙中含有大量阻燃剂，其在加工过程中会释放出酸性物质，极大地影响扩链剂的效果。本例通过在双螺杆挤出机反应挤出中，利用吸酸剂对环氧聚合型扩链剂 KL-E4370 进行保护，提高扩链剂对回收尼龙的扩链效率。

1. 配方

	质量分数/%		质量分数/%
回收尼龙	95.9	液体石蜡	0.1
扩链剂 KLE4370	2	氧化镁	2

2. 加工工艺

共混前，回收尼龙在 100℃下干燥 4h。干燥好的回收尼龙放入塑料袋中添加 0.1% 液体石蜡混合均匀，然后再加入一定比例的扩链剂和吸酸剂混合均匀。将混合物加入 SHJ-2 同向旋转的双螺杆挤出机中，长径比 40，主机频率确定，从加料口到机头各个区的温度分别为 210℃、225℃、235℃、240℃、240℃、235℃、230℃，挤出，水冷拉条，造粒，然后在 100℃下干燥 4h。

3. 参考性能

回收尼龙含有很多添加剂和杂质，在加工过程中使得尼龙降解形成端氨基和羧基，而这些官能团反过来加速尼龙的降解。环氧官能化扩链剂 KL-E4370 每个分子上含有 9~12 个环氧官能团，与氨基和羧基都可以发生反应，起到扩链、支化和交联作用。从图 9-4 中可以看出，经环氧官能化扩链剂 KL-E4370 扩链后，熔体流动速率变小，熔体黏度增大，流动性变差。随着扩链剂用量的进一步增大，熔体流动速率下降幅度不明显。由于考虑到成本因素，扩链剂的用量为 2%。

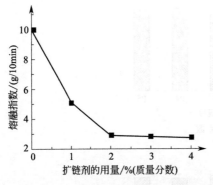

图 9-4　扩链剂的用量与熔体流动速率的关系

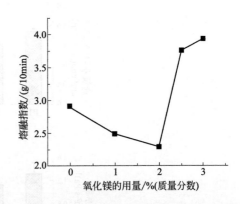

图 9-5　吸酸剂的用量与熔体流动速率的关系

回收尼龙中含有大量阻燃剂，阻燃剂在加工过程会释放出酸性物质，这些酸性释放物会与环氧官能团反应，降低扩链剂的效能。通过添加吸酸剂，吸收掉这些酸性释放物。吸酸剂都是弱碱性物质，在高温下也都可以与环氧官能团反应。如果添加量过多，反而会影响扩链效果。从图 9-5 中可以看出来，随着吸酸剂用量的增加，回收尼龙的熔体流动速率先呈下降趋势，到达一个低点后急剧上升。当吸酸剂用量为 2%（质量分数）时，回收尼龙熔体流动速率为 2.28g/10min，下降的幅度最大。从表 9-2 中可以看出，添加不同的吸酸剂对熔体流动速率的影响很大。主要的原因可能是吸酸剂碱性的强弱不同。强碱性的三乙醇胺在高温下自身也很容易与环氧官能团反应，达不到保护环氧官能团的作用。而弱碱性的无机填料添加 1%（质量分数），就能将熔体流动速率下降 13.8%。

表 9-2 不同品种的吸酸剂与熔体流动速率的关系

吸酸剂品种	熔体流动速率/(g/10min)	吸酸剂品种	熔体流动速率/(g/10min)
无	2.9	三乙醇胺	5.1
氧化镁	2.5	氧化锌	2.5

（三） 离子液体溶解回收废旧尼龙制备尼龙粉末

尼龙粉末是一种热塑性粉末，它具有较宽的工作温度和良好的耐冲击性能，电绝缘性和自润滑性能良好，耐摩擦性好，摩擦系数小等优点，可以单独使用，也可以加入润滑剂、填料和其他添加剂等混匀使用。目前，尼龙粉末已广泛应用于黏合剂、填料、涂覆、电器、汽车等领域。尼龙粉末用于涂料时，具有涂装加工性能较好、电气绝缘性好，且无毒无气味等优点。多孔性尼龙粉末因其比表面积大，还可应用于烟草工业，将其掺杂在过滤的烟丝束中可以吸附烟气中的有毒物质，保护人体健康。我国尼龙粉末的涂料用量，在热塑性粉末中仅次于聚乙烯粉末。但是，使用传统的溶剂制备尼龙粉末具有许多局限性，如溶剂的毒性、强酸性及溶剂对设备的腐蚀作用，溶解过程条件苛刻，需要高温高压等。所以寻找新溶剂溶解尼龙制备尼龙粉末成为研究的重点。本例选取尼龙 6，离子液体［Emim］Br 作为溶剂在一定条件下溶解尼龙 6，通过加入另一种非溶剂来再生出尼龙 6 粉末，具有一定的环保意义和应用前景。该方法设备工艺简单，离子液体为溶剂，可回收重复使用，减少成本，获得的尼龙再生粉末可用于聚合物的成核剂、静电喷涂技术涂覆粉末和磁性材料用粉末等。该方法也适用尼龙 66、尼龙 1010、尼龙 46、尼龙 610 或共聚尼龙中的一种。

1. 配方

	质量份		质量份
废旧尼龙	1	离子液体 1-乙基-3-甲基咪唑溴	15

2. 加工工艺

［Emim］Br 的合成步骤：在三口烧瓶中加入 0.1mol N-甲基咪唑和 20mL 环己烷，在冰水浴条件下，滴加 0.11mol 溴乙烷，滴加完毕后，加热升温至 70℃，搅拌回流反应 24h，反应结束，三口烧瓶内生成大量白色固体。将白色固体倒出，抽滤，然后用乙酸乙酯和无水乙醚交替各洗涤 3 次，抽滤，所得的离子液体［Emim］Br 在 80℃下真空干燥 12h，产率为 96％。

将废旧尼龙 6 与离子液体 1-乙基-3-甲基咪唑溴按质量比 1∶15 加入反应釜中，加热升温，温度控制在 120℃，保温溶解 10h，然后冷却，加入与混合溶液等体积的去离子水，析出白色固体，过滤，滤饼真空烘干，制得尼龙粉末；滤液 60℃ 旋蒸除水，65℃真空干燥，得到离子液体，可重复使用。

3. 参考性能

从图 9-6 中可以看出再生尼龙 6 粉末的形貌，其表面有褶皱，而且形成的是片层状的不规则颗料，从图 9-6(c) 中可以看出再生尼龙 6 的粒径分布还是比较均一的，尼龙 6 粉末的平均粒径为 $50\sim80\mu m$。这个粒径范围内的超细尼龙粉末可用于涂料油墨耐磨抗划伤助剂，可用于水性、溶剂型、UV 涂料中金属、木材、塑胶表面的涂覆。用于 UV 固化体系时，这种超细尼龙粉末作为消光剂而不影响配方的黏度，在热固性粉末涂料中添加可提高力学性能。

（四） PA/ABS 合金材料的制备

尼龙地毯作为最早大量使用的化纤类地毯，以其耐磨性、强度高和耐酸碱等优异特性被广泛使用。废旧尼龙地毯的处理方法有能量回收、填埋回收、化学回收和材料回收等，随着社会倡导的环境保护、绿色经济、循环经济和可持续发展理念不断发展，将废旧尼龙地毯中

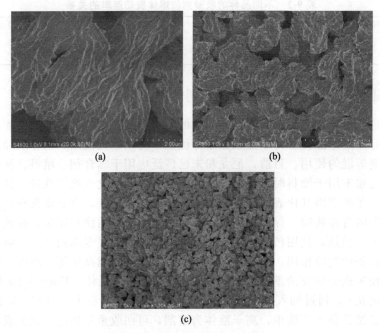

图 9-6　再生尼龙 6 的 SEM 图谱

再生 PA6 循环再利用越来越受到重视。但由于再生 PA6 经过了使用过程，使用过程中的降解使其性能与新料相比有较多下降，比较难以直接用于工程塑料，因此，需要对它们进行再次改性处理，得到高性能复合材料后再利用。本例提供一种高性能低成本 PA/ABS 合金及其制备方法。与直接采用相对黏度为 2.0～2.7 的聚己内酰胺（PA6），本体法丙烯腈-丁二烯-苯乙烯共聚物（ABS）制备的 PA/ABS 合金相比，本方法制备的 PA/ABS 合金性能与之相当，但成本却降低很多。通过本发明得到的模塑制品可广泛应用于汽车、电子电器、日常用品和建材等领域。

1. 配方

	质量分数/%		质量分数/%
再生（PA6）	30	润滑分散剂（硅酮）	0.5
ABS	34	成核剂（滑石粉）	0.2
玻璃纤维	30	抗氧剂（1010/619F）	0.3
苯乙烯-马来酸酐共聚物（SMA）	5		

再生 PA6 树脂为回收的废旧尼龙地毯经过破碎、清洗、分离、干燥后挤出造粒制得的再生 PA6 树脂，其按照乌氏黏度法相对黏度为 2.0～2.7，其中 PA6 为聚己内酰胺。玻璃纤维为表面经过硅烷偶联剂处理过的无碱短切玻璃纤维，短切长度为 3～4.5mm，直径为 9～14μm。相容剂为苯乙烯-马来酸酐共聚物（SMA）。

2. 加工工艺

将再生 PA6、ABS 在 100～120℃下干燥 8h 以上，表面经过硅烷偶联剂处理过的无碱短切玻璃纤维、苯乙烯-马来酸酐共聚物（SMA）、硅酮、硬脂酸钙、抗氧剂 1010 与抗氧剂 619F 复配物在 70～100℃下干燥 4h；将干燥处理后的再生 PA6、ABS、苯乙烯-马来酸酐共聚物（SMA）、硅酮、硬脂酸钙、抗氧剂 1010 与抗氧剂 619F 复配物按比例称取后，放入高速混合机中，常温下搅拌 5～20min。混合后的物料加入双螺杆挤出机的主喂料口，将按质量配比称取的表面经过硅烷偶联剂处理过的无碱短切玻璃纤维加入双螺杆挤出机的侧喂料口，在 200～260℃充分塑化混合后挤出、冷却造粒。

3. 参考性能

从表 9-3 中可以看出，采用本法制备的 PA/ABS 合金具有高强度和高韧性。与直接采用相对黏度为 2.0～2.7 的聚己内酰胺（PA6），本体法丙烯腈-丁二烯-苯乙烯共聚物（ABS）制备的 PA/ABS 合金相比，本方法制备的 PA/ABS 合金性能与之相当，但成本却降低很多。通过本法得到的模塑制品可广泛应用于汽车、电子电器、日常用品和建材等领域。

表 9-3　再生 PA/ABS 合金性能

性能指标	再生样品	新料样品	性能指标	再生样品	新料样品
密度/(g/cm³)	1.296	1.095	弯曲模量/MPa	5467	1809
拉伸强度/MPa	106.3	44.8	缺口冲击强度/(kJ/m²)	10.3	56.2
弯曲强度/MPa	135.5	69.1			

（五）注塑级高抗冲再生尼龙

1. 配方

	质量分数/%		质量分数/%
尼龙 6 废丝	100	亚磷酸或钠盐（抗氧防老剂）	0.1～0.6
水	10	稀土化合物作定向催化剂	0.3～1.4
己二酸	0.2～0.5		

2. 加工工艺

将干净的尼龙 6 废丝加入反应釜中，加入 10%水，在 1.2MPa 压力，230～250℃下水解，然后按投料计，加入 0.2%～0.5%己二酸作为黏度调节剂，0.1%～0.6%亚磷酸或其钠盐作为抗氧防老化剂，0.3%～1.4%稀土化合物作为定向催化剂，在 260～265℃下，由 1.2MPa 减压至常压重新缩聚，得到再生尼龙，可封锁氨基羧基官能团，使其改性。

3. 参考性能

相对黏度	2.31	弯曲强度/MPa	0.6
相对密度（25℃）	1.20	缺口冲击强度/MPa	0.81
熔点/℃	231	无缺口冲击强度/MPa	2.75
拉伸强度/MPa	45		

4. 用途

可制注塑级高抗冲再生尼龙。

（六）废尼龙制单体浇铸尼龙

1. 配方

	质量分数/%		质量分数/%
废尼龙	100	NaOH	0.1～0.5
KOH	3	三苯甲烷三异氰酸酯/(mL/kg)	0.002～0.003
己二胺	0.1～1		

2. 加工工艺

尼龙解聚后再进行碱性聚合，将尼龙废料投入反应釜中，再加入尼龙量的 3%KOH，在 300～320℃，100kPa 真空下熔化解聚，然后在 80℃上述熔体中，加入 0.1%～1%己二胺，搅拌 1h，加入专用吹气塔中，塔温 110～120℃以 150～200℃过热蒸汽充分吹洗 2h，再加入物料量 0.1%～0.5%的 NaOH，在 140℃、0.67kPa 下减压蒸馏，得到活性己内酰胺，以该熔体为原料，加入 NaOH 催化剂和 0.002～0.003mL/kg 的三苯基甲烷三异氰酸酯为助催化剂进行聚合，得到机械强度较好的 MC 尼龙。

3. 用途

制得机械强度较好的 MC 尼龙。

（七）废旧尼龙短纤维增强丙烯酸酯复合材料

短纤维/橡胶复合材料具有独特而优良的力学性能和加工性能，已广泛应用于胶管、V带、轮胎及其他橡胶制品中。

丙烯酸酯橡胶（ACM）具有优异的耐热油性能，但其拉伸强度仅为 2MPa 左右，抗撕裂性能也差，必须对它进行补强才可使用。虽然高耐磨炭黑对 ACM 具有较好的补强效果，但当其用量较大时，硫化胶的耐老化、抗溶胀性能下降，抗撕裂性能仍然很差。可采用废旧尼龙短纤维与高耐磨炭黑复合对 ACM 进行补强，加以改变，用于提高丙烯酸酯橡胶的撕裂强度。

1. 配方

	质量份		质量份
丙烯酸酯橡胶（ACM）	100	高耐磨炭黑	40
防老剂 D	1.0	废旧尼龙短纤维	16
硬脂酸	1.5	白矿油	1.0
硫化剂和助剂	4.1		

2. 加工工艺

生胶在开炼机上塑炼 2～3min，包辊后先加入小料，然后加入高耐磨炭黑，混炼均匀得到母炼胶；在母炼胶中加入一定量废短纤维，混炼 3～5min，再加入硫化剂及硫化助剂，交替打三角包并薄通 2～3 次，最后反复同向压延 6 次，以使短纤维取向。

采用硫化仪确定胶料的正硫化点，再在平板硫化机上于 145℃下将胶料硫化至正硫化点（混炼胶均严格按硫化模型尺寸裁片，以保证最大限度地减少纤维取向的变化）。

3. 参考性能

尼龙短纤维的取向方向对硫化胶片力学性能的影响见表 9-4。结果显示废旧尼龙短纤维/ACM 复合材料具有较高的定伸应力、撕裂强度和抗溶胀性能，但短纤维与 ACM 之间的界面作用还有待进一步提高。

表 9-4　尼龙短纤维的取向方向对硫化胶片力学性能的影响

性能	纯胶片	尼龙短纤维补强	性能	纯胶片	尼龙短纤维补强
拉伸强度/MPa			撕裂强度/(kN/m)		
L 向	14.2	11.8	L 向	16.6	38.7
T 向	15.7	9.5	T 向	15.7	32.1

第十章 ▶▶▶

废旧聚乙烯醇缩丁醛的再生利用

第一节 概述

聚乙烯醇缩丁醛（简称 PVB）树脂有多种用途，其最重要的应用是生产安全玻璃夹层膜片材料，世界 PVB 树脂产量的 65% 以上用于生产汽车安全玻璃夹层膜片。这种 PVB 是一种高黏度树脂，其分子量在 10000～250000 之间，羟基含量约 15%～22%（质量分数）。PVB 树脂在熔融挤出或流延成膜过程中必须加入大量增塑剂。PVB 膜片也广泛用于建筑及航空、航海安全玻璃和太阳能光伏组件封装薄膜等领域。随着建筑、汽车行业及光伏产业的快速发展，PVB 膜片用量日益增加，也由此产生大量 PVB 边角料以及来自于报废汽车回收中的 PVB 废旧料。

回收 PVB 膜片的再生利用途径有如下几种：

（1）回收 PVB 膜片脱色再生研究　近年来，随着国内汽车、建筑及光伏产业的快速发展，对 PVB 膜片的需求量不断增加。但国内 PVB 树脂粉的产量及质量均无法满足制作 PVB 膜片的需要，而国外生产的无色 PVB 树脂粉价格又十分昂贵，因此，国内许多 PVB 膜片生产商均采用进口无色 PVB 膜料作为原料进行生产，导致无色 PVB 膜片价格持续上涨。由于绝大多数 PVB 膜都经过染色处理，而含有颜色的 PVB 膜则只能废弃或用于生产鞋底等低级用途。在市场导向下，回收 PVB 膜片的脱色技术受到关注。图 10-1 为"选择性溶解色素-蒸馏回收溶剂"技术工艺流程。该技术中色素和增塑剂是一起溶出的，可通过减压蒸馏的方法将色素与增塑剂分离，分别回收利用。

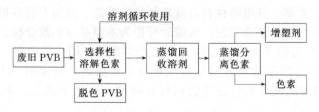

图 10-1　"选择性溶解色素-蒸馏回收溶剂"技术工艺流程

（2）PVB 膜片用作塑料增韧剂　PVB 膜片中含有较多增塑剂，同时 PVB 大分子链间或链内具有较强氢键作用，因此常温下 PVB 膜片具有类似橡胶的黏弹性质。有研究者利用回收 PVB 塑料熔融共混，期望其能代替价高的弹性体以改善这些塑料的力学性能。其中研究较多的是 PVB 对聚酰胺（PA）、聚氯乙烯（PVC）的增韧作用。

在国外研究中，PVB 膜片边角料经常作为增韧剂改性 PA6。结果显示：两者相容性较好；在研究范围内，PA6/PVB 共混物的冲击强度均高于纯 PA6；当 PVB 含量为 35%（质量分数）时，PA6/PVB 共混物的冲击韧性为纯 PA6 的 4.5 倍，同时共混物具有较好的抗湿性。但共混物的拉伸强度和模量均低于纯 PA6，且当 PA6 膜片含量较高时，强度和模量数值降低得非常显著。PVB 膜片（o-PVB）和来自报废汽车安全玻璃的 PVB 膜片废料（r-PVB）均能使 PA6 的韧性明显增加，当 PVB 膜片含量为 40%（质量分数）时，共混物的冲击强度超过 500J/m，拉伸强度和杨氏模量明显降低，但 r-PVB/PVB 共混物的降低幅度没有共混物 o-PVB/PVB 的大。PVB 膜片边角料也被选用于部分代替 SEBS-g-MA 对 PA6 进行增韧。虽然三元混合物比 PA6/SEBS-g-MA/PVB 二元混合物的性能稍差，但是冲击强度仍高于 PA6/PVB 二元混合物，以回收 PVB 膜片代替部分 SEBS-g-MA 的增韧剂是一种可行的选择。杜邦公司已经研制出三种类型的 PVB 接枝物，可分别作为工程塑料（如尼龙）、聚烯烃以及 PVC 的抗冲改性剂将乙烯丙烯酸酯类共聚物接枝马来酸酐后，作为 PVC/PVB 共混物的增容剂，增容后 PVC 基体中分散相 PVB 的尺寸较增容前明显降低。此外，废旧 PVB 膜片对聚丙烯（PP）、聚己二酸对苯二甲酸丁二酯（PBAT）、聚羟基丁酸酯（PHB）及 ABS 等塑料的改性研究也有报道。用 PVB 膜片增韧研究则表明，与弹性体增韧类似，PVB 膜片增韧共混物韧性增加的同时刚性显著降低。

（3）以 PVB 膜片为基体制备复合材料　研究发现，回收 PVB 膜片仍保持较好的力学强度，这为其再生利用提供了另外一条途径，即通过引入其他物质对 PVB 膜片进行改性以拓宽其应用范围。对热塑性淀粉（TPS）与 PVB 共混，当 TPS 含量为 22% 时，混合材料有较高的拉伸强度，材料的耐老化性能也得到明显提高。利用熔融挤出的方法对皮革与 PVB 进行共挤。研究发现纤维的加入使复合材料的拉伸性能低于纯 PVB 膜片的拉伸性能，但是随着纤维含量的增加，复合材料的拉伸性能和弹性模量增加。随着皮革含量的增加，纤维束在复合中聚集得更加明显，纤维之间的距离变小，纤维束之间的作用力增加，在受到外来作用时，能更好地传递应力。

无机填料对 PVB 膜片的改性研究也引起了科研人员的广泛兴趣。用 PVB 膜片废料和用玻璃碎片研磨制得的玻璃粉熔融共混制备复合材料。研究发现，玻璃粉含量在 10% 时复合材料的综合性能最好。将玻璃碎片在溶有 PVB 的异丙醇溶液中磨碎后，再与 PVB 膜片一起熔融挤出，这样制备出的复合材料在潮湿环境中的性能稳定。将纳米黏土作为填料，用三种不同的硅烷偶联剂改性后，与 PVB 熔融共混。结果显示：大部分复合材料的断裂应力增大，但透光率降低。以 PVB 膜片边角料为基体，添加适当填料及颜料、增塑剂、黏度调节剂等，熔融共混后可以挤出制作 PVB 防水卷材及片材。

（4）回收 PVB 膜片用作涂层或黏结剂　PVB 分子链上羟基含量较多，故 PVB 对玻璃、金属、木材、陶瓷、皮革、纤维等材料有良好的粘接性能。美国专利将报废汽车挡风玻璃夹层膜片溶于丙酮和异丙醇的混合溶剂，浓缩后可作为木制品（如胶合板、压制板等）的黏结剂。还有专利利用 PVB 膜片和适当乙烯-乙酸乙酯共聚物、酯类增塑剂、醇类溶剂及填料形成混合物，这种混合物用于地毯背衬涂层或预涂层。另外，丹麦的 SHARKSOLUTIONS 公司推出了一种由 PVB 膜片废料制作的水性分散剂，可用于纸张、织物、颜料及油墨等行业。

从以上综述中可以看出，利用 PVB 回收及再生料的理论研究乃至实际应用已经被广泛展开。PVB 膜片是典型的极性热敏型材料。当 PVB 膜片再次用于安全玻璃夹层材料加工时，加工温度及剪切速率、膜片含水量等均对再造膜片性能造成明显影响；控制加工温度低于150℃、转子转速低于60r/min时，膜片不会发生黄变，且分子量几乎保持不变。TG研究表明：膜片在200℃时即出现明显热失重现象，随温度的升高，PVB中增塑剂的迁移逐渐加重并伴随侧基脱除，若反复对其进行高温、剪切和挤压的加工，PVB膜片的断链降解不可避免，在研究及应用中必须考虑到上述问题。可以看出，虽然回收膜片具有二次加工成型为夹层材料的可能性，但对加工条件要求苛刻，且该工艺条件是否满足工业化生产效率还有待探讨。

另外，回收的PVB膜片在质量稳定性和产品的耐候性上波动较大，不同的胶片混合再生产安全玻璃存在安全隐患，实际应用中需慎重。

若是简单物理共混，或是大量填料的引入将使聚合物材料的断裂伸长率大为下降、材料变硬、低温耐寒性降低，从而丧失PVB膜片本身弥足珍贵的韧性与弹性；或因相容性问题导致力学性能变差。因此，回收及再生PVB膜片的再应用研究仍需进一步加强、深入，相关研究应结合其自身结构和性能特点合理进行，而如何利用现有加工设备获得高附加值的PVB新材料是研究工作的重点。

第二节　旧聚乙烯醇缩丁醛的再生方法

（一）废旧聚乙烯醇缩丁醛膜的脱色

聚乙烯醇缩丁醛（PVB）是生产安全玻璃的中间夹层、某些特殊胶黏剂、涂料等的一种不可或缺的合成树脂材料，其应用以每年20%的速度增长。对于由此产生的大量PVB废料，目前的做法是人工分拣，去除机械杂质，少量透明无色的PVB膜可以重新返回生产过程，而含有颜色的PVB膜则只能废弃或用于生产鞋底等低级用途，市场上无色PVB膜的价格是杂色PVB膜的2～4倍。为了实现PVB材料的回收价值最大化，本方法利用选择性溶解色素的方法，配合蒸发回收溶剂等操作，实现了深色PVB膜片的脱色，得到了无色透明的PVB再生膜片，同时回收了增塑剂及色素。

1. 配方

回收PVB膜	2000kg	TSJ-1311色素溶液	120×10³ L/d

2. 加工工艺

废旧聚乙烯醇缩丁醛膜的脱色工业化可采用三级逆流脱色，物料的流动方向与溶剂的流动方向相反。具体流程及条件见图10-2：TSJ-1311溶剂由2号脱色槽进入，流向1号脱色槽；废旧PVB塑料由1号脱色槽进入，流向3号脱色槽，对1号脱色槽流出的色素溶液进行减压蒸馏回收，对3号脱色槽出来的完成脱色的PVB进行干燥。

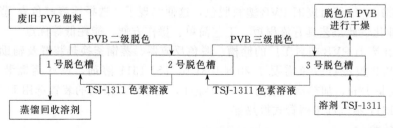

图10-2　工业化工艺流程

由工艺流程进而设计出"选择性溶解色素-蒸馏回收溶剂"技术方案的工厂设备流程，见图10-3。

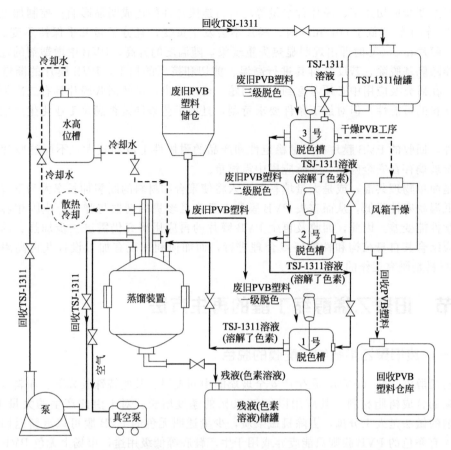

图 10-3 "选择性溶解色素-蒸馏回收溶剂"技术方案的工厂设备流程

流程中具体相关操作工艺参数说明如下：

采用 TSJ-1311 三级逆流方法对废旧 PVB 塑料脱色，脱色温度以室温为宜。

流程中推荐的脱色时间：一级脱色时间：40min；二级脱色时间：40min；三级脱色时间：40min。

蒸馏工序的推荐操作参数：减压蒸馏的压力：0.07MPa；减压蒸馏的温度：55.0℃。

由图 10-3 中看出，废旧 PVB 塑料由 1 号脱色槽加入，依次进入 2 号脱色槽脱色；TSJ-1311 溶液由 3 号槽加入，依次流入 2 号、1 号脱色槽，这便实现了逆流脱色的工艺流程。完全脱色后的 PVB 由 3 号脱色槽取出后，进入风箱干燥，待完全干燥后收入仓库，将从 1 号脱色槽出来的色素溶液送入减压蒸馏装置，回收 TSJ-1311 溶剂，用泵将回收的 TSJ-1311 溶剂打入溶剂储罐，继续对废旧 PVB 塑料脱色，这便实现了"选择性溶解色素-蒸馏回收溶剂方案"的工业化，此工艺具有流程短、工艺简单、操作方便、能耗低等优点。

日处理 2t 废旧 PVB 塑料工厂的储仓、脱色反应器、蒸馏釜换热装置及辅助设备的工艺参数如下：PVB 膜进行脱色需要 1.20×10^3 L/d TSJ-1311 溶剂，设计蒸馏装置总高度为 23m，总宽度是 13m，加热蒸汽量为 1099.7kg/h，蒸馏回收溶剂的装置选用 U 形管换热器，而冷却 TSJ-1311 蒸汽选用列管式换热器。

3. 参考性能

从图 10-4 可以观察到废旧 PVB 膜的脱色过程，经历多次脱色后，PVB 膜片的颜色由深变浅直至无色。

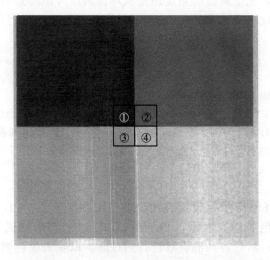

图 10-4 废旧 PVB 膜三级脱色的实物照片

①—原始 PVB；②—1 级脱色后的 PVB；③—2 级脱色后的 PVB；④—3 级脱色后的 PVB

图 10-5 是无色透明 PVB 膜及 3 级脱色后 PVB 膜的红外光谱。由此可见，以 TSJ-1311 为选择脱色剂，不仅可有效脱除 PVB 膜的色素成分，得到无色透明的 PVB 再生膜片，而且对 PVB 树脂的组成和结构未造成负面影响，通过脱色再生后的 PVB 膜片和无色透明 PVB 膜片一样，用于 PVB 的高级再生制品。

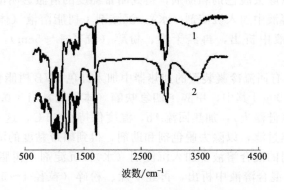

图 10-5 无色透明 PVB 膜及 3 级脱色后 PVB 膜的红外光谱

1—无色透明 PVB 膜；2—3 级脱色后 PVB 膜

（二）聚乙烯醇缩丁醛（PVB）树脂色料的脱色再生利用

PVB 在热加工成型过程中，由于产品存在着产生高比例边角膜料的固有工业问题，故 PVB 膜料的回收再利用已迫在眉睫。同时，近几年来，随着中国汽车工业和建筑行业的高速发展，PVB 膜片的需求量也在不断增加。但是，中国目前生产 PVB 树脂粉的方法还不成熟，无论从产量上还是质量上都无法满足制作 PVB 膜片的需要；而国外生产的无色 PVB 树脂粉价格又十分昂贵，因此，国内大多数 PVB 膜片生产厂商均采用进口的无色 PVB 膜料作为原料进行生产，导致无色 PVB 膜料的价格持续上涨，而有色 PVB 树脂料却少人问津，造成了资源的极大浪费。另外，PVB 树脂不易降解，废弃 PVB 树脂会对环境造成极大影响。综上所述，对有色 PVB 树脂色料（即有色 PVB 膜片、加工边角色料、机头色料、筒料等）

进行脱色处理再生利用，无论从经济角度还是从环保角度考虑都具有十分重大的意义。本例提供一种方法简单、回收率高、质量好的 PVB 树脂色料的脱色再利用方法。

1. 配方

回收 PVB	1kg	活性炭	适量
乙醇/四氢呋喃/甲醇	5kg	硅藻土	适量

沉淀剂（水）与 PVB 树脂溶液的比例为 1:（0.2～20），按质量比计。

注：如主溶剂是乙醇，PVB 树脂色料溶液的固含量在 15% 以内较好；而当主溶剂是四氢呋喃时，PVB 树脂色料溶液的固含量在 20% 以内较好。脱色过程应重复 1～3 次，视 PVB 树脂色料的颜色而定，如黑色料、棕色料需 3 次脱色，紫色料、红色料需 2 次脱色，深蓝色和深绿色料只需一次脱色。根据脱色次数不同，添加适量活性炭和硅藻土。

2. 加工工艺

（1）实例 1　在装有回流冷凝装置的加热器中加入深蓝色 PVB 树脂色料 1000g，乙醇 50000g，搅拌下加入脱色剂（活性炭）和助剂（硅藻土），加热回流 6h，温度保持在 40℃，这一脱色过程不须重复；然后将该混合液进行热过滤，以除去脱色剂和助剂，得到略带黏度的清澈透明溶液。脱色过滤过程完成后，在透明的混合溶液中加入沉淀剂（水），沉淀剂：树脂溶液（体积比）=1:20，PVB 树脂色料即从混合溶液中析出，再经干燥、粉碎（粒径 1～5cm），得到 PVB 树脂再生料 975kg。

（2）实例 2　在装有回流冷凝装置的加热器中加入深绿色 PVB 树脂色料 1000g，乙醇和甲醇的混合溶剂 10000g [其中，乙醇：甲醇（体积比）=1:1]，搅拌下加入脱色剂（活性炭）和助剂（硅藻土），加热回流 3h，温度保持在 60℃，这一脱色过程不需重复，然后将该混合液进行热过滤，以除去脱色剂和助剂，得到略带黏度的清澈透明溶液。脱色过滤过程完成后，在透明的混合溶液中加入沉淀剂（水），沉淀剂：树脂溶液（体积比）=1:10，PVB 树脂色料即从混合溶液中析出，再经干燥、粉碎（粒径 1～5cm），得到 PVB 树脂再生料 978g。

（3）实例 3　在装有回流冷凝装置的加热器中加入红色 PVB 树脂色料 1000g，甲醇和四氢呋喃的混合溶剂 50000g [其中，甲醇：四氢呋喃（体积比）=1:0.5]，搅拌下加入脱色剂（活性炭）和助剂（硅藻土），加热回流 1h，温度保持在 65℃，这一脱色过程重复 2 次；然后将该混合液进行热过滤，以除去脱色剂和助剂，得到略带黏度的清澈透明溶液。脱色过滤过程完成后，在透明的混合溶液中加入沉淀剂（水），沉淀剂：树脂溶液（体积比）=1:1，PVB 树脂色料即从混合溶液中析出，再经干燥、粉碎（粒径 1～5cm），得到 PVB 树脂再生料 963g。

3. 参考性能

采用本法 PVB 树脂回收再生率达 95% 以上，所用溶剂的循环利用率大于 90%。脱色回收的再生 PVB 树脂与进口树脂相比，两种树脂的 IR 和 DTA 谱基本相同，两种树脂料的透光性和吸光性基本相同，两种树脂料的分子量及分子量分布也基本相同，说明两种树脂料在分子结构和热性能以及光学性能和力学性能等方面基本相同。

（三）废旧 PVB 膜片/EPDM 共混制备增韧剂

PVB 膜片中由于含有大量增塑剂以及分子链间或分子链内存在的氢键相互作用，因此常温下其内部存在着物理交联网络结构，具有类似橡胶的黏弹性质。有研究者利用废旧 PVB 膜片与塑料熔融共混，期望改善这些塑料的力学性能。然而，同橡胶弹性体增韧效果类似，废旧 PVB 膜片在增加塑料韧性的同时却使其拉伸强度下降。另外，PVB 是典型的极性热敏型材料，当加工温度在 200℃ 以上时即出现较为明显的热降解现象，且随加工温度的升高，PVB 中增塑剂的迁移也更为严重。因此，废旧 PVB 膜片作为增韧剂使用，特别是增韧熔点较高的塑料时存在许多问题。在简单物理共混条件下，大量填料的引入将使聚合物材料的断裂伸长率大为下降，材料变硬、低温耐寒性降低，从而丧失膜片本身弥足珍贵的韧性与弹性。由于强烈的氢键作用，膜片在室温下具有显著的黏弹性，其加工温度与橡胶弹性体较为匹配，与橡胶弹性体共混有可能拓展废旧膜片的应用领域。

1. 配方

	质量份		质量份
回收 PVB 膜片	98	EPDM（杜邦 3725）	2

2. 加工工艺

片状边角料洗净，干燥，在塑料破碎机中破碎成粒料，备用。将原料按比例在高速混合机中混合均匀，使用双螺杆挤出机共混挤出，预设各段加工温度为 140℃、145℃、145℃、150℃、150℃、145；转速为 80r/min。将熔融共混的料放入模具中，在平板硫化机上压片。平板硫化机上板、下板的温度均为 100℃。保持 2min 压力持续 10MPa，开模放气，然后保持压力 10MPa 持续 8min。取出，自然冷却至室温。

3. 参考性能

引入 EPDM 可有效提高 PVB 的力学性能和热稳定性，有效改善其熔体流动性和粘辊。EPDM/PVB 共混物的拉伸和撕裂性能随 EPDM 含量的增加呈现先增大后降低的趋势，表明利用 EPDM 改善 PVB 的力学性能时，应当合理选择 EPDM 的用量。当 EPDM 的含量为 2%～6%（质量分数）时，能提高共混物的拉伸强度、撕裂强度、断裂伸长率使其加工性能得到改善。当含量为 2%（质量分数）时，共混体系综合性能最优，见图 10-6～图 10-8。

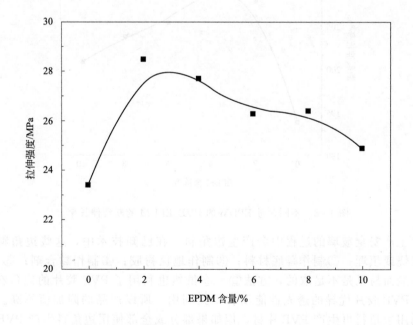

图 10-6 不同含量 EPDM 的 PVB/EPDM 的拉伸强度

（四）回收聚乙烯醇缩丁醛制备片材

聚乙烯醇缩丁醛（PVB）胶片是生产安全玻璃的夹层材料。在该胶片的生产过程中以及

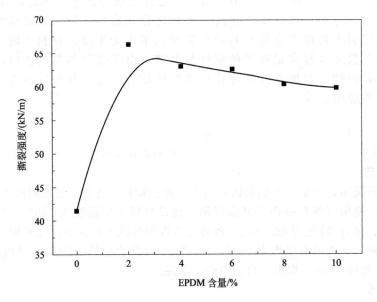

图 10-7　不同含量 EPDM 的 PVB/EPDM 的撕裂强度

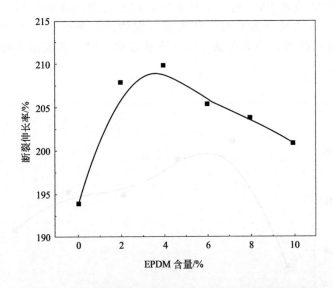

图 10-8　不同含量 EPDM 的 PVB/EPDM 的断裂伸长率

使用该胶片生产安全玻璃的过程中会产生边角料。在已知技术中，这些边角料的处理方法是：①焚烧或填埋；②制作鞋底材料；③制作地毯衬胶；④制作黏合剂；⑤制作涂料。其中方法①显而易见是不足取的，方法②～⑤虽然也利用了 PVB 胶片的边角料，但利用价值不高。PVB 胶片优异的透光性能没有得到利用，所以产品的附加值不高。较好的处理方法是利用边角料再生产 PVB 片材，但如果部分或全部使用边角料生产 PVB 片材，生产出的胶片的粘接强度不稳定，这会直接影响安全玻璃生产过程中的合片效果和层压安全玻璃的质量。为了解决上述技术问题，本法提供一种聚乙烯醇缩丁醛片材，制备该片材的原料中加入了 PVB 胶片边角料，并使用有机酸作为粘接强度调节剂，生产出的胶片的粘接强度稳定。

1. 配方

PVB 胶片边角料	1000kg	紫外线吸收剂 UV-327	1kg
柠檬酸	180g	荧光增白剂 OB-1	10g
抗氧化剂 B-900	1kg		

2. 加工工艺

按上述配方，将称好质量的边角料粉碎成颗粒料，放入多角变距锥型混合机中，柠檬酸配成 10％的水溶浆加入，同时将抗氧剂 B-900、紫外线吸收剂 UV-327、荧光增白剂 OB 加入混合机。混合机夹套用 20℃以下的冷却水冷却。将该混合物混合 15min 后，加入单螺杆挤出机进行熔体挤出，控制熔体温度 160～165℃；熔体经过滤，用齿轮泵送入模头，调整模头的模唇间隙和冷却辊的牵引速度，使 PVB 胶片的厚度为 0.76mm。

3. 参考性能

对制得的产品进行检测，结果如下：透光率为 89.2％；雾度为 0.33％；敲击值为 7。

（五）回收聚乙烯醇缩丁醛防水卷材

国内每年报废汽车约 300 万辆，仅此项每年就产生 3 万吨 PVB 废料。同时，太阳能光伏组件封装用光伏玻璃也需要 PVB 中间膜，随着建筑对光伏玻璃的使用越来越多，PVB 废料产生量也将随之升高。因此，以回收废旧 PVB 为主要原料制备防水卷材具有重要的社会和经济双重意义。本方法的目的在于提供一种以回收的废旧聚乙烯醇缩丁醛为主要原料制备的防水材料，使其具有优异的加工性能和使用性能，并能拓宽其使用范围，且生产工艺简单、成本低。

1. 配方

	质量份		质量份
回收的废旧聚乙烯醇缩丁醛	90	硼砂	5
再生橡胶	10	滑石粉	15
邻苯二甲酸二辛酯	20		

用橡胶或弹性体改性 PVB，并以二辛酯作增塑剂，提高了产品的耐低温性，效果好，工艺方便，综合性能佳；用硼砂或硼酸作防黏剂，在熔融状态下硼砂或硼酸可与 PVB 大分子链上的部分羟基发生反应，使 PVB 加工过程中的黏性降低，大大拓宽加工温度范围，提高了生产效率；同时发生反应后，硼原子可作为化学交联点存在，与 PVB 大分子链之间存在强的化学键作用，一方面增加 PVB 的力学强度，另一方面增加 PVB 的耐酸性。

2. 加工工艺

通过如下生产工艺制成防水卷材。

① 混炼：按上述原料及配比配料后，在密炼机中进行混炼，混炼温度为 80℃，混炼时间为 15min。

② 塑炼成片：在开炼机上将混炼后的物料塑炼为条状或片状，温度为 60℃，时间为 5min。

③ 挤出定型：采用橡胶单螺杆挤出机挤出定型，挤出温度为 110℃。

④ 压延成型：采用三辊压延机生产线压延，得到厚度为 1.0～4.0mm 卷材，水冷，收卷。

3. 参考性能

改性废旧聚乙烯醇缩丁醛防水卷材的拉伸强度、撕裂强度、断裂伸长率均达到或超出高分子卷材（树脂类）国家标准（GB 18173.1—2012），具有耐老化、弹性好、耐弯折、耐紫外辐射、耐化学腐蚀、耐水渗透等性能。改性聚乙烯醇缩丁醛防水卷材的主要性能指标及检测结果如表 10-1 所示。

表 10-1　改性聚乙烯醇缩丁醛防水卷材的主要性能指标及检测结果

项　目	标准要求(GB 18173.1—2012)	检测结果	项　目	标准要求(GB 18173.1—2012)	检测结果
拉伸强度/MPa	10	15	低温弯折性	−20℃无裂纹	通过
撕裂强度/(kN/m)	40	46	加热伸缩量	延伸 2	1.6
断裂伸长率/%	200	240		收缩 6	4.7
不透水性(30min)	无渗漏	通过			

（六）　废旧聚乙烯醇缩丁醛发泡材料

聚乙烯醇缩丁醛膜片废旧料（包括生产安全玻璃时产生的边角料和汽车等产品报废时产生的废料）的产生日益增多，由于安全玻璃对聚乙烯醇缩丁醛膜片的质量要求极高，这些聚乙烯醇缩丁醛废旧料不能再用于生产夹层膜片，通常作为固体垃圾被掩埋，这不仅造成资源浪费，而且产生明显的土地环境污染。以废旧聚乙烯醇缩丁醛为主要原料生产的聚合物发泡材料，不仅具有一般发泡材料质轻、比强度高、热导率低、隔热性能好等优点，而且相对于其他弹性体发泡材料而言，具有耐光性好、耐候性好、配方和成型加工较为容易等优点，是一种质量优异的发泡材料。更为重要的是以回收的来自报废安全玻璃的废旧聚乙烯醇缩丁醛膜片为主要原料制备发泡材料，可以充分利用聚乙烯醇缩丁醛废料，降低环境污染，实现变废为宝的目的。本方法提供一种由废旧聚乙烯醇缩丁醛膜片为主要原料生产的聚合物发泡材料。

1. 配方

	质量份		质量份
回收的废旧聚乙烯醇缩丁醛	100	邻苯二甲酸二辛酯	10
偶氮二甲酰胺	2	硼砂	0.3
硬脂酸锌	4		

采用偶氮二甲酰胺作为发泡剂，发气量大，分解物无毒、无臭、无污染，并且成本低，应用广泛；硬脂酸锌作为发泡助剂可以降低发泡温度，控制发泡剂的发泡速率；增塑剂二辛酯可有效控制聚合物的熔体流动性，有助于发泡剂的分散以及产生的气体在聚合物中的流动性，同时在泡孔成核剂以及泡孔调节剂的作用下，使得聚合物在合适条件下可以得到泡孔分布均匀、大小均一的发泡材料；利用硼砂作为交联剂，由于聚合物分子链含有羟基，能与硼砂或马来酸酐发生反应，可以提高聚合物的力学性能和加工性能。

2. 加工工艺

① 物料混合：将原料和配料按照上述配比准备好，然后加入高混机中进行高速混合，转速为 50r/min，时间为 5min。

② 密炼机中共混：将高速混合好的物料加入密炼机中进行熔融共混，温度为 130℃。

③ 开炼成片：将挤出机熔融共混得到的物料放到开炼机上塑炼成片，温度为 60℃。

④ 模压发泡成型：取塑炼成片的物料，放在模具中，然后放到平板硫化机上进行模压发泡成型。压力为 5MPa，温度为 150℃，时间为 10min。

3. 参考性能

密度为 $0.41g/cm^3$ 的聚合物发泡材料，拉伸强度为 4.6MPa，断裂伸长率为 219.3%。

（七）　橡胶/废旧聚乙烯醇缩丁醛混合胶

相对塑料而言，橡胶的加工温度较低，通常不超过 200℃，这与聚乙烯醇缩丁醛膜片的加工温度一致；橡胶是典型的高分子黏弹材料，与聚乙烯醇缩丁醛膜片的力学性质相似；橡胶在加工使用过程中，通常会加入大量软化剂，其作用与聚乙烯醇缩丁醛膜片中的增塑剂类似。与此同时，多数橡胶的价格昂贵，人们正在通过各种努力，在橡胶中掺加其他廉价聚合物，尽量在不降低橡胶使用性能的前提下降低其制品成本。废旧聚乙烯醇缩丁醛膜片通常来源于聚乙烯醇缩丁醛膜片生产中产生的废料、安全玻璃生产中产生的边角料、报废汽车安全玻璃内夹层中的聚乙烯醇缩丁醛胶片。这些废旧聚乙烯醇缩丁醛膜片不能再用于生产夹层胶片，而往往被作为废料进行处理，价格极为低廉。为拓宽废旧聚乙烯醇缩丁醛膜片的应用领域，本例提供一种质优价廉的以橡胶和回收的废旧聚乙烯醇缩丁醛膜片为主要原料制备的橡胶共混物硫化胶。

1. 配方

	质量份		质量份
丁腈橡胶/聚乙烯醇缩丁醛混合胶	100	硫黄	1.8
硬脂酸	3	促进剂 DM	1.5
氧化锌	5	邻苯二甲酸二丁酯	15
耐磨炉黑	75	防老剂 A	3

2. 加工工艺

丁腈橡胶与聚乙烯醇缩丁醛共混，用于耐油钢丝编织胶管内胶的生产。将 80 份丁腈橡胶均分为两部分，分别在 60℃的密炼机中混炼 5min，将其中一部分混炼橡胶加入 20 份聚乙烯醇缩丁醛膜片继续混炼 10min，再加入另一部分混炼橡胶共混 5min，即得丁腈橡胶/聚乙烯醇缩丁醛混合胶。

3. 参考性能

配方样品的拉伸性能按 GB/T 528—2009 测试；撕裂性能按 GB/T 529—2008 测试；硬度按 GB/T 23651—2009 测试；耐油性按 GB 1690—2010 测试。力学性能如表 10-2 所示。

表 10-2　橡胶/废旧聚乙烯醇缩丁醛混合胶力学性能

力学性能	试样	力学性能	试样
拉伸强度/MPa	16.8	撕裂强度/(kN/m)	51.9
断裂伸长率/%	382.1	硬度(邵氏 A)	76
拉伸永久变形/%	5.8	耐油质量变化率/%	浸汽油＋1.51

第十一章 ▶▶▶

废旧热固塑料的再生利用

（一）废旧碳纤维/环氧树脂复合材料的回收

碳纤维/环氧树脂复合材料被大量应用于国防、军工、航空航天、建筑、交通运输与能源等领域。碳纤维/环氧树脂基复合材料的回收和再利用现状不容乐观，如果不对其进行回收将给环境带来巨大的污染。另外，碳纤维/环氧树脂复合材料中含有大量价格昂贵的碳纤维，开展废旧碳纤维/环氧树脂复合材料的回收利用工作具有较大的经济意义。传统处理碳纤维增强环氧树脂废弃物的主要方法是掩埋和焚烧及机械粉碎回收法。此外，还可尝试热解法、溶剂降解法。压力法是指在密封的压力容器中，利用高压溶液使那些在标准大气压条件下不溶或难溶的物质溶解，从而进行化学反应，此方法在溶剂降解法的基础上减少了反应时间，提高了降解效果，可增大废旧复合材料的处理量，回收更完整的碳纤维。本例以乙酸水溶液为初步处理介质，再将处理的复合材料人工分层放入烘箱烘干后，以30%过氧化氢水溶液和丙酮混合溶液为再次处理介质在不同压力条件下以回收碳纤维和降解液。

1. 加工工艺

① 将复合材料方条（约重7.8g）放入200mL反应釜中，加入120mL体积分数为70%乙酸水溶液，在180℃油浴锅中加热2h。

② 取出初步处理后的复合材料经过手工处理，使其分散，然后放入80℃的烘箱中干燥24h。

③ 将烘干后的试样再次放入反应釜中，加入100mL 30%过氧化氢水溶液和50mL丙酮，分别设置压力为1.6MPa，在120℃油浴锅中加热2h。

2. 参考性能

降解纤维中残留树脂为8.63%，树脂的降解率为87.15%。降解产物：溶液，碳纤维。降解液中的降解产物为L-乳酸、乙二醇乙酸酯、羟基丙酮、DADP、TATP、丙酸乙酯、羟基丙酮、氨基甲酸甲酯、乙酰氧基乙酸和1,5-二苯基-1,2,4-三唑-3-硫酮等。

从图11-1(b)中可以看出，经过预处理后复合材料表面有明显分层现象。从图11-1(c)中可以看出，回收的碳纤维分散性良好，排列整齐。回收碳纤维的长度没有明显变化，纤维之间没有明显的粘连，显示复合材料中用于粘连碳纤维的环氧树脂，这说明经过体积分数70%的乙酸水溶液处理后的试样在高压条件下用30%过氧化氢与丙酮

(a) 待处理试样　　　　(b) 预处理试样　　　　(c) 回收碳纤维　　　　(d) 回收降解液

图 11-1　待处理试样、预处理试样、回收碳纤维的宏观形貌及回收降解液

2∶1 的混合溶液再次处理，能够有效分解交联固化的环氧树脂。从图 11-1(d) 可以看出回收降解液为无色液体。

图 11-2 是扫描电子显微镜观察到的原始碳纤维和回收碳纤维的微观表面形貌。图 11-2 (a) 为原始碳纤维的低倍图像，显示出原始碳纤维表面光滑，完整无损，无黏附物。图 11-2 (b) 为回收碳纤维的低倍图像，显示出碳纤维间的环氧树脂已经除去，纤维基本裸露出来。图 11-2(c) 为原始碳纤维的高倍图像，显示出纤维完好无损，无任何缺陷。图 11-2(d) 为回收碳纤维的高倍图像，可以看出其与原始碳纤维直径相当，除表面仍附有少量环氧树脂外，表面无明显缺陷。

  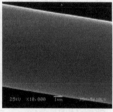 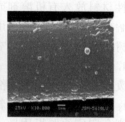

(a) 原始碳纤维低倍图像　(b) 回收碳纤维低倍图像　(c) 原始碳纤维高倍图像　(d) 回收碳纤维高倍图像

图 11-2　原始纤维及回收纤维的 SEM 照片

从图 11-3 中可以看出，1.6MPa 条件下回收碳纤维的单丝拉伸强度及弹性模量能达到

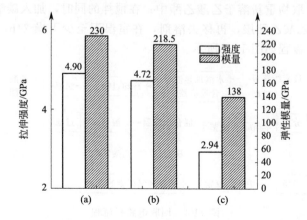

图 11-3　原始碳纤维 (a)、1.6MPa 下回收碳纤维 (b)、高温热解法
回收碳纤维 (c) 的单丝拉伸强度及拉伸弹性模量

原始纤维的 95％以上，而高温热解法回收得到的碳纤维单丝拉伸强度及弹性模量仅能达到原始纤维的 60％。由此说明在 1.6MPa 条件下回收碳纤维的结构受到的破坏较小，仍具有良好的力学性能。

（二）溶剂法回收废弃印刷线路板中的环氧树脂

我国已成为全球印刷线路板生产大国，世界上约有 40％印刷线路板在中国生产。与此同时，废弃印刷线路板的数量与日俱增。虽然对于废弃印刷线路板中金属的提取和回收技术已经比较成熟，但是对提取金属后剩余的大量非金属材料的开发利用则由于没有合适的技术成为回收利用的难题。这些非金属材料占到印刷线路板组成的 70％～80％，主要由环氧树脂、玻璃纤维和溴化阻燃剂构成。目前废旧线路板环氧树脂复合材料的回收处置方法主要有热解回收法、物理回收法、溶剂高温分解回收法。热解法是传统的处理废弃高分子材料及高分子复合材料的常用方法。但由于线路板基材中的环氧树脂复合材料中有很多玻璃纤维等无机填料，能燃烧的有机物含量并不多，经焚烧处置后仍有大量炉渣需要最终处置。同时，环氧树脂复合材料所含的溴化阻燃剂等在燃烧过程中易产生二噁英等有毒、有害物质，如果炉温不够或尾气处理方法不当会导致二次污染。线路板基材中主要为热固性环氧树脂复合材料。热固性环氧树脂及加入填料（玻璃纤维等）的热固性环氧树脂具有耐腐蚀性好，质量轻，易于加工成型等特点，但是由于热固性环氧树脂不熔、不溶和不易被分解的特性，导致热固性环氧树脂材料和玻璃纤维等非金属尚未进行较好开发和利用。溶剂高温分解回收法将热固性材料放入有机溶剂或水中，添加催化剂，在较高温度、压力条件下进行分解，这种方法分解效率较高。本例采用溶剂法回收废弃印刷线路板中的环氧树脂，从印刷线路板中得到环氧树脂的比率为 15.37％。

1. 原材料

废弃 FR-4 型印刷线路板：主要成分是双酚 A 型环氧树脂、玻璃纤维、含有机溴化物和 Sb_2O_3 的阻燃剂、无机填料和铜等部分金属。

废弃印刷线路板质量：硝酸体积＝10g：50mL。

2. 加工工艺

将预处理后的废弃印刷线路板放入硝酸溶液中（硝酸浓度为 8mol/L），置于恒温水浴中，80℃浸泡 3h。反应一段时间后，溶液变成黄色，抽滤，取滤液，向黄色滤液中加入乙酸乙酯进行萃取，将萃取物除去溶剂，室温干燥后，得到一种黄褐色的高黏度分解产物，称为萃取物，然后把萃取物重新溶于乙酸乙酯中；在搅拌的同时，加入碳酸钠溶液，同时调节 pH 值至 7 时，分离乙酸乙酯层，再移去溶剂，在室温下至少干燥 24h，则最后得到中和的萃取物。回收电路板流程如图 11-4 所示。

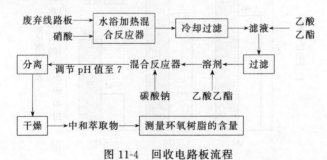

图 11-4　回收电路板流程

3. 参考性能

反应时间、反应温度、硝酸溶液浓度、硝酸用量对环氧树脂产率的影响如图 11-5～图

11-8 所示。

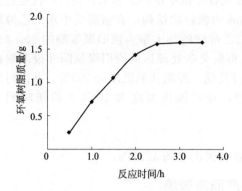

图 11-5 反应时间对环氧树脂产率的影响

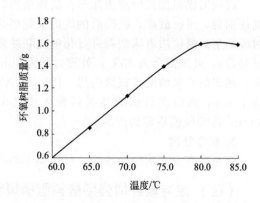

图 11-6 反应温度对环氧树脂产率的影响

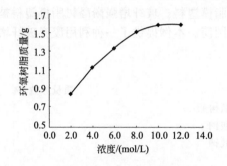

图 11-7 硝酸溶液的浓度对环氧树脂产率的影响

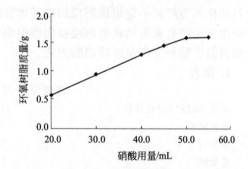

图 11-8 硝酸用量对环氧树脂产率的影响

（三）废旧聚氨酯和聚丙烯回收料制板材

聚氨酯（PU）硬泡由于具有隔热保温功能，大量应用于建筑、冷冻设备保温绝热领域。由于 PU 硬泡具有高度交联结构，不能再熔融加工成型，因此限制废 PU 硬泡的回收。目前 PU 硬泡的回收利用方法主要分为能量回收法、物理回收法和化学回收法。本例结合了化学回收法和物理回收法的优点，采用制备聚氨酯硬泡/废旧聚丙烯复合材料的方法回收废旧聚氨酯硬泡：先对废旧聚氨酯硬泡进行化解交联处理，打开部分交联结构，使 PU 硬泡具有一定流动性能，提高 PU 硬泡的可熔混性、加工性能和塑化性能；同时，解交联过程中 PU 产生了大量氨基和羟基，可以成为反应性增容的活性点。采用马来酸酐接枝聚丙烯（PP-*g*-MA）作为相容剂增加解交联的聚氨酯硬泡和废旧聚丙烯的相容性。为了增加 PP-*g*-MA 的反应活性，还采用二异氰酸酯 MDI 来改性 PP-*g*-MA，采用熔融共混的方法使得 PP-*g*-MA 接上高反应活性的—NCO，—NCO 可与降解 PU 中的氨基和羟基发生化学反应，提高复合材料的性能。

1. 配方

	质量份		质量份
废旧聚氨酯	20	相容剂	4
废旧聚丙烯	80		

注：相容剂为马来酸酐接枝聚丙烯（PP-*g*-MA），并且经 4,4′-二苯基甲烷二异氰酸酯（MDI）进行改性，MDI 的含量为 PP-*g*-MA 的 8% （质量分数）。

2. 加工工艺

将废旧聚氨酯的硬质泡沫塑料清理杂质后，投入破碎机中粉碎成粉末状颗粒，再经过强制压缩后，进行破碎，破碎后的废旧聚氨酯为1mm的颗粒状结构；在密炼机中用二乙醇胺对废旧聚氨酯硬质泡沫塑料进行化解交联处理，二乙醇胺的加入量为废旧聚氨酯的2%（质量分数），处理温度为15℃，处理时间为30min；将解交联处理后的废旧聚氨酯和废旧聚丙烯、相容剂马来酸酐接枝聚丙烯（PP-g-MA）进行共混，控制共混温度为190℃，共混时间为15min，然后将得到的共混料放入模具中成型，控制模压温度为170℃，模压时间为8min，冷却脱模后得到产品。

3. 参考性能

制品具有很好的拉伸性能，可达到1800%，拉伸强度达到35MPa。

（四）废弃玻纤增强酚醛树脂模塑料生产泡沫玻璃

换向器在家电领域、汽车领域、电动工具领域的用量非常之大。剩余的非金属绝缘骨架材料却难以得到回收再利用。电机换向器绝缘骨架材料一般是由酚醛树脂、玻璃纤维、无机填料和助剂等经过一定混炼制成的玻纤增强酚醛树脂模塑料。玻纤增强酚醛树脂模塑料被大量应用于生产直流电动机的电流换向器的绝缘骨架圆筒。本例提供了一种利用废弃玻纤增强酚醛树脂模塑料生产泡沫玻璃的方法。

1. 配方

	质量分数/%		质量分数/%
玻纤/酚醛树脂混合物	21	环氧树脂	1
废玻璃粉	70	硝酸钠	1
钾长石	5	磷酸钠	1
硅酸钠	1		

注：玻璃纤维和酚醛树脂混合物：玻璃纤维为50%，酚醛树脂45%，其余为填料和助剂。

2. 加工工艺

将废弃的电机转向器绝缘骨架上的铜等金属分拣出来，然后将非金属部分置于450℃下热处理30min，然后粉碎、球磨制成100目左右的细粉。该细粉组成为：玻璃纤维为50%，酚醛树脂为45%，其余为填料和助剂。取上述细粉4.2g（21%）、废玻璃粉14g（70%）、硝酸钠0.2g（1%）、钾长石1g（5%）、磷酸钠0.2g（1%）、硅酸钠0.2g（1%）和环氧树脂0.2g（1%）混合均匀，得到泡沫玻璃生料团。在15MPa下，用四柱液压机将上述生料团压制成型，得到泡沫玻璃成型胚，然后将其置于石墨坩埚中，在程序控温马弗炉中按照一定温度程序进行升降温处理，完成塑化、发泡、定型、退火和冷却等工序，最后得到泡沫玻璃材料。

具体工艺参数如下：首先以20℃/min的升温速率从室温升至450℃，接着以5℃/min升温至700℃，然后以3℃/min升温至发泡温度，发泡温度为900℃，在此温度下保温30min，完成发泡，接着以15℃/min降温至650℃，使发泡定型，然后以3℃/min的降温速度降至450℃，退火，再以2℃/min的降温速度冷却至250℃，最后再以1℃/min的降温速度冷却至室温、出炉，得到成品泡沫玻璃。

3. 参考性能

泡沫玻璃的基本性能如表11-1所示。

表 11-1 泡沫玻璃基本性能

平均密度/(kg/m³)	热导率/[W/(m·K)]	抗压强度/MPa
143	0.037	1.49

（五）不饱和聚酯树脂制备阻燃材料

以不饱和聚酯树脂、丁腈橡胶以及其他废塑料改性再生，使改性后的废塑料具有阻燃性，能阻止塑料引燃或抑制火焰蔓延，可广泛应用于化工、日用品、家电等各行业中。该技术简便、操作简单，具有清洁、粉碎、混合、着色、改性一次性进行的特点，能减少污染、低碳、无害及资源化，提高产品的附加值。

配方：

	质量份		质量份
不饱和聚酯树脂	20～30	黏合剂	3～5
废塑料	10～20	磷酸酯	2～6
丁腈橡胶	5～8	氨基硅油	8～14
十二烷基硫酸钠	3～5	稀释剂	4～6
硼酸锌	5～10	黑色素添加剂	7～12

注：废塑料为聚乙烯、聚丙烯、聚苯乙烯及聚氯乙烯中的一种或几种。

（六）汽车内饰废酚醛树脂的回收利用

酚醛树脂（PF）是工业中常用的一种热固性塑料。热固性塑料废弃物中的纤维和树脂在回收再利用时可以有两方面的用途。一方面是作为填料，加入同类树脂中，能降低成本；加入热塑性塑料中，提高强度、耐热性、尺寸稳定性、抗蠕变性能等。另一方面是作为制品的主原料，与黏合剂搅拌混合，经模塑可制成板材。本例提供一种酚醛树脂复合废料回收再利用工艺，特别是酚醛树脂复合废料的回收成型工艺，适用于汽车内饰件边角料的回收再利用。

1. 配方

	质量份		质量份
酚醛树脂边角料	28	EBS	8
纯聚丙烯	46	玻璃纤维布	8
偶联剂 KH-550	12		

2. 加工工艺

将酚醛树脂复合废料粉碎成直径为 1mm 颗粒状，以填料的形式加入加热混合器内，然后加入热塑性材料纯聚丙烯、硅烷偶联剂 KH-550 均匀混合为混合料；将上述混合料放入加热容器内加热，加热温度为 185℃，保温 9min 至混合料进入熔融态，在模具中放入玻璃纤维布，再将熔融态混合料移入模具中玻璃纤维布上方进行模压，移料时间控制在 50s，应快速移料合模，可保证制品的性能和外观。为防止成型复合材料制品黏着在模具上，需在制品与模具之间施加隔离膜，以便制品很容易从模具中脱出，同时保证制品表面质量和模具完好无损。操作时将甲基硅油脱模剂均匀地分布于模具内，从而使脱模容易，不损模具。熔融态混合料在模具中保压 3min，模具压力为 1.4MPa，冷却温度在 70℃以下脱膜得到制品成品。

（七）废旧聚氨酯鞋底再生聚氨酯复合材料

在聚氨酯生产与使用过程中产生大量废物，其中包括用于隔热及沙发坐垫的大量聚氨酯泡沫、废旧聚氨酯鞋底、废旧聚氨酯皮革等。因此，聚氨酯的回收利用问题已经是聚氨酯工业迫切需要解决的重大问题之一。本例提供一种利用废旧聚氨酯鞋底再生聚氨酯复合材料及其制备工艺，用于解决废旧聚氨酯鞋底的回收问题。

1. 配方

	质量份		质量份
废旧聚氨酯鞋底	170	二月桂酸二丁基锡烷基醇酰胺	6
相容剂	10	纳米氧化铝粉	4
甲苯二异氰酸酯	5	抗氧剂 TNP	2
三(2,4-二叔丁基苯酚)亚磷酸酯	2	硬脂酸铝	7
麦饭石粉	4	异氰酸酯	8
有机硅	6	氧化锆	4
聚磷酸铵	2	纳米蒙脱土	9
多异氰酸酯	12	助剂	10
混合聚酯多元醇	3		

注：助剂由下列质量份（kg）的原料制成：三聚磷酸铝1、棕榈蜡2、滑石粉4、液体石蜡2、碳酸钙13、亚乙基双硬脂酰胺3、乙烯亚胺1、氢化蓖麻油7、硬脂酸钠10、石墨烯6、环氧树脂7；制备方法是：称取上述质量份的三聚磷酸铝、棕榈蜡、滑石粉、液体石蜡、碳酸钙，混合搅拌均匀，然后加入其他剩余成分，在85～90℃下，在高混机中转速为350～400r/min下搅拌8～10min，静置冷却至室温，即得所需助剂。

2. 加工工艺

将废旧聚氨酯鞋底清理杂质并洗净后，投入破碎机中粉碎成粉末状颗粒，再经过强制压缩后，进行破碎；将麦饭石粉、有机硅、纳米氧化铝粉、氧化锆、纳米蒙脱土混合后研磨，再加入二月桂酸二丁基锡、烷基醇酰胺、硬脂酸铝、异氰酸酯一起倒入混合机中混合，在80～90℃下搅拌，设置搅拌速度为40～50r/min，搅拌时间为10～15min，自然冷却后得混合料；将处理好的废旧聚氨酯鞋底、混合料以及相容剂、甲苯二异氰酸酯等剩余原料混合均匀后投入挤出机中熔融挤出，熔融挤出的温度为185～220℃，熔融挤出的时间为45～60s，得到再生聚氨酯复合材料。

3. 参考性能

聚氨酯复合材料的性能如表11-2所示。

表11-2　聚氨酯复合材料的性能

阻燃性能	黏度/(MPa·s)	回弹性/%	邵氏硬度/A	撕裂强度/(N/m)
V-1	278	28	28	105

（八）废旧聚氨酯弹性体回收制备聚氨酯保温材料

聚氨酯弹性体在军工、航天、声学、生物学等领域广泛应用。其中，高耐磨性能的轮胎，节能降耗效果明显的煤厂使用的筛板，缓冲性能好、质轻、耐磨、防滑的鞋底等材料皆采用聚氨酯弹性体，聚氨酯弹性体制品的边角料废弃量也在逐年增长。以废旧聚氨酯弹性体的降解产物为主要原料制备聚氨酯保温材料，不但具有优良的导热性能、广阔的应用范围，而且还减少资源的浪费，也达到了保护环境的目的。本例提供一种废旧聚氨酯回收制备聚氨酯保温材料的方法，该方法加工工艺简单，易操作，可投入生产，制备的产品保温性能优良，热导率达到0.02W/(m·K)以上，其表观密度、吸水率、压缩强度等均达到国家标准。

1. 配方

	质量份		质量份
醇解：		1,3-丙二醇	8
废旧聚氨酯弹性体	10	三乙醇胺	1

	质量份		质量份
发泡:		稳泡剂硅油 L-600	0.1
降解后的回收产物	10	催化剂:(二甲氨基丙基)六氢三嗪 PC-41	0.1
扩链剂:蔗糖	0.1	水	0.3
扩链剂:葡萄糖	0.5	黑料:多苯基多亚甲基多异氰酸酯 PAPI-27	10
发泡剂:一氟二氯乙烷(HCFC-141b)	4.5		

2. 加工工艺

将 10 份废旧聚氨酯弹性体、8 份 1,3-丙二醇和 1 份三乙醇胺混合,在 100℃下搅拌 3h,冷却至室温后得到降解后的回收产物。10 份降解后的回收产物与 0.1 份蔗糖、0.5 份葡萄糖、4.5 份 HCFC-141b、0.1 份硅油 L-600、0.1 份 PC-41、0.3 份水搅拌均匀后作为白料,然后与 10 份 PAPI-27 搅拌 12s 使其发泡,冷却即得到聚氨酯保温材料。

3. 参考性能

表 11-3 所示为聚氨酯保温材料的性能。

表 11-3　聚氨酯保温材料的性能

羟值/(OH/g)	分子量	密度/(kg/cm³)	压缩强度/MPa	吸水率/%	热导率/[W/(m·K)]
350	3020	28	0.4	9	0.03

(九)　废旧聚氨酯回收产物制备聚氨酯胶黏剂

聚氨酯胶黏剂是分子链中含有氨酯基(—NHCOO—)或异氰酸酯基(—NCO)类的胶黏剂,具有耐磨性优异、柔韧性突出、强度高、弹性好、耐低温等特点。水性聚氨酯胶黏剂以水作为分散介质,可制成水溶型、胶乳型或乳液型,它不仅可以胶接聚氨酯海绵和聚氨酯橡胶,而且能胶接橡胶与织物、橡胶与金属、金属与金属、金属与陶瓷、木材与木材、橡胶与塑料等,不但具有接近溶剂型聚氨酯胶黏剂的优异性能,而且不燃、无毒、无公害,是在世界环境意识日益增强的大背景下兴起的一类新型胶黏剂。目前合成聚氨酯胶黏剂发展的趋势突出表现为高性能化和环保化,虽然传统聚氨酯胶黏剂性能优异,但其耐热性、流动性、耐磨性、阻隔性等性能较差,使用时具有一定局限性,并且其原料价格昂贵。本例利用废旧聚氨酯弹性体以化学方法回收得到的再生多元醇代替聚氨酯胶黏剂中的全部聚合物多元醇作为部分原料,加以改性蒙脱土制备出黏结力强、无毒、无公害的聚氨酯胶黏剂产品,实现了废弃聚氨酯弹性体的高效、绿色循环利用。

1. 配方

	质量份		质量份
醇解:		合成:	
废弃聚氨酯弹性体	10	多元醇	5
1,4-丁二醇	10	2,4-二苯甲烷二异氰酸酯	2
KOH	0.5	二次改性蒙脱土	0.15
蒙脱土改性:		二羟甲基丙酸	1.05
蒙脱土	5	三乙胺	1.5
十四烷基三苯基溴化膦	5	去离子水	5
2,4-二苯甲烷二异氰酸酯	5	增稠剂	1

注:增稠剂可为聚丙烯酰胺、聚乙烯醇、聚乙烯吡咯烷酮。

2. 加工工艺

在装有搅拌器、冷凝器、温度计的反应釜中,加入 10 份经－10℃低温破碎后的粒径 10mm 废弃聚氨酯弹性体、10 份 1,4-丁二醇、0.5 份 KOH 在搅拌的情况下将反应混合物加热到 160℃，并在此温度下保持反应 3h，聚氨酯弹性体全部溶解，产物呈浅棕色。经过水洗涤、抽滤、除水过程后得到分子量在 4600，羟值在 500mg KOH/g 的再生多元醇 14 份。将 5 份有机蒙脱土纳米粒子加入 90g 水中机械搅拌，形成稳定悬浮体，加入 5 份十四烷基三苯基溴化膦进行水浴加热至 80℃反应 5h，洗涤干燥后得到一次改性蒙脱土。取 5 份一次改性蒙脱土溶于丙酮中，然后升高体系温度至 80℃，加入 5 份 2,4-二苯甲烷二异氰酸酯作为二次改性剂，反应 3h，将制得的蒙脱土样品再次用丙酮洗 3 次，然后在 100℃下真空烘干，得到二次改性蒙脱土。将降解后所得多元醇 5 份，加热至 105℃，抽真空 1.5h 除去水分，加入 2,4-二苯甲烷二异氰酸酯 2 份，二次改性蒙脱土 0.15 份，在 65℃反应 3h；在不断搅拌下加入烘干的二羟甲基丙酸 1.05 份，在 40℃下反应 5h，制得预聚物；将预聚物的温度降至 25℃时，用 1.5 份三乙胺中和。在高切变速度下，加入 5 份去离子水，待溶液由黄色转为透明直至变为乳白色时，继续搅拌 15min，得到均匀分散的白色聚氨酯乳液，并向乳液中加入增稠剂 1 份，得改性聚氨酯胶黏剂。

3. 参考性能

通过离心加速沉降实验模拟乳液的储存稳定性测试，得出乳液具有 8 个月储存稳定性。聚氨酯胶黏剂的性能测试如表 11-4 所示。

表 11-4 聚氨酯胶黏剂的性能测试

吸水率/%	断裂伸长率/%	拉伸强度/MPa
9.1	138	7.1

（十）酚醛树脂复合废料的回收再生

酚醛树脂的各种回收利用技术得到开发，可大致分为三类：第一类是将酚醛树脂粉碎回收，作为填料、添加剂和补充材料，而采用这种方法的回收技术是将酚醛树脂粉碎后作为无效成分填充到酚醛树脂新料中，这一类技术的缺点是酚醛树脂回收率不高，并且填充的无效成分并不能如新料般交联参与反应，导致回收后的材料性能降低，不能制作新料，或作为次级材料制作新产品使用。第二类是将酚醛树脂裂解成单体和低聚物回收利用，或者通过烧结制成活性炭，这一方法的不足之处在于对设备要求较高，且裂解时能源消耗过大，回收效益偏低，且也难作为回收料制作新产品使用。第三类是将回收酚醛树脂燃烧，作为燃烧能源，缺点是燃烧放出比较多的有害气体，需进行废气回收处理，工艺流程繁杂，效益较低，且也难作为回收料制作新产品使用。酚醛树脂废料经粉碎后，加入酚醛树脂复合材料、助剂均匀混合造粒制成混合料，混合料经加热，保温至混合料进入软化态，再将软化态混合料移入模具中经模压，脱模后得到制品，制品的拉伸强度、断裂强度、耐温性能、成性收缩率、吸水率、密度、耐燃性可达到原制品的 90%。

1. 配方

	质量份		质量份
酚醛树脂废料	35	改性剂	适量
酚醛树脂新料	65		

注：改性剂为各种酚类化合物、醛类化合物、醇类化合物和羧酸类化合物中的一种或是几种。

2. 加工工艺

酚醛树脂废料粉碎：将酚醛树脂边角料或废料用粉碎机进行粗粉碎，得到 2mm 的粗粉碎酚醛树脂废料，然后将粗粉碎酚醛树脂废料经过细粉碎得到 300 目的细粉碎酚醛树脂废料。将酚醛树脂新料用粉碎机经过细粉碎得到 100 目的细粉碎酚醛树脂新料。将所得到的酚醛树脂废料 35 份、酚醛树脂新料 65 份和改性剂共同加入混合机进行均匀混合。所得的酚醛树脂混合料用造粒机进行造粒。

3. 参考性能

表 11-5 为回收再生酚醛树脂复合料的性能测试结果。

表 11-5　回收再生酚醛树脂复合料的性能测试结果

冷却时间/s	拉伸强度/MPa		强度比/%	测试标准
	混合料	新料		
15	43.72	48.23	90.65	ASTM 638
20	44.64	49.12	90.88	ASTM 638
25	45.56	49.39	92.25	ASTM 638
30	44.88	48.95	91.69	ASTM 638

（十一）废旧聚氨酯硬质泡沫制备吸附分离材料

目前用于制备吸附材料的聚氨酯泡沫通常是开孔结构，而聚氨酯硬质泡沫塑料大部分是闭孔结构。如何根据聚氨酯硬泡材料的特点和吸附分离材料的特点将废旧聚氨酯硬泡转化为吸附分离材料是一项有意义的工作。部分聚氨酯硬泡泡孔的平均直径在 $100\sim200\mu m$ 之间。可以先用高速剪切机物理粉碎聚氨酯硬泡，使其碎片的平均直径达到毫米级，再结合化学碱降解的方式实现将聚氨酯硬泡的闭孔结构转化为开孔结构。碱降解除了可以减小聚氨酯硬泡颗粒的粒径、开孔以外，还可以在聚氨酯硬泡颗粒表面引入活性伯氨基。聚氨酯硬泡的主要官能团为氨基甲酸酯和脲，伯氨基作为一个性质活泼的基团可以与很多酸性活性物质或者金属离子发生化学键合作用，伯氨基的增加改善了聚氨酯硬泡颗粒的吸附性能。本例通过物理破碎和化学降解相结合的方法由废旧聚氨酯硬泡制备吸附分离材料；工艺简单、反应条件温和、成本低，既废物利用，又环保。所生产的吸附分离材料可应用于纯化分离、废水处理、填充剂等领域。

1. 原材料

废旧聚氨酯硬质泡沫塑料、NaOH、乙酸。

注：聚氨酯硬泡颗粒用量为碱液质量的 1%～50%。

2. 加工工艺

将废旧聚氨酯硬质泡沫塑料投入高速剪切破碎机中粉碎成粉末状硬泡颗粒，粉末状硬泡颗粒分离去除杂质，80℃下干燥至恒重。将去除杂质后的聚氨酯硬泡颗粒加入质量浓度为 1%～50% 的 NaOH 溶液中，控制温度为 20～80℃，在搅拌下碱化降解0.1～3h；反应完毕后过滤，先后用 1%～10% 的乙酸、水洗涤后干燥，得到吸附分离材料成品。

（十二）废旧聚氨酯（PU）鞋底生产湿法聚氨酯（PU）树脂

聚氨酯（PU）的化学结构特征是含有重复的特性基团—NH—COO—（氨基甲酸酯基），从而提高了其本身的机能，广泛应用于服装运动用品、各类居室用品、汽车运输工具和工业用原材料中。公开技术的聚氨酯树脂制备方法中一般采用 MDI、聚酯多元醇、聚醚多元醇、二元醇扩链剂和溶剂等原材料反应制得。上述制备方法生产成本较高，相比之下，本方法能节约生产成本，可以解决废旧聚氨酯（PU）鞋底的回收问题，从而能够取得良好的环保效益和经济效益。

1. 配方

以下为湿法聚氨酯（PU）树脂的配方：

第一步：溶解，得到中间体 S_1

	质量份		质量份
N,N-二甲基甲酸胺(DMF)	132	降解剂 P_1	11.3
(废旧)聚氨酯鞋底碎料	101	降解剂 P_2	0.9

第二步：产品合成

	质量份		质量份
中间体 S	220	多元醇 E_2	28.7
二苯基甲烷-4,4'-二异氰酸酯(MDI)	4.2	扩链剂 G_1	31.4
催化剂	0.03	二苯基甲烷-4,4'-二异氰酸酯(MDI)	32.5
多元醇 E_1	16.6	N,N-二甲基甲酰胺(DMF)	383

2. 加工工艺

按上述比例配方将挑选出的适量聚氨酯（PU）鞋底去除杂质和尘土。割开鞋底抽出鞋底金属垫片，将鞋底送入塑料破碎机，破碎成粒径≤50mm×50mm 的颗粒。再将鞋底碎料放入干燥室干燥。干燥室温度为 80℃，干燥时间为 12h，并注意随时翻动鞋底碎料，防止温度较高时烤焦鞋底。将干燥好的鞋底碎料分袋（桶）装好，准备投料溶解。降解剂 P_1、P_2 分别真空脱水。真空度<50mmHg（1mmHg=133.322Pa），温度 115℃，时间 4h。检查溶解反应釜是否干燥干净，关好反应釜底。加入溶剂 N,N-二甲基甲酰胺（DMF）132kg，开动搅拌，升温至 130℃。反应釜冷凝管阀半开，打开冷凝水进行冷凝。搅拌下自人孔向反应釜中分 4 次加入 101kg 鞋底碎料，同时加入降解剂 P_1 1.31kg 和 P_2 0.9kg，封好人孔盖，保持温度在 130℃左右搅拌溶解。搅拌溶解 3h 后，取样测取溶解液的黏度。中间体黏度范围要求在 500~8500mPa·s(25℃)。中间体 S_1 的黏度合乎要求后，即可通冷却水进行冷却，降温到 60℃，密封反应釜，加压，用 60 目铜滤网过滤卸料，包装，得到中间体产品 S_2。

检查反应釜内有无杂物，各种阀门是否处于正常工作的开关状态。加入中间体 S_1 220kg，开动搅拌，升温至 60℃。分次加入 MDI 4.2kg。MDI 要分次加入，固体 MDI 要尽量打碎，前期 MDI 添加的时间为 15min。首次加入 MDI 后 35min，再加入催化剂 0.03kg；温度控制在 70~90℃。从搅拌水声估计黏度变化，并注意对黏度的测定。当黏度达到 $1×10^4$~$7×10^4$mPa·s(25℃) 时，即可进入第二段反应作业。加入配方设计量的多元醇 E_1 16.6kg、多元醇 E_2 28.7kg、扩链剂 G_1 31.4kg 和适量 DMF，搅拌均匀，温度控制在 50~70℃。分多次加入配方设计量的 MDI，每次 MDI 的添加时间间隔为 40min。随时注意记录仪表对黏度的反映，并从人孔口监听反应釜内料液流动声音的大小，来估计增黏时，应补入 MDI 的数量。补加的 MDI 的总量为 32.5kg。当黏度达到 $20×10^4$~$40×10^4$mPa·s（25℃）时即可加入适量 DMF 进行稀释。总 DMF（383kg）5 次分批加入进行稀释和黏度调节。直至所有原料溶剂加完，间隔 30min 取样测两次以上黏度，最后两次黏度相差不大且处于规格值内，同时确认 NCO 消耗完毕后则进入卸料包装阶段；若不合格，则补入 MDI 或溶剂，直至黏度合格为止。产品品质要求：黏度 $20×10^4$mPa·s（25℃），固含量 25%~35%。打开冷却水，降温至 55℃。停止搅拌，锁好人孔盖，关闭其他放空阀门，加压卸料。用 100目铜或不锈钢滤网过滤卸料，包装，得到 PU 树脂成品约 716.4kg。

（十三）废聚氨酯和废纤维制备建筑填缝材料

随着城市建设和环境保护的快速发展，需要各种节能环保建筑材料。聚氨酯墙体保温材料由于其优秀的综合理化性能，近几年来被越来越广泛应用于节能保温材料。然而，大量聚氨酯废料又造成了新的环境污染，同时也出现新的可利用工业废弃资源；另外，各种化学纤维也已成为城市建设的资源。由于很多新型节能建材的推广应用，需要较多配套材料共同组合，成为使用方便且性能完善的应用系统。再者，一些新型墙体建筑材料常碰到拼接缝、收缩缝的缺陷,采用节能材料对墙面外保温和隔热等,都需要新型建筑填缝材料配合应用。本方法利用废聚氨酯和废纤维制备有良好附着能力、强度较好的建筑填缝材料。

1. 配方

	质量份		质量份
废聚氨酯粉(80目)	200	丙二醇	45
废旧丙纶纤维(5mm长)	61	聚二甲基硅氧烷	0.5
丙烯酸乳液	416	碳酸钙	150
六偏磷酸钠	40	甲基纤维素	20
苯甲酸钠	6	水	52
乙二醇	9.5	着色剂	0.7

配方中废聚氨酯粉为废聚氨酯制品或聚氨酯建筑保温材料的边角料等工业废弃物粉碎得到的,或为聚氨酯制品加工过程中自然产生的边角料经处理粉碎后得到的,为较均匀的细颗粒状物体,废聚氨酯粉的粒径为60~80目。废旧丙纶纤维的长度为3~5mm。纤维的选用也可根据墙体的颜色,或形成有特殊彩纹和杂色风格。还可以在填缝材料中添加着色剂,其用量为填缝材料总质量的0.07%~0.1%,着色。

2. 加工工艺

按各组分的质量比例,计量各组分,先将废聚氨酯粉、丙纶纤维和碳酸钙混合均匀作为组分A,再将丙烯酸乳液、六偏磷酸钠、苯甲酸钠、乙二醇、丙二醇、甲基纤维素、着色剂混合均匀作为组分B,然后将组分A和组分B混合均匀,最后加入聚二甲基硅氧烷、水,搅拌均匀,即得所需产品。

3. 参考性能

表11-6所示为废聚氨酯和废纤维制备建筑填缝材料。

表11-6 废聚氨酯和废纤维制备建筑填缝材料

名　称	性　能	名　称	性　能
表面干燥时间/h	2~2.5	耐寒性(−40℃,24h)	无变化
耐水性(48h)	表面无气泡、裂痕、脱落现象	耐热性(80℃,24h)	无变化
耐碱性(48h,饱和氢氧化钙溶液)	表面无气泡	拉伸强度/MPa	1.5
耐洗刷性(500次)	无破坏	断裂伸长率/%	25
附着强度/MPa	0.5~0.58	剪切黏结强度/MPa	0.5

4. 用途

由于使用了废聚氨酯制品废弃物,大大提高了经济价值,产品本身也有好的理化性能。施工可用特殊喷枪喷涂,也可刮抹,无需其他黏结物,能满足填缝要求且成本低。材料可用于各种墙面,也可用于柱、板等缝隙填补。由于是水性环保类材料,在制作、施工、长期应用过程中无毒无害、无气味,无新污染。

（十四）微波解聚废旧聚氨酯再生多元醇

微波是频率在300MHz~300GHz的电磁波,工业及民用微波的频率一般是固定的2450MHz,微波在化学中的应用,开辟了微波化学这一化学新领域,微波能作用于极性分子,加速分子运动,被加热介质物料中的分子在快速变化的高频电磁场作用下,发生极性取向运动和相互摩擦效应。此时微波场的场能转化为介质内的热能,使物料温度升高。微波加热的特殊优点是加热速度快、节能高效、加热均匀、易控制、无污染。将微波应用于解聚反应的研究还比较少,主要研究集中在降解聚对苯二甲酸乙二醇酯PET方面。本方法所解决的技术问题在于提供一种利用微波技术,以废旧聚氨酯为主要原料,通过醇解法制备多元醇的方法。所利用的废旧聚氨酯适用于聚氨酯鞋底、鞋垫、硬质聚氨酯泡沫塑料、软质聚氨酯泡沫、弹性体等所有聚氨酯类产品。

1. 配方

配方1：

	质量份		质量份
废旧聚氨酯泡棉碎料	100	催化剂(乙酸钠：三乙醇胺/3：1)	0.1
1,4-丁二醇	40	抗氧剂	0.05

注：其中抗氧剂的配比为四[β-(3,5-二叔丁基-4-羟基苯基)丙酸]季戊四醇酯：亚磷酸三(2,4-二叔丁基苯基)酯=2：1。

配方2：

	质量份		质量份
废旧聚氨酯泡沫塑料碎料	100	催化剂(乙酸钠：三乙醇胺/1：1)	2
聚乙二醇(分子量1000)	150	抗氧剂	0.2

注：抗氧剂按四[β-(3,5-二叔丁基-4-羟基苯基)丙酸]季戊四醇酯，亚磷酸三(2,4-二叔丁基苯基)酯配比为1：1。

2. 加工工艺

取混合料1000g置于工作频率(2450±50)MHz的微波反应器内，微波功率为500W。在设定功率条件下，充入惰性气体保护下，惰性气体可选自氮气、氩气、氦气。于指定温度下(温度220℃)反应1~20min，降解反应的最优反应时间是15min。将固体聚氨酯颗粒降解为以低分子量氨酯结构多元醇为主的液状均相产物，包括二元醇或三元醇，产物黏度控制在200~6000mPa·s。

3. 参考性能

取配方2中所得多元醇混合物，按表11-7配方合成聚氨酯鞋底，其中各组分含量为质量份。

表11-7 聚氨酯鞋底合成配方

组 分	配方1	配方2
聚氧丙烯醇(分子量4000,羟值35)	100	50
多元醇(配方2)	—	50
丁二醇	6	6
聚氨酯胺催化剂A33	2	2
水	3	3
硅油	1	1
MDI	异氰氨酯指数1.05	异氰氨酯指数1.05

用配方2的多元醇代替原配方聚醚多元醇50%，所制得的鞋材与原配方相比，总体性能相差不多，硬度及拉伸强度稍有下降，伸长率稍有提高，具体测试结果见表11-8。

表11-8 聚氨酯鞋底合成配方性能

物 性	配方1	配方2	物 性	配方1	配方2
密度/(g/cm³)	0.6	0.6	撕裂强度/MPa	1.6	1.6
拉伸强度/MPa	4.8	4.5	硬度(邵氏A)	65~70	60~65
伸长率/%	400	420			

（十五）废旧聚氨酯鞋底生产己二酸

己二酸(ADA)是一种重要的有机二元酸，俗称肥酸，主要用于制造尼龙66纤维和尼龙66树脂。聚氨酯泡沫塑料可用于生产润滑剂、增塑剂己二酸二辛酯，也可用于医药等方面，用途十分广泛。

本例采用废旧聚氨酯鞋底为原料生产己二酸和乙二醇，能够解决废旧聚氨酯鞋底的回收问题。反应条件温和，无需高温高压，聚氨酯降解率高达 95％以上，产品收率在 35％以上（以废旧聚氨酯鞋底计），产品质量好（含量在 99％以上），比经典的化学合成法成本降低5000 元/吨，而且副产物乙二醇可作为溶剂或其他工业用原料，产生的废水量少，且废水易处理，能够完全达标排放。

1. 配方

	质量份		质量份
废旧聚氨酯鞋底	1000	硫酸银	0.005
水	1500	氢氧化钠	132.5
硫酸	150		

2. 加工工艺

将用水洗净的废旧聚氨酯鞋底破碎成 2.5～5.5cm 的块状或条状，称取 1000kg 投入5000L 搪玻璃反应釜中，加入 1500kg 水和 150kg 硫酸，搅拌，加热，当料液温度升至 75～90℃时，加入催化剂硫酸银 5g，继续升温至 95～105℃降解反应 3h。在降解期间，定期取样测定降解液的含酸量，使反应液含酸量不低于 6.5％，降解反应完成后降温至 60℃以下备用；将上述降解的反应液过滤除杂，投入 5000L 的中和反应釜内，搅拌，将氢氧化钠132.5kg 加水配制成 30％溶液，通过高位槽滴加至反应釜内，调节 pH 值至 6.8～7.5，此时溶液中含有生成的己二酸水溶液和降解生成的乙二醇混合液。

（十六） 回收聚氨酯制备聚氨酯丙烯酸酯液态树脂

若对聚氨酯废料进行简单的填埋将产生 $4,4'$-二氨基二苯基甲烷和甲苯二胺等有毒化学品，污染水源和土壤，而焚烧将产生剧毒的氰化氢气体。化学法回收聚氨酯废料主要有六种：醇解法、水解法、碱解法、氨解法、热解法、加氢裂解法。醇解法是目前较易实现的化学回收聚氨酯方法。醇解法最主要的反应是利用羟基与聚氨酯中的氨基甲酸酯键进行醇解反应，将大分子量的固体聚氨酯醇解成液体状的分子量较小的端羟基聚氨酯结构，端羟基可用于与异氰酸酯固化剂再次制备聚氨酯涂料，也可与酸酐缩聚成含聚氨酯链段的聚酯。醇解法回收利用聚氨酯是可行的。但是，从更节能环保、更高效、更有利于工业生产的角度来看，还有以下问题需解决。

① 用分子量较大（M_w＝500～2000）的二元醇作为醇解剂，醇解时间长且不彻底，产物黏度高，残留大分子聚氨酯多，产物中一般含有较多不溶聚氨酯细小颗粒，不利于施工且影响后续产品的应用性能。如用小分子二元醇，如乙二醇、二乙二醇、1,6-己二醇作为醇解剂，醇解速率快，黏度适中，利于施工，但是产物含有大量羟基，需消耗大量新购原材料，如异氰酸酯、酸酐等与其反应才可实现应用价值，而代价则是成本上升，商业价值低，同时大量使用异氰酸酯类的原材料又将进一步对环境造成更大的污染。故需考虑固体聚氨酯在醇解后就具有部分无需再与新购原材料反应的活性基团，从而减少新购原材料的使用，促进环保。

② 降解后的端羟基混合物主要应用领域为涂料，为便于施工，往往加入大量有机溶剂，如何少用或者不用溶剂以减少对环境的进一步污染，这个问题必须考虑，否则就是减轻原污染（回收聚氨酯）的同时又带来新的污染（使用大量有机溶剂）。

③ 氨基甲酸酯的醇解温度为 200℃。根据醇解剂的种类与多少，常规加热反应完毕，往往需要 4～8h，能耗高，进一步增加企业生产成本。因此，有必要寻找一种新的反应工艺，以降低能耗。

④ 由于聚氨酯回收途径广泛，其中含有的杂质成分复杂，在高温下发生氧化反应，极

易导致产品颜色太深而严重影响后期应用。

本例的目的在于克服现有技术的不足，提供一种将回收的固体聚氨酯材料制备成聚氨酯丙烯酸酯液态树脂的方法。所述方法可以有效地将回收的固体聚氨酯材料转化为具有光固化活性的聚氨酯丙烯酸酯液态树脂，从而制备光固化涂料。

1. 配方

	质量份		质量份
废旧固体聚氨酯	100	催化剂	0.8~1.5
脂肪族二醇(分子量<200)	20~60	阻聚剂	0.1~0.5
羟基丙烯酸酯单体或羟基甲基丙烯酸酯单体	40~80	还原剂锌粉	0.1~0.5

含有羟基的丙烯酸酯单体或含有羟基的甲基丙烯酸酯单体可以选择如下：（甲基）丙烯酸羟乙酯、（甲基）丙烯酸羟丙酯、季戊四醇三（甲基）丙烯酸酯、（甲基）丙烯酸羟乙酯-己内酯加成物、季戊四醇三（甲基）丙烯酸酯加成物、三羟甲基丙烷二（甲基）丙烯酸酯、双三羟甲基丙烷三（甲基）丙烯酸酯或双季戊四醇五（甲基）丙烯酸酯。

在氨酯键醇交换反应体系中，添加分子量小于 200 的脂肪族二醇或聚醚二醇，例如，乙二醇、1,2-丙二醇、新戊二醇、1,6-己二醇、1,4-环己烷二甲醇、聚乙二醇、聚丙二醇或环氧乙烷与环氧丙烷的共聚醚二元醇。

催化剂可以为脂肪族叔胺化合物、锌和铝的乙酰丙酮配合物或锌的羧酸盐中的一种或几种混合物。例如，脂肪族叔胺化合物可以是三乙胺、三辛基胺、三癸基胺、十二烷基二甲基叔胺、十四烷基二甲基叔胺、十六烷基二甲基叔胺或十八烷基二甲基叔胺；羧酸盐可以为乙酸锌、异辛酸锌或环烷酸锌。催化剂更优选为占回收的固体聚氨酯材料质量的 0.8%~1.5%。

阻聚剂的添加能够确保丙烯酸酯在微波加热的过程中不会发生凝胶，然而对于传统的加热方式，即使在添加阻聚剂的条件下，加热 2h 内均不可避免地会发生凝胶现象。阻聚剂可以为对苯二酚、对苯醌、对甲氧基苯酚、6-二叔丁基对甲基苯酚、2,4,6-三叔丁基苯酚、对叔丁基邻苯二酚、一苯基萘胺、噻吩嗪或氯化亚铜。

聚氨酯降解反应温度高且回收聚氨酯中杂质成分复杂，容易导致产品色泽深；锌粉作为一种还原剂，可有效抑制或减少高温下的氧化反应，降低产品的色度。锌粉的粒径更优选为 200~325 目。锌粉的用量更优选为占回收固体聚氨酯材料质量的 0.1%~0.5%。

锌粉更优选为经过活性处理以提高其还原保护性能。活性处理为通过酸洗，即将锌粉分散于质量分数为 5%~15% 的弱酸水溶液中搅拌 1h 以上，过滤或离心分离，干燥后立即使用。所述弱酸优选为乙酸、甲酸、磷酸。

降解后的聚氨酯，其链端不仅含有（甲基）丙烯酸酯基团，而且还含有部分羟基或氨基，需要采用含有异氰酸酯基的丙烯酸酯或甲基丙烯酸酯进行封端。含有异氰酸酯基的丙烯酸酯或甲基丙烯酸酯为由含有一个羟基的丙烯酸酯或甲基丙烯酸酯与二异氰酸酯按羟基与异氰酸酯基团摩尔比（1~1.3）∶2 的比例进行混合反应后得到。所述二异氰酸酯可以是甲苯二异氰酸酯或异佛尔酮二异氰酸酯。

2. 加工工艺

回收的固体聚氨酯在使用前粉碎至粒径小于 3mm。先对回收的固体聚氨酯进行干燥，使其含水量降到 1%（质量分数）以下。

将回收的固体聚氨酯材料与含有羟基的丙烯酸酯单体或含有羟基的甲基丙烯酸酯单体在分子量小于 200 的脂肪族二醇或聚醚二醇、催化剂、锌粉组成的反应体系下，以微波促进氨酯键醇交换反应，得到液态聚氨酯树脂。以上所述反应体系中，按照如下质量份数计算的组分投料：固体聚氨酯 100 份；分子量小于 200 的脂肪族二醇 20～60 份；羟基丙烯酸酯单体或羟基甲基丙烯酸酯单体 40～80 份。

将所得液态聚氨酯树脂与含有异氰酸酯基的丙烯酸酯或甲基丙烯酸酯进行封端反应，得到所述聚氨酯丙烯酸酯液态树脂。在此步骤中，可以根据最终产品的用途选择性加入紫外线固化单体，以提高产品的施工性及应用性。所述紫外线固化单体包含但是不限于丙烯酸丁酯、异冰片丙烯酸酯、己二醇二丙烯酸酯、二缩三丙二醇二丙烯酸酯、三羟甲基丙烷三丙烯酸酯、季戊四醇四丙烯酸酯。

固体聚氨酯与含羟基的（甲基）丙烯酸酯单体以及脂肪族二醇或聚醚二醇之间的投料比会直接关系到工艺的可行性及产品性能。当固体聚氨酯投料比过大，熔融时间会变长，降解速度减慢，产品在室温下的黏度极高，甚至呈半固态，影响产品的后续施工性能；当固体聚氨酯投料比过小，容易导致产品中小分子物质的含量增多，影响产品后期应用性能；同时，也导致生产成本上升。当以所述比例进行投料时，可以得到黏度合适、性能较好的液态聚氨酯树脂。

与传统直接加热方式相比，微波加热方式具有升温速度快，加热均匀，反应迅速等特点。而（甲基）丙烯酸双键在长期高温条件下有凝胶可能，因此微波反应可大大提高反应的安全性。实验表明，在微波作用下，反应体系不会发生凝胶，并且在 20min 内体系的黏度即可达到稳定。

反应温度在 180～210℃ 下，微波反应在 30min 内完成。微波促进的条件是：采用 (2450±50)MHz 的发射频率，按相当于每 0.5kg 的反应体系物料总质量配置 800～1600W 的微波功率。封端反应的加热方式可以多种，不局限于微波加热。

降解反应体系及降解产物的黏度采用 Brookfield Model DV-II+型旋转黏度计在 30℃ 下测定。

微波降解产物中不溶物比例测定方法：取规定量 $m[m=(2.0±0.1)g]$ 的降解产物样
红外光谱检测异氰酸酯基团在 2274cm^{-1} 处特征吸收峰的变化判断异氰酸酯基团反应是否完成。

配方 1：

丙烯酸羟乙酯	56.8g	乙酸锌	0.71g
丙二醇	14.2g	聚氨酯	71g
锌粉	0.14g	二月桂酸二丁基锡	0.09g
2,6-二叔丁基对甲基苯酚	0.28g	异氰酸酯基团的丙烯酸酯	304.26g
吩噻嗪	0.28g		

① 500mL 配有热电偶和搅拌器的三颈瓶中加入 56.8g 丙烯酸羟乙酯、14.2g 丙二醇、0.14g 锌粉、0.28g 2,6-二叔丁基对甲基苯酚、0.28g 吩噻嗪；置于微波功率为 800W 微波反应器中，搅拌，开启微波，升温至 200℃，加入乙酸锌 0.71g，分批加入聚氨酯粒料 71g，15min 加完，于 200℃ 恒温反应 20min，停止微波加热，降温。测试羟值为 332mg KOH/g，胺值为 3.9mg KOH/g，酸值为 2.1mg KOH/g。

② 降温至 55℃，加入二月桂酸二丁基锡 0.09g，缓慢加入含有异氰酸酯基团的丙烯酸酯 304.26g，控制放热速度，40min 加完，待体系放热中止，开启微波，升温至 70℃ 反应。反应时间达 3h 取样，红外检测异氰酸酯基团在 2274cm^{-1} 处特征吸收峰消失，停止搅拌，产品用 100 目滤网过滤出料。Gardner 色度 12 级，黏度 7200mPa·s，不溶解物比例 0.15%。

配方 2：

丙烯酸羟乙酯	8.91g	乙酰丙酮铝	0.45g
丙二醇	35.64g	聚氨酯	44.55g
锌粉	0.09g	二月桂酸二丁基锡	0.09g
2,6-二叔丁基对甲基苯酚	0.4g	异氰酸酯基团的丙烯酸酯	357.2g
吩噻嗪	0.04g		

配方 3：

甲基丙烯酸羟乙酯	69.43g	三辛胺	0.77g
丙二醇	15.49g	聚氨酯	77.45g
锌粉	0.15g	二月桂酸二丁基锡	0.09g
2,6-二叔丁基对甲基苯酚	0.31g	异氰酸酯基团的丙烯酸酯	291.36g
吩噻嗪	0.31g		

配方 4：

双季戊四醇五丙烯酸酯	140.39g	乙酰丙酮锌	1.0g
聚乙二醇	200g	聚氨酯	99.8g
锌粉	0.2g	二月桂酸二丁基锡	0.09g
2,6-二叔丁基对甲基苯酚	0.4g	异氰酸酯基团的丙烯酸酯	246.68g
吩噻嗪	0.4g		

3. 参考性能

表 11-9 列出了聚氨酯丙烯酸酯液态树脂的性能。

表 11-9　聚氨酯丙烯酸酯液态树脂的性能

涂料对应产物	指触表干	铅笔硬度	附着力(0 级最佳)
配方 1 加 TM	表干良好	H	0
配方 2 加 TM	表干良好	H	0
配方 3 加 TM	表干良好	H	0
配方 4 加 TM	表干良好	2H	0
配方 1 不加 TM	表干良好	ⅡB	0

如表 11-9 所示，配方测试实例紫外线固化性能良好，附着力优异，可用于紫外线固化涂料领域。没有加入阻聚剂的产品也能实现表干，但是硬度及附着力较差。

4. 用途

利用废旧聚氨酯材料转化而来的光固化树脂仍属于聚氨酯丙烯酸酯类别的光固化树脂，避免了大量直接使用高成本、毒害性强的多异氰酸酯，使得光固化产品成本大幅降低。本身具有环保、高效、节能特征的光固化产品市场竞争力提高。

（十七）不饱和聚酯制品加工中的废料再利用

不饱和聚酯树脂由于其模塑成形容易，制品色泽可以做到十分鲜艳美观，工艺简单，已被广泛应用于各种民用制品场合。例如，民用纽扣，特别适应于乡镇企业的条件，在号称"中国纽扣之都"的浙江省永嘉县桥头镇已形成全国纽扣产销中心，那里每年单项利用不饱和聚酯原料生产纽扣耗量达 1.5 万吨，加工纽扣过程中产生的树脂废料每年有 5 千吨之多。由于不饱和聚酯属内固化型树脂，它不像塑料那样可加热塑化后再利用，也不像有机玻璃那样经干馏裂解回收再复制，多年来处理它的方法一直为倾倒在溪、江、河中或焚烧，这将严重污染环境，在环保呼声越来越高的今天是一项亟待解决的问题。

本例将不饱和聚酯树脂制品的废料作为填充料，采用一种工艺方法，使其得到再利用。用本方法生产制品，只要精加工生产的废料小于所投入的新树脂量，就能消化掉原生产的废料，而不必求助于抛弃或焚烧的办法，导致环境污染的后果。

1. 配方

	质量分数/%		质量分数/%
不饱和聚酯废料	60~70	促进剂	1~2
不饱和聚酯新料	30~40	固化剂	1~2

2. 加工工艺

所述工艺方法为：废料经粉碎、过筛，分成 1mm 以下大小的粉末和 1~5mm 大小颗粒两种材料。对 1~5mm 颗粒材料，用水清洗干净后烘干，先后加入原料总质量三分之一的与废料相同成分的树脂、所添加的树脂质量 0.5% 的促进剂及同样质量的固化剂，并随时搅拌均匀，随即将混合好的原料注入模具内，原料就被固化成制成品坯料，供精加工成制品所用。

对 1mm 以下粉末材料，先后加入原料总质量四分之一的与废料材料相同成分的树脂、所添加树脂质量 0.5% 的促进剂及相同质量的固化剂，并随时搅拌均匀，随即将混合好的原料注入模具内，原料就被固化成坯料，供精加工成制品使用。

配方 1：

利用的废料是由不饱和聚酯树脂（化学名：聚顺丁酯二酸、磷苯二甲酸、丙二醇酯）固化后制作纽扣的加工废弃物，使其粉碎成 1~5mm 大小颗粒，洗净，在 80℃ 下烘干，取 666.7g，加入同样成分的不饱和聚酯树脂 330g，搅拌均匀，再加入促进剂环烷酸钴苯乙烯 1.65g，搅拌均匀，然后加入固化剂过氧化环酯酮 1.65g，搅拌均匀，随即将上述混合好的原料注入制品的成形模中，10min 后固化成所需制品的坯件，供加工成制品使用。

配方 2：

利用大小为 1mm 以下的粉末状废料，其废料的成分和实例 1 相同，取粉碎成 1mm 以下大小的粉末 747.5g，如实例 1 先后加入相同成分的树脂 253g，和同样成分的促进剂、固化剂 1.25g，随时搅拌均匀，迅速装入塑料挤出机挤出成胶状，注入成形模具中，固化成所需之制品坯料，供精加工成制品之用。

3. 用途

配方 1 方法制出的产物是一种透明中带有如花岗岩一样美丽花纹的制品，这种制品可以是棋子、纽扣、发夹等，尤其适合作为工艺日用品。

配方 2 生产的产品为单色，适合做一般日用品，如电器底座等、各种玻璃钢制品及波形瓦之类。

（十八）不饱和聚酯纽扣及工艺品废料用于改性塑料

以不饱和聚酯玻璃钢和纽扣废料为代表的交联高分子固体废弃物，其自身的化学交联结构造成其加热不能熔融，也不能溶解的特性，目前仍然是最难回收利用的物质之一。在废旧不饱和聚酯废料中，玻璃钢的强度和模量非常高，不仅非常难粉碎，而且几乎无法完全分离出玻璃纤维，造成后续应用的困难。另一种以纽扣和工艺品废料为代表的不饱和聚酯废料，不含无机填料或只含少量颜料，其性能与不饱和聚酯新料相比几乎没有下降，具有很高的经济价值。

我国关于纽扣等不饱和聚酯树脂废料的有效回收利用，至今尚是一个空白领域，还没有一个回收加工边角废料的企业或场所，也没有实施纽扣废料回收利用的计划。纽扣废料等热固型交联聚合物材料的废弃，对环境污染日益严重。

对于不饱和聚酯树脂废料粉末填充改性塑料，其性能会受到增容效果的强烈影响，因此要得到具有较高使用性能和价值的不饱和聚酯树脂粉末改性塑料，其关键技术应能实现不饱和聚酯树脂废料粉末与各种通用塑料的相容。各种传统填料在填充塑料前一般需要预先进行复杂的化学改性，同时其添加量往往较小，采用此方法回收不饱和聚酯树脂废料，不但不能大量消化掉对环境造成严重污染的不饱和聚酯树脂废料，而且不饱和聚酯树脂废料的价值也没有明显提升。

本例提供一种不饱和聚酯纽扣及工艺品废料用于改性塑料的方法。与传统无机填料填充改性塑料制备方法相比，具有如下优点：

① 废料粉末成本低廉，资源丰富，可大大降低填充塑料的成本。

② 所采用的工艺路线和设备都是聚合物成型过程中的常规方法，方法简单易行，无需添置其他成型设备即可对本发明进行工业化。

③ 用于热塑性塑料和热固性塑料，可大大提高冲击强度、弯曲模量和弯曲强度等力学性能，还可显著提高热分解温度和热变形温度。

1. 配方

	质量分数/%		质量分数/%
不饱和聚酯废料	40～95	改性剂(用量为废料粉末的	0.5～5
纯塑料	5～60	质量分数)	

2. 加工工艺

不饱和聚酯纽扣及工艺品废料粉末与塑料混合，使所述废料粉末均匀分散于塑料中，得到不饱和聚酯粉末改性塑料混合物，塑料与废料粉末的质量比为（40～95）:（5～60）；上述步骤得到的混合物成型，可得到不饱和聚酯粉末改性塑料。

为了改善不饱和聚酯粉末和塑料的相容性，增强不饱和聚酯粉末与塑料之间的相互作用和提高不饱和聚酯粉末在塑料聚合物中的分散效果。在混合前，可以用表面改性剂将不饱和聚酯粉末进行表面处理，改性剂的用量为废料粉末的 0.5%～5%（质量分数）。

表面改性剂可以采用本领域通用的表面活性剂，可以选择甲基丙烯酸缩水甘油酯、马来酸酐（MAH）或其酯、富马酸酐（FAH）或其酯、丙烯酸（AA）、甲基丙烯酸（MA）、长链丙烯酸酯、甲基丙烯酸酯、丙烯酸羟丙酯（HPA）、甲基丙烯酸羟乙酯（HEMA）、丙烯酰胺、二乙烯苯、二甲基丙烯酸乙二醇酯中的一种或一种以上。

所采用的塑料包括热塑性塑料或热固性树脂。热塑性塑料包括通用塑料或工程塑料，通用塑料为聚乙烯（PE）、聚丙烯（PP）、聚氯乙烯（PVC）、聚苯乙烯（PS）、丙烯腈-丁二烯-苯乙烯三元共聚物（ABS）、聚甲基丙烯酸甲酯（PMMA）中的一种或一种以上。

工程塑料为聚酰胺（尼龙）、热塑性聚酯（PET 和 PBT）、聚甲醛（POM）、聚碳酸酯（PC）中的一种或一种以上。

热固性树脂包括环氧树脂（EP）、不饱和聚酯树脂（UP）、烯丙基树脂、氨基树脂、热固性聚酰亚胺树脂、氰酸酯树脂、双马来酰亚胺树脂（BMIs）、酚醛树脂、热固性聚氨酯（PU）中的一种或一种以上。

（1）配方 1

第一步：将 1g 二乙烯基苯溶于少量丙酮中，然后均匀喷洒于 200g 不饱和聚酯粉末中，待丙酮自然挥发后，将改性过的不饱和聚酯粉末于 80℃条件下烘干 4h。

第二步：将 500g 表面改性的不饱和聚酯粉末与 1000g 聚乙烯树脂混合，然后用双螺杆挤出机进行熔融共混造粒。

第三步：用注射机将第二步中得到的混合物进行注塑成型，制得不饱和聚酯粉末改性聚乙烯制品。

表 11-10 所示是所得填充塑料的性能，具体是不饱和聚酯粉末填充聚乙烯塑料的力学性能。所得填充塑料用扫描电镜和透射电镜观察，发现不饱和聚酯粉末均匀分散于聚乙烯基

体中。

表 11-10　配方 1：不饱和聚酯纽扣及工艺品废料用于改性塑料的性能

原　　料	冲击强度/(kJ/m²)	拉伸强度/MPa	弯曲模量/MPa	弯曲强度/MPa
纯聚乙烯塑料	3.13	20.8	690	23.0
不饱和聚酯粉末填充聚乙烯塑料	2.85	24.5	1250	35.2

（2）配方 2

第一步：将 1g 二甲基丙烯酸乙二醇酯溶于少量乙醇中，然后均匀喷洒于 100g 不饱和聚酯粉末中，待乙醇自然挥发后，得到改性过的不饱和聚酯粉末。

第二步：将 1g 表面改性的不饱和聚酯粉末与 100g 环氧树脂混合，室温下搅拌 2h。

第三步：将 15g 间苯二甲胺加入上述混合物中，搅拌均匀，脱气，然后浇注入试验模具中。

第四步：室温停放 24h 后，用 70℃后固化 1h，制得不饱和聚酯粉末改性环氧树脂。

表 11-11 所示是配方 2 不饱和聚酯废料粉末改性环氧树脂的力学性能。

表 11-11　配方 2：不饱和聚酯废料粉末改性环氧树脂的力学性能

原　　料	冲击强度/(kJ/m²)	拉伸强度/MPa	弯曲模量/MPa	弯曲强度/MPa
纯环氧树脂	4.13	58	3100	81
不饱和聚酯粉末改性纯环氧树脂	3.85	65	3520	95

（3）配方 3

第一步：将 1g 甲基丙烯酸缩水甘油醚溶于少量丙酮中，然后均匀喷洒于不饱和聚酯粉末中，得到改性过的不饱和聚酯粉末。

第二步：将 600g 表面改性的不饱和聚酯粉末与 1000g 聚氯乙烯树脂混合，然后用双螺杆挤出机进行熔融共混造粒。

第三步：用注塑机将第二步中得到的混合物进行注射成型，制得不饱和聚酯粉末填充聚氯乙烯改性塑料。

表 11-12 列出了配方 3 不饱和聚酯废料粉末填充聚氯乙烯的力学性能。由此表可以看出，不饱和聚酯粉末填充聚氯乙烯的弯曲模量、弯曲强度和耐热性能比纯聚氯乙烯有较大幅度的提高。

表 11-12　配方 3：不饱和聚酯废料粉末填充聚氯乙烯的力学性能

原　　料	弯曲模量/MPa	弯曲强度/MPa	热分解温度/℃	维卡耐热温度/℃
纯环氧树脂	2800	56	265	83
不饱和聚酯粉末改性聚氯乙烯	3500	78	272	95

（4）配方 4

第一步：将 1g 丙烯酸十八烷基酯和 0.5g 二乙烯基苯混合表面改性剂溶于少量丙酮中，然后均匀喷洒于 100g 不饱和聚酯粉末中，待丙酮自然挥发后得到改性的不饱和聚酯粉末。

第二步：将 50g 表面改性的不饱和聚酯粉末与 1000g 聚丙烯树脂混合，然后用双螺杆挤出机进行熔融共混造粒。

第三步：用注射机将第二步中得到的混合物进行注塑成型，制得不饱和聚酯粉末改性聚丙烯塑料。

表 11-13 列出了配方 4 不饱和聚酯粉末改性聚丙烯塑料的力学性能。由该表可以看出，虽然不饱和聚酯粉末的填充量只有 5%，但是聚丙烯塑料的各项力学性能均获得了不同程度

的提高。

表 11-13　配方 4：不饱和聚酯粉末改性聚丙烯塑料的力学性能

原　料	冲击强度/(kJ/m²)	拉伸强度/MPa	弯曲模量/MPa	弯曲强度/MPa
纯聚丙烯	4.3	32.4	130	45
不饱和聚酯粉末改性纯聚丙烯	4.4	34.5	150	54

（5）配方 5

第一步：将 60g 未经表面改性的不饱和聚酯粉末与 100g 不饱和聚酯树脂（含环烷酸钴催化剂）混合，室温下搅拌 2h。

第二步：将 1% 的过氧化甲乙酮加入上述混合物中，搅拌均匀，脱气，然后浇注入试验模具中。

第三步：室温停放 24h 后，制得不饱和聚酯粉末改性不饱和聚酯树脂。

表 11-14 所示是配方 5 不饱和聚酯粉末改性不饱和聚酯树脂的力学性能。

表 11-14　配方 5：不饱和聚酯粉末改性不饱和聚酯树脂的力学性能

原　料	冲击强度/(kJ/m²)	拉伸强度/MPa	弯曲模量/MPa	弯曲强度/MPa
纯不饱和聚酯	6.2	22.5	3100	75
不饱和聚酯粉末改性纯不饱和聚酯	6.6	25.4	3470	82

（6）配方 6

第一步：将 10g 甲基丙烯酸甲酯溶于少量丙酮中，然后均匀喷洒于 200g 不饱和聚酯粉末中，待丙酮自然挥发后，将改性过的不饱和聚酯粉末于 80℃下烘干 4h。

第二步：将 200g 表面改性的不饱和聚酯粉末与 1000g 聚甲基丙烯酸甲酯（PMMA）混合，然后用双螺杆挤出机进行熔融共混造粒。

第三步：用注塑机将第二步中得到的混合物进行注射成型，制得不饱和聚酯粉末改性 PMMA 制品。

表 11-15 列出配方 6 不饱和聚酯粉末填充 PMMA 塑料的力学性能。

表 11-15　配方 6：不饱和聚酯粉末填充 PMMA 塑料的力学性能

原　料	冲击强度/(kJ/m²)	拉伸强度/MPa	弯曲模量/MPa	弯曲强度/MPa
纯 PMMA	1.60	65	3100	120
不饱和聚酯粉末改性纯 PMMA	1.97	75	3500	135

（7）配方 7

第一步：将 8g 马来酸酐溶于少量丙酮中，然后均匀喷洒于 200g 不饱和聚酯粉末中，待丙酮自然挥发后，将改性过的不饱和聚酯粉末于 80℃下烘干 4h。

第二步：将 100g 表面改性的不饱和聚酯粉末与 1000g 聚甲醛混合，然后用双螺杆挤出机进行熔融共混造粒。

第三步：用注射机将第二步中得到的混合物进行注塑成型，制得不饱和聚酯粉末改性聚甲醛制品。

表 11-16 所示是不饱和聚酯粉末填充聚甲醛塑料的力学性能和热稳定性，可以看出，聚甲醛的冲击性能和热稳定性得到了一定程度的改善。

表 11-16　配方 7：不饱和聚酯粉末填充聚甲醛塑料的力学性能和热稳定性

原　料	冲击强度/(kJ/m²)	拉伸强度/MPa	5%失重温度/℃
纯聚甲醛	10.3	35	320
不饱和聚酯粉末改性纯聚甲醛	13.4	36	336

（十九）不饱和聚酯交联废弃物制备模塑料

目前，不饱和聚酯交联废弃物主要来自于以下两个方面：一方面是玻璃钢制品；另一方面是以纽扣废料为代表的不饱和聚酯等工艺品。以玻璃钢、纽扣和工艺品交联废弃物为代表的不饱和聚酯交联聚合物，其自身的化学交联网络结构造成其不熔的特性，与具有交联结构的橡胶一样，目前仍然是难回收利用的物质。本方法提供了不饱和聚酯交联废弃物模塑料的制备方法，其技术原理是将不饱和聚酯交联废弃物粉末直接通过模压工艺成型为具有高性能、低成本和广泛用途的不饱和聚酯模塑料。少量树脂添加到不饱和聚酯交联废弃物粉末中，可以在模压成型过程中形成交联网络，而不饱和聚酯交联废弃物粉末本身就存在交联结构，因此在复合材料中形成树脂与不饱和聚酯交联废弃物的互穿网络，因而所得到的不饱和聚酯交联废弃物模塑料具有较高的力学性能。

该方法利用传统的高分子成型设备，具有简单易行、成本低的优点，通过添加少量树脂和辅助材料制备低成本、高性能的模塑料，制备的不饱和聚酯交联废弃物模塑料可广泛应用于生产纽扣、工艺品、低压电器等领域。

1. 配方

	质量分数/%		质量分数/%
不饱和聚酯废料	60～95	树脂与辅助材料	5～40

2. 加工工艺

先将不饱和聚酯交联废弃物用粉碎机粉碎至 30～200 目，再将不饱和聚酯交联废弃物粉末与树脂及辅助材料用分散设备进行混合，使不饱和聚酯交联废弃物粉末与树脂及辅助材料均匀分散，最后用平板压机将混合物进行成型，制得具有高不饱和聚酯交联废弃物的模塑料。树脂及辅助材料的质量分数为 5%～40%，不饱和聚酯交联废弃物粉末为 60%～95%。

树脂包括环氧树脂（EP）、不饱和聚酯树脂（UP）、烯丙基树脂、氨基树脂、热固性聚酰亚胺树脂、氰酸酯树脂、双马来酰亚胺树脂（BMIs）、酚醛树脂、聚氨酯（PU）、乙烯基酯树脂中的一种或者多种。

辅助材料包括树脂固化体系以及增强材料、增韧材料和填充材料中的一种或多种，其中树脂固化体系是与所用树脂对应的固化剂及促进剂；增强材料是玻璃纤维、碳纤维、芳纶纤维、超高分子量聚乙烯纤维、尼龙纤维和聚酯纤维中的一种或多种；增韧材料可以采用天然橡胶、丁苯橡胶、顺丁橡胶、聚氨酯橡胶、丁腈橡胶和硫化胶粉（例如，轮胎胶粉）中的一种或多种；填充材料是碳酸钙、滑石粉、云母、高岭土、蒙脱土、硫酸钡、二氧化硅、二氧化钛、氧化铝、氧化镁、氢氧化铝、氢氧化镁、石墨中的一种或多种。

分散设备可以采用研磨机、开炼机、密炼机、捏合机中的一种或多种。

（1）配方1　将 600g 30 目的不饱和聚酯粉末与 300g 聚氨酯树脂、35g 1,4-丁二醇（固化体系）、5g 二月桂酸二丁基锡（固化体系）以及 60g 短切玻璃纤维用捏合机混合均匀，再在 120℃，15MPa 下用平板压机模压 8min 成型，制得不饱和聚酯交联废弃物模塑料。所得到的模塑料的力学性能如表 11-17 所示。

表 11-17　含不同树脂种类的不饱和聚酯废料模塑料力学性能

树脂种类	冲击强度/(kJ/m²)	拉伸强度/MPa	弯曲模量/MPa	弯曲强度/MPa
聚氨酯	5.61	82	3.23	83
环氧树脂	3.97	93	3.78	117
酚醛树脂	4.02	89	4.06	123
不饱和聚酯	3.12	67	4.53	95

（2）配方 2　将 800g 100 目的不饱和聚酯粉末与 100g 环氧树脂、9g 双氰胺（固化体系）、1g 2-甲基咪唑（固化体系）、50g 短切玻璃纤维以及 40g 轮胎胶粉用捏合机混合均匀，再将混合物在 160℃，10MPa 下用平板压机模压 6min 成型，制得不饱和聚酯交联废弃物模塑料。所得到的模塑料的力学性能如表 11-17 所示。

（3）配方 3　将 700g 200 目的不饱和聚酯粉末与 200g 线型酚醛树脂、10g 六次甲基四胺（固化体系）、50g 短切玻璃纤维、40g 滑石粉用捏合机混合均匀，再将混合物在 150℃，15MPa 下用平板压机模压 7min 成型，制得不饱和聚酯交联废弃物模塑料。所得到的模塑料的力学性能如表 11-17 所示。

（4）配方 4　将 950g 100 目未经表面改性的不饱和聚酯粉末与 50g 不饱和聚酯树脂及其固化体系用捏合机混合均匀，再用平板硫化机在 180℃，25MPa 下模压 5min 成型，制得不饱和聚酯交联废弃物模塑料。

3. 参考性能

所得到的模塑料的力学性能如表 11-17 所示。表 11-17 结果表明，含不同树脂种类的不饱和聚酯废料模塑料均具有良好的力学性能。

第十二章

废旧泡沫塑料的再生利用

（一）模压成型法回收利用热固性 SAN 泡沫塑料

热固性 SAN 泡沫塑料，其主体材料是交联苯乙烯-丙烯腈共聚物（styrene-acrylonitrile copolymer，SAN），为非晶态无色或微黄色透明的颗粒状树脂，吸水率低，具有良好的物理力学性能、耐热性、耐油性和化学稳定性，是一种坚固而有刚性的材料，广泛应用于风能、运输、航运等领域，主要作为一种大型高性能结构夹芯泡沫材料。模压法用于热固性 SAN 塑料的回收利用，具有以下优点：

① 可单纯利用该热固性塑料生产加工过程中的边角料及其粉碎物，同时增添少量其他组分在高温、高压下进行压塑成型得新再生制品，可接近 100％ 回收利用废弃热固性塑料。

② 这种回收方法可一次成型，无需有损制品性能的二次加工，制品尺寸精确，表面光洁，重复性好，加工流程简单，生产效率较高，容易实现机械化和自动化。

③ 加工体系中不使用黏合剂、溶剂、甲醛，安全环保，成本较低。

④ 由于热固性 SAN 塑料中加有阻燃剂、抗老化剂等，只要加工条件合适，本体材料的此部分性能还可以保持。

1. 配方

	质量分数/％		质量分数/％
回收 SAM	70	环氧 604	10
聚氯乙烯树脂 PVC	20		

注：PVC/SAM 复合再生板材 PVC 添加量为 20％；环氧/SAM 复合再生板材环氧添加量为 10％。加工体系中不使用黏合剂、溶剂、甲醛，适当添加少量润滑剂。

2. 加工工艺

模压法回收利用 SAN 泡沫塑料制备再生板成型工艺流程见图 12-1。具体工艺流程如下：

① 粉碎：将大块泡沫塑料边角料打碎成指定粒径，该过程使用高速离心粉碎机、超细磨机将废旧泡沫连续打碎、粉化。

② 混料：将粉碎后的泡沫粉料与其他添加的塑料树脂原料混合，要求充分混合，以最大限度地提高两者的分散性。

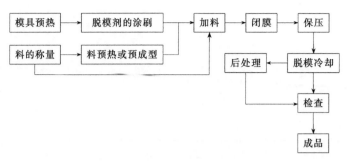

图 12-1　模压成型法工艺流程

③ 预热：将已经与其他添加料混合的原料粉在特定温度下加热一段时间，除去粉料中的水分和易挥发的小分子，该过程的加热系统，其温度场必须尽可能均匀。

④ 充模：称量一定量预热完毕的粉料，将其填充进成型温度下的制板模具型腔中。

⑤ 压制：将原料粉加压、保温，在一定温度和压力下，定型成板，要求工艺参数稳定，以确保达到最终希望得到的强度、韧性和硬度。

⑥ 脱模：将已经成型好的板材从模具里完整地脱出。

⑦ 冷却：将已经脱模的板材以风冷方式冷却的过程。在此过程中需对刚取出的高温再生板材加以一定压力，以防止板材遇冷后，发生翘曲变形。

⑧ 后处理，检查：检查再生板材有无鼓泡、裂纹、翘曲变形。对毛边进行剪裁修饰。

综合考虑弯曲强度和冲击强度，最佳模压条件如下。SAM 板材最佳模压条件为：热温是 187℃/185℃，模压是 18MPa，保压时间是 15min。PVC/SAM 复合再生板材的最优制备条件为：模温为185℃/180℃，模压为 15MPa，保压时间为 5min，PVC 含量为 20%。环氧/SAM 复合再生板材的最优制备条件为：模温为 175℃/170℃，模压为 10MPa，保压时间为 5min，环氧添加量为 10%。

3. 参考性能

如图 12-2、图 12-3 所示，SAN 再生板材的实际密度均要比理论密度小。当实际密度为 1.2g/cm³ 时达到最大，弯曲强度和冲击强度均随实际密度的增大而增大，实际密度为 1.2g/cm³ 时达到最大，分别为 52.34MPa，6.72kJ/m²。

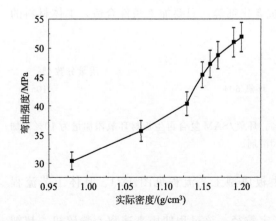

图 12-2　不同实际密度 SAN 再生板材的弯曲强度

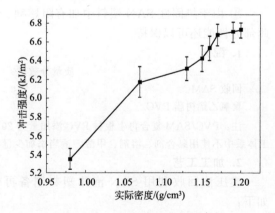

图 12-3　不同实际密度 SAN 再生板材的冲击强度

通过分析 PVC 复合再生板材和环氧复合再生板材的力学性能测试结果，得出对复合板材弯曲性能和冲击性能影响最大的因素都是树脂添加量，如图 12-4～图 12-7 所示。PVC 复合再生板材的弯曲性能和冲击性能随树脂添加量先增大后减小，在 20％时达到最大，分别为 59.45MPa 和 7.23kJ/m²。环氧复合再生板材的弯曲性能和冲击性能随树脂添加量先增大后减小，在环氧含量为 10％时最大，分别为 59.12MPa 和 7.03kJ/m²。

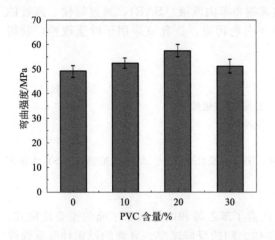

图 12-4　不同 PVC 添加量的再生板材的弯曲强度

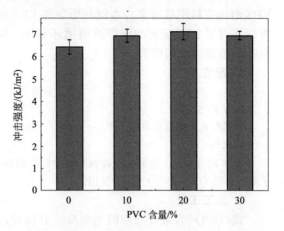

图 12-5　不同 PVC 添加量的再生板材的冲击强度

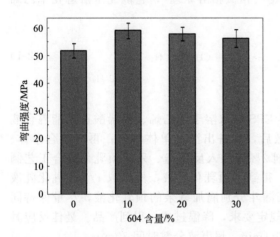

图 12-6　不同环氧添加量的复合再生板材的弯曲强度

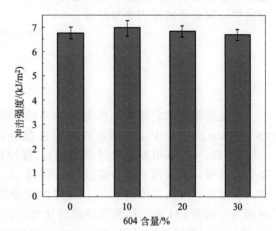

图 12-7　不同环氧添加量的复合再生板材的冲击强度

　　SAN 再生板和复合再生板材由于材料缔合结构发生了变化，致密结构改善再生板材的阻燃性能，因此其阻燃性能均好于防火板。PVC 复合再生板材略逊于理化板，为三者之中阻燃性能最好，见表 12-1。

表 12-1　再生板材和复合再生板材的阻燃性能

板 材 种 类	纱布燃烧情况	板材破坏程度
SAN 泡沫板	纱布基本燃尽	4.5cm² 的范围内发黑，凹陷
高密度 SAN 再生板材	纱布剩余约 1cm²	2.6cm² 的范围内有灼烧痕迹
PVC 复合再生板材	纱布剩余约 1.4cm²	1.5cm² 的范围内有灼烧痕迹
环氧复合再生板材	纱布剩余约 1.2cm²	2.4cm² 的范围内有灼烧痕迹
防火板	纱布剩余约 0.7cm²	2.5cm² 范围内发黄
理化板	纱布剩余约 1.5cm²	基本没变化

　　SAN 再生板材和复合再生板材的吸水率均在 1％以下，在国家规定的标准范围内，吸水厚度膨胀率均在 0.5％以下，也符合国家标准。

（二） 废弃 EPS 泡沫制备苯丙乳液的方法

目前，我国在建筑保温设计中 90％以上都采用 EPS 泡沫塑料和 PU 泡沫塑料，其中 EPS 泡沫塑料用量居多。本例利用废弃 EPS 泡沫制备苯丙乳液（SAE），通过简便、高效的方法实现了 EPS 废弃泡沫资源的循环利用，减少白色污染，该乳液应用于砂浆改性，获得良好的增黏、增韧效果。

1. 配方

	质量分数/％		质量分数/％
废弃 EPS 泡沫	30	引发剂（过硫酸铵）	0.3
丙烯酸正丁酯混合液（St：BA=1：1）	64.7	缓冲剂	2
乳化剂	3		

废弃 EPS 泡沫：建筑 EPS 保温板材破碎后的珠粒，阴离子型乳化剂十二烷基硫酸钠（SDS）和非离子型乳化剂（OP-10）1：1 复合使用。

2. 加工工艺

式(12-1)为聚合反应的主要反应方程式，代表了苯乙烯和丙烯酸正丁酯的聚合反应式，溶解后的聚苯乙烯分子参与到反应中，会影响单体之间的反应速率、乳液的稳定性及其他性能。聚苯乙烯属于非线型有机高分子材料，根据"相似相溶原理"，它能完全溶解在苯乙烯溶液中，以分子的形式参与反应。

$$m \, \text{CH}=\text{CH}_2 + n\text{CH}_2=\text{CH}(\text{COOC}_4\text{H}_9) \longrightarrow [\text{CH}-\text{CH}_2]_m[\text{CH}_2-\text{CH}]_n \quad (12\text{-}1)$$

预乳化聚合工艺流程：首先将 30％的废弃 EPS 泡沫溶于苯乙烯、丙烯酸正丁酯混合液（St：BA=1：1）中，采用超声波分散仪分散后，制备出混合单体溶液；再将混合单体、3％乳化剂、0.3％引发剂（过硫酸铵）、缓冲剂 2％等加入反应釜。采用预乳化聚合工艺制备苯丙乳液，步骤如下：升温到 50℃保温 1h，得到干预乳化乳液，然后取 1/3 预乳化乳液加入反应釜，升高温度到 80℃。通过恒压分液漏斗分别滴加剩余的预乳化液，尽量保持同时滴完，调节 pH 值，检测乳液的转化率达到规定要求，降温过滤，得到产品。最佳反应时间 180min，最佳反应温度 80℃，搅拌速度 300r/min，超声波分散时间 30min。

溶解后的 EPS 泡沫取代部分苯乙烯单体饼子，分子层面上参与乳液聚合反应，制备出低成本、环保型的苯丙乳液。苯丙乳液可以在水泥砂浆中起到增韧效果，廉价的苯丙乳液能够取代昂贵的可再分散乳胶粉。

3. 参考性能

图 12-8、图 12-9 分别为苯丙乳液掺量对砂浆的抗压强度、抗折强度的影响。苯丙乳液掺量与砂浆的压折比之间的关系见图 12-10。

可以看出，在掺量为 0％～4％，砂浆 7d、28d 的压折比随着苯丙乳液掺量明显减小；当掺量大于 4％后，砂浆的 7d、28d 压折比有一定增加。说明苯丙乳液掺量为 4％时，7d、28d 的压折比最小，砂浆的韧性最好。SAE 具有很好的成膜性能，能够在胶凝材料和骨料之间形成一层黏结力高的膜，堵塞砂浆内的部分空隙，并且能够将脆性材料黏结在一起，

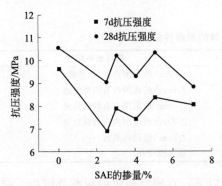

图 12-8 苯丙乳液掺量对砂浆抗压强度的影响

从而提高砂浆的韧性。如果苯丙乳液加入过多，在水泥水化期间，苯丙乳液形成的薄膜会阻碍胶凝材料与骨料之间的结合、填充，延缓水泥的水化，反而不利于提高砂浆的韧性。

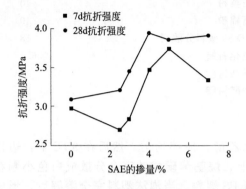 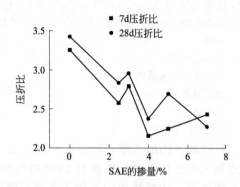

图 12-9　苯丙乳液掺量对砂浆抗折强度的影响　　图 12-10　苯丙乳液掺量与砂浆的压折比之间的关系

SAE 对薄层增韧砂浆黏结强度影响的试验结果见表 12-2。由表 12-2 可以看出，随着苯丙乳液掺量的增加，砂浆与 EPS 板材的黏结强度相应增加，破坏形式逐渐由界面破坏变为内聚破坏，破坏面积逐渐增大。当掺量为 6％时，破坏形式已经为内聚破坏，破坏面积也达到 90％，继续增大掺量，黏结强度变化不大，所以苯丙乳液掺量为 6％基本能满足黏结强度的要求。

表 12-2　苯丙乳液掺量与黏结强度的关系

掺量/％	0	1	2.5	3	4	5	6	7.5
黏结强度/MPa	0.112	0.123	0.131	0.155	0.182	0.229	0.250	0.253
破坏形式	界面	界面	界面	界面	内聚＋界面	内聚＋界面	内聚	内聚
破坏面积/％	0	0	0	0	15	70	90	100

（三）回收聚苯乙烯泡沫塑料

本例采用对环境无害的乙酸乙酯和乙醇作溶剂，先将聚苯乙烯泡沫塑料溶解，然后再分层分液，最后干燥，工艺简单，条件温和，回收的聚苯乙烯泡沫塑料质量好，再利用时没有丝毫影响。

1. 配方

	质量份		质量份
废旧聚苯乙烯泡沫塑料	15～25	乙酸乙酯和乙醇的比例	(10～15)∶1

2. 加工工艺

首先将废旧聚苯乙烯泡沫塑料造粒，然后经清洗机清洗除去粒料上的杂质，经干燥后将粒料加入乙酸乙酯溶液中加热溶解，待完全熔融后再加入乙醇，则混合液分层，上层为乙醇和乙酸乙酯的混合液，下层为聚苯乙烯，分液；将下层的聚苯乙烯放入干燥塔内，先通水蒸气将黏附在聚苯乙烯上的乙醇和乙酸乙酯洗去，然后再通入热空气将聚苯乙烯干燥。

（四）废旧 PS 塑料生产隔热防水涂料

废旧 PS 塑料可以回收用于生产各种涂料和合金。本例提供一种利用废旧 PS 塑料生产隔热防水涂料的配方和工艺，采用废旧 PS 塑料为主要原料，并通过填充改性改善废旧 PS 塑料的性能，实现涂料制品隔热、防水、防锈、低成本的目的。

1. 配方

	质量份		质量份
废旧 PS 塑料	180	金红石型钛白粉	125
甲苯	255	石英粉	40
乙酸乙酯	18	石棉粉	40
丙酮	22	PD-85 颜料分散剂	18
无水乙醇	40	氯化石蜡	526.5
十二烷基苯磺酸钠	6.5	醇酸树脂	9
DBP 增塑剂	6.5	酚醛树脂	80
蓖麻油	45		

2. 加工工艺

将甲苯、乙酸乙酯、丙酮混合后，加入无水乙醇，搅拌均匀，然后在 35℃下，边搅拌边加入十二烷基苯磺酸钠和 DBP 增塑剂。当十二烷基苯磺酸钠完全分散成白色小颗粒状悬浊液后，边搅拌边匀速加入干净破碎的废旧 PS 塑料。当泡沫塑料完全溶解后，形成白色胶状黏稠时，加入蓖麻油稀释，搅拌均匀后形成流动性好的白色胶状产品 PS 防水涂料，制备得到的防水涂料和其余成分混合后送入反应釜中，通过搅拌研磨而成隔热防水PS 涂料。

3. 参考性能

隔热防水涂料的性能见表 12-3。

表 12-3　隔热防水涂料的性能

遮盖力/(g/m²)	固含量/%	细度/μm	光泽度/%	涂 4 杯黏度/s	表干时间/min	硬度	附着力(钢铁)
61	48	32	86	48	41	0.6	3.8

（五）废旧 PS 泡沫制备改性沥青基灌封剂

道路的预防性养护重点是路面的及时灌封，阻止路面上的水渗透路基，造成整个路面结构破坏。采用普通热沥青灌封时，普通热沥青在高温情况下，软化点低，易出现泛油及被车辆带走的现象，低温时沥青又会变脆，易脱落；而采用改性热沥青，由于改性沥青的黏度大，流淌渗透性能差，灌入路面裂缝的沥青非常少，所以当路面裂缝低温扩张时，极易开裂，修补使用寿命短。液体沥青（乳化）中掺入了溶剂，使沥青的低温流动性与渗透性能得到改善，但是高温稳定性弹性恢复性能降低，在夏季高温时容易溢出，被车辆带走，造成对路面污染。聚硅氧烷灌封剂的优点是：储存时间长、力学强度适中；缺点是：固化时间长、有明显的刺激性气味、对沥青混凝土的黏结性能差、渗透性差且价格昂贵，不适合公路养护的大规模使用。聚氨酯灌封剂具有高触变性，立面和顶部施工不流淌，具有高拉伸强度、优良弹性；同时，有耐候性好、耐油性能优良、耐生物老化、价格适中等优点。但是，其不能长期耐热，单组分剂储存稳定性受包装及外界影响较大，通常固化较慢，高温环境下可能产生气泡和裂纹；同时，聚氨酯密封剂的耐水性也较差，特别是耐碱水性欠佳，这也影响聚氨酯密封剂在路面养护中的使用。因此，具有高渗透性、良好的高温稳定性和低温抗裂性、良好的弹性恢复。目前对价格低廉的灌封剂研制和生产问题也日益受到人们关注。

本例利用废旧聚乙烯本身具有高分子链、耐腐蚀、强度高的特点，将其合理地乳化、改性后，与重交沥青溶和后，形成性能优的液体灌封材料。以废聚苯乙烯泡沫塑料和道路重交沥青为原料，生产成本低廉，制备工艺简单，原料易得，易于工业化，制备的灌封剂具有防腐性能好、储存时间长、黏附力大、弹性收缩能力增加、抗冲击力强等特点。

1. 配方

	质量分数/%		质量分数/%
SK70 重交沥青	72	丙烯酸丁酯（改性剂）	0.8
聚苯乙烯树脂颗粒	6	轻质碳酸钙（填料）	0.8
十二烷基苯磺酸钠	2	磷酸三丁酯（消泡剂）	0.1
OP-10（表面活性剂）	3.4	水	13.7
邻苯二甲酸二丁酯（增塑剂）	1.2		

2. 加工工艺

① 将废聚苯乙烯泡沫塑料除尘，去除杂质，水洗干燥并破碎成聚苯乙烯树脂颗粒，聚苯乙烯树脂颗粒的体积为 $1\sim1.5cm^3$。

② 将重交沥青加热到 150℃，加入聚苯乙烯树脂颗粒，并低速搅拌 30 min，热熔混合物。

③ 将热熔混合物在 150℃烘箱中恒温培育 1.5h，使聚苯乙烯充分溶胀。

④ 对溶胀的热熔混合物进行高速剪切，使聚苯乙烯高分子能充分舒展、溶解、均匀；随后在 155℃下培育 1h，得到高分子聚合物混合沥青。

⑤ 将改性剂、表面活性剂和水按照质量分数在容器中快速混合均匀，形成 75℃皂液；将 140℃高分子聚合物混合沥青加入皂液中，在研磨机中进行剪切、碾磨，冷却到 65℃，得到初配混合液。

⑥ 在初配混合液中依次加入填料、增塑剂和消泡剂，快速搅拌 20min，降至室温，即得黏稠状的改性沥青基灌封剂。

3. 参考性能

按《公路工程沥青及沥青混合料试验规程》（JTG E20—2011）、《润滑脂和石油脂锥入度测定法》（GB/T 269—1991）、ASTM 标准（D 5329—09、D 1190—97）对改性沥青基灌封剂进行试验检测。

改性沥青基灌封剂的外观为均匀灰黑色液体，0.3MPa 不渗水，低温 −10℃拉伸 50％时试样 3 周不断裂；可以采用冷灌封，如需加快表干时间，可采用现场加热方式，加热温度不超过 80℃；灌封剂存储稳定性为 12 个月。适用于炎热气候、炎热条件。改性沥青基灌封剂性能见表 12-4。

表 12-4　改性沥青基灌封剂性能

pH 值	固含量/%	残留物软化点/℃	残留物针入度/mm	表干后流动值/mm	弹性回复率/%	黏结强度/MPa
9	83.8	87.5	39.4d	3.7	46.3	0.48

（六）废旧PS泡沫塑料生产反光道路标志涂料

本例提供一种利用废旧 PS 泡沫塑料生产反光道路标志涂料的方法，以废旧 PS 泡沫塑料为主要原料，采用改性玻璃微珠填充树脂材料，所生产的涂料相容性好、使用寿命长、耐性好。

1. 配方

	质量份		质量份
废旧 PS 泡沫塑料	100	改性玻璃微珠	7
促进剂	0.1	轻质 $CaCO_3$	16
白水泥	40	石英粉	25
石油树脂	2.5	反光剂	3

	质量份		质量份
消泡剂	0.5	颜料	适量
增稠剂	0.8		

2. 加工工艺

玻璃微珠加入50%氢氧化钠溶液中，室温下搅拌2～4h，过滤取出玻璃微珠；用大量体积分数为0.1%的乙酸水溶液对玻璃微珠洗涤，再用大量去离子水进行洗涤；经洗涤的玻璃微珠在80℃下真空干燥12h后，加入硅烷偶联剂的乙醇溶液中，室温下搅拌5h，之后置于烘箱中80℃下干燥24h。

废旧PS泡沫塑料生产反光道路标志涂料的制备方法的具体步骤如下：回收PS泡沫塑料经分拣、晾晒、洗涤后，经破碎机破碎成1cm的小段；破碎的PS泡沫塑料送入反应釜中，加入石油树脂，反应30min；添加促进剂、白水泥、改性玻璃微珠、轻质$CaCO_3$、石英粉、反光剂、消泡剂、增稠剂、颜料后，升温至90℃，继续反应1～3h，即可得初料；所制得的初料送入另一反应釜中，充分搅拌后分散过滤，即可得成品涂料。

3. 参考性能

从表12-5中可看出，道路标志涂料具有良好的力学性能，可满足道路标志的需求。

表12-5　道路标志涂料性能

指　　标	性　　能	指　　标	性　　能
外观	白色均匀无结块	耐水性(15d有无变化)	无
固含量/%	≥70	耐碱性(15d,0.1mol NaOH浸泡)	无变化
干燥时间/min	45	磨耗/mg	<85
附着力(画格法)/%	100	硬度(布氏 HB)	10.43
遮盖力/(g/m²)	96		

（七）废旧PS泡沫塑料制备膨胀珍珠岩

膨胀珍珠岩是常用的建筑保温材料，它在干燥时具有热导率低、无毒、无味、质轻、防火等优点，其保温性能为普通混凝土的20倍。但是，它在潮湿环境中极易吸水，而导致保温性能急剧下降。国内外对膨胀珍珠岩主要采用憎水剂处理和闭孔处理，达到其降低吸水率的目的。目前市场上的玻化闭孔珍珠岩通过控制温度使表层的玻璃质融化而形成闭孔膨胀珍珠岩，但是很少有人在膨胀珍珠岩表面包覆一层高分子薄膜，而达到闭孔的作用。本例提供一种膨胀珍珠岩的制备方法，通过在膨胀珍珠岩表面包覆一层高分子薄膜，达到闭孔的效果。采用聚苯乙烯乳液包膜的膨胀珍珠岩生产工艺简单，可以实现工业化生产，包膜后的膨胀珍珠岩吸水率大大降低，制品的强度也有一定提高，同时提高了膨胀珍珠岩制品在潮湿环境中的保温性能。

1. 配方

（1）配方1：混合溶剂

	质量份		质量份
二甲苯	3	乳化剂：	
乙酸乙酯	2	OP-10	2
丙酮	1	十二烷基苯磺酸钠	2

（2）配方2：废聚苯乙烯乳液

	质量份		质量份
废聚苯乙烯泡沫塑料	10	乳化剂	1
水	50	增塑剂(邻苯二甲酸二丁酯)	1.5

（3）配方 3：废聚苯乙烯泡沫塑料/膨胀珍珠岩

	质量份		质量份
废聚苯乙烯乳液	10	膨胀珍珠岩	10

2. 加工工艺

将回收废聚苯乙烯泡沫塑料经机械除尘、除杂物和水洗干燥并破碎。将 3 份二甲苯、2 份乙酸乙酯和 1 份丙酮混合，得到混合溶剂；将 2 份 OP-10 与 2 份十二烷基苯磺酸钠混合，得到乳化剂。将 10 份处理好的废聚苯乙烯泡沫塑料和 50 份水加入 15mL 混合溶剂中，搅拌均匀至溶解，加入乳化剂 1 份，增塑剂邻苯二甲酸二丁酯 1.5 份，70℃下加热搅拌，乳化 1h 后，出料，即得到废聚苯乙烯乳液。称取膨胀珍珠岩 10 份，废聚苯乙烯乳液 10 份，将膨胀珍珠岩投入包衣机转筒中，一端通入热风，一端喷入雾化的废聚苯乙烯乳液，经过 2h 包覆出料，即得包膜了聚苯乙烯的膨胀珍珠岩。

3. 参考性能

对包膜了聚苯乙烯的膨胀珍珠岩进行吸水性测试，吸水率保持在约 40%，而普通膨胀珍珠岩的吸水率在 40min 左右就达到饱和，且吸水率在 250% 左右；玻化膨胀珍珠岩的吸水率在 80min 才达到饱和，吸水率在 140% 左右。这主要是因为聚苯乙烯乳液在膨胀珍珠岩表面形成了一层连续保护膜，而聚苯乙烯几乎不吸水，因而阻止水与膨胀珍珠岩直接接触，降低吸水率。

与普通膨胀珍珠岩和玻化闭孔膨胀珍珠岩相比，经过聚苯乙烯乳液包覆的有机膨胀珍珠岩的体积损失率最小，即其筒压强度明显高于普通膨胀珍珠岩和玻化闭孔膨胀珍珠岩，这是因为在膨胀珍珠岩表面有一层聚苯乙烯壳体，而聚苯乙烯的抗压强度比膨胀珍珠岩高出很多，而且高聚物都具有柔性。所以，在膨胀珍珠岩表面包覆一层聚苯乙烯可以显著提高膨胀珍珠岩的抗压强度，不易在运输途中因互相碰撞而破碎。

（八）废弃聚苯乙烯泡沫塑料制备胶粉聚苯颗粒保温浆料

胶粉聚苯颗粒保温砂浆为保温层的建筑保温体系在工业与民用建筑中占有相当比例，但市面上所售出的保温用胶粉聚苯颗粒保温砂浆因所使用的聚苯颗粒强度低和吸水率大，导致产品存在线型收缩率大、软化系数低等缺陷。

1. 配方

	质量份		质量份
10 目的废旧聚苯颗粒	25	羟丙基甲基纤维素	5
硅酸盐水泥	90	水	220
胶粉	2.5		

注：胶粉为氢氧化钙、粉煤灰及无定形二氧化硅。聚苯颗粒的胶粉选用氢氧化钙、粉煤灰及无定形二氧化硅等多种无机材料，避免产生水泥密度大、石膏不耐水等问题，热稳定性能十分优良。

2. 加工工艺

将废弃包装材料通过粉碎机粉碎，作为保温材料的轻骨料和再生料，加工过程需控制好废弃聚苯颗粒的粒度和容重，堆积密度 20kg/m³，粒径 5mm 的颗粒有 95%，得到再生聚苯颗粒；按下述质量份配比取料：10 目聚苯颗粒 25kg，硅酸盐水泥 90kg，胶粉 2.5kg，羟丙基甲基纤维素 5kg，水 220kg；采用机械方式搅拌，先向搅拌机中加入水，再加入橡胶微粒、水泥、胶粉和助剂通过搅拌机搅拌均匀，搅拌 4min 后再加入聚苯颗粒继续搅拌 4min 至均匀，即得到成品。

3. 参考性能

胶粉聚苯颗粒保温浆料的性能指标见表 12-6。

表 12-6　胶粉聚苯颗粒保温浆料的性能指标

检 验 项 目	性 能 指 标	检 验 项 目	性 能 指 标
拉伸黏结强度/MPa	0.9(常温 28d)	热导率/[W·(m·K)]	0.05
浸水拉伸黏结强度/MPa	0.8(常温 28d)	抗拉强度/kPa	210
湿表观密度/(kg/m³)	368	压缩强度/kPa	280
干表观密度/(kg/m³)	188	难燃性	B1 级

（九）回收聚苯乙烯泡沫制备聚苯乙烯阻燃板材

本例将废弃聚苯乙烯泡沫塑料清洗处理后，粉碎成小块与乙酸乙酯、二氯甲烷、丙酮混合溶解，滴加过氧化苯甲酰、顺丁二酸酐等混合，与有机蒙脱土透明溶液、过硫酸钾溶液混合，再经破乳处理、洗涤、热压，冷却至室温，既解决了环境污染问题，节省废弃聚苯乙烯泡沫塑料处理成本和聚苯乙烯阻燃板材的生产成本，又实现资源的可持续利用。

1. 配方

（1）配方 1：聚苯乙烯泡沫溶液

	质量份		质量份
废弃聚苯乙烯泡沫	30	二氯甲烷	25
乙酸乙酯	25	丙酮	20

（2）配方 2：聚苯乙烯乳液

	质量份		质量份
聚苯乙烯泡沫塑料溶液	20	顺丁二酸酐	4
过氧化苯甲酰	1	乳化剂	4

注：十二烷基苯磺酸钠和烷基酚聚氧乙烯醚按质量比 1:1 搅拌混合形成乳化剂。

（3）配方 3：聚苯乙烯阻燃颗粒

	质量份		质量份
聚苯乙烯乳液	100	苯乙烯	5
有机蒙脱土	35	去离子水	45
十二烷基硫酸钠	10	过硫酸钾溶液	10
正戊烷	5	硫酸铝	20

2. 加工工艺

首先将废弃聚苯乙烯泡沫塑料置于 40℃的质量分数为 50% 的碳酸氢钠溶液中，将其压入溶液中浸泡 25min，随后在 20r/min 下机械搅拌 10min，充分互相摩擦去除杂质；待在碱水中浸泡搅拌后，将聚苯乙烯泡沫塑料取出并用清水冲洗 3 次，除去表面碱水残留，并置于通风处晾干；然后将通风晾干的聚苯乙烯泡沫塑料置于气流粉碎机中粉碎成直径大小为 1cm 的小块。

随后按质量份计，分别选取 25 份乙酸乙酯、25 份二氯甲烷、20 份丙酮和 30 份聚苯乙烯泡沫塑料小块，搅拌使聚苯乙烯泡沫塑料小块溶解至溶液中，制得聚苯乙烯泡沫塑料溶液；待其溶解完成后，将聚苯乙烯泡沫塑料溶液转移至四口烧瓶中，在 75℃下，搅拌混合 10min，随后按过氧化苯甲酰与聚苯乙烯泡沫塑料溶液质量比 1:20，将过氧化苯甲酰滴加至聚苯乙烯泡沫塑料溶液中，搅拌混合 10min，再按顺丁二酸酐与聚苯乙烯泡沫塑料溶液质量比 1:5，将顺丁二酸酐按每次 2mL，每隔 30min 加入聚苯乙烯泡沫塑料溶液中，滴加 2h 后停止，并搅拌反应 4h；取十二烷基苯磺酸钠和烷基酚聚氧乙烯醚按质量比 1:1 搅拌混合形成乳化剂，随后按乳化剂与上述反应的聚苯乙烯泡沫塑料溶液质量比

1:5，将乳化剂添加至上述反应的聚苯乙烯泡沫塑料溶液中，随后通入氮气调节其 pH 值至 7.0，乳化 25min，得聚苯乙烯乳液；按质量份计，选取 35 份有机蒙脱土、10 份十二烷基硫酸钠、5 份正戊烷、5 份苯乙烯和 45 份去离子水搅拌混合，直至形成有机蒙脱土混合溶液，随后将有机蒙脱土混合溶液与上述制得的聚苯乙烯乳液按质量比 1:1 置于四口烧瓶中搅拌混合，同时通入氩气进行保护，控制水浴温度为 70℃，待搅拌混合 20min 后，按质量比 1:20 将质量分数为 2.5% 的过硫酸钾溶液滴加至四口烧瓶中，搅拌反应 2h，得聚苯乙烯复合乳液；最后待反应完成后，停止加热，使其静置冷却至 20℃，并按质量比 1:10 将质量分数为 10% 的硫酸铝加入聚苯乙烯复合乳液中，对其进行破乳处理，随后通过无水乙醇洗涤 3 次，并置于 60℃下烘干得聚苯乙烯阻燃颗粒，然后将其置于平板硫化机中，在 10MPa 下热压 10min，静置冷却至室温后，将其取出，即得一种回收聚苯乙烯泡沫制备的聚苯乙烯阻燃板材。

3. 参考性能

该试件具有良好的力学性能，耐冲击和抗裂纹性能好，阻燃性好，阻燃性能达到 UL94-V0 级，值得推广与使用。

（十）回收聚苯乙烯泡沫制备阻燃聚苯乙烯泡沫

本例将废旧可燃性聚苯乙烯泡沫塑料粉碎成一定粒度的颗粒，并将其与普通可燃性聚苯乙烯泡沫塑料颗粒进行共混，同时添加无机阻燃剂和其他助剂，制备了具有轻量性、缓冲性、隔热性、耐化学性等物理化学特性的 A 级阻燃性聚苯乙烯泡沫塑料。

1. 配方

	质量份		质量份
废聚苯乙烯泡沫塑料	280	强度增强剂	15
普通可燃性聚苯乙烯泡沫	700	pH 调节剂	1
无机阻燃剂	20	水	28
水溶性黏合剂	3	无机杀菌剂	4
无机物分散剂	2	无机发泡剂	1

注：水溶性黏合剂选自氢氧化钙、碳酸钙或生石灰中的一种；无机物分散剂选自原硅酸钠或偏硅酸钠中的一种；强度增强剂选自硫酸镁、氧化镁、三氧化二铁、氧化镁或/和水泥中的一种或一种以上任意比例的混合；发泡剂选自四氮八甲环、乙二酸或碳酸氢钠中的一种。pH 调节剂选自磷酸钾或氢氧化钾中的一种；无机杀菌剂选自氧化钛、氧化镁或硼酸中的一种；其中水作为黏度调节剂及分散剂。

2. 加工工艺

首先把收集的废旧可燃性聚苯乙烯泡沫塑料填充到粉碎机上粉碎为粒径 1~2mm 的聚苯乙烯泡沫塑料颗粒，并把 280 份废旧聚苯乙烯泡沫塑料颗粒和 700 份普通可燃性聚苯乙烯泡沫塑料颗粒进行混合，并通过传送机投入搅拌机中；然后再依次添加无机阻燃剂 20 份、水溶性黏合剂 3 份、无机物分散剂 2 份、强度增强剂 15 份、pH 调节剂 1 份、水 28 份、无机杀菌剂 4 份、无机发泡剂 1 份，将上述成分进行 15~25min 混炼后，生产出不可燃废聚苯乙烯泡沫塑料原料；再将该原料投入模具中，液压机上按照 450mm×450mm×50mm 的规格液压成型，脱模后即为成品。

3. 参考性能

制备板材的不可燃试验使用直径为 25mm 的丙烷气喷灯，试验片与喷灯的距离为 28mm。喷火后以 1min 为间隔确认状态的结果，最终 4min 后试验片的表面略有烧焦，但几乎未发出异味。

（十一） 聚苯乙烯有机溶液增稠剂制备脱漆剂

为提高金属的使用寿命，通常会对金属表面进行防腐处理保护。在金属防腐中，有效快捷的方法是在金属表面涂上漆膜，防止它受到外界的侵蚀。金属通常会被回收循环利用，带有漆膜的金属由于在回炼过程中会产生大量有毒有害气体和黑烟，污染环境，不能直接被熔融回收，因此被回收的带有漆膜的金属通常要在回炼前做脱漆处理。聚苯乙烯往往很容易溶于有机溶液，并使有机溶液变稠，大大降低其挥发性，变成一种性能优越的增稠剂。因此，将脱漆剂和聚苯乙烯有机溶液增稠剂两者完美地结合在一起将对金属回收以及环境保护具有重要意义。本例提供了一种不易挥发且黏度较大的聚苯乙烯有机溶液增稠剂，含有该聚苯乙烯有机溶液增稠剂的脱漆剂，其聚苯乙烯有机溶液增稠剂在脱漆剂溶液中的质量分数达到15%～20%时便能起到增稠效果，进而有效降低有机溶液的挥发性。该脱漆剂能够广泛应用于反应釜、水塔和信号塔等大型金属器械的脱漆工作中。

1. 配方

（1）配方1：聚苯乙烯增稠剂

	质量份		质量份
废聚苯乙烯泡沫塑料	45	对硝基苯酚	15
乙酸乙酯	40		

（2）配方2：脱漆剂

	质量份		质量份
聚苯乙烯有机溶液增稠剂	15	胶淀粉乙醇胺	18
二氯甲烷	40	四氯化碳	6
烷基苯磺酸钠	6	乙醇	15

2. 加工工艺

在反应釜中加入称取的乙酸乙酯或乙酸丁酯，再加入称取的对硝基苯酚，开动搅拌，完全溶解后，向混合溶液中加入称取的废聚苯乙烯泡沫塑料；同时，加快搅拌速度，直至完全溶解，然后静置，制得聚苯乙烯有机溶液增稠剂；称取二氯甲烷40份、烷基苯磺酸钠6份、胶淀粉乙醇胺18份、四氯化碳6份、乙醇15份和聚苯乙烯有机溶液增稠剂15份。混合均匀，然后搅拌静置，制得增稠型脱漆剂。

（十二） 回收聚苯乙烯泡沫塑料制备农用机械抗菌驱虫防锈剂

对于农用播种机而言，其未涂漆金属表面以及金属零部件的锈蚀在储存、使用过程中十分常见，故必须采取相应的防护措施。长期以来，为减少农用播种机设备的严重锈蚀，延长设备及零部件的封存周期，采用了各种各样的方法，防锈剂就是其中的方法之一。防锈剂是一种超级高效的合成渗透剂，它可以强力渗入铁锈、腐蚀物、油污内，从而轻松地清除掉螺丝、螺栓上的锈迹和腐蚀物，具有渗透除锈、松动润滑、抵制腐蚀、保护金属等性能，并可在部件表面上形成并储存一层润滑膜，可以抑制湿气及许多其他化学成分造成的腐蚀。为避免因防锈油去除难度大而造成的生产和环境问题，目前钢铁的工序间防锈多采用水基防锈剂。工业上广泛使用的水基防锈剂通常含有亚硝酸盐、磷酸盐或铬酸盐，此类防锈剂毒性较强，废水排放易造成水体富营养化，使用和排放均受到严格限制。环保型水基防锈剂的研制已受到国内外广泛关注。

本例以植酸、聚天冬氨酸为主要成分，以聚乙二醇和聚乙烯醇为高分子成膜剂，在金属表面形成一层致密的薄膜，添加改性后的废聚苯乙烯泡沫塑料作为防水助剂，同时添加其他助剂，优选了配方制备的防锈剂，防锈效果好，且作用持久，原料来源广泛，制备方法简单，生产成本低廉，可有效防止金属在潮湿环境中生锈而导致性能降低。此外，还具有优异的抗菌驱虫性，在防锈的同时，赋予金属制品优异的抗菌性能。

1. 配方

	质量份		质量份
废聚苯乙烯泡沫塑料	9	海藻酸钠	0.7
植酸	34	橘皮提取物	6
聚天冬氨酸	7	纳米二氧化硅	2.2
花椒籽油	4	聚乙二醇	3.2
二乙烯三胺	2	聚乙烯醇	4.2
肉豆蔻酸	1	去离子水	余量
γ-巯丙基三甲氧基硅烷	1.5		

2. 加工工艺

① 将废聚苯乙烯泡沫塑料洗净、晾干、粉碎，加入总质量 1.5～2 倍的无水乙醇中，边加边搅拌，使其完全溶解，加入花椒籽油、肉豆蔻酸，充分搅拌制成油相液，放入 40～50℃水浴中恒温充分溶解 1～2h，升温至 55～65℃，快速搅拌 20～30min 得聚合物溶液。

② 将橘皮提取物投入 2/3 质量的去离子水中升温至 60～80℃，恒温搅拌 20～30min，加入植酸、γ-巯丙基三甲氧基硅烷超声分散 15～20min，静置得改性植酸。

③ 将聚天冬氨酸、纳米二氧化硅、海藻酸钠以及余量去离子水混匀，采用高压均质机处理 2～3h，喷雾干燥得纳米二氧化硅接枝改性聚天冬氨酸。

④ 将步骤②、步骤③反应物料装入带有搅拌器的反应釜中，控制转速 60～80r/min，搅拌 10～15min，再加入步骤①及其他剩余成分，边加边搅拌 30～40min，出料。

3. 参考性能

该防锈剂成膜后，平均 $CuSO_4$ 点滴时间达 84s，耐盐水浸泡 29h，耐中性盐雾 34h，防锈效果良好。

（十三）废旧泡沫塑料生产防火阻燃聚苯乙烯泡沫

本例提供一种具有能形成防火保护层的防火阻燃聚苯乙烯泡沫及其生产方法。通过提取可燃性废旧聚苯乙烯泡沫塑料颗粒和普通可燃性聚苯乙烯泡沫塑料颗粒，并进行混合，适当添加一定量无机物和有机物制备一种不可燃聚苯乙烯泡沫塑料。

1. 配方

	质量份		质量份
苯乙烯泡沫塑料颗粒	900～1000	无机物分散剂	2
(其中废旧聚苯乙烯泡沫塑料颗粒 300～350,		pH 调节剂	1
普通聚苯乙烯泡沫塑料颗粒 500～800)		强度增强剂	15
废旧苯乙烯泡沫塑料	300	无机抗菌剂	4
聚苯乙烯泡沫塑料	700	水	30
无机阻燃剂	20	发泡剂	1
水溶性黏合剂	3		

废旧可燃性聚苯乙烯泡沫塑料颗粒加入量低于 300 质量份时，单价上升，经济性下降；当加入量为 350 质量份时，其隔热性能会下降。

无机阻燃剂为氢氧化钠、氢氧化铝、氢氧化钾或/和石墨中的一种或一种以上任意比例的混合；如果不足 12 质量份将降低阻燃性，如果超过 30 质量份因黏度差而降低产品的硬度。

水溶性黏合剂为氢氧化钙、碳酸钙或生石灰中的一种；水溶性黏合剂如果不足 2 质量份时，聚苯乙烯泡沫塑料颗粒的黏合性会下降，将影响其商品性，如果超过 4 质量份，由于黏合性太大，会影响泡沫效果，导致经济性下降。

无机物分散剂为硅酸钠或偏硅酸钠中的一种。如果不足 1 质量份，将会延长混炼时间；如果超过 2 质量份，材料将出现成团现象。

pH 调节剂为磷酸钾或氢氧化钾中的一种；pH 调节剂如果不足 0.5 质量份，因不可燃物质和其他添加内容物的 pH 值不同而容易导致物性变化；如果超过 1 质量份，容易降低产品强度（因黏度下降）。

强度增强剂为硫酸铝、氧化铝、氧化铁、氧化镁或/和水泥中的一种或一种以上任意比例的混合；强度增强剂如果不足 10 质量份将导致强度下降，如果超过 20 质量份，将导致产品抗挠强度下降而缺乏伸缩性。

无机抗菌剂为氧化钛、氧化铝或硼酸中的一种；无机抗菌剂如果不足 4 质量份，将无法期待持续的抗菌能力，如果超过 4 质量份将提升产品单价。

发泡剂为四氮六甲环、乙二酸或碳酸氢钠中的一种。无机发泡剂如果不足 0.5 质量份，将发泡不足而加大产品密度，如果超过 1 质量份将出现饱和气泡现象而降低产品强度。

水量如果不足 20 质量份，混炼中将不容易分散而出现成团现象。如果超过 30 质量份，将会延长产品的硬化时间及强度下降。

为进一步加强并保证成品的使用强度，则在加入强度增强剂的同时，还加入 pH 调节剂 0.5～1 质量份。在加入水的同时，还加入无机抗菌剂 2～4 质量份，以防止成品的细菌繁殖，影响其使用寿命。

2. 加工工艺

首先把收集的废旧可燃性聚苯乙烯泡沫塑料填充到粉碎机上粉碎为粒径 1～2mm 的聚苯乙烯泡沫塑料颗粒，并把 300 份废旧聚苯乙烯泡沫塑料颗粒和 700g 普通可燃性聚苯乙烯泡沫塑料颗粒进行混合，通过传送机投入混炼机中；然后再依次添加无机阻燃剂 20 份、水溶性黏合剂 3 份、无机物分散剂 2 份、强度增强剂 15 份、pH 调节剂 1 份、水 30 份、无机抗菌剂 4 份、无机发泡剂 1 份，将上述成分进行 15～25min 混炼后，生产出不可燃废聚苯乙烯泡沫塑料原料；再将该原料投入模具中，液压机上按照 450mm×450mm×50mm 的规格液压成型，脱模后即为成品。

3. 参考性能

制备板材的不可燃试验使用直径为 25mm 的丙烷气喷灯，试验片与喷灯的距离为 30mm。喷火后以 1min 为间隔确认状态的结果，最终 4min 后试验片的表面略有烧焦，但几乎未发出异味。图 12-11（a）是实例成品在 800～1000℃火焰下燃烧 1min 状态示意简图；图 12-11（b）是成品在 800～1000℃火焰下燃烧 2min 状态示意简图；图 12-11（c）是成品在 800～1000℃火焰下燃烧 3min 状态示意简图；图 12-11（d）是成品在 800～1000℃火焰下燃烧 4min 状态示意简图。

对比制备的板材，采用普通可燃性聚苯乙烯泡沫塑料，将其制成与配方相同的规格，并以相同方法进行了不可燃试验。普通可燃性聚苯乙烯泡沫塑料在着火 3s 内全部燃烧，而且燃烧释放出了呛鼻的异味和黑烟。如图 12-12 所示，图（a）是普通聚苯乙烯泡沫塑料在 800～1000℃火焰下燃烧 1s 状态示意简图；图（b）是普通聚苯乙烯泡沫塑料在 800～1000℃火焰下燃烧 2s 状态示意简图；图（c）是普通聚苯乙烯泡沫塑料在 800～1000℃火焰下燃烧 2.5s 状态示意简图；图（d）是普通聚苯乙烯泡沫塑料在 800～1000℃火焰下燃

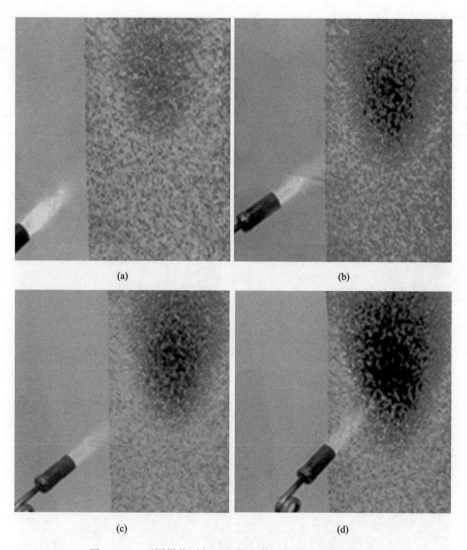

图 12-11 不同燃烧时间下阻燃聚苯乙烯泡沫塑料的状态

烧 3s 状态示意简图。

配方样与对比回收聚苯乙烯板材参数见表 12-7。

表 12-7 防火阻燃聚苯乙烯泡沫板材的性能

检 测 项 目		标准要求	样本测定值	
			回收样品	对比样品
平整度偏差/mm		≤6	0.0	0.0
直角偏离度/mm		≤5	3	5
燃烧性能	质量损失率/%	≤50	4.0	
	炉内温升/℃	≤50	12	
A 级	持续火焰时间/s	≤20	0	
热导率(平均温度25℃)/[W/(m·K)]		≤0.40	0.37	
尺寸稳定性		≤10	0.0	

续表

检 测 项 目	标准要求	样本测定值	
		回收样品	对比样品
憎水率/%	≥980	998	
短期吸水量(浸入 10mm,24h)/(kg/m²)	≤10	0.1	
质量吸湿率/%	≤10	0.2	
垂直于表面的抗拉强度/kPa	≥75	10.8	

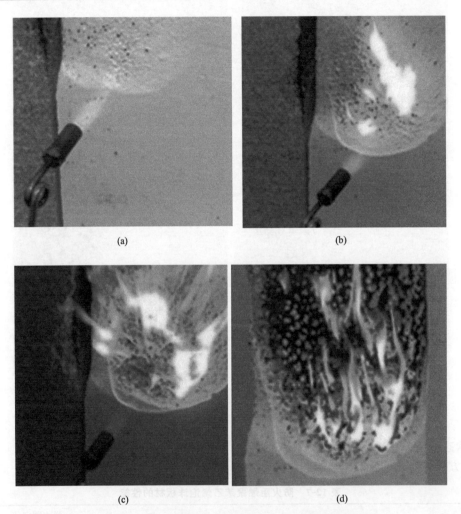

图 12-12　不同燃烧时间下普通聚苯乙烯泡沫塑料的状态

（十四）废旧聚苯乙烯泡沫塑料的静电纺丝方法

本例提供的废旧聚苯乙烯泡沫塑料的静电纺丝方法是利用从天然植物中提取的 d-柠檬烯浓缩液作为溶剂来溶解废旧聚苯乙烯泡沫塑料，然后在该溶液中加入特殊功能材料而制成直径为 400nm～3.0μm 的纳米纤维。溶剂是从天然植物中提取的 100% 浓度的 d-柠檬烯浓缩液，该溶液可以作为食品添加剂使用，如作为橘子味汽水或口香糖的香料等；也可以代替有机溶剂等。经卫生防病中心检测，溶剂的小白鼠 LD_{50}＞5.0g/(kg·BW)，属于实际无毒，所以其属于环保型溶剂，因而对人体和环境无害。另外，由于该溶剂中的柠檬烯分子结构与聚苯乙烯分子结构相似，并且溶解度参数相近，因而其在室温下就可将粉碎后的聚苯乙烯泡沫塑料溶解成黏稠的透明溶液，并且溶解速度与有机溶剂甲苯和苯相同。通过技术检测证明，该溶剂不改变聚苯乙烯的分子量及分子量分布。由于 d-柠檬烯是从柑橘等植物中提取而制成的，因而其来源丰富，并且该溶剂具有天然降解性，对环境及人体无害，所以不会对环境造成二次污染。另外，本方法还具有能够保持聚苯乙烯原有机械强度及操作简便等优点。

1. 配方

	质量份		质量份
废旧聚苯乙烯泡沫塑料	91～53	特殊功能材料	3～30
d-柠檬烯	9～47		

注：所述特殊功能材料包括雷达波吸收剂、炭黑、SnO_2、TiO_2 或多孔硅。所述 d-柠檬烯为 100% 浓缩液。

2. 加工工艺

将经过粉碎的聚苯乙烯泡沫塑料和 d-柠檬烯以 91：9 至 53：47 的质量比在常温下混合。将聚苯乙烯泡沫塑料溶解成黏稠的透明溶液，d-柠檬烯为 100% 浓缩液，聚苯乙烯泡沫塑料的溶解时间为 1～20min。

将上述溶液利用静电纺丝装置制成直径为 $400nm$～$3\mu m$ 的聚乙烯纳米纤维，或在上述溶液中加入特殊功能材料，并利用静电纺丝装置制成直径为 $400nm$～$3\mu m$ 的特种纳米纤维。静电纺丝电压为 15～24kV，接收距离为 4～15cm。

（1）实例 1　将经过粉碎的聚苯乙烯泡沫塑料和 d-柠檬烯以 85：15 的质量比在常温下进行混合。将聚苯乙烯泡沫塑料溶解成黏稠的透明溶液，溶解时间为 2min，然后将上述溶液加入静电纺丝装置中，并在电压为 20kV、接收距离为 5cm 的条件下制成直径为 400nm 的聚苯乙烯无纺纤维。该纤维能够用于医学、生物技术及工业废水等过滤膜的原料。

（2）实例 2　将经过粉碎的聚苯乙烯泡沫塑料和 d-柠檬烯以 85：15 的质量比在常温下进行混合。将聚苯乙烯泡沫塑料溶解成黏稠的透明溶液，溶解时间为 2min，然后在上述溶液中加入雷达波吸收剂，并在电压为 20kV、接收距离为 5cm 的条件下利用静电纺丝装置制成直径为 500nm 的雷达波吸收纳米纤维。该纤维的电导率为 10^{-3}～10^{-1}S/cm，其对 26.5～40GHz 的毫米波具有较好的吸收作用，机理类似于电损耗型。

（3）实例 3　将经过粉碎的聚苯乙烯泡沫塑料和 d-柠檬烯以 75：25 的质量比在常温下进行混合。将聚苯乙烯泡沫塑料溶解成黏稠的透明溶液，溶解时间为 6min，然后在上述溶液中加入炭黑、31102 或 1102 中的任一种导电材料，并在电压为 20kV、接收距离为 5cm 的条件下利用静电纺丝装置制成直径为 600nm 左右的导电纤维。该导电纤维能够用于半导体器件、电磁波屏蔽及防静电材料。

（4）实例 4　将经过粉碎的聚苯乙烯泡沫塑料和 d-柠檬烯以 60：40 的质量比在常温下进行混合。将聚苯乙烯泡沫塑料溶解成黏稠的透明溶液，溶解时间为 20min，然后在上述溶液中加入多孔硅材料，并在电压为 20kV、接收距离为 5cm 的条件下利用静电纺丝装置制成直径为 800nm 的不用电的光源纳米纤维。该光源纳米纤维能够用于敏感元件、传感器和照明材料。

3. 参考性能

静电纺丝方法制成的纳米纤维具有较大的比表面积和表面积体积比。该纤维具有很强的承受一定压力的吸附力以及良好的过滤性、阻隔性、黏合性和保温性。

4. 用途

该纤维能够用于医学、生物技术及工业废水等过滤膜的原料，可应用于亚微米微粒的过滤等方面,其过滤效果较常规过滤材料效率能够大大提高。该导电纤维也能够用于半导体器件、电磁波屏蔽及防静电材料或作为光源纳米纤维。

(十五)用废旧轮胎橡胶粉和废旧聚苯乙烯泡沫塑料改性生产 CPVC 和 PVC 产品

氯化聚氯乙烯或过氯乙烯树脂(CPVC)和聚氯乙烯树脂(PVC)具有优良的耐热性能、力学性能和耐腐蚀性能,但工业上供应的 CPVC 和 PVC 为蓬松的粉状或粒状。应用时可添加稳定剂、增塑剂、改性剂等加工助剂,经过挤出机挤出管板材,或经注塑机注塑成机械零件,也可加有机溶剂、颜填料等制成防腐涂料。尤其是 CPVC 含氯量高,加工时极易分解出氯化氢气体,但氯化氢气体对 CPVC(或 PVC)的分解起催化作用,因此加工中常加助剂,使塑化温度尽可能低一些。

本方法采用大量廉价的"白色污染物"——废旧聚苯乙烯泡沫塑料(PS)和黑色污染物——废旧橡胶粉 PVC 和 CPVC 作为主要改性剂,配合适量的油酸锌、油酸钡又具有良好润滑性能的热稳定剂,经预热混炼、层压等工序制成性能优异的 PVC 或 CPVC 材料。本技术适于层压板工艺生产层压板,也适于螺杆挤出工艺挤出管板材,还适用于注塑机铸造各种零部件。

1. 配方

	质量分数/%		质量分数/%
CPVC(或 PVC)	100	颜料	适量
PS	1~30	填料	适量
废旧橡胶粉	1~30	亚甲基硬脂酰亚胺	0~5
复合稳定剂	0.2~4	聚马来酰胺	0~5
油酸钡	0.5~2	增韧剂	0~20
油酸锌	0.5~2		

废旧聚苯乙烯泡沫(PS)分子量较大,一般在 20 万左右,热变形温度约为 100℃,与纯 CPVC 的热变形温度 105~115℃相当,比 PVC 的热变形温度 70~80℃更高,而且对常见的酸、碱、盐等稳定性能和热稳定性都很好。PS 的优点是:其熔融黏度比 PVC 和 CPVC 都低得多;加入后可大大改善 PVC 和 CPVC 的加工黏度,从而降低加工时的温度,避免高温时 PVC 和 CPVC 分解。当然因 PS 不耐大多数有机溶剂,其用途或掺入量受到一定限制,掺入量以小于 30% 为好。废旧 PS 在使用时一般先进行分检,干净的可直接破碎后作为原料使用,也可经挤出造粒后使用;污染的应先洗涤晾干后再同上处理后备用。

由于加入的油酸锌、油酸钡含有较多双键,可吸收 CPVC 或 PVC 加工时分解放出的 HCl,发生加成反应生成氯化硬脂酸锌、氯化硬脂酸钡,可抑制 CPVC 或 PVC 的分解,生成的氯化硬脂酸锌、氯化硬脂酯钡仍然有热稳定作用。由于 PS 的耐热温度比 CPVC 低 1%,每加入 10% 会使耐热变形温度下降约 1%,因此如果加得太多,制品的耐热保型性将变差。掺入量以小于 30% 为好,对耐温要求较高的产品,其用量最好不高于 10%。

"黑色污染物"——废旧轮胎胶粉有较好的弹性,其高度交联的颗粒相当于一个柔性大分子,正好可以改性 CPVC 和 PVC 的脆性。废旧轮胎橡胶粉加入的另一好处是其中所含的大量残余未硫化的双键可与 PVC 和 CPVC 加工和使用过程中放出的 HCl 发生加成反应,从而消除 HCl 对 PVC 和 CPVC 的分解催化作用。与 HCl 加成反应后的橡胶粉硬度上升,可提高整个制品的硬度。但不可加得太多,以 30% 以内为宜;否则加工性能下降。

生产 CPVC 或 PVC 层压板时，先将 CPVC（或 PVC）、废旧橡胶粉、PS 碎粒按比例混合，干燥预热到 70～120℃，最好是 95℃左右，然后加入抗氧剂、热稳定剂等加工助剂，经混合混炼密炼，或高速捏合机捏合均匀后，经层压或经挤塑机挤出成型或经注塑机注塑成型即可制成 CPVC（或 PVC）商品。

对于耐热性要求较高的材料，废旧橡胶粉可适量少加，最好在 10% 以内；对于耐热性要求不太高的材料，废橡胶粉可适量多加，可加到 20 质量份甚至 30 质量份。

2. 加工工艺

生产 CPVC 或 PVC 材料的工艺为：先将 CPVC 或 PVC 及废旧胶粉 PS 碎粒按比例混合，干燥预热到 70～120℃，最好是 105℃左右，然后加入热稳定剂等加工助剂，经混合、混炼（还包括密炼）或高速捏合机捏合均匀后，经层压即可制成 CPVC 层压板商品或经挤塑机或注塑机制备其他商品。

配方 1：

CPVC（或 PVC）	100	油酸锌	0.5～2
PS	1～30	颜料	适量
废旧橡胶粉	1～30	填料	适量
三碱式硫酸铅	0.1～2	亚甲基硬脂酰亚胺	0～5
二碱式硫酸铅	0.1～2	聚马来酰胺	0～5
油酸钡	0.5～2	ABS 树脂	0～20

配方 2：

CPVC（或 PVC）	100	油酸锌	0.5～2
PS	1～30	颜料	适量
废旧橡胶粉	1～30	填料	适量
三碱式硫酸铅	0.1～2	亚甲基硬脂酰亚胺	0～5
二碱式硫酸铅	0.1～2	聚马来酰胺	0～5
油酸钡	0.5～2	CPE	0～20

（十六）　溶剂再生法回收废聚苯乙烯泡沫塑料

废旧聚苯乙烯泡沫塑料由于密度小、体积大、回收时运输成本过高，通常需先减容。减容一般有溶剂法、机械法和加热法等方法。溶剂法是采用合适的溶剂减容泡沫塑料后造粒再生。如果使用的溶剂合适，在没有聚合链的降解时可将废旧 PS 泡沫塑料的体积减小至原体积的 1%。溶剂法再生 PS 泡沫塑料的工艺流程如图 12-13 所示。

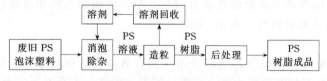

图 12-13　溶剂法再生 PS 泡沫塑料工艺流程

溶剂法选用的溶剂目前主要是苯或苯的衍生物，大多有较强毒性；也可选用酯类溶剂，但其存在价格偏高、异味浓、回收效率低的缺点。针对一般 PS 溶剂有毒性的问题，日本索尼中央研究所采用天然溶剂柠檬烯就地溶解，脱泡减容可达 25:1。溶剂法回收废旧聚苯乙烯泡沫塑料有如下优点：①能耗低，不需要高温过程；②再生树脂性能接近悬浮法制得的 PS 树脂，最大程度保持了材料的物理化学性能；③产品呈圆球形颗粒，有利于后续再利用生产；④生产过程相对环保，除了内部可能含有的助剂挥发成气体外，没有其他废气和废渣产生，仅在后处理中会产生一些废水。

本方法的技术方案是：以橘子油为溶剂溶解破碎的废旧聚苯乙烯泡沫，完全溶解后，加入一定量沉淀剂沉淀聚苯乙烯，过滤后的聚苯乙烯再次加入沉淀剂，两次过滤后的溶液加入助剂水进行萃取，上层液体为橘子油，下层液体为沉淀剂和助剂，进行减压蒸馏便可分离。该方法可以大大提高橘子油的回收率，提高回收后所得聚苯乙烯的性能，缩短所需时间、节约能源、降低回收成本。

1. 配方

	质量份		质量份
废旧聚苯乙烯泡沫颗粒	100	醚类	20～200
橘子油	20～40	水	20～200
醇类	20～200		

注：醇类、醚类沉淀剂可以为乙醇、甲醇、丙二醇、正丁醇、异丙醇、石油醚、丙醚等。

2. 加工工艺

① 破碎：将废旧聚苯乙烯泡沫破碎至粒度直径为 0.1～2.0cm。

② 溶解：将破碎的聚苯乙烯按聚苯乙烯泡沫∶橘子油＝1∶(2～5) 投入橘子油中，进行溶解，待完全溶解后静置 3～5min 至溶液澄清后过滤。

③ 沉淀及真空抽滤：加入溶剂量的 1～5 倍的醇类、醚类沉淀剂，聚苯乙烯变成白色胶状物沉淀下来，真空抽滤。

④ 二次沉淀及真空抽滤：过滤后的聚苯乙烯中再次加入溶剂量的 1～5 倍的醇类、醚类等沉淀剂进行第二次沉淀；然后进行真空抽滤。

⑤ 萃取分离：两次过滤后的溶液中加入等体积水进行萃取，萃取时间 3～5min，静置，油水分离后取得上层橘子油。

⑥ 减压蒸馏分离：下层沉淀剂和助剂的混合液进行减压蒸馏分离，得到沉淀剂和助剂。具体实施方式如下。

配方：

废旧聚苯乙烯泡沫	3g	无水乙醇	100mL
橘子油	10mL	水	110mL

取 10mL 橘子油，溶解粒度为 0.2cm 的聚苯乙烯泡沫 3g，完全溶解后，静置 3min 至溶液澄清，加入 50mL 无水乙醇进行沉淀，待完全沉淀后，进行真空抽滤，得到的聚苯乙烯再次加入 50mL 无水乙醇进行二次沉淀；待完全沉淀后，进行真空抽滤；将两次抽滤所得的溶液混在一起，加入 110mL 水进行萃取，萃取时间为 5min，静置分层，分离得到橘子油，量取体积为 9.6mL，溶剂橘子油的回收率为 96%，分离所得的乙醇和水混合液进行减压蒸馏，乙醇回收率为 97.5% 和水回收率为 98.6%。

3. 参考性能

本方法工艺简单易行，聚苯乙烯以及溶剂回收效率高，所得聚苯乙烯性能符合标准性能，可直接用于制备新聚苯乙烯泡沫；所用试剂安全无毒、不会产生二次污染，并且可以循环使用，溶剂回收率达到 95% 以上。整个工艺只需在减压蒸馏部分进行简单加热，能源消耗量很小，降低生产成本。回收聚苯乙烯性能与标准性能的比较见表 12-8。

表 12-8　回收聚苯乙烯性能与标准性能的比较

性　能	PS 标准级	回收 PS 树脂	性　能	PS 标准级	回收 PS 树脂
维卡耐热/℃	80～87	85	弯曲强度/MPa	85.0～90.0	87.0
干燥后质量损失/%	0.1～0.2	0.1	冲击强度/(kJ/m²)	20	20
拉伸强度/MPa	＞60.0	63.0			

（十七） 改性废旧聚苯乙烯泡沫塑料涂料

废旧聚苯乙烯泡沫塑料在制备涂料方面，可用于生产乳胶漆、地面涂料、乳液涂料、丙烯酸改性醇酸聚氨酯色漆、防腐涂料、聚氨酯防腐涂料、水渗性带锈涂料、低成本多彩涂料、膨胀性阻燃涂料、隔热防水涂料、反光道路标志涂料。

废旧聚苯乙烯塑料制备涂料的过程包括分选、清洗、烘干、粉碎、溶剂溶解、催化加热、改性、调色、搅拌分散均匀等步骤。混合溶剂通常选用 70％二甲苯、20％乙酸乙酯、10％丁酯（均为体积比），溶解效果较好。

聚苯乙烯涂料具有干燥快，性能稳定，耐水性、耐酸碱性好，并有一定黏结性、耐磨性和装饰性特点，被广泛用于各种设施的防腐。它的优点是制备生产工艺简单、投资少、成本低、生产周期短，但在聚苯乙烯乳液的稳定性、涂料的耐光老化性以及更强的黏附力方面还有更多研究空间。

本例利用废旧聚苯乙烯泡沫塑料改性加工而得到用于外墙的涂料，可有效解决废旧聚苯乙烯泡沫塑料的污染问题及获得可观的经济效益。采用下述技术方案：改性废旧聚苯乙烯泡沫塑料涂料，采用低毒、价廉工业级溶剂在常温下对废旧聚苯乙烯泡沫塑料充分溶解后作为基料，再加入乳化剂、分散剂以及固体填料、体质颜料、增塑剂、防冻剂和颜料。

1. 配方

	质量份		质量份
废旧聚苯乙烯泡沫塑料	14	滑石粉(工业品)	4
环己烯(工业品)	60	体质颜料钛白粉(工业品)	1
十二烷基苯磺酸钠(化学纯)	0.1	增塑剂邻苯二甲酸二丁酯(化学纯)	1
OP-10(化学纯)	0.1	防冻剂乙二醇或丙三醇(工业品)	2
固体填料碳酸钙(工业品)	10	颜料(工业品)	适量

2. 加工工艺

① 将废旧聚苯乙烯泡沫塑料置于容器中，在常温下按上述比例加入环己烯溶剂，经充分溶解并搅拌均匀。

② 在溶有废旧聚苯乙烯泡沫塑料的基料中按上述比例依次加入乳化剂、分散剂十二烷基苯磺酸钠及 OP-10；固体填料碳酸钙、滑石粉，体质颜料钛白粉，增塑剂邻苯二甲酸二丁酯，搅拌混合均匀。

③ 按上述比例加入防冻剂乙二醇或丙三醇及颜料搅拌混合均匀，制得涂料。实施时可根据实际需要加入不同色彩的颜料，直接涂于建筑物的外墙。

（十八） 废旧聚苯乙烯泡沫塑料制备溴化聚苯乙烯

本例利用废旧聚苯乙烯泡沫塑料制备溴化聚苯乙烯，操作简便，不仅可以充分回收利用废旧聚苯乙烯泡沫塑料，大大减少环境污染，而且可以降低溴化反应要求，减少反应试剂，降低生产成本，替代采用聚苯乙烯新料制得的溴化聚苯乙烯作为通用型塑料的阻燃添加剂。

1. 配方

废旧聚苯乙烯泡沫塑料	10g	单质溴	10.9g
10％ 1,2-二氯乙烷溶液	100mL	5％氢氧化钠溶液	适量
聚乙二醇 600	1g		

2. 加工工艺

将 10g 洁净废旧聚苯乙烯泡沫塑料溶于 100mL 1,2-二氯乙烷中制成质量分数为 10％的溶液，向该溶液中加入 1g 聚乙二醇 600（与废旧聚苯乙烯泡沫塑料的质量比为 10：100），升温至40℃，搅拌1h，再滴加10.9g液溴（与废旧聚苯乙烯泡沫塑料的质量比为1.09：1），2h内滴加完毕，继续控温40℃搅拌反应3h，加入质量分数为5%的氢氧化钠溶液终止反应，用水洗涤至中性，再滴加至沸水中，析出溴化聚苯乙烯，过滤，干燥，得成品20.3g，收率98%，溴含量51.2%。

3. 参考性能

采用本方法制得的溴化聚苯乙烯的红外光谱如图12-14所示，波数为756.49cm⁻¹的2号峰和波数为819.79cm⁻¹的3号峰是苯环上氢原子被取代的特征吸收峰，波数为697.71cm⁻¹的1号峰是苯环上C—Br键的伸缩振动峰，表明溴原子取代了苯环上的氢原子。

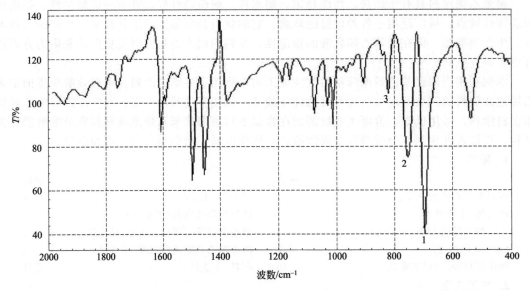

图12-14　溴化聚苯乙烯的红外光谱

废旧聚苯乙烯泡沫塑料和溴化聚苯乙烯的DSC曲线如图12-15所示，其中曲线a为废旧聚苯乙烯泡沫塑料的DSC曲线（玻璃化转变的起始点、拐点和终止点分别为84.3℃、96.6℃和97.1℃），曲线b为溴化聚苯乙烯的DSC曲线（玻璃化转变的起始点、拐点和终止点分别为116.6℃、119.5℃和118.9℃）。采用本方法制得的溴化聚苯乙烯的玻璃化温度

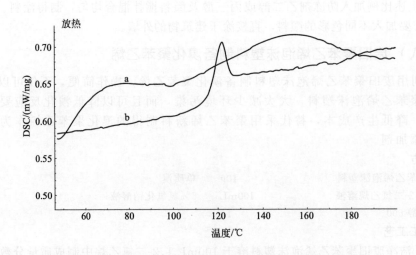

图12-15　废旧聚苯乙烯泡沫塑料和溴化聚苯乙烯的DSC曲线

高于废旧聚苯乙烯泡沫塑料，其原因在于溴取代增加聚苯乙烯的极性，降低聚苯乙烯的柔性，从而使溴化聚苯乙烯的玻璃化温度高于聚苯乙烯。

（十九） 废旧聚苯乙烯泡沫塑料生产防锈漆

废旧聚苯乙烯泡沫塑料是一种价格低廉、性能优良的生产涂料的好材料。使用废弃的聚苯乙烯泡沫塑料，通过净化、粉碎、溶制、调漆等方法，生产出优质的防锈漆，其附着力强、快干、涂膜光亮。该方法生产的防锈漆不仅可以在防水、防锈、绝缘等方面取得显著效果，且工艺简单，设备投资少，不产生二次污染，达到了利用废聚苯乙烯泡沫塑料变废为宝之目的。以废聚苯乙烯泡沫塑料为主要原材料，生产"防锈漆"类产品，可以制成调和漆、船舶用漆、公路划线漆等多种产品。生产出的防锈漆具有防水、防腐、防油、耐化学品、耐光、耐温、抗氧化、低压绝缘等特点。

1. 配方

	质量份		质量份
废旧聚苯乙烯	700	汽油	1.5
乙酸乙酯	120	邻苯二丁酯	1.3

2. 加工工艺

① 净化粉碎：将废旧聚苯乙烯泡沫塑料经过净化处理，在脱水机中进行脱水，将脱水的聚苯乙烯泡沫塑料放入干燥机中进行低温热风干燥，其干燥温度控制在30℃以下，将干燥好的聚苯乙烯泡沫塑料放入封闭式粉碎机中进行粉碎。

② 混合溶剂制备：将乙酸乙酯、汽油、邻苯二丁酯，其配比为120∶1.5∶1.3，置于反应釜中制成混合溶剂。

③ 料液制备：将混合溶剂与废聚苯乙烯泡沫塑料按1∶7的质量，在35～45℃下，在反应釜中分批将混合溶剂加入粉碎的聚苯乙烯泡沫塑料中，搅拌2～3h，待聚苯乙烯泡沫塑料完全溶解后，再将融合液倒入分离机中进行杂质分离，分离出的杂质经储存制得料液。

④ 废聚苯乙烯泡沫塑料生产防锈漆的方法：将废聚苯乙烯泡沫塑料经过净化处理、低温热风干燥，将干燥好的聚苯乙烯泡沫塑料放入封闭式粉碎机中进行粉碎；以乙酸乙酯、汽油、邻苯二甲酸二丁酯在半封闭容器中配制成混合溶剂。将混合溶剂与聚苯乙烯泡沫塑料按质量比例投入容器中进行搅拌、分离杂质；再将制成的料液与红丹颜料、硫酸钡、云母片、氧化锌、滑石粉、焦油、溶剂按配比在反应釜中进行搅拌溶解。

具体配比为：

料液	35%	氧化锌	2.6%
红丹颜料	9.6%	滑石粉	23%
硫酸钡	1.6%	焦油	9.9%
云母片	1.7%	溶剂	16.6%

混合均匀后将生成物经三辊研磨机碾磨，经过滤机过滤后，检测细度在325目以上即可包装制成品。

（二十） 热固性酚醛包覆的废弃聚苯乙烯颗粒复合泡沫材料

废旧聚苯乙烯颗粒作为造孔剂的一种，在国外已经被广泛应用。由于废弃聚苯乙烯颗粒在高温热解过程中不留下任何残渣，而是释放出 CO_2 和水蒸气，在保温材料内留下微孔，从而改善了制品的绝热性能。酚醛泡沫塑料是一种新型难燃、防火低烟保温材料。它最突出的特点是难燃、低烟、抗高温歧变，克服了原有泡沫塑料保温材料易燃、多烟、遇热变形的缺点，保留了原有泡沫塑料保温材料质轻、施工方便等特点。因此，使用热固性酚醛树脂包覆废弃聚苯乙烯颗粒，不仅有助于解决"白色污染"问题，增加材料的绝热性能，而且通过酚醛树脂包覆使此种复合泡沫材料达到了阻燃性能，降低成本，工艺简单，极大地解决了现有聚苯乙烯类保温材料易燃、燃烧滴落、安全性差等问题。本例提供一种废弃聚苯乙烯颗粒/热固性酚醛树脂复合泡沫材料，改善了废弃聚苯乙烯颗粒环境污染问题并解决保温泡沫塑料燃烧时的滴落问题，有效改善其阻燃性能。

1. 配方

	质量份		质量份
废弃聚苯乙烯颗粒	5	发泡剂	3
酚醛树脂	50	表面活性剂	2
固化剂	5		

注：配方中的固化剂包括对甲基苯磺酸、对氨基苯磺酸、硼酸、磷酸中的一种或两种复合物；配方中的发泡剂包括石油醚、正戊烷中的一种或两种复合物。配方中的表面活性剂包括吐温80、吐温60、十二烷基苯磺酸钠、OP-10中的一种或两种复合物。

2. 加工工艺

称取上述酚醛树脂50份，并依次加入5份固化剂、3份发泡剂及2份表面活性剂，搅拌均匀后倒入装有5份废弃聚苯乙烯颗粒的100mm×100mm×200mm的模具中，同时搅拌至废弃聚苯乙烯颗粒均匀分散到酚醛树脂混合物中。将上述混合物放入恒温恒压箱中，在70℃熟化40min，即得废弃聚苯乙烯颗粒/酚醛树脂复合泡沫材料。复合泡沫材料燃烧时，只发生炭化，无滴落。

（二十一）硬质聚氨酯泡沫塑料的回收

聚氨酯硬泡广泛应用的同时也产生了大量废弃物，其来源主要有两个方面：一是在生产与制备聚氨酯泡沫塑料过程中产生的废品与边角料；二是使用多年后老化报废的各种聚氨酯泡沫塑料产品。废弃聚氨酯泡沫塑料传统的处理方式有两种：一种为焚烧；另一种为掩埋，但焚烧聚氨酯废料将产生一种非常臭的刺鼻性强的黑烟，严重污染大气；后者则会占用大量土地。到目前为止，聚氨酯硬泡废弃料的回收方法主要是能量回收法、物理法、化学法等。能量回收法在聚氨酯泡沫塑料燃烧过程中会产生有害气体，污染大气环境的。化学回收技术归纳起来有6种：醇解法、水解法、碱解法、氨解法、热解法、加氢裂解法。从最终产品的使用性能看，化学回收法中的醇解、碱解和水解较好，缺点是由于反应是在高温强碱条件下进行，对设备要求高，生产成本高，工业化较为困难。化学回收方法还存在一些问题，如降解产物的分离与提纯、回收效率和再利用性能、产生的有毒副产物的抑制等，都还有待于更深入研究。在物理法回收聚氨酯的过程中，通常采用机械的方法，如固态剪切挤出和低温研磨，把废弃聚氨酯泡沫研磨成粉状颗粒，然后引入其他材料中。目前为止所填充的材料有低密度热塑性塑料，如聚氯乙烯、聚丙烯以及热塑性聚氨酯、硫化橡胶等。

本例硬质聚氨酯泡沫塑料的回收方法为物理回收方法。该方法步骤简单，得到的酚醛泡沫力学性能好，具有一定的工程应用价值。

1. 配方

	质量份		质量份
硬质聚氨酯泡沫塑料废料	12	表面活性剂	5
酚醛树脂	100	发泡剂	6
固化剂	9		

聚氨酯粉料对酚醛泡沫具有增强作用。酚醛树脂中的酚醛分子可以渗入所述聚氨酯粉料

粒子中，促使聚氨酯粉料粒子在酚醛树脂中发生溶胀，使得酚醛树脂中的聚氨酯粉料粒子比干燥粉料粒子大；同时，由于聚氨酯粉料粒子在酚醛树脂中具有很好的分散性，聚氨酯粉料的添加使得到的酚醛泡沫具有更为精细的泡孔结构以及良好的力学性能；在相同密度下，聚氨酯泡沫比酚醛泡沫具有更好的力学性能。聚氨酯粉料粒子在酚醛树脂发泡过程中起到成核剂作用，使得到的酚醛泡沫的泡孔密度增大，平均泡孔尺寸减小，酚醛泡沫压缩性能得到提高。

酚醛泡沫一般是在室温或低温条件下制备，需要以酸作为催化剂（即固化剂），酸能加速酚醛树脂分子间的缩聚反应，反应放出的热量促使发泡剂急剧气化，从而使酚醛树脂膨胀固化，固化剂的选择应与酚醛树脂的固化速度与发泡速度匹配，所选用的固化剂能够使固化速度在很宽的范围内变化，同时在较低温度下进行。一般常用固化剂为无机酸或者磺酸，固化剂可以为盐酸、硫酸、磷酸、硼酸、草酸、己二酸、甲苯磺酸，苯磺酸或石油磺酸。这里选择甲苯磺酸。

选择合适的表面活性剂可以保证得到的酚醛泡沫具有均匀的泡孔，合适的泡孔尺寸，以及稳定的闭孔率，并且能够缩短固化反应时间。表面活性剂需对固化剂的强酸性保持稳定。通常情况下，选用非离子表面活性剂，表面活性剂可以为脂肪醇聚氧乙烯醚、脂肪醇聚氧丙烯醚、烷基酚聚氧乙烯醚、脂肪酸甘油酯、聚氧乙烯失水山梨醇脂肪酸酯或有机硅表面活性剂。这里选择吐温80。

酚醛树脂常用的发泡剂为各种沸点在 $30\sim60℃$ 之间的挥发性液体，如氟利昂、氯化烃等，发泡剂的种类和用量直接影响酚醛泡沫的密度，进而影响酚醛泡沫的力学性能。发泡剂可以为戊烷、己烷、庚烷、三氯氟甲烷或二氯二氟甲烷。本配方选择的发泡剂为正戊烷。

2. 加工工艺

将硬质聚氨酯泡沫废料利用粉碎机研磨成粒径为 $80\sim100\mu m$ 的聚氨酯粉料，将该聚氨酯粉料加入酚醛树脂中，以转速 1000r/min 搅拌 10min；然后把表面活性剂、固化剂和发泡剂添加到酚醛树脂混合体系中，以转速 2000r/min 搅拌 5min，最后倒入模具中，在80℃下固化 2h，得到酚醛泡沫。

为了便于酚醛树脂中的酚醛分子在聚氨酯粉料粒子中的渗透，保证聚氨酯粉料离子在酚醛树脂中的分散性良好，使得制备出的酚醛泡沫具有合适的泡孔尺寸，以及均匀的泡孔分布，酚醛树脂的分子量不能过大，酚醛树脂的分子量过大，不利于酚醛分子在聚氨酯粉料粒子中的渗透；同时，所述聚氨酯粉料粒子应具有合适的粒径，优选的所述聚氨酯粉料粒径尺寸为 $80\sim150\mu m$。

3. 参考性能

从表 12-9 数据可看出，制备得到的酚醛泡沫具有较高的表观密度和压缩强度，以及较小的吸水率和尺寸变化率。

表 12-9　回收的硬质聚氨酯泡沫塑料的性能

表观密度/(kg/m³)	压缩强度/MPa	吸水率/%	尺寸变化率/%
135	312	0.8	1.2

（二十二）废旧聚氨酯泡沫塑料制备活性炭

以废旧聚氨酯泡沫塑料为原料可以制得优质活性炭，具有优良的吸附性能，应用范围广，减少了资源浪费；在变废为宝，产生经济效益的同时，达到了保护环境的目的。与传统的活性炭制备相比，本例使用废弃聚氨酯（PU）泡沫塑料为原料，加工工艺简单，易操作，可投入生产，制备的产品吸附性能极佳。

1. 配方

	质量份			质量份
废旧聚氨酯(PU)泡沫塑料：			废弃电冰箱箱体的绝缘层：K₂CO₃	1:3
活化剂	1:(1~4.5)		废弃电冰箱箱体的绝缘层：K₂CO₃	1:1
注:根据材料不同进行不同配比：			废弃游戏机的隔热材料：KOH：	
废弃管道的保温层：KOH	1:1		K₂CO₃	1:1:2

2. 加工工艺

① 废旧聚氨酯（PU）泡沫塑料的预处理，其处理方法为：将废旧聚氨酯（PU）泡沫塑料在 220℃加热处理，冷却后机械粉碎。

② 废旧聚氨酯（PU）塑料的高温炭活化，其过程有两个途径：即干混法或湿混法。

a. 干混法：控制预处理后的废旧聚氨酯（PU）泡沫塑料粉末与活化剂的质量比为 1:(1~4.5)，混合均匀后，将其装入活化炉，在 650~950℃，N_2 保护或 CO_2 保护下炭活化 0.5~2h，冷却至室温；活化剂为 KOH 或 K_2CO_3 或 KOH 和 K_2CO_3 的混合物。

b. 湿混法：控制预处理后的废旧聚氨酯（PU）泡沫塑料粉末与活化剂的质量比为 1:(1~4.5)，加水混合均匀后烘干，将其装入活化炉，在 600~950℃，N_2 保护或 CO_2 保护下炭活化 0.5~2h，冷却至室温；活化剂为 KOH 或 K_2CO_3 或 KOH 和 K_2CO_3 的混合物。

③ 净化处理：将上述步骤②-a 或步骤②-b 制备出的活化产物用热水洗涤若干次，洗至中性，过滤分离，然后将固体物料放入烘箱中烘干，控制烘干温度为 105℃，即制得活性炭。

3. 参考性能

产品吸附性能好，亚甲基蓝吸附值达到 14mL/0.1g 至 22mL/0.1g，活性炭的强度、表观密度、粒度等各项指标均符合国家标准。

（二十三）可降解聚氨酯泡沫塑料

该方法用液化改性的树皮粉、木质素作为添加成分，可降低制备可降解聚氨酯泡沫塑料的成本。该产品在自然环境中能降解，从而减少对环境的污染。

1. 配方

	质量份		质量份
木质素多元醇树脂：		废旧聚氨酯泡沫塑料	30
树皮粉	0.6	乙二醇	100
木质素	3.8	30%氢氧化钠溶液	10
苯酚	10	可降解聚氨酯泡沫塑料：	
30%氢氧化钠溶液	60	再生聚氨酯溶液	100
甲醛	40	磷酸盐(乳化剂)	1
多元醇	10	正戊烷(发泡剂)	1
再生聚氨酯溶液：		异氰酸酯	10

2. 加工工艺

将 0.6 份树皮粉和 3 份木质素混合均匀，加入 10 份苯酚，搅拌升温至（145±5）℃时，保温并分 3 次，每次间隔 20min 加入 20 份浓度为 30%的氢氧化钠溶液，再放入 0.8 份木质素，搅拌、保温 120min 后，用 pH 值为 1 的盐酸调 pH 为中性后，冷却至 80℃，加入 50 份甲醛、10 份多元醇，进行搅拌缩聚反应，获得木质素多元醇树脂。

在 100 份乙二醇中加入 10 份废旧聚氨酯泡沫塑料粉末，搅拌、升温至（180±8）℃，保温 25min，然后加入 10 份浓度为 30％的氢氧化钠溶液，搅拌、保温 12min 后，再加入 10 份废旧聚氨酯泡沫塑料粉末，搅拌、保温 13min 后，再加入 10 份废旧聚氨酯泡沫塑料粉末，搅拌、保温 20min，自然冷却至室温，获得再生聚氨酯溶液；将获得的木质素多元醇树脂和得到的再生聚氨酯溶液与 1 份乳化剂、1 份发泡剂混合搅拌均匀，再加入 10 份异氰酸酯，混合搅拌均匀，获得可降解聚氨酯泡沫塑料。

3. 参考性能

制成的聚氨酯泡沫塑料的表观密度为 0.19～0.26g/cm³，热导率为 0.022～0.029W/(m·K)，与空白组相比，是一种优良的保温隔热材料，见表 12-10。通过比较不同木质素添加量对聚氨酯泡沫塑料抗压强度的影响，表明当添加质量分数为 14％时，压缩强度达到最大值 0.098(kPa·m³)/kg，比添加木质素前抗压强度增加；添加质量分数超过 4％时，抗压强度随添加量的增加而下降。通过吸水性能测定表明：随着木质素的添加，聚氨酯泡沫塑料功能材料的吸水率呈上升趋势，当木质素添加量达到 20％时，吸水率仍符合工业产品标准。

表 12-10　聚氨酯泡沫塑料材料性能

木质素添加量 /％	表观密度 /(g/cm³)	压缩强度 10％ /[(kPa·m³)/kg]	热导率 /[(W/(m·K)]	平均吸水率 /％
0	0.185	0.025	0.0215	1.519
2	0.192	0.032	0.0222	1.691
4	0.197	0.043	0.0231	1.885
6	0.203	0.058	0.0237	2.062
8	0.211	0.071	0.0246	2.248
10	0.221	0.081	0.0254	2.429
12	0.229	0.091	0.0261	2.632
14	0.237	0.098	0.0267	2.821
16	0.244	0.092	0.0275	3.016
18	0.253	0.078	0.0284	3.207
20	0.261	0.053	0.0291	3.372

（二十四）　废旧聚氨酯硬泡制备吸附分离材料

聚氨酯开孔泡沫塑料具有多孔结构、大比表面积，其分子中有大量极性基团，如羰基（ C＝O ）和亚氨基（ N—H ）等。因此，聚氨酯泡沫材料可以通过范德瓦尔斯力、氢键等多种方式实现对金属离子、有机物等的有效吸附。此外，聚氨酯分子的醚键对与醚类溶剂混溶的有机物也具有很好的吸附效果，可作为吸附剂用于水环境中有机物的富集分离过程。目前用来制备吸附材料的聚氨酯泡沫通常是开孔结构，而聚氨酯硬质泡沫塑料大部分都是闭孔结构。如何根据聚氨酯硬泡材料的特点以及吸附分离材料的特点将废旧聚氨酯硬泡转化为吸附分离材料是一项有意义的课题。碱降解除了可以减小聚氨酯硬泡颗粒的粒径、开孔以外，还可以在聚氨酯硬泡颗粒表面引入活性伯氨基。聚氨酯硬泡的主要官能团为氨基甲酸酯和脲，伯氨基作为一个性质活泼的基团可以与很多酸性活性物质或者金属离子发生化学键合作用，伯氨基的增加改善了聚氨酯硬泡颗粒的吸附性能。本例通过物理破碎和化学降解相结合的方法由废旧聚氨酯硬泡制备吸附分离材料。工艺简单、反应条件温和、成本低，既实现废物利用，又环保。所生产的吸附分离材料可应用于纯化分离、废水处理、填充剂等领域。

1. 配方

	质量份		质量份
聚氨酯泡沫	5	NaOH 水溶液	50

注：碱降解后聚氨酯泡沫抽滤并依次用1%～10%乙酸溶液和水洗涤。

2. 加工工艺

将废旧聚氨酯泡沫用高速剪切破碎机粉碎，过100目筛，水洗除杂后于80℃下干燥至恒重。将粉碎的聚氨酯泡沫5kg加入50L 20～80℃的1%～50%的NaOH水溶液中，搅拌0.1～3h后，抽滤并依次用1%～10%乙酸溶液和水洗涤后干燥，得到吸附分离材料成品。

3. 参考性能

所获得的吸附分离材料，测定其氮含量为0.94%，伯氨基含量为0.019mmol/g；上述吸附分离材料在4g/L的刚果红溶液中（$T=25℃$，$pH=9.36$）吸附3h，对刚果红的吸附量可达到1.45g/g。

（二十五）废硬质聚氨酯泡沫塑料回收利用再生制作保温板

目前，在生产硬质聚氨酯泡沫塑料过程中，会产生一定数量边角余料。此外，冰箱、冷柜在报废后，也会产生许多硬质聚氨酯泡沫塑料。通常情况下都是把这些塑料随意丢弃、填埋或焚毁，目前还没有很好的解决办法。

本方法用废旧聚氨酯泡沫塑料制作再生保温板。该方法不仅工艺简单、合理，资源综合利用率高，而且无三废排放，有益于绿色环保。废旧聚氨酯泡沫塑料保温板可一次成型，也可制得板以后，经锯、切成各种规格的板，可直接用于建筑墙体、永久和临时房屋顶、门、墙的夹芯层。

1. 配方

	质量份		质量份
废旧聚氨酯泡沫	100	水	2.5～3
聚氨酯胶或脲醛胶	10～20		

2. 加工工艺

胶黏剂及水

废硬质聚氨酯泡沫塑料→粉碎→泡沫颗粒→储存室→搅拌→称重入模→控温加压→板材脱模

其中，粉碎是指将废硬质聚氨酯泡沫塑料投入粉碎设备中，粉碎成泡沫颗粒；泡沫颗粒的尺寸大小为1～5cm。

搅拌是在加入胶黏剂和水的情况下进行的，胶黏剂为聚氨酯胶和脲醛胶；它与泡沫颗粒的质量比为1:(5±1)，加入的水与泡沫颗粒的质量比为1:(37±5)。

控温加压是指在需要的温度和压力条件下，促使泡床颗粒之间黏结固化并成型。控制温度为50～80℃，施加的压力基准是常压下泡沫颗粒体积与保温板的体积之比，为3.5:1。

板材脱模是在控温加压保持一定时间后进行的；保持的时间是在工作温度50～80℃情况下，为1～2h，常温下为5～8h。

由于采用了粗粉碎工艺，颗粒尺寸达1～5cm，这样尽可能地保留了硬质聚氨酯材料特有的热保温性能。

实例：称取50kg拆解废旧电冰箱所得到的硬质聚氧酯抱床塑料后，按以下步骤再生保温板：

① 将大块泡沫塑料投入粉碎机，得到尺寸为 1～5cm 的粗颗粒泡沫塑料。

② 将粗颗粒泡沫塑料置于容器中，加入 4.5kg 聚氨酯胶后，进行充分搅拌，在搅拌过程中，用喷雾器喷洒 1.2kg 水。

③ 将混有胶黏剂和水并经过充分搅拌的粗颗粒泡床塑料全部装入一个长 1m、宽 1m、高 1.2m 的钢制模具中，模具四周用电加热丝，接通电源，待模具表面温度达 60℃时，即可自上而下施加压力。施加压力大小，以常态体积与压后的保温板体积的比例为 3.5∶1（此时的高度为 40cm）即可，保持施压状态 1～2h。

④ 拆去施加的压力，板材脱模后，可锯、切、裁、剪成各种规格尺寸形状的保温板材。

3. 参考性能

采用本方法生产的再生聚氨酯泡沫塑料成型性好，纵向和横向切割后泡沫体表面良好。经检测，再生的泡沫板压缩强度≥200kPa，密度为 130～145kg/m³，热导率＜0.045W/(m·K)。

（二十六） 聚氨酯泡沫塑料的连续化学回收法

本例是一种聚氨酯泡沫塑料的连续化学回收法，用这种完全回收工艺可连续生产，不产生废物。除可高速连续处理外，因分解进入聚合物内，不产生副产物，也不需要分解物的分离和精制。使用具有压缩、加热及混合三种功能的挤出机，以乙二醇胺为分解剂，将粒碎成 5mm 大小的废旧聚氨酯树脂分解成一部分具有氨基甲酸酯键的低聚物和多元醇为主体的低聚物。将这种分解物与新鲜多元醇和异氰酸酯混合（分解物约占 20％），可生产性能良好的再生聚氨酯泡沫塑料。

具体加工工艺如下：

① 使用借助螺杆旋转连续进行压缩、混合及加热的挤出机，注入二乙醇胺连续分解废旧聚氨酯，高速得到分解物。

② 聚氨酯树脂的混合比例在 80％以上时，连续分解 3min。分解物具有透明性，黏度低。

③ 将粒碎成 5mm 大小的废旧聚氨酯树脂分解成一部分具有氨基甲酸酯键的低聚物和多元醇为主体的低聚物。将这种分解物与新鲜多元醇和异氰酸酯混合（分解物约占 20％），生产性能良好的再生聚氨酯泡沫塑料。

（二十七） 木质素、 废旧硬质泡沫粉无氟聚氨酯保温材料

地球上天然植物材料——木质素的数量仅次于纤维素，人类利用纤维素已有几千年历史，木质素真正开始研究是在 1930 年以后，至今没有获得有效利用。因此，木质素资源的利用对人类社会可持续发展意义非常重大。

硬质聚氨酯泡沫塑料是聚氨酯合成材料的主要品种之一。根据所用原料的不同和配方的变化，可制成软质、半硬质和硬质聚氨酯泡沫塑料等。目前，废旧硬质聚氨酯泡沫塑料的回收利用多采用化学方法，存在步骤复杂、反应条件较苛刻及回收成本高等缺点。20 世纪 80 年代以来，由于发现 CFC 化合物对地球环境的损害作用，被列入限期禁用的化学物质。

在现有技术中，单纯地将木质素或废旧泡沫保温材料添加到发泡保温材料中，一般多采用化学方法增大添加量，具有一定的技术效果。但是，其成本高、工艺复杂是不容置疑的。在现有技术中，制备保温材料通过添加一定量成本更高的聚醚多元醇用于调节分子量，改变结构，提高保温材料的强度，但是生产过程中存在保温材料烧芯的问题，影响保温材料的质

量和使用效果。本例提供一种木质素废旧硬质泡沫粉无氟聚氨酯保温材料及制备方法，可以广泛用于冰箱、冰柜、夹心板材、管道保温及建筑墙体。

1. 配方

	质量份		质量份
废旧硬质泡沫粉	0.1~2	发泡剂	2~3.5
木质素	0.1~3	匀泡剂	0.05~0.2
异氰酸酯	10~16	引发剂	0.04~0.08
聚醚多醇	6~10	阻燃剂	0.5~1
水	0.05~0.25		

木质素可以是碱木质素、木质素磺酸钠、木质素磺酸钙、木质素磺酸铵、木质素磺酸镁、酸化木质素或木质素纤维。

异氰酸酯是二苯甲烷二异氰酸酯（MDI）或多亚甲基多苯基异氰酸酯（PAPI）一种或两种混合使用，羟值为350~550mg/KOH。

引发剂是叔胺类（如三亚乙基二胺等）、有机金属盐类（如有机锡、油酸钾、辛酸钾等）或复合引发剂。

发泡剂可以选用化学发泡剂或物理发泡剂。化学发泡剂即水，物理发泡剂（有时称为"辅助发泡剂"）一般选用惰性低沸点烃类化合物，如戊烷、环戊烷、正戊烷、异戊烷、卤代烷烃等。物理发泡剂可以是一种或两种以上的任意组合。

匀泡剂可以是有机硅稳定剂（硅油）。

阻燃剂是含磷阻燃剂（磷酸和含卤磷酸酯及卤化磷）、含卤阻燃剂（卤代酸酐、十溴二苯乙烷）或含磷、氯、溴元素的有机化合物［三（2-氯丙基）磷酸酯（TCPP）、三（2-氯乙基）磷酸酯（TCEP）、三（二氯丙基）磷酸酯（TDCPP）、甲基膦酸二甲酯（DMMP）、多溴二苯醚、四溴邻苯二酸酐衍生物］以及磷卤阻燃剂复配使用。

2. 加工工艺

木质素、废旧硬质泡沫粉无氟聚氨酯保温材料的制备方法采用一步法发泡。其步骤是：

① 将异氰酸酯10~16份、聚醚多元醇6~10份、水0.05~0.25份、发泡剂2~3.5份、匀泡剂0.05~0.2份、引发剂0.04~0.08份、木质素0.1~3份和废旧硬质泡沫粉0.1~2份原料精确称量。

② 将称量后的聚醚多元醇、废旧硬质泡沫粉、水、发泡剂、匀泡剂和引发剂预混合置于第一容器中。

③ 将异氰酸酯置于第二容器中。

④ 将木质素置于第三容器中。

⑤ 将第二容器中的原料加入第一容器中，在常温常压下混合搅拌至均匀，保持1~5s。

⑥ 将第三容器中的原料加入第一容器中，在常温常压下混合搅拌至均匀并立即注入模具或需要充填泡沫塑料的空间中去，经化学反应，发泡后即得到木质素、废旧硬质泡沫粉无氟聚氨酯保温材料。

3. 参考性能

无氟聚氨酯保温材料具有优良的保温性能，传统保温材料的热导率在0.027W/(m·K)左右，无氟聚氨酯保温材料的热导率最低可以达到0.018W/(m·K)。

（二十八）废弃硬质聚氨酯泡沫塑料的再生

目前的化学回收主要方法有醇解法、热解法、氨解法、加氢法和水解法等。其中醇解法是化学降解聚氨酯中重要的一种方法（如中国专利CN1244729、CN1041100，美国专利 US4316992、US4336406，德国专利 DE2557172），但目前醇解法中所使用的醇解剂大部分是小分子的二元醇，在醇解过程中大都需要加入助醇解剂，且醇解过程温度相对较高，醇解产物一般需要分离提纯后才能使用，工艺相对较复杂且很容易产生二次污染。

本方法将废弃硬质聚氨酯泡沫塑料块状体经破碎机破碎成较小泡沫体，然后将破碎后的泡沫体在聚醚多元醇醇解剂的作用下，在一定温度范围内搅拌升温，将聚氨酯泡沫降解成低聚物液体，该低聚物液体再与异氰酸酯和发泡助剂反应合成新的聚氨酯泡沫塑料产品。

采用聚醚多元醇醇解时，与小分子醇相比，所需时间短、温度低，醇解剂挥发量少，可以在有效利用醇解剂的同时，降低用于冷凝回流小分子醇的能耗。该发明工艺流程短、操作简单，再生时所需异氰酸酯量少，节约生产成本，所合成的硬质聚氨酯泡沫塑料的力学性能良好。

1. 配方

	质量份			质量份
废弃硬质聚氨酯泡沫塑料	100	异氰酸酯（降解产物与异氰酸酯		
聚醚多元醇	1000	按 4：7）		适量

醇解剂选官能度 2～4，羟值 100～500 的聚醚多元醇，包括由二甘醇、乙二醇、丙三醇、一缩二乙二醇、二缩三乙二醇、季戊四醇、蔗糖、双酚 A、甘露醇、山梨醇等一种或几种起始剂合成的聚醚多元醇以及不同聚醚多元醇的混合物。优选的醇解剂是由二甘醇、甘油单独或混合与双酚 A 合成的官能度为 2～3，羟值为 300～400 的聚醚多元醇。

在惰性气体氮气或者氩气或者氦气的氛围中实施本方法，虽然这不是必要条件，但却是优选的。在反应过程中，优选对反应混合物进行充分搅拌。在反应过程中，优选对反应挥发物进行冷凝回流，反应一般在 0.5～6h 内完成。

降解反应是在醇解剂存在的条件下进行，不需加入任何助醇解剂，降解的废弃聚氨酯泡沫与醇解剂为 0～90%，优选 30%～50%，反应温度可以使用任何所需温度，但一般优选50～160℃。

废弃硬质聚氨酯泡沫塑料经降解后获得的低聚物液体可不经分离提纯，直接与异氰酸酯和发泡助剂进行反应合成新聚氨酯泡沫塑料。选用的异氰酸酯可以为 4,4'-二苯基甲烷二异氰酸酯、甲苯二异氰酸酯或异氰酸酯的其他衍生物，选用的发泡剂为水、HCFC-141b 发泡剂。发泡时所用的降解产物与异氰酸酯的比为 1：(0.5～2)，优选 1：(1～1.5)。

2. 加工工艺

废弃硬质聚氨酯泡沫塑料的再生工艺流程如图 12-16 所示。

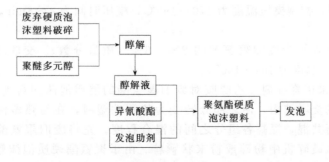

图 12-16　废弃硬质聚氨酯泡沫塑料的再生工艺流程

在装有搅拌器、冷凝器、温度计的三口圆底烧瓶中，加入 5g 经破碎机破碎后的废弃硬质聚氨酯泡沫塑料、50g 双酚 A、甘油、季戊四醇合成的羟值为 400 的聚醚多元醇，在搅拌下将反应混合物加热到 130℃，并在此温度下保持反应 0.5h，泡沫塑料全部溶解，产物呈浅棕色。将冷却后的降解产物与异氰酸酯按 4∶7 进行反应，得到的聚氨酯泡沫塑料的压缩强度为 280kPa。

（二十九）废旧聚氨酯泡沫和聚丙烯回收料制板材

本例充分结合了化学回收法和物理回收法的优点，采用制备聚氨酯硬泡/废旧聚丙烯复合材料的方法回收废旧聚氨酯硬泡。其特征是先对废旧聚氨酯硬泡进行化解交联处理，打开部分交联结构，使 PU 硬泡具有一定流动性能，提高 PU 硬泡的可熔混性、加工性能和塑化性能。同时解交联过程中 PU 产生了大量氨基和羟基，可以成为反应性增容的活性点。采用马来酸酐接枝聚丙烯（PP-g-MA）作为相容剂，增加解交联的聚氨酯硬泡和废旧聚丙烯的相容性。为了增加 PP-g-MA 的反应活性，还采用二异氰酸酯 MDI 来改性 PP-g-MA，采用熔融共混的方法使得 PP-g-MA 接上高反应活性的—NCO，—NCO 可与降解 PU 中的氨基和羟基发生化学反应，提高复合材料的性能。

本例利用废旧聚氨酯泡沫和聚丙烯回收料制备板材。克服上述现有技术存在的缺陷，提供一种方法简单、不易造成二次污染，经济性和加工性能好，同时又能大幅度提高材料的性能的方法。

1. 配方

	质量份		质量份
废旧聚氨酯	20～70	相容剂	4～20
废旧聚丙烯	30～90		

注：废旧聚氨酯为 1～3mm 颗粒状。相容剂为马来酸酐接枝聚丙烯（PP-g-MA）。相容剂经异氰酸酯改性，所述的异氰酸酯为 4,4′-二苯基甲烷二异氰酸酯（MDI），MDI 的含量为 PP-g-MA 的 4%～10%（质量分数）。

2. 加工工艺

① 按照上述组分及质量份含量备料。

② 将废旧聚氨酯的硬质泡沫塑料清理杂质后，投入破碎机中粉碎成粉末状颗粒，再经过强制压缩后，进行破碎。

③ 在密炼机中用二乙醇胺对废旧聚氨酯的硬质泡沫塑料进行化解交联处理，二乙醇胺的加入量为废旧聚氨酯的 2%～20%（质量分数），处理温度为 150～230℃，处理时间为 4～30min。

④ 将解交联处理后的废旧聚氨酯和废旧聚丙烯、相容剂马来酸酐接枝聚丙烯（PP-g-MA）进行共混，控制共混温度为 190～210℃，共混时间为 5～15min，然后将得到的共混料放入模具中成型，控制模压温度为 170～190℃，模压时间为 4～8min，冷却脱模后得到产品。

二乙醇胺的加入量为废旧聚氨酯的 2%～6%（质量分数）。交联处理的时间为 5～15min。交联处理的温度为 160～190℃。

（1）实例 1　采用降解剂二乙醇胺对废旧聚氨酯的硬质泡沫塑料进行化解交联处理，打开聚氨酯硬泡的交联结构，使之部分转变为热塑性塑料，在与热塑性塑料制备复合材料时能更好地进行共混，提高各组分之间的混合程度。先将废旧聚氨酯的硬质泡沫塑料清理杂质后，投入破碎机中粉碎成粉末状颗粒。由于聚氨酯硬质泡沫塑料密度小，给加工带来很大不便，采用强制压缩后，即把废旧聚氨酯的硬质泡沫塑料在压缩机中进行强制压缩，压力为15～20GPa，压缩比达到为30，再进行粗破碎。然后用二乙醇胺在密炼机中对聚氨酯硬质泡沫塑料进行解交联处理，二乙醇胺占废旧PU的8%～11%（质量分数），温度为180～210℃，处理时间为25～30min。然后取出聚氨酯，经破碎机破碎后，聚氨酯20%～30%与废旧聚丙烯70%～90%、相容剂马来酸酐接枝聚丙烯（PP-*g*-MA）4%～6%混合均匀，置入密炼机中进行共混，共混温度为190～210℃，共混时间为5～15min，再将共混料放入模具中成型，模压温度为170～190℃，模压时间为4～8min，冷却脱模后得到制品。

所采用原料为市场所购，使用的设备为常规设备，制品与模具间加隔离膜。

（2）实例2 废旧聚氨酯的硬质泡沫塑料经二乙醇胺进行化解交联处理后，制备共混物。废旧聚氨酯20%～30%与废旧聚丙烯70%～90%、相容剂马来酸酐接枝聚丙烯（PP-*g*-MA）8%～15%混合均匀，置于密炼机中进行共混，共混温度为200～210℃，共混时间为5～15min，再将共混料放入模具中成型，模压温度为170～190℃，模压时间为4～8min，冷却脱模后得到制品。

（3）实例3 废旧聚氨酯的硬质泡沫塑料经二乙醇胺进行化解交联处理后，制备共混物。相容剂PP-*g*-MA用异氰酸酯如4,4′-二苯基甲烷二异氰酸酯（MDI）在密炼机中进行改性，MDI占PP-*g*-MA的4%～10%（质量分数），温度为160～250℃，转子转速为50～150r/min，共混时间为5～10min。将改性后的PP-*g*-MA 8%～15%、聚氨酯20%～30%与废旧聚丙烯70%～80%混合均匀，置于密炼机中进行共混，共混温度为200～220℃，共混时间为8～20min，再将共混料放入模具中成型，模压温度为170～190℃，模压时间为4～8min，冷却脱模后得到制品。

3. 参考性能

实例1配方制得的制品具有很好的拉伸性能，断裂伸长率大幅提高，达到1600%，拉伸强度达到33MPa，冲击性能达13MPa。

实例2制品具有很好的拉伸性能，达到1800%，拉伸强度达到35MPa，冲击性能达15MPa。

实例3制品的拉伸强度比没有用MDI改性的制品增加70%。同时，制品具有很好的冲击强度。

（三十） 硬质聚氨酯泡沫塑料的回收利用方法

利用废硬质聚氨酯泡沫塑料和尼龙类塑料压制板材，材料来源广泛，成本低廉，工艺要求简单，既回收废弃资源，减少环保问题，又可以创造更多的经济价值。

1. 配方

	质量份		质量份
① 废硬质聚氨酯泡沫塑料	100	以下原料按质量分数/%配制：	
TEPA	20	再生硬质聚氨酯 RRPU	1
EG	10	润滑剂 EBS	0.8
② 再生硬质聚氨酯(简称 RRPU)	100	邻苯二甲酸二辛酯 DOP	5
尼龙	70	丙烯腈-丁二烯-苯乙烯共聚物 ABS	5

2. 加工工艺

① 在强剪切力双辊开炼机的作用下，通过加入解交联剂四乙烯五胺（TEPA）和二乙二醇（DEG）[其中废硬质聚氨酯泡沫塑料：TEPA：EG 比为100：20：10（质量）]，使硬质聚氨酯泡沫塑料小颗粒解交联，打开其中一部分交联化学键，使之降解为低聚物，即再生硬质聚氨酯（简称 RRPU），呈黄色粉末状固体。其中双辊开炼机的工艺参数为：辊温

200℃，辊间距 2mm，开炼 15min。

② 废聚氨酯泡沫塑料/尼龙复合板材的制备。

利用高速混合机将再生硬质聚氨酯、尼龙、润滑剂 EBS、邻苯二甲酸二辛酯（DOP）和丙烯腈-丁二烯-苯乙烯共聚物（ABS）高速混合均匀后，通过平板硫化机压板，制得废聚氨酯泡沫塑料/尼龙复合板材，室温冷却后进行相关测试。其中废聚氨酯泡沫塑料和尼龙的质量比为 100：70，润滑剂 EBS、邻苯二甲酸二辛酯（DOP）和丙烯腈-丁二烯-苯乙烯共聚物（ABS）的加入量为再生硬质聚氨酯（简称 RRPU）质量的 0.8％、5％和 5％。高速混合机的参数为：转速 1500r/min，混合时间 15min。硫化条件为：硫化温度为：145℃，硫化时间为：30min，硫化压力为：16MPa。

3. 参考性能

经力学性能测试（拉伸强度、冲击强度、弯曲强度），废聚氨酯泡沫塑料/尼龙复合板材，其拉伸强度可达 26MPa 以上，冲击强度大于 $10kJ/m^2$，弯曲强度大于 30MPa。

第十三章 ▶▶▶

废旧塑料再生制备木塑复合材料

（一）HDPE 回收料制备木塑复合材料

木塑复合材料（WPC）是指将木屑、竹屑、麦秆等废弃的生物质材料破碎后，以纤维或粉末状态作为填料添加到热塑性树脂中，如 HDPE、PVC、PP 等。通过挤出、热压、注塑等加工工艺制备的一种环境友好型复合材料。

为了提高木塑复合材料（WPC）的韧性，扩展其应用，通常采用以弹性体增韧聚合物基质的韧性、偶联剂处理木粉以增强聚合物基质和填料之间的界面结合力。然而，普通弹性体的添加虽对 WPC 的韧性有所改观，但是拉伸强度、弯曲强度等性能会下降。由于木粉与塑料机体的相容性比较差，界面结合程度也较低，因而一般情况下，WPC 的冲击强度很低，这影响了 WPC 的应用。普通弹性体的添加虽然对 WPC 的韧性有所改观，但是拉伸强度、弯曲强度等性能则会下降；硅烷偶联剂处理木粉虽在一定程度上能够改善 WPC 的韧性和强度，但是由于工艺复杂，工业上应用也并不多。马来酸酐接枝弹性体因具有极性基团马来酸酐，能够与木粉的羟基反应生成酯，而使木粉与聚合物基体的相容性增强，同时弹性体能够增韧聚合物基体，既可以作为增韧剂，又起到增容剂的作用。本例采用马来酸酐接枝聚烯烃弹性体（POE-g-MAH）作为增韧剂改性回收 HDPE，以期提高其韧性和强度。

1. 配方

	质量分数/%		质量分数/%
回收 HDPE	41	润滑剂	2
木粉	50	抗氧剂	1
POE-g-MAH	6		

2. 加工工艺

由于物料中的水分在成型过程中会形成缺陷，对材料性能造成很大影响，必须对物料进行干燥。将原料进行干燥处理，木粉需在 105℃下干燥 24h，控制其含水量在 1%（质量分数）左右。将原料称量好后加入高速混合机中进行高速搅拌得到预混料，搅拌时间约为 10min；之后再将预混料用双螺杆挤出机挤出混合（双螺杆挤出机加工温度参数如表 13-1 所示）。将挤出的物料粉碎后，用平板硫化机热压成型，热压温度为 180℃，压力为 10～15MPa，热压时间为 8～10min，然后在冷压机中冷却后取出。

表 13-1　双螺杆挤出温度

加热区	一区	二区	三区	四区	五区	六区	机头
加热区温度/℃	140	170	175	180	180	175	175

3. 参考性能

不同添加量 POE-g-MAH HDPE 回收料制备的木塑复合材料的拉伸强度、冲击强度、弯曲性能、硬度如图 13-1～图 13-4 所示。WPC 的韧性随着增韧剂用量的上升而逐渐升高。当 POE-g-MAH 的质量分数为 10% 时，WPC 的冲击强度达到 11.48kJ/m²，较未添加增韧剂提高了 236.7%。增韧剂 POE-g-MAH 的添加也可以提高 WPC 的拉伸强度、弯曲强度和硬度。综合考虑 WPC 的性能，当增韧剂的质量分数为 6% 时，WPC 具有良好的综合性能。

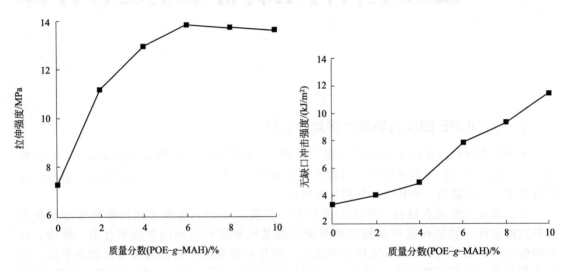

图 13-1　POE-g-MAH 用量对 WPC 拉伸强度的影响　　图 13-2　POE-g-MAH 用量对 WPC 冲击强度的影响

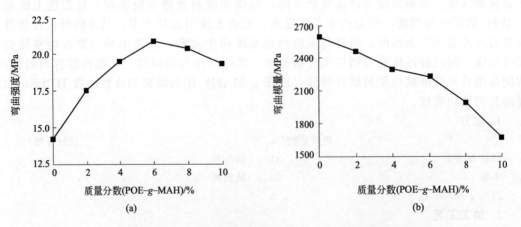

图 13-3　POE-g-MAH 用量对 WPC 弯曲性能的影响

（二）利乐包/HDPE 阻燃木塑复合材料

利乐包-纸塑铝复合包装材料（paper/plastic/aluminum，PPA）具有十分优良的保鲜阻隔作用，PPA 主要含有 75% 优质纸浆、20% 塑料和 5% 铝箔，具有极高的回收利用价值。随着利乐无菌包装产品消费量的增加，消费产生的利乐废弃包装数量与日俱增，如果处理不

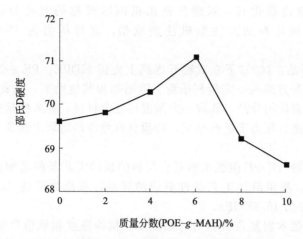

图 13-4　POE-*g*-MAH 用量对 WPC 硬度的影响

当，这些不可降解废料会给环境保护带来巨大的压力。因此，利乐包装材料的回收再利用，具有十分重要的社会意义和经济价值。

目前对 PPA 的回收再利用技术主要有 3 种：①分离技术，即分别分离并回收利用纸浆、聚乙烯和铝；②彩乐板技术，即将回收 PPA 粉碎后，在蒸汽加热的情况下使其中的塑料融化并与纸纤维牢固结合，之后分别经过热压和冷压定型，再根据需要分切组装成最终产品；但由于彩乐板的原材料只能采用利乐包装生产提供的边角料及牛奶、饮料灌装厂在灌装过程中产生的废包装盒等洁净的利乐包装材料生产，这样就使利乐包装的回收范围受到限制；③木塑复合技术，即直接利用回收的 PPA 制备木塑复合材料及制品。由于采用分离技术回收利用 PPA 的能耗较高，近年来采用彩乐板技术和木塑复合技术成为回收利用 PPA 的主要研究方向。

塑木技术是将利乐包装废弃物直接粉碎，挤塑成型为"塑木"新材料，将废弃物中的纸、塑和铝箔更加紧密地结合在一起。大约 870 个利乐包可生产一张 1.2m 长、0.4m 宽的木塑复合椅子。这种"塑木"新材料可以用来生产室内家具、室外防盗垃圾桶、园艺设施等。但由于塑料和木粉都属于易燃物质，这种木塑产品用于室内则会存在一定的火灾隐患。本例将废弃利乐包粉碎成粒度更小的微米级粉状材料，添加膨胀阻燃剂，采用挤出注射法和热压法制备利乐粉/HDPE 阻燃木塑复合材料。

1. 配方

	质量份		质量份
利乐包装废弃物(伊利公司)	70	三聚氰胺 MEL(天津市恒兴化学试剂)	10
HDPE(中石化 5000s)	26	PE-*g*-MAH(KT-12B)	4
聚磷酸铵 APP(江苏星星阻燃剂有限公司)	20	玄武岩纤维	0.7

2. 加工工艺

将利乐包装生产性废料利用电热恒温鼓风干燥箱，在 90℃下干燥 3h，使含水率达到 3%～5%。用碎纸机进行初步粉碎得到规格为 2mm×6mm 的利乐包装废料粒；将利乐包装废料粒加入微型植物粉碎机进一步粉碎，得到粒径 40 目左右的利乐包装废料粉；先将利乐粉在 110℃下烘干 8h，至含水量（质量分数）＜2%；固定复合材料的配方（质量分数）为利乐包装废弃物 70 份、HDPE 26 份、PE-*g*-MAH 4 份，阻燃体系 30 份（APP 和 MEL 的质量比为 3∶1），玄武岩纤维 0.7 份。

① 挤出注塑法制备样品：按配方称取一定量干利乐粉、HDPE、PE-*g*-MAH、阻燃剂等，置于高速混合机中混合约 5min，排料，制得预混料。将预混料加入平行双螺杆挤出机

中挤出塑化造粒，制得塑化料，双螺杆挤出机四区造粒的温度分别为 155℃、160℃、165℃、170℃；再将塑化料加入注塑机注塑成型，流程压力为 130MPa，保压压力为 120MPa，时间为 10s。

② 热压法制备样品：160℃下在双辊开炼机上先将 HDPE、PE-g-MAH 的混合材料炼至完全塑化，然后按配方加入一定量利乐粉、阻燃剂和其他助剂，在此温度下混炼 15min，混炼至利乐粉和阻燃剂均匀分散。称取一定量混炼复合材料，放入模具中，把模具放入平板硫化机中，在相应温度、压力下进行热压，待模具自然冷却后取出制品。

3. 参考性能

热压法制备利乐粉/HDPE 阻燃木塑复合材料的最佳工艺条件是加压时间 15min，温度 160℃，压力 10MPa。利用最佳工艺条件制成的样品，氧指数可达 28.31%，弯曲强度为 44.17MPa，拉伸强度为 16.98MPa。

注塑法制备的阻燃木塑复合材料的弯曲强度、拉伸强度和氧指数明显高于热压法制备的。注塑产品的弯曲强度比热压产品高 25.56%，拉伸强度高 55%，燃烧残余物的炭层和膨胀更致密和稳定。

（三） 废旧 HDPE/沙柳木粉复合材料

在 WPC 成分中，塑料占有较大比例，其性能在受热且有氧存在的条件下会发生改变，即发生热氧老化。热氧老化会对 WPC 的性能稳定性造成不良影响，缩短其使用寿命，进而在一定程度上限制该材料在室外建材和装饰材料领域的应用。本例确定最佳废旧 HDPE/沙柳木粉复合材料配方和工艺条件。

1. 配方

	质量份		质量份
废旧 HDPE(MI 1.47g/10min)	40	抗氧剂 1010	0.1
沙柳木粉(40~60 目)	60	硬脂酸 184	0.6
硅烷偶联剂 KH550	3		

2. 加工工艺

将经过粉碎、筛分得到的沙柳木粉（40~60 目）干燥后，加入无水乙醇稀释的硅烷偶联剂 KH550 对木粉进行表面改性。设置混炼机的双辊筒温度分别为 175℃和 185℃，然后向混炼机中依次加入废旧 HDPE、硬脂酸、抗氧剂和改性木粉等，将混炼后的废旧 HDPE/沙柳木粉共混物料铺装到模具型腔中，依次放入不同压机中进行热压和冷压，得到制品。

3. 参考性能

图 13-5 为沙柳木粉用量与 WPC（即废旧 HDPE/沙柳木粉复合材料）试样氧化诱导时间极限氧指数 OIT（200℃）和 LOI 的关系曲线。从图 13-5 可以看出，当木粉用量由 0 份增至 60 份时，WPC 的 OIT 呈现先慢后快的增长趋势，表明适量木粉的添加能够抑制 WPC 的热氧老化，使材料的抗热氧老化性能显著增强。其中，当木粉用量为 60份时，WPC 的 OIT 值高达 210min（而未添加木粉的废旧 HDPE 试样，其 OIT 值仅为 2min），此时材料具有极佳的抗热氧老化性能。这可能是由于木粉中含有还原性的低分

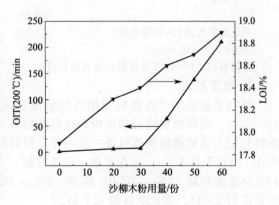

图 13-5 沙柳木粉用量与极限氧指数 OIT（200℃）和 LOI 的关系曲线

子（如受阻酚类），可在一定程度上提高 HDPE 的稳定性。另外，木粉主成分中的纤维素和半纤维素是含碳的多羟基化合物，木粉发生炭化后会在 WPC 表面形成致密的保护炭层，阻碍氧气接触 WPC 的表面，对 HDPE 的氧化诱导起到延迟作用；而随着 WPC 中木粉含量的增加（HDPE 含量相对减少），上述阻碍和延迟作用更加显著。从图 13-5 还可看出，随木粉用量的增加，WPC 的 LOI 呈缓慢上升趋势（表明其阻燃性能逐渐增强），当木粉用量为 60 份时，WPC 的 LOI 值达到 18.9%，比废旧 HDPE 提高 1%。

（四）蒙脱土/HDPE 木塑复合材料

1. 配方

	质量分数/%		质量分数/%
回收 HDPE	25	木粉	60
蒙脱土	10	其他助剂	5

注：处理剂 CK100 添加量为蒙脱土质量分数的 2.5%。

CK100：聚乙烯亚胺烷基丙烯酰胺缩合物，其结构示意图如图 13-6 所示。它是聚乙烯亚胺与烷基丙烯酸在一定温度下脱水反应形成的缩合物。CK100 熔点较低，熔融黏度较小，其含有极性氨基，能与纳米无机粒子特别是有机纳米蒙脱土发生化学键连接，在其表面引入接枝聚合物，降低纳米无机粒子的表面能；接枝单体含有的双键在引发剂的作用下能与聚乙烯基体发生交联反应，从而将纳米粒子与树脂基体良好地结合起来。

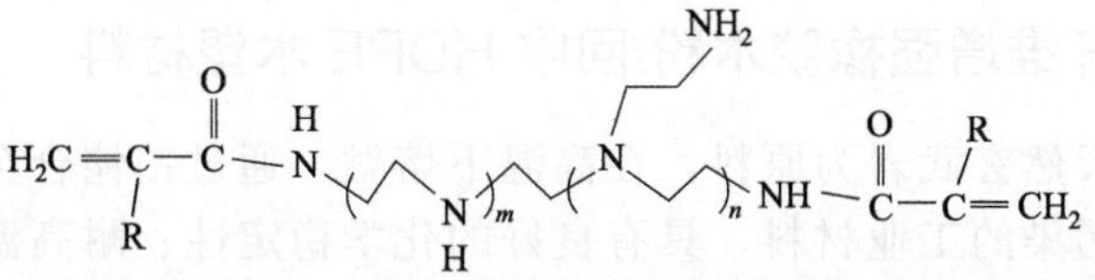

$$H_2C=C-C-N-\cdots\cdots N-\cdots\cdots N-C-C=CH_2$$

图 13-6　聚乙烯亚胺烷基丙烯酰胺缩合物结构示意图

注：其中 R 为 H 或烷基；R 优选为 H 或甲基。$m+n=20\sim200$。

2. 加工工艺

将木粉放入烘箱于 105℃干燥 8h，恒重后按配方将木粉放入高速混合机中，然后计量加入纳米填料、纳米填料处理剂 CK100 进行高速混合处理；最后加入一定量废旧 PE、润滑剂等 80℃混合 10min，出料后用 PE 木塑专用双螺杆挤出机造粒；最后采用模压成型制成纳米木塑复合材料。

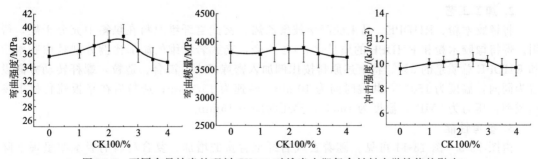

图 13-7　不同含量纳米处理剂 CK100 对纳米木塑复合材料力学性能的影响

3. 参考性能

选用 60%木粉，25%废旧 HDPE，2.5%纳米填料处理剂 CK100，添加 10%不同纳米无机粒子，不同种类的纳米无机粒子对材料力学性能的影响如图 13-7、图 13-8 和表 13-2 所示。

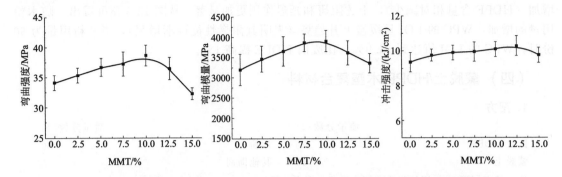

图 13-8　不同纳米蒙脱土（MMT）含量对纳米木塑复合材料力学性能的影响

表 13-2　不同种类纳米无机粒子对纳米木塑复合材料力学性能的影响

项　目	纳米蒙脱土	纳米碳酸钙	纳米二氧化硅	纳米二氧化钛
弯曲强度/MPa	38.62	37.23	36.45	35.79
弯曲模量/MPa	3890.22	3790.10	3770.45	3756.35
冲击强度/(kJ/m²)	10.29	10.02	9.89	9.93

（五）　玄武岩纤维增强橡胶木粉/回收 HDPE 木塑材料

玄武岩纤维是以天然玄武岩为原料，在高温下熔融，通过铂铑合金拉丝后制成的连续纤维。它是一种绿色无污染的工业材料，具有良好的化学稳定性、耐高温、耐腐蚀性、低吸湿性和优异的力学性能，而且获得渠道广泛、生产成本低。玄武岩常作为增强材料替代玻璃纤维和碳纤维，如将玄武岩纤维添加到高密度聚乙烯、聚丙烯、聚甲醛、尼龙、环氧树脂、无机物甚至金属材料中以改善基体的力学性能。

1. 配方

	质量分数/%		质量分数/%
HDPE 瓶盖破碎料	36	玄武岩纤维	5
橡胶木粉	54	其他助剂	2.5
马来酸酐接枝聚乙烯	2.5		

注：玄武岩纤维：浸润剂类型为亲油性，含水率为 0.1%；橡胶木粉：60～100 目，含水率 5%。

2. 加工工艺

将橡胶木粉、RHDPE、马来酸酐接枝聚乙烯、玄武岩纤维原料在烘箱中充分干燥，待用。保持橡胶木粉和 RHDPE 的质量比 6∶4 不变，玄武岩纤维的添加比例分别是橡胶木粉和 RHDPE 总质量的 5%。将上述原料按比例加入密炼机中，混合、造粒，螺杆转动方向设置为同向，温度为 150℃，共混时间为 10min，转速为 15r/min；造粒后在平板硫化机上模压成型，压力为 8MPa，温度为 160℃，热压时间为 15min。

3. 参考性能

由图 13-9～图 13-11 可见，随着玄武岩纤维含量的增加，复合材料的吸水率呈现下降趋势，这主要是因为玄武岩纤维属于无机材料，其吸湿性极低；与玻璃纤维相比，玄武岩纤维的吸湿率低 6～8 倍，所以随着玄武岩纤维含量的增加，木塑复合材料的吸水率也有所降低。

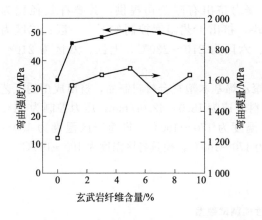

图 13-9　玄武岩纤维含量对材料弯曲性能的影响

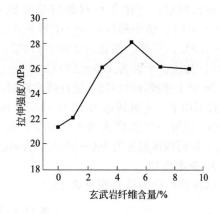

图 13-10　玄武岩纤维含量对材料拉伸性能的影响

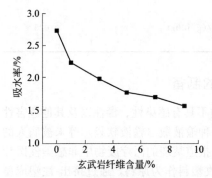

图 13-11　玄武岩纤维含量对复合
材料吸水性能的影响

（六）再生废旧聚乙烯基木塑复合材料

PE 基木塑复合材料是利用废弃木粉、稻壳、秸秆等天然纤维填充、增强 PE 塑料的新型改性环保材料，兼有天然纤维和 PE 塑料的成本和性能优点，可广泛用于生产各种木塑复合托盘、军用枕木、庭院护栏、室内外地板等制品，是目前国内生产的木塑复合制品的主要品种之一。

但众所周知，木纤维表面有大量极性基团，在木塑复合材料制备过程中亲水性木纤维与憎水性聚合物之间存在比较大的界面能差，两者界面很难充分融合，且木纤维表面存在大量羟基基团，易形成氢键导致聚集，从而使木纤维在聚合物中不能分散均匀，而这些木纤维的团聚体在外力作用下易导致应力集中，使得制品的物理力学性能大幅度下降，限制该材料的发展，使其不能广泛应用。本例采用废旧聚乙烯作为添加聚合物基材料，充分利用回收料的低成本性，制备废旧聚乙烯基木塑复合材料，性能达到使用要求。

1. 配方

	质量份		质量份
木粉	100	硬脂酸钙	2
硬脂酸	1	聚乙烯蜡	2
废旧聚乙烯塑料	20	抗紫外线剂	0.1
马来酸酐接枝高密度聚乙烯	3	着色剂	1

2. 加工工艺

① 将粒径为 80～100 目的木纤粉，进行红外干燥到木纤粉的含水率≤1.0％。

② 将 100 份干燥后的木纤粉加入高混机中高速混合至 85℃（依靠物料和搅拌桨、锅壁之间的摩擦升温，高速搅拌机的转速为 1470r/min），然后加入 1 份硬脂酸，高速混合至 115℃。

③ 将 20 份废旧聚乙烯塑料、3 份偶联剂——马来酸酐接枝高密度聚乙烯、4 份润滑剂（由 2 份硬脂酸钙与 2 份聚乙烯蜡混合组成）、0.1 份抗紫外线剂、1 份着色剂加入高混机中，使体系混合均匀。

④ 将上述混合均匀的物料加入平行双螺杆造粒机中，在 150～230℃混炼预塑化后进行挤出；挤出的胶块风冷后，经粉碎机破碎至粒径为 10～15mm 的颗粒，即得聚乙烯基木塑

复合材料颗粒；所述平行双螺杆造粒机由南京聚力挤出有限公司提供，其螺杆长径比为（36～40）∶1，整个螺杆有 3～10 段积木式螺纹块。挤出工艺温度控制如下：一区、二区为170～190℃，三区、四区为 190～210℃，五区、六区为 210～230℃，七区、八区为 210～190℃，九区、十区为 170～150℃。

⑤ 将上述破碎后的颗粒进行挤出成型，即得聚乙烯基木塑复合材料制品，挤出成型的工艺参数控制如下：主机转速为 10.0～22.0r/min，喂料转速为 18.0～42.0r/min，压力控制为 14～24MPa，机筒一区温度为 180～160℃，机筒二区温度为 170～160℃，机筒三区温度为 180～160℃，机筒四区温度为 160～145℃，合流芯温度为 170～160℃，模具各区温度为 190～165℃。

3. 参考性能

试样的性能测试数据见表 13-3。

表 13-3　试样的性能测试数据

性 能 指 标	数　值	性 能 指 标	数　值
静弯曲强度/MPa	27.2	抗冻融性能/MPa	20.3
抗弯弹性模量/MPa	3450	表面硬度	91
吸水膨胀率/%	0.12	表面耐磨性能/(g/100r)	0.025
光色牢度/grad	3		

（七）非医疗回收塑料/稻壳粉木塑复合材料的制备

非医疗回收塑料是指医疗机构在医疗护理活动中产生的不具有感染性、毒性以及其他危害性的可回收废塑料。各种仪器、药品等的外包装及使用后的各种输液瓶（输液软袋）等未被病人的血液、体液、排泄物污染的物品，均属于非医疗废弃物。据报道焚烧的医疗废物中非感染性医疗废物占的比例平均为 37.8%。本例采用稻壳粉和非医疗回收塑料作为原料，通过挤出-注塑成型方法制备回收塑料/稻壳粉木塑复合材料，同时采用玻璃纤维进行增韧改性，使其具有良好的力学性能，满足建筑板材、室内装饰、汽车内饰等工程塑料领域的广泛要求。

1. 配方

	质量分数/%		质量分数/%
稻壳粉(150～850μm)	50	玻璃纤维(6mm)	20
非医疗回收塑料(PP)	30		

注：非医疗回收塑料的具体成分为均聚 PP。

2. 加工工艺

① 偶联剂处理。

处理条件为 KH-550 水溶液浓度 3%，稻壳粉（或玻璃纤维）与偶联剂溶液质量比 1∶20，处理温度为常温，时间为 2h，处理后将稻壳粉（或玻璃纤维）取出并在 80℃ 的电热鼓风干燥箱中烘干待用。

② 回收塑料/稻壳粉复合材料的制备。稻壳粉使用前在 100℃烘箱中干燥 12h 以上除去表面吸附的水分，使其水分质量分数低于 1%。稻壳粉的质量分数为 0%～60%，粒径分别为 150μm、180μm、250μm、425μm、850μm。称取适量处理好的稻壳粉、玻璃纤维、非医疗回收塑料，混合均匀后，放入双螺杆混炼挤出机组中混合造粒，然后将粒子烘干，放于注塑机中注塑成型。挤出温度为 185℃，挤出机的螺杆转速为 100r/min，注塑温度为 200℃，注塑压力为 65MPa。

3. 参考性能

均聚 PP 的结晶度较低，一般为 45%～50%。较低的结晶度导致均聚 PP 具有力学性能低、刚性差、韧性差、尺寸稳定性差和易老化的缺点；表面硬度、耐热性等性能均低于共聚 PP。由图 13-12 可看出，非医疗回收塑料的弯曲强度为 7.8MPa，弯曲弹性量为

224.81MPa，力学性能远远低于纯 PP。

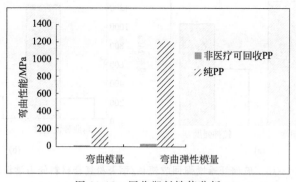

图 13-12　回收塑料性能分析

稻壳粉粒径为 425μm 的回收塑料/稻壳粉木塑复合材料的性能较佳，如图 13-13 所示。

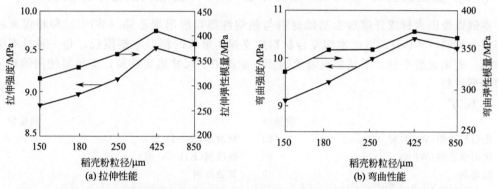

(a) 拉伸性能　　　　　　　　　　(b) 弯曲性能

图 13-13　稻壳粉粒径对回收塑料/稻壳粉木塑复合材料力学性能的影响

　　稻壳粉质量分数对回收塑料/稻壳粉木塑复合材料力学性能的影响（稻壳粉粒径为 425μm）如图 13-14 所示。从图 13-14 可以看出，回收塑料/稻壳粉木塑复合材料的力学性能基本上随稻壳粉质量分数增加呈上升趋势。在稻壳粉质量分数为 60％时复合材料力学性能较好，但当稻壳粉质量分数大于 50％时，挤出的粒子表面粗糙，不易成型。综合复合材料的力学性能和成型情况，稻壳粉的最佳质量分数为 50％。

　　从图 13-15 可以看出，采用偶联剂处理的玻璃纤维增强复合材料后，相比于非医疗回收塑料，复合材料的拉伸强度提高 82.01％，拉伸弹性模量提高 414.66％，弯曲强度提高 152.62％，弯曲弹性模量提高 436.99％，分别为 16.27MPa、1241.14MPa、19.91MPa、1207.21MPa。

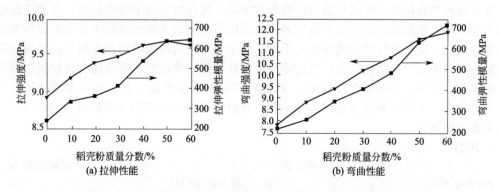

(a) 拉伸性能　　　　　　　　　　(b) 弯曲性能

图 13-14　稻壳粉质量分数对回收塑料/稻壳粉复合材料力学性能的影响

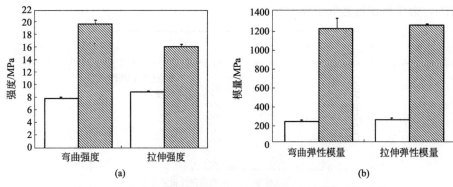

图 13-15　玻璃纤维增强回收塑料/稻壳粉复合材料的力学性能

□—纯回收塑料；▨—偶联剂处理玻璃纤维增强

（八）废旧聚乙烯（WPE）/废弃木粉（WF）/粉煤灰制备木塑模板

本例以废旧木材或纤维素为基础材料与热塑性塑料废旧聚乙烯（WPE）和粉煤灰制备木塑复合材料（WPC），以此木塑复合材料加支撑肋形成的箱形木塑模板，是一种具有吸水变形低、表面光滑平整，不粘接混凝土表面，耐冲击、尺寸稳定性高，能重复使用的环境友好型新型材料。

1. 配方

	质量份		质量份
废旧杨木粉（WF 粒径 0.3mm）	100	润滑剂（RH-11 型）	3
废旧聚乙烯（WPE）	80	偶联剂（KH-550 型）	2
粉煤灰	10	其他助剂	4

2. 参考性能

表 13-4 所示为废旧聚乙烯（WPE）/废弃木粉（WF）/粉煤灰制备木塑模板。

表 13-4　废旧聚乙烯（WPE）/废弃木粉（WF）/粉煤灰制备木塑模板

性　能	$\rho/(g/cm^3)$	$W/\%$	f_b/MPa	E_b/MPa	Δ	$f_a/(J/m^2)$
WPE80/%	1.113	1.44	24.9	2110.5	11.2	12.7

（九）再生 PET 原位成纤增强 PP 木塑材料

受材料本身以及加工设备的影响，木塑复合材料的刚性还有待于进一步提高。纤维增强改性是改善复合材料力学性能的常用方法，添加纤维可以大幅度提高复合材料的力学性能，但在复合材料中直接添加纤维易造成纤维分散不均、复合材料力学性能较差、对加工设备磨损较大等问题。原位成纤技术是采用拉伸、牵引作用使分散于基体树脂中容易形成纤维的聚合物通过取向、变形原位形成微纤化的手段。由于材料中的纤维不用预先制备，且聚合物纤维在加工过程对设备磨耗较小，因此原位成纤技术近年来在制备高性能合金材料中得到发展。将聚酯纤维用于木塑复合材料中，以提高 WPC 的力学性能，是近年来木塑材料领域的一个研究方向。本例采用原位成纤法在木塑复合材料中加入含有再生聚酯纤维（r-PET）的母料制备木塑材料。

1. 配方

	质量分数/%		质量分数/%
PP（牌号 T30S）	58	桉木粉（80 目）	30
r-PET（再生 PET）	12	其他助剂	10

2. 加工工艺

将 r-PET 在 110℃下干燥 4h，按照配方将原料称量后共混，将混合物置于双螺杆挤出机中熔融共混，挤出机各段温度控制在 255℃左右，螺杆转速控制在 80r/min，共混物熔融挤出-热拉伸-压延制膜-淬冷-破碎-干燥，得到母料 2#（工艺图 13-16）。然后将母料与干燥后的木粉、PP 在 180℃下熔融开炼 5min，最后在硫化机热压 5min，冷压定型。

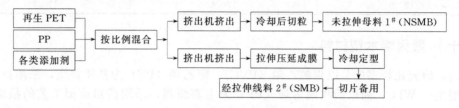

图 13-16　原位成纤法和常规法两种聚酯母料的制备工艺

3. 参考性能

添加经微纤化母料 2# 制备的 PP 木塑复合材料的综合力学性能优于添加未经原位微纤化母料 1# 的复合材料，而直接添加 r-PET 的复合材料的性能最差。当 r-PET 的质量分数为 8% 时，木塑复合材料的力学性能最优。两种母料法制备的复合材料的维卡软化温度如图 13-17、表 13-5 所示，复合材料的维卡软化点随着 r-PET 加入量的增加而增大，且 2# 母料的加入更加有利于复合材料维卡软化点的升高。

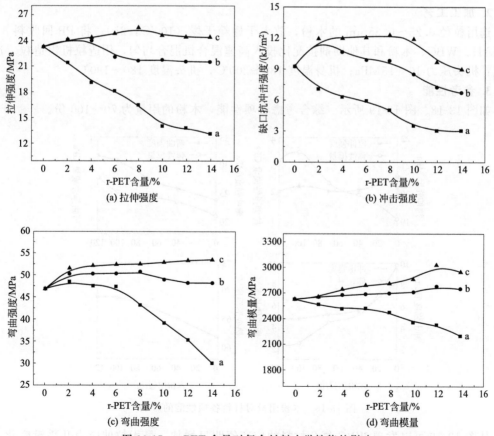

图 13-17　r-PET 含量对复合材料力学性能的影响

a—直接添加 r-PET 所制备的木塑复合材料；b—添加未经微纤化母料 1# 所制备的木塑复合材料；
c—添加经微纤化母料 2# 所制备的木塑复合材料

表 13-5　同母料法制备的 PP/r-PET/WF 复合材料的维卡软化点

样品	维卡软化点/℃	
(PP/r-PET/WF 配比)	1# 母料	2# 母料
70/0/30	118.3	118.3
62/8/30	117.9	122.1
58/12/30	120.4	125.5

（十）聚丙烯木塑材料

目前，研究比较多的是以聚氯乙烯（PVC）、聚乙烯（PE）为基体树脂，采用挤出法和模压成型生产 WPC；而以回收聚丙烯（PP）为主要原料，采用挤出成型工艺的报道不多。本例以废弃 PP、木粉（锯末）为主要原料，通过添加 PP-*g*-MAH 相容剂、WBG 晶型改性剂及其他助剂，通过注射、挤出等方式加工木塑制品。

1. 配方

	质量份		质量份
回收 PP	100	PP-*g*-MAH	30
木粉	100	WBG 晶型改性剂	0.2

注：WBG 是一种新型 β 晶型改性剂，加入少量 WBG 能诱导 PP 产生 β 晶型结构，提高材料的冲击韧性。

2. 加工工艺

选用粒径 0.25～0.35mm 的木粉，放入干燥箱干燥（100℃，2h）；将 PP 回收料、PP-*g*-MAH、WBG、木粉和其他助剂按配比投入高速混合机混合均匀，用造粒机组造粒。造粒工艺：机头压力 10～15MPa；机身温度 180～200℃，机头温度 180～190℃。

3. 参考性能

如图 13-18、图 13-19 所示。综合考虑各项性能，木粉的用量为 70～100 份。

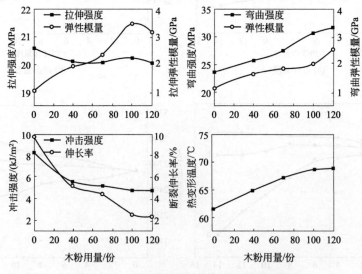

图 13-18　木粉用量对材料各项性能的影响

从图 13-19 可以发现 WBG 复合材料的应变值明显增加，最大拉伸应力几乎没变化；弯曲强度、弯曲应变均有所提高。

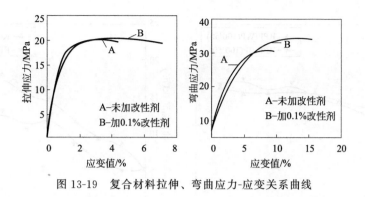

图 13-19　复合材料拉伸、弯曲应力-应变关系曲线

（十一）马来酸酐接枝聚丙烯（MAPP）改性聚丙烯/木塑材料

本例采用马来酸酐接枝聚丙烯（MAPP）作为增容剂，用于提高聚丙烯木塑复合材料的界面相容性；同时，为增加复合材料在机械和热等方面的综合性能，添加玻璃纤维碳酸钙进行填充改性。

1. 配方

	质量份		质量份
回收 PP	100	马来酸酐接枝聚丙烯（MAPP）	10
木粉（200~400μm）或竹粉	50	玻璃纤维	20

2. 加工工艺

开炼前先将木粉在 105℃的烘箱中干燥 2h，将 PP、木粉、MAPP 和填料等按一定质量配比在开炼机（辊温 175℃左右）上混炼约 10min 出片，然后在平板硫化机（温度 180℃）上热压成型。

3. 参考性能

从图 13-20 中可以看出，随着 MAPP/填料值的增加，不同植物纤维所制成的复合材料的拉伸强度、弯曲强度、冲击强度均呈上升趋势。这说明随着界面改性剂的加入，复合材料的界面相容性逐渐得到改善。过量 MAPP 并不能一直提升复合材料的各项性能：当 MAPP/填料的比值在 0.20 之前时（MAPP 为 10 份），拉伸强度、弯曲强度、冲击强度上升得很快；当比值大于 0.20 以后，再增加 MAPP 的使用量，拉伸强度、弯曲性能的提升比较不明显。另外，RPP/WP（100/50）体系除了冲击强度明显高于 RPP/BP（100/50）体系外，其各项性能均比后者略差。

RPP/WP/GF（100/50/20）复合体系和没有添加玻纤的 RPP/WP（100/50）体系的比较，见图 13-21。在两体系取各自综合性能最佳点的情况下，前者的拉伸强度比后者高 20%左右，弯曲强度高约 25%，无缺口冲击强度提升了约 30%，总体上说明玻纤对废旧 PP 木塑复合体系具有一定增强作用。

（十二）木纤维与废旧聚苯乙烯复合挤出

本例选用原塑料中的通用聚苯乙烯粒状塑料和制备好的木纤维，通过添加不同配比的马来酸酐（MAPS），采用双螺杆-单螺杆双阶挤出机组进行挤出成型。

1. 配方

	质量份		质量份
废旧聚苯乙烯（PS）	60	马来酸酐	9
木纤维（5mm）	40		

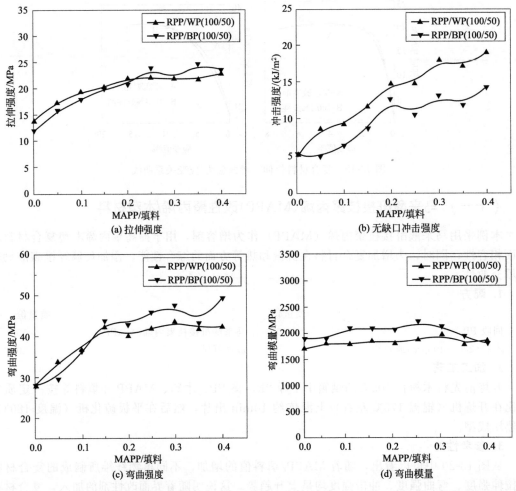

图 13-20　MAPP/填料值的变化对 RPP/WP（100/50）和 RPP/BP（100/50）复合体系力学性能的影响

注：填料指的是两种不同的木质纤维，WP 为木粉、BP 为竹粉。

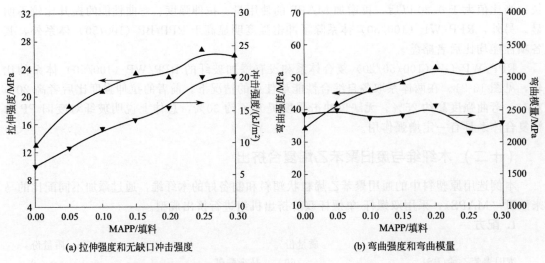

图 13-21　MAPP/填料值的变化对 RPP/WP/GF（100/50/20）复合材料力学性能的影响

注：填料值是木粉与玻纤的质量和。

2. 加工工艺

木纤维/聚苯乙烯复合挤出时各控制区的温度、各部分压力和转速分别见表 13-6、表 13-7。

表 13-6　木纤维/聚苯乙烯复合挤出时各控制区的温度　　　　单位：℃

位置	30机一区	30机二区	30机二区	30机二区	30机二区	30机二区	30机二区	45机一区	45机模头一	45机模头一
设置温度	140	165	180	185	190	185	180	165	145	149
实际温度	137	64	180	185	189	186	182	182	145	149

表 13-7　木纤维/聚苯乙烯复合挤出时各部分压力和转速

项目	转速/(r/min)			压力/MPa		
双螺杆30机	单螺杆45机	主喂料口螺杆	侧喂料口螺杆	水	油	机头
50	7	8	25	0.35	0.5	0.94 左右

3. 参考性能

弯曲强度性能如表 13-8 所示。

表 13-8　弯曲强度性能

试样面积平均值/mm²	最大载荷平均值/N	弯曲强度平均值/MPa
38.2	147.31	64.646

冲击强度性能如表 13-9 所示。

表 13-9　冲击强度性能

升角/(°)	吸收能量/J	冲击强度/(kJ/m²)
139.689	0.3461	8.9442

（十三）废旧 PVC 电缆料制备木塑复合材料

PVC 基木塑复合材料可用于生产木塑托盘、货架、地板等，尤其是地板，可用于化工车间，经久耐用。由于 PVC 基木塑复合材料制成托盘的综合性能高于木制托盘和全塑托盘，而且在耐酸碱性、耐水性、耐用性、尺寸稳定性、可回收性等方面优于木质托盘，因而得到广泛应用。本例以废旧 PVC 电缆料和木粉为主要原料，采用螺杆混炼挤出工艺，制备木塑复合材料。

1. 配方

（1）配方 1：软质品

	质量份		质量份
PVC 电缆颗粒	80	稳定剂 Ca-Zn	1
纯 PVC	20	ACR-201	5
木粉	40	硬脂酸钙	0.5
钛酸酯	5		

（2）配方 2：硬质品

	质量份		质量份
PVC 电缆颗粒	50	稳定剂 Ca-Zn	2.5
纯 PVC	50	ACR-201	5
木粉	30	ACR-KM355P	10
稀土铝酸酯	3	硬脂酸钙	0.5

注：两种 PVC 电缆：一种为白色填充碳酸钙的电缆；另一种为透明的电缆。其中，白色 PVC 电缆中因为含有碳酸钙，体系较硬，而透明 PVC 电缆中没有填料，所以很软。根据这两种电缆本身的特性，将白色 PVC 电缆制备成硬质木塑材料，而将透明 PVC 电缆制备成软质木塑材料。两种材料的区别为：硬质品的挤出物冷却后为直挺的、不易弯曲的条状物，而软质品的挤出物冷却后为可盘成圈的条状物。

2. 加工工艺

废旧 PVC 电缆木塑复合材料生产工艺流程见图 13-22。

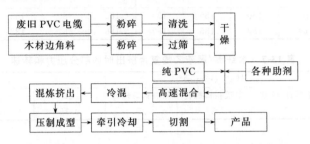

图 13-22　废旧 PVC 电缆木塑复合材料生产工艺流程

筛选出的白色和透明的废旧 PVC 电缆外皮，放入粉碎机中粉碎两次，然后将粉碎后的颗粒过 10 目筛，并进行清洗，在 90℃ 下烘干 1h。将木粉在 100℃ 下烘干 2～3h，除去木粉中的水分、低分子有机物以及易挥发组分，提高木粉的稳定性。将烘干好的 PVC 电缆颗粒、木粉、纯 PVC 粉末和各种助剂按一定比例放入高速混合机中，在 4500r/min 的转速下高混 5～10min，使树脂、木粉和助剂混合均匀。将混合好的原料放入双螺杆挤出机中，在 140～175℃ 下熔融、混炼、挤出条状木塑材料。

双螺杆挤出机在利用废旧 PVC 电缆颗粒挤出木塑复合材料中的最佳工作参数如下。

软质品：机筒温度 150℃，主机转速 25r/min；

硬质品：机筒温度 170℃，主机转速 25r/min。

3. 参考性能

PVC 基木塑复合材料产品具有较好的力学性能，硬质品的力学性能达到阔叶林木的性能标准，见表 13-10，图 13-23。

表 13-10　木塑复合材料力学性能

性能	拉伸强度/MPa	断裂伸长率/%	冲击强度/(kJ/m²)
软质品	6.32	85.55	—
硬质品	35.47	3.67	5.95

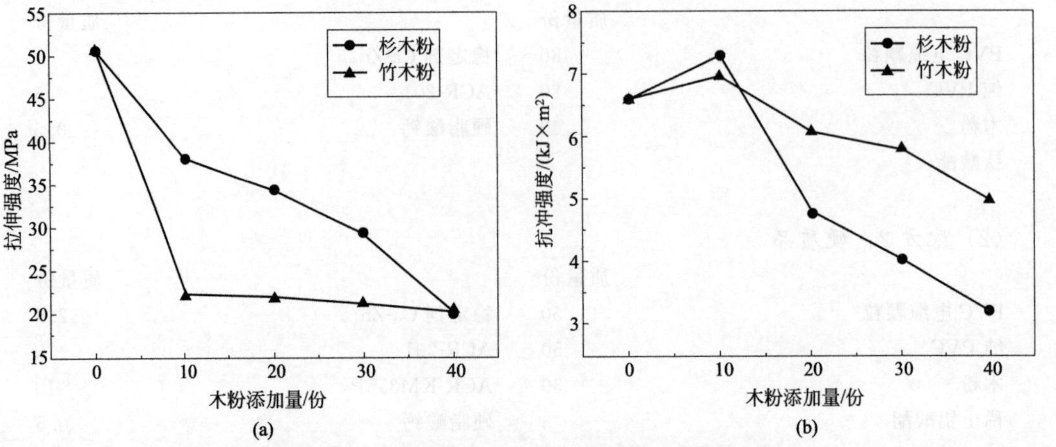

图 13-23　木粉添加量及种类对硬质品性能的影响

（十四） 聚氯乙烯基木塑复合材料制备配方

目前部分木塑复合材料是以聚氯乙烯热塑性塑料为基料生产的，如 CN 200810077149.0 号专利。这类木塑材料由于聚氯乙烯本身固有的耐寒性差、冲击强度低、成型加工性能较差的特性，加之使用回收的聚氯乙烯性能下降很多，又填充大量木粉类纤维状物质，使得木塑材料的性能进一步恶化。本方法针对现有技术的不足，提供一种聚氯乙烯基耐寒、抗冲击、易成型的木塑复合材料制备配方与方法。

1. 配方

	质量份		质量份
废旧聚氯乙烯	25～30	复合稳定剂	1～3
木粉	55～65	润滑剂	1～2
羧基丁腈胶	2～4	流动改性剂	1～3

聚氯乙烯为废旧聚氯乙烯，粒度为 20～30 目；木粉为杨木粉、杂木粉、棉花秸秆粉、玉米秸秆粉，其粒度为 80～8 目，含水量小于 2%；稳定剂为二碱式硫酸铅、碱式亚磷酸铅；润滑剂为聚酯蜡、硬脂酸锌、硬脂酸铅；流动改性剂为异氰酸盐、铝酸酯、钛酸酯、硅烷偶联剂。

2. 加工工艺

将 20 目的废旧聚氯乙烯颗粒清洗，在鼓风干燥箱中于 100℃下烘干；将 80 目的木粉在鼓风干燥箱中于 100℃下烘干，使其含水量降到 2% 以下；原料组分按质量计称重备料：

旧聚氯乙烯颗粒	26	三碱式硫酸铅	2
杨木粉	56	聚酯蜡	1
羧基丁腈胶	5	异氰酸盐	1
粉末丁腈胶	2		

将按照配方配制的原料加入高速混合机中搅拌 15～20min，混合温度 100～150℃；将混合好的原料放入双螺杆挤出机中，进行混炼挤出，机筒温度 130℃，机头温度 180℃，挤出机主机转速为 60r/min，喂料机转速为 6r/min，混炼后经片型机头口挤出片材；片材经过冷却、切割即为聚氯乙烯基木塑复合材料。

3. 参考性能

样品测试性能如表 13-11 所示。

表 13-11 回收聚氯乙烯基木塑复合材料的性能

拉伸强度/MPa	断裂伸长率/%	抗冲强度(18℃)/(kJ/m²)	低温抗冲强度(-18℃)/(kJ/m²)
27.80	3.28	6.4	2.6

（十五） 利用植物秸秆和废旧塑料生产木塑复合材料

目前农业生产所产生的大量秸秆，一是粉碎还田作为肥料，其利用价值较低；二是作为燃料，其利用价值大为降低；还有的则是作为废弃物处理，如焚烧处理，既造成资源的浪费，又污染环境。如用来生产压缩纤维板，由于工艺上的原因，必须添加大量黏合剂，尤其是其中含有一定量甲醛，而用于民用建筑材料就会对人体造成危害，再则由于生产工艺原因，其强度一般较低，用途受到限制。

还有人利用植物秸秆作为造纸原料，但目前很多农业产区，尤其是北方干旱地区大量使用地膜种植模式，在回收秸秆时残旧地膜也大量混于其中，对于造纸来说是致命问题，将其分离非常困难。根据目前的工艺方法几乎是不可能的，因而使其无法用于造纸。同时，在地膜种植过程中还产生大量残膜，目前回收后塑料加工企业将其作为回收料再利用，但由于混迹其中的大量杂物分离困难而难以利用。因此，一种能够有效利用植物秸秆，尤其是利用北方地膜种植模式下所回收的含有残旧地膜的植物秸秆的方法及利用该方法所生产的高强度环保材料，尤其是能够应用于民用建筑的环保材料就应运而生。

　　本例提供一种能够有效利用植物秸秆，尤其是利用北方地膜种植模式下所回收的含有残旧地膜的植物秸秆生产建筑材料的方法以及利用该方法所生产的复合建筑材料。该种材料具备木材和塑料的双重特点，具备防腐、防潮、防虫蛀、防变形、不开裂、不翘曲、可钉、可刨、可切割等特点，用途十分广泛，比如在护墙板、集装箱底板、壁板、装饰板、建筑模板、铁路轨枕、高速公路隔声板、江河湖海装饰实用性路边板、包装和物流用的包装板、货运托盘、仓储货架、船舶和火车及房屋隔板、城市园林装饰建筑、露天桌椅、垃圾箱、花架、大型超市货架及公路下水道盖、汽车内饰板等领域均可使用。

1. 配方

	质量分数/%	复合助剂配比	质量份
棉花秸秆粉末	60	相容剂 DBP	25
废旧塑料颗粒	35	偶联剂马来酸酐	25
复合助剂	5	润滑剂	25

2. 加工工艺

　　① 将回收并干燥至水分含量低于 15％的棉花秸秆粉碎，过 250μm 筛进行筛选，烘干至水分含量≤3％，得粒径 25μm 以下的植物纤维粉末备用。

　　② 将废旧薄膜粉碎至≤3cm 的碎片，清洗至泥沙含量≤1％，脱水烘干至含水量≤5％，先在 80℃下团粒后送入造粒机造粒，过筛，取粒径≤3mm 树脂颗粒备用。

　　③ 按质量取 DBP、马来酸酐、聚酯蜡按 25∶25∶25 比例混合备用。

　　④ 按质量取上述植物纤维粉末 60％、树脂颗粒 35％、复合助剂 5％充分搅拌均匀，采用双螺杆挤出机挤压成型，料筒温度控制在 175℃，合流芯温度控制在 150℃，挤出压力为 15MPa、转速为 10r/min。

　　⑤ 烘干：在 55℃下烘干至含水量≤2％，即得到木塑复合材料。

（十六） 废旧改性塑料制备的阻燃型木塑复合材料

　　在利用废旧塑料与木材加工剩余物或秸秆作为主要原料时，还具有资源利用和环境保护方面的突出优势。正是由于木塑复合材料有诸多优点，木塑复合材料在许多领域都有广泛应用，如门窗、地板、墙壁的建筑材料、舰船材料、栅栏材料、家具材料、汽车材料等。随着木塑复合材料的应用越来越广，许多领域对木塑复合材料又有更高要求。例如，室内装饰、家具等室内应用领域均对木塑复合材料有阻燃要求，以降低火灾的危险性。

　　目前，多采用在木塑复合材料中添加阻燃剂的方式来提高木塑复合材料的阻燃性，常用的阻燃剂是含卤阻燃剂。虽然含卤阻燃剂具有很好的阻燃性能，但是含卤阻燃剂燃烧过程中产生的烟雾大，容易造成人员窒息，并且因烟雾过大，不易辨别方向而难以及时撤离火灾现场，给火灾扑救造成极大困难。

　　为了解决现有的阻燃型木塑复合材料中采用的含卤阻燃剂烟雾大、聚磷酸铵为阻燃剂主体不适合成型、加工温度要求高的木塑复合材料的制备及制备得到的木塑复合材料力学性能差的问题，本方法提供一种再生塑料阻燃型木塑复合材料及其制备方法。采用的膨胀型阻燃体系具有阻燃和抑烟的双重功效，且所使用的改性废旧塑料与膨胀型阻燃剂具有很好的相容性，因而本发明的阻燃型木塑复合材料具有良好的阻燃性能和力学性能。

1. 配方

	质量份		质量份
改性废旧塑料	200	4A 分子筛	2.5
木质纤维	400	硼酸锌	6
无卤阻燃剂	20	润滑剂	0.75~20
淀粉	5	助剂	1~10

注：废旧塑料由聚乙烯、聚丙烯、聚苯乙烯中的一种或几种组合；若废旧塑料为混合物时，各种废旧塑料间可按任意比混合。无卤阻燃剂为焦磷酸三聚氰胺盐或聚磷酸三聚氰胺盐。润滑剂为硬脂酸、石蜡、聚乙烯蜡中的一种或几种组合；若润滑剂为混合物时，各种润滑剂可按任意比混合。助剂为抗氧剂、增塑剂或着色剂；其中抗氧剂由 2,6-二叔丁基-4-甲基苯酚、2,2'-亚甲基-双（4-甲基-6-叔丁基）苯酚、2,6-二叔丁基-4-甲基苯酚中的一种或其中几种组合；增塑剂为邻苯二甲酸二辛酯或邻苯二甲酸二丁酯；着色剂为二氧化钛、炭黑、铁红、酞菁绿或酞菁蓝；若抗氧剂为混合物时，各种抗氧剂可按任意比混合。

2. 加工工艺

① 按照质量份数称取 200 份改性废旧塑料、400 份木质纤维、80 份膨胀型阻燃剂、14 份润滑剂和 6 份助剂。其中，改性废旧塑料由 115 份废旧塑料、0.96 份马来酸酐和 0.15 份过氧化二异丙苯制成。膨胀型阻燃剂按质量份数由 20 份无卤阻燃剂、5 份淀粉、2.5 份 4A 分子筛和 6 份硼酸锌混合制成。改性废旧塑料的制备方法为：将 112 份废旧塑料、2 份马来酸酐和 0.18 份过氧化二异丙苯混合均匀，然后再将混合物置于双螺杆挤出机中熔融接枝即得到改性废旧塑料，接枝反应温度为 190℃，物料停留时间为 4min。

② 将称取的木质纤维材料置于混合机中搅拌直至木质纤维材料中的含水率 2% 为止，控制物料的温度为 135℃。

③ 将步骤①称取的改性废旧塑料、膨胀型阻燃剂、润滑剂、助剂和步骤②处理后的木质纤维置于高混机中，于温度 100℃下混合 8min，然后搅拌冷却至 40℃，即得到预混料。

④ 将预混料置于温度为 140~185℃、双螺杆转速为 40r/min 的螺杆挤出机中进行熔融复合，即得到木塑复合材料熔体。

⑤ 木塑复合材料熔体经过挤出、注射、热压或模压成型后，即得到阻燃型木塑复合材料。上下压板的温度均为 170~180℃，模具末端通水冷却。

3. 参考性能

阻燃型木塑复合材料的力学性能及阻燃性能见表 13-12。

表 13-12　阻燃型木塑复合材料的力学性能及阻燃性能

测试项目	数值	测试项目	数值
弯曲强度/MPa	48.85	平均质量损失速率/(m²/s)	0.065
弯曲模量/GPa	3.01	平均比消光面积	369.33
冲击强度/(kJ/m²)	9.09	烟释放速率/(m²/s)	0.670
点燃时间/s	39	成炭率(500s 计)/%	27.4
平均热释放速率/(m²/s)	172.55	一氧化碳产率/%	0.028
最大热释放速率/(m²/s)	240.54	二氧化碳产率/%	2.038

（十七）回收材料制备生产建筑专用塑料模板

本例提供一种以塑代木，利用再生塑料为主要原料的生产建筑专用塑料模板的方法及配方。

1. 配方

	质量份		质量份
PPR 再生料	40	硬脂酸	2
PE 再生料	20	偶联剂	5
PP 再生料	30	亮光剂	2
石蜡	1		

2. 加工工艺

① 原料的加工要求。

PPR 再生料、PE 再生料、PP 再生料，以上三种原料要求清理杂质，去掉所含金属，经粉碎机破碎过筛，颗粒直径控制在 5～1.5mm 以内。

以上三种再生料的含水率不得超过 2%。

② 原料的来源要求。

PPR 以回收的冷水管、热水管、PPR 板材、异型材为主。PE 以回收的桶类、食品包装类为主。PP 以洗衣内胆、电冰箱内衬等家用电器塑料为主。石蜡、硬脂酸、偶联剂、亮光剂均为塑料制品添加剂，无其他特殊要求。

③ 制作过程。

a. 所有原料按以上要求进行质量配比，将 100kg 配好的原料放入搅拌机中搅拌均匀；搅拌时间不少于 3min。

b. 将搅拌好的原料放入单螺杆挤塑机（120 型以上规格上海金湖产、青岛顺德产、江苏张家港产的塑料机械均可）进行生产。要求螺杆温区设置合理，可分六区从进料口至模具逐步升温。一区温度控制在 110℃、二区 120℃、三区 135℃、四区 150℃、五区 180℃、六区 185℃左右，正负不得超过 3℃。

经过模具挤出成型—三棍压光—输送冷却—电锯切割—清理包装。

以上五个步骤为建筑塑料专用模板的配比生产全过程。

3. 参考性能

性能指标如下：拉伸强度 14.3MPa、冲击强度 10.5kJ/m²、弯曲强度 24MPa、燃烧性能均符合标准要求。

（十八）木硅塑网络地板

随着我国火力发电和塑料工业快速发展，粉煤灰和废旧塑料两种固体废弃物排放量每年以 10% 的速度增加，造成严重的环境污染。本方法生产的木硅塑网络地板，采用注塑成型工艺，可以依照设计要求得到标准尺寸的制品。使用者不需任何专用工具可以自行完成铺设及更改。这种木硅塑网络地板的使用解决了写字楼由于租户高流动性带来频繁的重复装修而浪费人力、物力，以及避免干扰写字楼内其他出租户的问题。

1. 配方

	质量份		质量份
粉煤灰	15	硬脂酸	1
秸秆粉	5	阴离子型表面活性剂	1
废旧塑料 PP、PE、PVC 或 ABS	60	硅烷偶联剂	0.5
十溴联苯醚	8	防静电剂	1
氧化锑	5	炭黑	1
石蜡	1	抗氧剂	1.5

注：农作物秸秆为玉米、高粱、麦或棉秆，用前干燥粉碎成 40～60 目；硅烷偶联剂 KH550（氨丙基

三乙氧基硅烷)。

2. 加工工艺

按配比称量材料,粉煤灰、秸秆粉、阴离子型表面活性剂和硅烷偶联剂在80℃下以500r/min捏合15min;再放入造好粒的废旧塑料PP、PE、PVC或ABS、十溴联苯醚、氧化锑、石蜡、硬脂酸、抗氧剂1010、防静电剂和炭黑,在80℃下以500r/min搅拌捏合15min,再将混合好的物料放入挤出机中挤出造粒。挤出加工温度为200℃,将造好的颗粒用注塑加工注射成型,注塑加工温度为220℃,得到木硅塑网络地板。

3. 参考性能

所制备的木硅塑网络地板的性能如表13-13所示。

表13-13 木硅塑网络地板的性能

抗压强度/MPa	抗弯强度/MPa	抗冲击强度/(kJ/m²)	氧指数	使用温度/℃
22~36	15~28	9~15	≥28	-10~55

(十九) 再生塑料基木塑发泡材料

木塑复合材料制备的异型材的密度一般在1.1~1.4kg/m³左右,使得材料自重比较高,无法满足重量轻、抗冲击、高隔热的要求。参考已有纯塑料发泡技术,结合木塑材料的自身特点,本方法利用废旧塑料再生制备木塑发泡材料。该木塑发泡材料具有质轻、比强度高、防水、防腐、保温的特点,并且有木材可钉、可刨的加工特点;可广泛用于建筑、运输、包装、家庭装饰及日用品市场。

1. 配方

	质量份		质量份
回收PE	20	偶联剂	1
木粉	65	润滑剂(Hst)	1
轻质碳酸钙	8	发泡剂(Ac)	0.5
相容剂(MHA-g-PE)	4	助发泡剂(ZnO)	0.5

注:塑料是指经过添加相容剂或交联剂部分交联,动态硫化处理或直接使用的聚乙烯、聚丙烯、聚氯乙烯、聚苯乙烯、ABS等热塑性树脂种的回收塑料。动态硫化处理时可添加二元、三元乙丙橡胶及SBS等,经硫化、过氧化物进行动态硫化或局部交联以提高材料性能。

所使用的木粉可以是木材碎块、竹屑、农作物秸秆粉、稻麦壳粉、豆类、玉米淀粉、棉花果壳、坚果硬壳、椰壳等。

2. 加工工艺

将木粉加入高速混炼机中,在110~120℃下烘干,加入改性剂使木粉活化,加入助剂、塑料及发泡剂混合均匀后,在料温120℃时放入冷混机中冷却到40℃,成为可发泡混合料。将该混合料投入φ65/132锥型双螺杆挤出机中,加热温度为:155℃、165℃、175℃、180℃、175℃;熔体压力为9~15MPa;熔体温度为165~170℃;主机转速为10~15r/min。

经特殊设计的模具发泡冷却定型,成型为各种形状的带连续均匀分布发泡微孔的木塑发泡产品,密度为0.58~0.9kg/m³。

(二十) 再生木塑复合结构型材

木纤维的耐热性能差,在木塑复合材料制备过程中,常需在100℃以上的高温下进行,如未能很好地解决木纤维的耐热性问题,木纤维在高温下很容易被碳化,从而使木纤维在聚合物中不能发挥其应有功能,故而最后制成品的物理力学性能大幅度下降,影响其性能。本方法是能有效解决木塑材料加工过程中木粉的耐热性能技术问题的再生木塑复合结构型材的生产方法。

1. 配方

	质量分数/%		质量分数/%
木屑	30	环氧油酸甲酯	3
聚乙烯树脂	40	二碱式硬脂酸铅	2.5
碳酸钙	10	高分子石蜡	1
多元醇苯甲酸酯	5	硅烷偶联剂	4
硬脂酸	3	工业白油	1.5

2. 加工工艺

将按照上述比例配制的混合物加入磨碎机将混合物磨碎，磨碎后粉末的粒径为 20 目，用搅拌机充分混合上述粉末，然后将粉末放入挤出成型机的加料装置中，在挤出成型机上装上模具后，对模具及物料管进行加热，加热温度控制在 160～180℃，再打开加料装置出料阀，混合物进入物料管胶化并经单螺杆挤出成型挤压入模具成型后，放 5℃冷却水中再经冷却定型、牵引、切割、堆架，最终制成再生木塑复合结构型材。

参 考 文 献

[1] 王晴，李思，张金辉．废旧塑料回收利用技术研究进展［J］．当代化工，2014（4）：600-602.
[2] 王春华．废旧塑料再生利用技术研究分析［J］．塑料包装，2016（2）：25-27.
[3] 赵明．废旧塑料回收利用技术与配方实例［M］．北京．化学工业出版社，2014.
[4] 吴皓．共混改性废弃热固性SAN塑料制备复合再生板材的研究［D］．天津：天津大学，2013.
[5] 王旭红，马冠云，等．废旧聚酯改性漆包线绝缘漆的性能研究［J］．绝缘材料，2015（4）：35-39.
[6] 朱灶，蔡思涵，等．废旧线路板真空热解油合成热固性酚醛树脂［N］．环境工程学报，2013（4）．
[7] 王凯．回收尼龙的扩链改性［J］．广州化工，2015（2）：43-44.
[8] 马林转，李韬．溶剂法回收废弃印刷线路板中环氧树脂的试验研究［N］．昆明理工大学学报，2010（4）．
[9] 王嘉，李迎春，等.1-3PBO扩链废旧ABS塑料的性能表征［J］．工程塑料应用，2015（6）：6-10.
[10] 黄正刚，郝同辉，等.PC回收料-ABS合金的增韧研究［J］．胶体与聚合物，2015（6）：75-76.
[11] 郭锐标，刘全金，等．回收PC/回收ABS共混体系的性能与结构［J］．塑料，2013（2）：23-26.39.
[12] 汪慧，李小兰，等．回收聚乙烯醇缩丁醛/PVB/ABS共混体系的制备及力学性能［J］．材料研究与应用，2010（4）：663-667.
[13] 林湖彬，杜崇铭．回收料对智能电表外壳用PC/ABS合金的结构性能影响［J］．科技创业家，2014（3）：156-158.
[14] 刘全金，郭锐标，等．中药渣纤维-回收ABS复合材料的力学性能研究［J］．塑料科技，2013（3）：37-41.
[15] 张玉龙，石磊．废旧塑料回收制备与配方．北京．化学工业出版社，2012.
[16] 黄军左．废旧聚乙烯裂解制聚乙烯蜡的研究进展［N］．广东石油化工学院学报，2014（6）．
[17] 王江彦，张蕾．废弃LDPE/PA6/LLDPE复合膜回收再生的研究［J］．包装工程，2013（23）：18-22.
[18] 梁聪立，王小君，等．回收塑铝包装粉末填充废旧聚乙烯复合材料的力学和流变性能［J］．塑料，2014（4）：17-20.
[19] 赵晓青，王芳，等．酒糟/废旧聚乙烯复合材料［J］．塑料，2013（6）：51-53.
[20] 曹艳霞，崔蒙蒙，等．回收聚乙烯醇缩丁醛/二氧化硅复合材料的制备与性能研究［N］．高分子通报，2015.
[21] 郑学晶，王影霞，等．剑麻微纤维/回收聚乙烯醇缩丁醛复合材料的制备与性能［N］．复合材料学报，2014（4）．
[22] 陈剑飞．基于聚碳酸酯回收料的增韧及阻燃改性研究［D］．北京：北京化工大学，2010.
[23] 孙双月．聚甲醛、尼龙和聚碳酸酯回收料的阻燃和高强超韧化改性及其机理研究［D］．北京：北京化工大学，2010.
[24] 杨敦，杨霖，等．聚碳酸酯回收料的增韧改性［J］．工程塑料应用，2014（9）：22-24.
[25] 邱贤华，杨莉．废旧光盘法处理回收聚碳酸酯探讨［J/OL］．环境污染与防治，2013（11）：112.
[26] 高磊，李强，等．含再生材料的PC/PET无卤阻燃合金加工稳定性［J］．工程塑料应用，2016（5）：55-59.
[27] 丁鹏，刘枫，等．纳米滑石粉增强废旧PET复合材料的制备和性能研究［J］．功能材料，2014（6）：6617-6121.
[28] 刘鲁艳，郭庆杰，等．废旧聚丙烯/废弃印刷线路板非金属粉复合材料的制备及性能［N］．化工学报，2014（4）．
[29] 江学良，周亮吉，等．废旧聚丙烯框料的增强增韧研究［J］．塑料工业，2014（5）.122-126.
[30] 焦慧扬，张海泉．废旧聚酯/聚丙烯纤维板热压工艺参数的优化［J］．化工新型材料，2014（1）：149-150.160.
[31] 王爱东，杨霄云，等．回收丙烯/滑石粉/POE复合材料收缩率研究［J］．合成材料老化与应用，2014（4）：5-8.
[32] 刘莉，王朝，等．聚丙烯/聚乙烯/粉煤灰体系的回收再利用［J］．塑料，2014（4）：13-16.
[33] 袁军，刘明，等．碳酸钙合乙烯/辛烯共聚物对废旧聚丙烯塑料的改性［N］．武汉工程大学学报，2015.
[34] 谭寿再，孔萍，等．再生聚丙烯/木粉复合材料性能研究［J］．木材工业，2016（6）：14-17.
[35] 张一风，李贵阳．再生聚酯/聚丙烯纤维复合材料板材的制备与研究［J］．产业用纺织品，2015（03）：26-30.
[36] 赵浩成．废PVC农膜改性再生钙塑地板砖生产线设计［N］．山西煤炭管理干部学院学报，2016.
[37] 刘雪鹏．废旧PVC电缆料制备木塑复合材料研究［D］．天津：天津大学，2008.
[38] 王盼，李迎春，等．噁唑啉对废旧高抗冲聚苯乙烯的扩链改性［J］．高分子材料科学与工程，2015（5）：77-81.
[39] 罗少刚，王静荣．废旧电视机外壳高抗冲聚苯乙烯的增韧增强改性［N］．上海第二工业大学学报，2016.
[40] 王盼．废旧高抗冲聚苯乙烯高值化回收再利用［D］．太原：中北大学，2016.
[41] 左艳梅，傅智盛．废旧聚苯乙烯泡沫塑料的回收与再生方法［J］．合成材料老化与应用，2015（6）：86-89.
[42] 黄健，洪正东，等．废聚苯乙烯泡沫再生乳液对砂浆的增粘增韧研究［N］．武汉理工大学学报，2013.
[43] 王宁波，丁洁，等．橘皮挥发油回收聚苯乙烯泡沫塑料的应用研究［J］．塑料工业，2016（2）：118-121.
[44] 孔宇飞，李迎春．增容剂SEP对废旧聚丙烯废旧高抗冲聚苯乙烯共混物性能的影响［D］．太原：中北大学．
[45] 贺拓，胡益兴，等．废旧轮胎粉/POE-g-MAH复合改性PA6的制备与性能研究［N］．包装学报，2015.
[46] 张效林，薄相峰．旧报纸纤维增强回收聚丙烯复合材料的性能研究［N］．中国制造学报，2014.
[47] 邹震岳，秦岩，等．压力法回收废旧碳纤维/环氧树脂复合材料［J］．热固性树脂，2015（3）：36-40.
[48] 向帅，何慧，莫辉．再生PET原位成纤增强PP木塑复合材料的研究［J］．合成材料老化与应用，2015（2）：5-9.
[49] 李贵阳，许鹤，马菲．再生涤纶/黄麻/丙纶纤维复合板材的制备与研究［N］．成都纺织高等专科学校学报，2015.